新时代城市地下综合管廊运营与管理

主 编 邱 实 王子甲
副主编 陈雍君 薛 博 韩 哲

中国建筑工业出版社

图书在版编目(CIP)数据

新时代城市地下综合管廊运营与管理/邱实主编. —北京：
中国建筑工业出版社，2019.7
ISBN 978-7-112-23676-3

Ⅰ. ①新… Ⅱ. ①邱… Ⅲ. ①市政工程-地下管道-运
营管理 Ⅳ.①TU990.3

中国版本图书馆 CIP 数据核字（2019）第 081928 号

　　本书包括 4 篇。建设与发展篇包括：综合管廊简介及建设现状、综合管廊建
设效益与投融资模式分析、综合管廊相关政策法规与标准；经营与管理篇包括：
综合管廊运维管理现状及问题、综合管廊运维管理体系、综合管廊收费管理；运
行与维护篇包括：综合管廊运行与维护要求、综合管廊安全维护与应急机制、综
合管廊运维标准处理程序、综合管廊运维的反馈与跟踪；信息化运维篇包括：综
合管廊运维与 ICT 技术、智慧化运维系统配置与设计、智慧化运维应用系统组成
与功能、智慧化管廊运维平台等内容。
　　本书可供从事城市地下综合管廊设计、运营、管理人员使用，也可供研究地
下管廊和相关专业人员使用。

责任编辑：石枫华　付　娇　胡明安
责任校对：赵　颖

新时代城市地下综合管廊运营与管理

主　编　邱　实　王子甲
副主编　陈雍君　薛　博　韩　哲

*

中国建筑工业出版社出版、发行（北京海淀三里河路 9 号）
各地新华书店、建筑书店经销
北京红光制版公司制版
北京富生印刷厂印刷

*

开本：787×1092 毫米　1/16　印张：23½　字数：513 千字
2019 年 9 月第一版　　2019 年 9 月第一次印刷
定价：**96.00** 元
ISBN 978-7-112-23676-3
(33878)

编　写　组

主　编： 邱　实　王子甲

副主编： 陈雍君　韩　哲　薛　博

参　编： 窦水海　付文超　郭帅刚　黄正德　李宏远　李忠强

李婧琪　连　硕　刘　哲　刘逸思　刘海旭　马鑫旺

宁　楠　乔旭君　秦　豪　秦文汉　秦宗宪　孙　楠

王颖慧　魏中华　肖必成　杨　洋　于　宸　周　剑

序

钱七虎

我国处在城镇化快速发展的关键时期，城市地下空间的利用尤为关键，为了统筹各类市政管线规划、建设和管理，解决反复开挖路面、架空线网密集、管线事故频发等问题，国家正大力推进城市地下综合管廊建设。据不完全统计，2018 年，综合管廊在建里程已超 8000km，这是我国管廊建设已经进入高速发展期的重要里程碑。

如此大规模地建设城市地下综合管廊，在世界上可以说是绝无仅有的，在此过程中，如何降低管廊运维风险、保障管廊的正常运营，逐渐成为新时代综合管廊事业发展的关注点。综合管廊建设期只有几年，但运维期却长达百年，保障城市"生命线"长期的安全稳定运行是管廊运维阶段的重要课题。

然而在管廊的实际管理运维中，各类问题也层出不穷。我国现阶段尚未形成统一的地下管廊管理模式，管理的主体与客体划分较为模糊，在管廊建设运营过程中，由于法律法规缺失、资本投入大、回收期长，存在确定长期收益率困难、民营资本"望而却步"等问题；由于管廊内部空间狭小、管线众多、风险源多样、涉及专业广，单纯依靠人工监管的方式进行管理效率较低、准确性难保障。此外，集中汇集在管廊内部的大量市政管线发生事故时的级联灾害风险大幅度上升，给综合管廊的安全管理提出了更高的要求，管理人员不仅要对每种管线的安全风险源进行识别和全方位跟踪管控，同时也需要根据权属范围协调各个管线权属单位的日常工作，以保障城市管线的正常运行，最大化降低突发事故带来的各种次生风险。因此，综合管廊的运维管理迫切需要标准化、规范化，迫切需要引入新技术、新方法以提升管理效率，降低管理成本。

本书结合大量国内外工程实践经验，全面阐述了综合管廊运维管理的现状及意义、组织结构设置、运维收费方法、管理信息技术应用等内容，是我国首部较为全面的综合管廊运维管理技术专著。本书的付梓问世，将为我国今后综合管廊的现代化运维管理提供参考和借鉴，同时对城市管理者及从事该领域的工程技术人员和科研人员均有益处。

序

施仲衡

21 世纪以来，城市化进程不断加快，大量的人口迁入城市，造成城市土地供需矛盾空前激化。美国、日本、瑞典等发达国家的经验表明，开发利用城市地下空间是促进城市立体化发展、缓解当前城市土地供需矛盾的有效方法，是城市实现可持续发展的重要途径。

中国城市地下空间开发利用始于人防建设，20 世纪 80 年代中期后，与城市再开发相结合的地下空间利用项目不断增加。进入 21 世纪以来，城市地下空间开发利用在功能上以地下交通建设和市政公用设施建设为主流。尽管我国城市地下空间开发已经有了半个多世纪的历史，但是由于缺乏综合开发、多功能利用的规划，致使目前中国城市地下空间在开发利用、运营管理等方面仍存在不足，总体上仍然处于不成熟的阶段。突出表现在各种市政管线之间、管线与地铁建设之间缺乏统筹规划，建设失序，空间利用层级不清，路面反复开挖，工程浪费严重。部分地铁管线改移费用占工程总费用的比例可达 5%。

鉴于地下空间开发利用失序和低效问题，城市地下综合管廊近年来得到了关注和发展。集供水、排水、电力、电信、热力、燃气于一体的城市地下综合管廊，能实现市政管线在不重复开挖情况下进行重复利用、针对性维修改建、智慧化运营维护、网络化监测检测等。与原直埋式市政管网相比，城市地下综合管廊能够集约化规划和充分利用地下空间资源，满足城市对公共设施的远期需求，减少与地铁建设的矛盾。通过采用先进的监控检测系统对城市地下综合管廊进行实时监控检查，相关单位可以及时对安全隐患采取措施，提高管线的安全性和稳定性，实现市政公用设施的智慧化运营、维护、管理。

本书在总结我国综合管廊发展现状、建设与经营管理模式的基础上，基于先进的检测、监测技术和物联网解决方案，从全寿命周期的角度构建了综合管廊信息化运维体系，提出了系统全面的安全运维技术方案，可以为综合管廊的规划、建设和运营提供决策支持，有助于我国综合管廊的可持续发展，保障城市的生命线工程，促进我国智慧城市的建设。

施仲衡

序

肖　燃

　　近年来我国许多大中城市已经开展了各个层面的地下管廊开发规划和建设，从 25 个试点城市的初步探索，到 2018 年 460 多个城市管廊项目的全面部署，管廊建设在我国稳步推进，马路拉链路、空中蜘蛛网、道路塌陷等一系列城市病得到有效的缓解，有关管廊建设的标准规范、政治制度陆续出台。正如本书题目，中国正迎来城市地下综合管廊建设的新时代。

　　而与此同时，处于朝阳阶段的城市地下管廊建设，在开发需求预测、控制方法、规划与设计、运营与管理等方面，仍然存在较多的问题。例如，上位地下空间总体规划设计方案存在局限，城市空间开发缺乏整体性；地下管廊的规划设计编制与快速发展的实际需求脱节，缺乏相关标准和规范要求；各大科研院校及相关机构对规范编制深度、阶段划分依据、技术方法路线等问题未形成统一框架；地下管廊规划设计的可实施性较弱，整体性差，难以成为行之有效的控制依据和引导手段；投融资模式设计不合理、运维管理主体及职能前期规划协调的缺失、费用定价及收取机制前期规划不到位，从而导致管廊运营管理的规范缺失、组织结构不合理、运维管理参与方职责不明等。

　　因此，针对管廊设计规划与管理运营中存在的诸多问题，在当前我国管廊规划设计的特点、建设管理方法的基础上，从管廊运维管理的组织结构、制度体系、运营管理方案、收费方法及绩效考核等方面出发，设计一本全面、具体、系统的管廊运维管理指导手册极其重要。本书紧密围绕当前城市地下管廊建设运维存在的问题进行阐述与剖析，对管廊运维工作与管理技术提出了较为创新的思路与实用方案，可供我国综合管廊管理工作者与相关研究人员广泛借鉴，实为不可多得的实战参考书。

序

严兴龙

众所周知，中国是一个基础设施建设能力非常强大的国家。从 2015 年开始，在中国中央政府一系列政策的引导下，中国的城市综合管廊行业发展迅猛，至今拟在建管廊里程已经达到 10000km。大规模的管廊建设之后，必然需要专业的管廊运维管理工作者进行精准的维护工作。

随着物联网技术的发展，智慧城市建设成为热潮，如今的综合管廊运维管理技术也早已不同于 2000 年代。在 2000 年代，我们可参考的运维管理经验不多，缺少必要的互联网技术，只能依照传统的管理模式进行运维，设备的控制、管廊巡检以及运维计划的制定等大多数工作需要人力完成，运维人员的需求对我们运维管理部门的营收状况造成了很大压力。我们深知要实现管廊运营部门的盈利困难重重。近年来，移动互联网技术大有突破，中国在移动互联网热潮中的发展有目共睹。随着移动互联网向 AIOT 方向的辐射，先进物联网在生产、生活中的应用越来越多，这其中就包括综合管廊的运维与管理。未来的世界一定是万物互联，站在管廊运营公司的角度，在管廊运维中充分使用 AIOT 技术，提高工作效率，降低运营公司对人力的依赖，必定是实现利润增长的有效途径。越早在管廊中应用智慧化运维技术，越早能积累相关的运维经验，就越早能享受到先进技术带来的收益。

目前，世界范围内越来越多的专业人士致力于 AIOT 技术在综合管廊运维中的应用，邱实博士、王子甲博士、陈雍君博士都是其中的杰出代表。本书内容丰富，思考深入，从各个角度关注管廊运营，为中国乃至全球的基础设施运营管理者提供最高效的管理模式、最先进的运维技术、最前沿的思维理念。本书是所有参与管廊建设的朋友必须一读的书。热烈祝贺本书付梓出版！

前　言

自 1833 年巴黎诞生了世界上第一条综合管廊后，综合管廊已有近 200 年的发展历程。经过百年的实践、研究、改良和优化，综合管廊施工工艺及其运营管理技术日趋成熟，在国外许多城市得到了广泛应用。目前，综合管廊已成为国外发达地区城市公共管理的重要支撑，是城市基础设施建设与运营管理现代化的象征。相比国外综合管廊近 200 年的历程，我国对综合管廊的研究和实践还处于起步阶段。

1958 年天安门管廊的建成标志着我国管廊建设事业的开端，自此我国开始通过建设综合管廊科学地规划和建设城市。2013 年，国务院办公厅发布了《关于推进城市地下综合管廊建设的指导意见》及《关于进一步加强城市规划建设管廊工作的若干意见》等若干政府文件，进一步为我国的综合管廊事业指明了发展方向。在国家政策推动、城市管理升级的双重驱动下，地下综合管廊建设正以前所未有的速度在我国快速发展，不仅成为改善城市环境、保障城市运行安全、有效拉动投资、打造经济发展新动力的重要举措，更是提高城市综合承载能力、提升城市运行水平、解决"马路拉链"等问题的有效途径。综合管廊规划建设上升为国家战略举措，标志着我国城市基础设施规划建设和运营管理的新时代。

据统计，2015 年前，我国已建成的地下管廊总量不足 200km。从 2015 年第一批 10 个试点城市，2015 年第二批 15 个试点城市开建以来，全国共有 200 多个城市启动了管廊建设工程。2018 年，综合管廊在建里程已超 8000km，地下综合管廊的建设进入了迅速发展的新时代。此背景下，有两个突出议题值得业界关注。其一，管廊的可持续发展需要科学合理的规划，要兼顾稳定性和前瞻性，同时需要与其他地下基础设施尤其是地铁工程的规划建设相协调，避免由于失序问题导致廊道冲突，增加建设难度和成本，甚至无法实施。其二，规划建设的最终目标是运营。综合管廊集成了各类管线，包括有一定风险的油气、强弱电管道，因此其安全和高效的运维是决定综合管廊可持续发展的关键。

2019 年成为管廊进入运维阶段的关键时期，运维管理模式标准化、组织架构合理化、参与主体高效协作等要求成为新时代下管廊运维管理的主要目标。如何使综合管廊的运营和管理技术与实际业务内容达到最佳匹配，充分提升管廊运营公司的管理效率并实现持续盈利，为综合管廊几十年、上百年的运维周期提供安全、高效、持续的服务，是管廊运维管理者面对的严峻挑战。

《新时代城市地下综合管廊运营与管理》一书本着"科学系统、精炼实用"的编写原则，从一线管廊运营公司实际业务需求出发，结合笔者多年管廊运维管理研究的经验，系统分析了我国管廊运维管理中现存的问题，并重点从运维组织管理、运维方案、智慧运维管理、费用收取等角度，对提升管廊运营管理质量提出了切实可行的方法。

针对管廊运维管理过程中运维公司组织结构不合理、参与主体责权不明等问题，本书编者与多家一线管廊运营公司进行深度交流，在书中对管廊公司的组织机构设置与权责划分进行详细说明，为管廊运维管理体系提供科学参考。针对现有管廊运维管理方案存在内容"大而空、难落地"等问题，本书设计了详细的管廊运维管理工作内容和考核标准，通过合理协调各参与方职责，优化设计管理流程，为国内管廊运营公司提供切实可行的运维方案。对现有多数管廊项目运维管理平台存在的智能化程度不足、多系统联动控制策略不完善、数据分析与利用效率低下、主动安全设计缺失等问题，笔者根据国家相关标准的要求，结合多年物联网平台开发经验，提出了管廊智慧化运维系统的详细设计方案，应用先进物联网与大数据分析技术，实现了运行控制从人工到智能化的跨越，数据管理从信息归档整理到智能预测的跨越，运维计划从依靠人员传递到自动生成派发工单的跨越。此方案在国内多个管廊项目配置使用，并在与业主方沟通过程中不断磨合，经实际项目验证，可以大幅提升管廊运营公司的管理效率。针对管廊运维管理费用收取问题，本书在直埋成本法及空间占比法之外，整理分析了多种实用的管线单位费用分摊方法，同时对管廊运维管理公司的人员培训、运维管理的制度体系、安全和应急管理等问题进行了详细的介绍。

本书内容共分为四部分，全书由邱实、王子甲任主编，陈雍君、薛博、韩哲等负责整体策划、大纲编写和组织协调工作。其中综合管廊建设发展篇主要由刘逸思、杨洋负责编写；经营与管理篇主要由邱实、宁楠、马鑫旺负责编写；运行与维护篇主要由乔旭君、连硕、于宸执笔；信息化运维篇主要由陈雍君、薛博、孙楠、肖必成、郭帅刚、周剑等负责编写。

在本书出版的过程中，得到了长安大学党委书记陈峰教授，新加坡 CPGFM 高级副总裁 Alan Goh，北京城建设计发展集团股份有限公司副总工程师肖燃，管廊中心刘文波、赵欣，北京中财中融投资咨询有限公司黄国成、孙立峰、胡大明、左兴华等专家，中铁十七局城市管廊分公司总经理李冠勋、燕炜中，四川路桥集团轨道交通事业部总工程师袁竹、原中国移动研究院首席科学家杨景教授、美国俄克拉荷马州立大学 Kelvin C. P. Wang 博士、美国卡耐基梅隆大学钱臻博士、美国休斯敦大学高璐博士、美国马萨诸塞大学艾成博博士、北京建筑大学戚承志教授等的悉心指导，在此一并感谢。

本书是对编者多年来实际规划研究以及项目工作经验的总结和提炼，希望以此为契机与各位同仁共同分享综合管廊建设运维的规划理念、技术方法和实际案例经验。由于作者水平有限，书中疏漏之处恐在所难免，敬请读者批评指正。

目　　录

第3篇 运行与维护篇

第4篇 信息化运维篇

第1篇 建设与发展篇

随着我国城市基础建设步伐的加快,地下空间的利用成为城市规划中不可或缺的一部分。为统筹城市各类地下管线的规划、建设和管理,解决路面反复开挖、架空线网密集、管线事故频发等问题,中央多次明确要求全面推进地下综合管廊建设。在 2015 年 7 月 28 日的国务院常务会议上,重点部署推进城市地下综合管廊建设,明确提出将在城市建造用于集中敷设电力、通信、广电、给水排水、热力、燃气等市政管线的地下综合管廊作为国家重点支持的民生工程;2016 年《政府工作报告》中指出,要开工建设城市地下综合管廊 2000km 以上;2017 年《政府工作报告》中要求统筹城市地上地下建设,再开工建设城市地下综合管廊 2000km 以上。

地下综合管廊政策密集出台并不断加码、细化,推动着我国综合管廊建设的迅速发展,了解国内外综合管廊的发展背景、特点和建设模式,对于把握新时代地下管廊的发展空间与市场方向非常重要。

本篇从城市地下综合管廊的基本含义展开,列数国内外综合管廊事业的发展历程和建设现状,并对建设综合管廊的成本和效益进行实例分析,整理目前国内有关综合管廊建设的标准规范,全方位讨论综合管廊的建设与发展新时代的形势与面临的问题。

第1章 综合管廊简介与建设现状

1.1 综合管廊简介

本节主要介绍综合管廊的发展背景、定义、类型和基本组成，简述国内外综合管廊建设的发展历程。

1.1.1 综合管廊发展背景

综合管廊是"城市地下管线综合体"，是保障城市运行的重要基础设施和"生命线"，应作为城市规划战略中的一项必要资本投资。从发达国家的经验来看，要从根本上解决城市地下管线存在的问题，改变管线的布置方式、转变传统的管理模式刻不容缓，而修建城市地下管廊无疑是解决这一问题最科学的方式。

长期以来，我国各种管线的布置多以直埋方式置于地下，扩能、改造、维修常常对道路进行反复开挖和破坏，造成巨大的经济浪费和交通阻塞，影响居民的正常生活秩序，每年引发直接、间接经济损失数百亿元。

1.1.2 综合管廊定义及组成

城市地下综合管廊（Utility Tunnel），即"地下城市管道综合走廊"，是按照合理开发地下空间、节约地上空间、改善城市管线布设的相关要求，在城市市政道路两侧的景观和绿化带地下建造的一个隧道空间。城市地下综合管廊在欧美被称为"Common Service Tunnel"，在日本被称为"共同沟"，在我国台湾也被叫作"共同管道"。

综合管廊包括干线、支线、缆线三类，一般在街区预留过街走廊，并在交叉口形成闭合通道。综合管廊将电力、通信、给水排水（给水、中水、污水、雨水）、热力、燃气、通信及其他横向过街的市政公用管线容纳其中，在地下对管线进行科学的分舱布列。管廊中留有供巡检人员行走的专用通道，并设有监控系统、监测系统、通信系统、通风系统、排水系统、供电系统、标示系统，以及相应的地面设施。

1.1.3 综合管廊分类

根据容纳空间、结构形式的不同，可将综合管廊分为以下 3 种：干线综合管廊、支线综合管廊和缆线综合管廊。

1.1.3.1 干线综合管廊

干线综合管廊用于容纳城市主干工程管线，如电力、通信、供水、燃气、热力管线等，采用矩形或多弧拱形、多舱独立的建造方式。适合与道路或大型区域开发同步规划及建设，一般设置在道路中央或机动车道下方，向支线综合管廊提供配送服务。在干线综合管廊内，电力从超高压变电站输送至一次、二次变电站，通信主要为转接局之间的信号传输，燃气主要为燃气厂至高压调压站之间输送。干线综合管廊的断面通常为圆形或多格箱形，廊内一般要求设置工作通道及照明、通风等设备。干线综合管廊示意图如图 1-1 所示。

目前来说，干线综合管廊主要具有以下特点：

（1）结构断面尺寸大，覆土深；

（2）输送流量大且稳定；

（3）安全性能较高；

（4）内部空间较为紧凑；

（5）可直接为大型用户供给；

（6）管理及运营方式较为简单；

（7）维修及检测要求高。

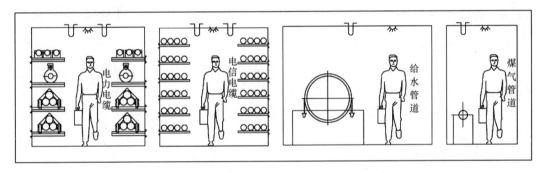

图 1-1　干线综合管廊示意图

1.1.3.2　支线综合管廊

支线综合管廊主要采用单舱和双舱两种方式，以矩形断面较为常见。支线综合管廊内容纳直接服务于沿线地区的各种管线，是干线综合管廊与终端用户之间的联系通道。按照综合管廊内的要求，需要设置通风、照明、防火等设备以及检修通道。支线综合管廊示意图如图 1-2 所示。

支线综合管廊具有以下特点：

（1）内部空间截面较小；

（2）施工方便、结构简单；

（3）选用定型设备；

（4）一般不直接服务大型用户。

1.1.3.3　缆线综合管廊

缆线综合管廊主要容纳电力、通信、有线电视、道路照明等电缆。缆线综合管廊一般设

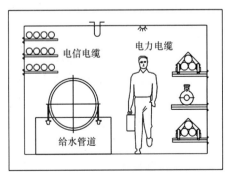

图 1-2　支线综合管廊示意图

置在道路的人行道下面，其埋深较浅，一般在 1.5m 左右。缆线综合管廊示意图如图 1-3 所示。

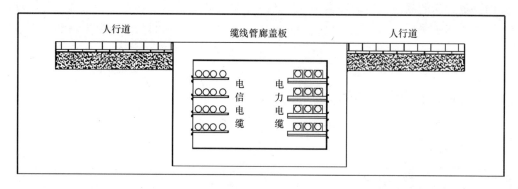

图 1-3　缆线综合管廊示意图

缆线综合管廊的断面以矩形断面较为常见，一般不要求设置工作通道及照明、通风等设备，仅增设供维护时可开启的盖板或工作手孔即可。

1.1.4　综合管廊属性

1. 准公共物品属性

综合管廊作为多种市政管线的集合体，是保障城市运行的重要基础设施和地下生命线，消费具有一定程度的非竞争性，服务具有一定程度的非排他性，属于准公共物品的范畴，产品定位应为准经营性项目，即项目有收费机制，但由于具有公益性特点，定价不能过高。

2. 正外部效应属性

综合管廊项目的收益具有综合性，分为经济收益和社会收益两部分。经济收益是指管廊运营收取的入廊费（或管廊使用租费）和管廊物业管理费等直接收益；社会收益是指因管廊的建造而带来的土地资源节约和服务地域环境改善等间接收益，也称外部收益。根据一项来自天津大学的调查，综合管廊的经济收益一般会小于总成本（平均比率为 0.67），但如果加上社会收益，总收益通常会远大于总成本（平均比率达 1.91），正外部效应明显。

3. 规模经济属性

综合管廊建设具有明显的规模经济特征，即建成网络、建成系统时，能更好地发挥其经济效益。一方面综合管廊项目规模越大，其覆盖的服务地域内单位面积中用户数越多，用户分摊的成本越低，消费者剩余越高；另一方面由于土建等固定成本变化不大，故综合管廊中容纳的管线种类越多，其边际生产成本的增加就会低于平均总成本的增加，生产者剩余越高。研究表明，即使不考虑缓解地震损失和战争损失产生的价值，城市地下综合管廊对当地 GDP 的贡献也可高达 1.8%。

4. 自然垄断属性

综合管廊的廊道、附属设施设备具有专用性和非流动性，沉淀成本高且具有成本劣加性，因此，综合管廊项目具有行业的自然垄断性，其建设和运营适合独家经营，即一个区域内一般设立一家综合管廊项目公司进行投资建设并委托一家管理公司进行运营维护。

5. 可分割物权属性

综合管廊作为容纳市政管线的地下建筑结构，必然具备建筑物业属性。我国《物权法》的颁布，为综合管廊获得产权证书提供了法律保障。从物权属性来看，根据《物权法》，投资者出资建设综合管廊项目后，能够"因合法建造"而获得这些管廊资产的所有权。综合管廊符合物权客体的属性，其产权具有可分割性，例如，可以分为廊体产权和管线产权。

1.1.5　综合管廊建设历程

国外综合管廊建设的历史已经有 100 多年，相比之下，我国从 1958 年开始才开始第一条综合管廊的建设。本节对于国内外综合管廊的建设历程进行了整理汇总，并列出了国内外综合管廊建设的大事件。

1.1.5.1　国外综合管廊建设历程

在国外，建设综合管廊是综合管理地下空间的一种手段。经过一百多年的探索、研究和实践，城市地下综合管廊的技术已比较成熟。在管廊系统日趋完善的同时，其建设规模也越来越大。自 1833 年以来，国外地下综合管廊建设的主要历程如下。

1833 年，法国巴黎开始兴建世界上第一条综合管廊。该管廊容纳了给水、通信、电力和压缩空气管道等市政公用管道。其断面最大的地方宽约 6.0m，高约 5.0m。

1861 年，英国伦敦开始兴建综合管廊，采用 12m×7.6m 的半圆形断面，容纳了自来水、通信、电力、燃气管道和污水管道等市政公用管道。

1890 年，德国汉堡开始在市区规划建设综合管廊。1893 年，德国在汉堡市的 Kaiser-Wilheim 街两侧人行道下方修建了 450m 长的综合管廊。

1926 年，日本开始兴建综合管廊，并将之形象地称为"共同沟"。

1933 年，苏联在莫斯科、列宁格勒、基辅等地新建或改建街道时建设综合管廊，而且研制了预制构件现场拼装的装配式综合管廊。

1945 年，民主德国城市耶拿开始建设第一条综合管廊，内置蒸汽管道和电缆。迄今，耶拿共有 11 条综合管廊，通常在地下 2m 深处，最深的一条位于地下 30m 处。

1953 年，西班牙首都马德里市兴建了大量的综合管廊，综合管廊的建设使城市道路路面被挖掘的次数明显减少，坍塌及交通干扰现象基本被消除，同时有综合管廊的道路使用寿命比一般道路要长，从综合技术及经济方面来看，效益显著。

1959 年，联邦德国在布白鲁他市兴建了 300m 的综合管廊用以收容瓦斯管和自来水管。

1959 年，日本分别在新宿、尼崎等地建设综合管廊。

1962 年，日本政府宣布禁止挖掘道路，并于 1963 年 4 月颁布《共同沟特别措置法》，订立建设经费的分摊方法，并拟定长期发展计划。

1964 年，民主德国苏尔市及哈利市开始兴建综合管廊，至 1970 年共完成超过 15km 的综合管廊并开始运营，同时也拟定在全国推广综合管廊的网络系统计划。收纳的管线包括：雨水管、污水管、饮用水管、热水管、工业用水干管、电力、电缆、通信电缆、路灯用电缆及瓦斯管等。

1970 年，美国在 White Plains 市中心建设综合管廊，除了燃气管外，几乎所有的管线均收容在综合管廊内。此外，具有代表性的还有纽约市从束河下穿越并连接 Astoria 和 Hell Generatio Plants 的隧道，该隧道长约 1554m，收容有 345kV 输配电力缆线、电信缆线、污水管和自来水干线。

1973 年起，日本在横滨、古屋、仙台等大城市全面开发建设城市地下管廊，并且逐渐形成管廊网络，在诸多方面彰显优势：方便维修、减灾防灾、美化环境。因此，日本各大中城市规划建设综合管廊的普及率迅猛高涨，短期内全国管廊建设总里程超过 300km。

1977 年，芬兰赫尔辛基开始建设综合管廊，总长 45km，纳入信号线、区域供热供冷管线、电力、给水管及其他线缆。

1989 年，西班牙巴塞罗那为连接 1992 年奥运会 4 座奥运主场馆，解决各场馆集中统一的供冷供热，整合而又不影响周边原有现状建筑的市政需求，沿着连接主要场馆的道路，建设了纳入供热供冷管道的综合管廊，总长约 25km。

1993～1997 年为日本综合管廊建设的高峰期，至 1997 年已完成综合管廊 446km，较著名的有东京银座、青山、麻布、幕张副都心、横滨 M21、多摩新市镇（设置垃圾输送管）等地下综合管廊。

2005 年，荷兰阿姆斯特丹的商业中心区泽伊斯达由于地下空间拥挤，按传统埋管的方法位置不足等原因，建设了 500m 的综合管廊，纳入了燃气、给水、电力、供热、供冷、通信电缆、污水管与雨水管，管线单位每年缴纳 10 万欧元作为使用费用。

1.1.5.2　国内综合管廊建设历程

综合管廊工程在中国的规划建设起步较晚，且存在发展缓慢，认识不足等问题。经过几十年的探索和实践，我国综合管廊发展日趋成熟，政府逐渐将管廊规划与建设提上日程。本节历数了中华人民共和国成立以来综合管廊工程在四个阶段的重要里程碑事件。

1. 综合管廊建设启动阶段（1958～1985）

我国的第一条综合管廊于 1958 年建于北京天安门广场地下，总长度为 1076m，容纳了热力、电力、通信、给水 4 种管线。1977 年，为配合毛主席纪念堂施工，又在北京天安门广场规划建设了一段长度为 500m 的管廊。

1979 年，山西大同市开始在九座新建道路交叉口下建设综合管廊，廊内设置有电力电缆、通信电缆、给水管、污水管。

1985 年，中国国际贸易中心综合管道建于北京，容纳了电力、通信、供热管线。

2. 综合管廊建设缓慢增长阶段（1994～2004）

1994 年，中国第一条城市市政综合管廊在上海市浦东新区张扬路建成竣工，全长

11.125km，埋设在道路两侧的人行道下，纳入了燃气、通信、给水和电力 4 种管线。该管廊是国内第一条在次干路两侧同时建设的大规模配给管综合管廊，也是国内第一条建造在软土地基上的综合管廊，并首次尝试成功将易燃易爆的燃气管道容纳在综合管廊内。

1997 年，连云港市建成西大堤综合管廊，断面呈梯形。管廊内高为 1.5～1.7m，宽为 1.7～2.4m，设置给水管、电力电缆、电信电缆。

1998 年，天津市在塘沽某小区内建造了 410m 综合管廊，断面为矩形，宽为 2.3m，高为 2.8m，廊内设供暖管道、热水管道、消防管道、中水管道。

2000 年，北京市某道路改造工程在道路两侧的非机动车道和人行道下面建造 60m 综合管廊。南侧断面为矩形，宽为 11.15m，高为 2.7m，埋深约 2.0m，采用明挖施工，内设电信电缆、热力管、给水管、电力电缆；北侧断面为圆形，直径为 3m，采用暗挖施工，内设电信电缆、天然气管、给水管。

2001 年，深圳市的第一条综合管廊大梅沙—盐田坳综合管廊开始建设。沟体采用半圆形城门拱形断面，高 2.85m，宽 2.4m；结构采用初期支护和二次衬砌的钢筋混凝土复合断面结构；内设给水管道、压力污水管道、高压输气管道及电力电缆。

2001 年，济南市建成泉城综合管廊，分南北两条，高为 2.75m，宽分别为 3.4m、2.75m，内设监控、消防、通风、排水系统。

2002 年，上海市安亭新城镇大力发展市政基础设施，并且把综合管廊纳进建设体系之中。上海市新镇居住区规划建设了 6km 综合管廊系统，收容了通信、电力、燃气、自来水、中水等几种市政公用管线，是国内第一条网络化综合管廊工程，解决了综合管廊间相互交叉的空间布置技术难题，为管廊建设创下新的里程碑。

2002 年，衢州市结合旧城改造项目，由电力、供水、电信、移动、铁通、联通、广电传输网络 7 个单位按使用容量分摊资金合股建造了坊门街综合管廊，总长 491.48m，内宽 2.2m，高 2.4m，内设电力电缆、给水管、通信电缆。

2003 年，上海市松江新城示范性地下综合管廊工程（一期）建成，该综合管廊长 323m，高度和宽度各为 2.4m。廊内容纳电力电缆、通信电缆、有线电视光缆、配水管、输水管、燃气管等。

自 2003 年到 2005 年，广州大学城地下综合管廊建成，全长为 17.4km，断面 7m×2.8m，集中敷设电力、通信、燃气、给排水等市政管线。大学城综合管廊是广东规划建设的第一条综合管廊，也是目前国内距离最长、规模最大、体系最完整的综合管廊。

2003 年，佳木斯市临海路综合管廊开工建设。该管廊总长约 2000m，高 2.3m，宽 3.2m，是我国东北地区第一条地下综合管廊。

2004 年，广州市结合科韵路南延长线道路改造工程，建造了一条全长约 3.5km 的综合管廊。

3. 综合管廊建设平稳增长阶段（2005～2012）

2005 年，为满足世博会办展期间市政建设需要，合理利用和优化地下市政管廊空间，统筹世博园区后续开发，避免市政设施重复建设和主要道路开挖，提高市政设施维护及管理水平，在世博园区率先建设了国内第一条预制拼装综合管廊，收容了 10kV 电缆、110kV 电缆、给水与通信管线。

2005 年，深圳市大梅沙盐田坳综合管廊建成并投入使用。该综合管廊全长 2666m，全线均为穿山隧洞工程，高 2.85m，宽 2.4m，采用半圆城门拱形断面结构，工程总投资 3700 万元。

2005 年，宁波市开工建设惊驾路—中山路—江澄路—海宴路综合管廊，总长约 5.5km，该综合管廊为矩形断面结构，单舱断面尺寸为 1.8m×2.9m。

2005 年，杭州市建设钱江新城综合管廊，总长 2.16km，高 3.2m，宽 5.7m。

2006 年，杭州市在车站和站前广场改建工程中，为避免站内和各地块进出管线埋设与维修开挖路面，影响车站的运行，建设了一条综合管廊。

2006 年，北京中关村西区建成国内第二条现代化综合管廊，集成了给水、电力、供冷、供热、燃气、通信等市政公用管线，是国内首例集地下空间开发、地下环形车道、地下综合管廊三种功能为一体的管廊项目。

2006 年，昆明市广福路综合管廊东段竣工验收。广福路综合管廊全长 17.76km，总投资 4.78 亿元，分为东西两段：东段综合管廊长 2.26km，断面净尺寸为 4.0m×2.4m，电力隧道长 1.7km；西端综合管廊长 13.8km，断面净尺寸为 4.6m×3.2m。

2006 年，兰州市新城区 520 号路综合管廊工程整体竣工并投入使用。该综合管廊工程全长 2420m，共投资 4847 万元。

2007 年，武汉开始建设中央商务区地下综合管廊，总长 6.1km，是华中地区第一条综合管廊。该管廊与地下交通环廊采用一体化设计，利用交通环廊上方结构空腔设置支线管廊，集成电力、电信、给水等市政管线，成为武汉经济输血的"新动脉"。

2008 年，大连市为配合区域性国际航运中心的建设，在填海区的港前 4 号路和中心区环路建设"中"字形综合管廊，全长为 2140m。

2009 年，上海市世博园区综合管廊工程竣工。管廊位于人行道下，基本呈环状走向，全长约 6750m，分成 35 个区段，纳入电力管线、通信管线和给水排水管线等。

2008 年，深圳市光明新区开工建设华夏二路综合管廊。截至 2016 年，光明新区已完成光侨大道、观光路、华夏二路等综合管廊的建设，总长约 8.6km。

2009 年，北京昌平区北七家镇开始修建北京市第一条真实意义上的综合管廊——北京未来科技城综合管廊。管廊位于地下 11m 深处，总长度为 3.9km，造价 8.3 亿元，收容了电力、热力、通信、给水和再生水 5 类管线，成为国内造价最高的综合管廊。

2009 年，青岛市高新区开始建设总长 74.6km 的综合管廊，廊内主要布置电力、通信（有线电视）、给水、再生水、热力、交通信号等公共设施管线。

2011 年，苏州市月亮湾综合管廊建成。管廊呈"T"形分布，全长 920m，断面尺寸为 3.4m×3m，工程造价约 4000 万元。管廊内收纳给水管、集中供冷管、高压电缆等管线，是江苏省内第一条综合管廊。

自 2012 年起，南京河西新城开始筹建地下综合管廊，构建全长 8.9km 的三横一纵

"丰"字形管廊系统。目前，已纳入了热力、电力、通信、给水排水、有轨电车信号及电力等市政管线。

2013 年，珠海市横琴海区建成了 33.4km 长的"日"字形布局地下综合管廊系统。管廊纳入给水、电力（220kV 电缆）、通信、冷凝水、中水和垃圾真空管 6 种管线。

4. 综合管廊建设加速发展阶段（2014 至今）

2014 年 6 月，国务院办公厅下发了《关于加强城市地下管线建设管理的指导意见》，其中对推进城市地下综合管廊建设提出了指导性意见，同时选出 10 个城市作为 2015 年地下综合管廊试点城市。试点工程将为不同经济水平，不同地下土体组成的城市提供地下综合管廊的建设经验，促进地下管廊在全国范围内的大面积推广。

2015 年，宁波东部新城区建成了三横三纵"田字形"布局的综合管廊系统，总长 9.38km，收容了广电、通信、电力、给水、热力等各类管线。

2015 年，中国深圳市前海合作区的试验段及后续段综合管廊建成，断面为双舱结构，尺寸为 6.2m×3.4m，收纳给水管、再生水管、电力电缆、通信光（电）缆，并预留 DN300 管位。

2015 年，随着《城市综合管廊工程技术规范》GB 50838-2015、《城市地下综合管廊工程规划编制指引》等政策性文件的颁布，全国范围内城市地下综合管廊试点工作逐步开展。在国务院颁布《国务院办公厅关于推进城市地下综合管廊建设的指导意见》（国办发〔2015〕61 号）后，我国综合管廊建设进入新时期。据初步统计，2015 年全国共有 69 个城市启动地下综合管廊建设项目，总长度约 1000km，总投资约 880 亿元。2017 年我国综合管廊拟在建里程超过 6500km，较 2017 年初增长 138%。其中建设里程超百公里的省市由 2017 年初的 10 个增长为 24 个。跟随国家出台的相关政策的脚步，综合管廊建设示范项目在全国主要城市新区、各类园区、成片开发区域大量涌现。大力推进城市地下综合管廊的建设，科学规划、集约化管理将产生良好的社会效益、环境效益和经济效益。

1.2　国内外综合管廊建设现状

本节首先对国外综合管廊建设现状的特点进行了归纳总结，随后针对国内综合管廊的发展现状按建设规模、建设技术、建设资金和管理模式四个方面进行了分解说明。整体来说，我国的综合管廊建设尚处于发展阶段，在各方面与国外成熟的管廊建设运维体系还有差距，具体情况如下所述。

1.2.1　国外综合管廊建设现状

在国外，综合管廊已经有 180 多年的发展历史，其建设技术和设计理念也在不断完善和提高，全球范围内的建设规模也越来越大，成为国外发达城市市政建设管理现代化的象征。铺设地下综合管廊是综合利用地下空间的一种手段，某些发达国家已经实现了将市政设施的地下供、排水管线发展到地下大型供水系统、地下大型能源供应系统、地下大型排水及污水处理系统，与地下轨道交通和地下街相结合，构成完整的地下空间综合利用系统。国外城市综合管廊现状主要有如下几方面特点。

1. 制定了完善的相关法律法规

以日本为例，综合管廊建设开始至今日本已制定多条法律法规对其进行管理与指导，如《共同沟实施法》、《共同沟建设特别措施法》、《电缆沟（CCBOX）推进法》、《共同沟设计指针》以及《道路法》等。其中《共同沟建设特别措施法》从根本上解决了"规划设计、投资建设、运营管理及费用分担"等关键问题。

2. 掌握了比较成熟先进的建设技术

国外在管廊建设技术上的先进性主要体现在设计规划、管廊用途和施工技术几个方面。某些国家和地区的管廊已经规划成环、成网，例如巴塞罗那的管廊网已经呈环状，马德里的综合管廊已呈网状。人口最为密集的东京，已提出了利用深层地下空间资源（地下50m），建设规模更大的干线共同沟网络体系的设想。

在功能上，有些地区的管廊不仅可以集成通信、电力、燃气、给水排水等用途，现在正在逐步增加供热、废物输送等管道，更有部分管廊兼有民用和人防的双重功能，如瑞典斯德哥尔摩市长达30km，直径8m的管廊，战时可兼作重要的人防工程。

在施工技术上，国外某些国家已经采用了比较先进的施工方法，当前地下综合管廊的本体工程施工一般有明挖现浇法、明挖预制拼装法、盾构法、顶管法、浅埋暗挖法等。

（1）明挖现浇法

在支挡条件下，利用支护结构，在地表进行地下基坑开挖，在基坑内施工做内部结构的施工方法，如图1-4。其具有简单、施工方便、工程造价低的特点，适用于新建城市的管网建设。

（2）明挖预制拼装法

明挖预制拼装发是一种较为先进的施工方法，要求有较大规模的预制场和大吨位的运输及起吊设备，如图1-5。特点是施工速度较快、施工质量易于控制、模具重复利用率高，对于管廊施工量大的情况下工程总造价较低。

图1-4　明挖现浇法

图1-5　明挖预制拼装法

（3）盾构法

使用盾构机在地中推进，通过盾构外壳和管片支撑四周围岩，防止发生隧道内的坍塌，同时在开挖面前方用刀盘进行土体开挖，通过出土机械运出洞外，靠推进油缸在后部加压顶进，并拼装预制混凝土管片，形成隧道结构的一种机械化施工方法。示意图如图 1-6。

图 1-6　盾构机示意图

（4）顶管法

当管廊穿越铁路、道路、河道或建筑物等各种障碍物时，采用一种暗挖式的施工方法。在施工中，通过传力顶铁和导向轨道，用支撑与基坑后座上的液压千斤顶将管线压入土层中，同时挖除并运走管正面的泥土，如图 1-7。适用于软土或富水软土层。无需明挖土方，对地面影响小；设备少、工艺简单、工期短、造价低、速度快；适用于中型管道施工，但管线变向能力差，纠偏困难。

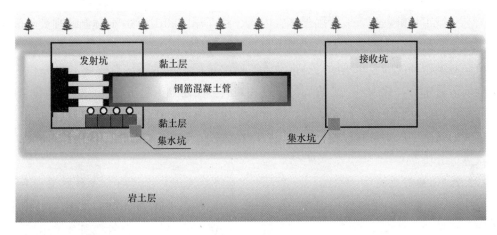

图 1-7　顶管法示意图

（5）浅埋暗挖法

在距离地表较近的地下进行各类地下洞室暗挖的一种施工方法，如图 1-8。相对其他方法埋深较浅，可以适应地层岩性差、存在地下水等复杂环境条件。

在明挖法和盾构法不适用的条件下，浅埋暗挖法显示了巨大的优越性。它具有灵活多变、道路、地下管线和路面环境影响性小，拆迁占地小，不扰民的特点，适用于已建城市的改造。

图1-8　浅埋暗挖法

3. 解决了综合管廊投融资及费用分摊问题

法国、英国等欧洲国家综合管廊的建设费用由政府承担，以出租的形式提供给管线单位，以此实现投资的部分回收；日本在1963年制订《共同沟法》以后，规定地下综合管廊为道路合法的附属物，建造地下综合管廊的费用，一部分由预约使用者负担，另一部分由道路管理者负担。其中，预约使用者负担的投资额大约占全部工程费用的60%～70%，后期的运营管理则采取道路管理者与各管线企业共同维护管理的模式。

1.2.2　国内综合管廊建设现状

我国改革开放以来，经济快速发展，综合国力大幅提升，人民的生活水平极大改善。随着城镇建设步伐的加快，城市地下管网结构老化、管理方式陈旧、建设规模不足等问题凸显。有些城市相继发生管线泄漏爆炸、内涝、路面塌陷和因道路开挖造成的安全事故，严重影响了人民群众生命财产安全、城市市容及运行秩序。

市民对城市环境的要求不断提高推动着政府决策层建设地下综合管廊的决心和信心。但就当前形势来看，我国对综合管廊的研究和实践方面还处于起步阶段，相比具有一百多年发展历程的国外管廊建设水平，在投资规模、建设技术、资金筹措和管理模式等方面都还有很大的差距。以下从建设规模、建设技术、建设资金三个方面对于国内综合管廊的建设现状进行分析。

1.2.2.1　建设规模

近几年，我国综合管廊建设速度明显加快。2015年，全国共有69个城市在建地下综合管廊，总长约1000km，总投资约880亿元。2016年，我国综合管廊开工总长度超过2000km，呈现爆发式增长态势。2017年拟在建综合管廊项目515个，涉及31个省，里程超过6500km。可以看出，我国近年来综合管廊的建设呈发展态势，建设规模日益增长。

总体来看，国内目前已建综合管廊的规模较小，与西方发达国家相比还有很大差距，综合管廊的潜在市场规模还很大。到目前为止，中国大陆主要城市修建的综合管廊总长约

500km，与世界其他城市相差不大。然而，在人均平均长度方面，每千人只有 0.24km，远低于世界平均水平，如图 1-9 所示。如果参考世界其他发达城市的综合管廊人均平均长度，每千人应有 2km，中国大陆的综合管廊长度应接近 27000km，这表明中国大陆主要城市的地下综合管廊建设规模远远不够。

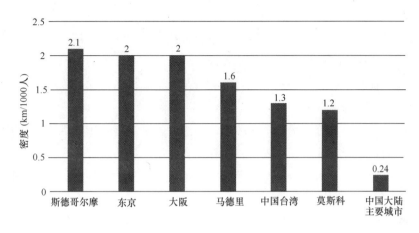

图 1-9　不同城市综合管廊每千人平均长度

1.2.2.2　建设技术

建设技术方面，国外对地下综合管理有较为成熟的建设经验，我国对于综合管廊建设技术仍处于研究与探索阶段，主要在以下三个方面存在差异。

1. 规划技术

综合管廊前期规划时需准确地预测管线的未来需求量，使地下综合管廊在规划寿命期内能满足服务区域内的管线需求。在推定未来需求量时，需充分考虑社会经济发展的动向、城市的特性和发展的趋势。

国外管廊技术发展较先进的国家对如何满足城市各类管线集中敷设的研究已经很成熟，除了传统的电力、电信、自来水管线以外，还可以把燃气管道、污水管道、垃圾输送等各种设施共同布设在内。相比之下，我国对先进管廊技术的研究还刚起步，除了电力、通信、自来水和热力管道，其他城市管线基本还未能做到合并敷设。目前仅有浦东张杨路综合管廊中敷设了燃气管道，但仍然采用单独一室分开敷设的方式。在综合功能的研究上，国内还有很长路要走。

2. 设计技术

地下综合管廊的设计在国外发达国家有比较成熟的相关设计规范，已形成完整的技术体系。但目前国内相关规范还有待完善，在实践中一般以借鉴国外现成的技术体系维护。在实际应用中，由于在管线特性、施工技术、材料性能以及地质条件等方面各个国家之间都存在差异，设计上还需要按照国情特点研究制定相关设计规范，为实现我国地下综合管廊设计的标准化管理打好理论基础。

3. 施工技术

目前国内已建的地下综合管廊工程多以明挖现浇法为主，该施工工法的成本较低，但对环境和正常交通的影响较大。在新城区建设初期，此工法受到的障碍较小，具有明显的经济优势。随着我国地下综合管廊建设的推广，地下综合管廊与其他地下设施的相互影响难以避免，对施工控制也会逐渐提高要求，单一的施工工法将逐渐不能满足实际需要，使用更全面、更实用、更先进的施工技术成为当务之急。

1.2.2.3　建设资金

地下综合管廊属于市政公用基础设施，带有公共产品的性质，具有投资大、回收期长的固有特点，这也决定了政府在综合管廊建设与运维管理服务中的主导地位。目前，地下综合管廊建设资金的来源总体呈现"项目自有资金＋金融机构借款，政府投资＋社会资本投资，社会资本投资为主"的特征。

随着我国城市基础设施投融资体制改革的推进，地下综合管廊项目融资呈现多种融资方式并存的局面，融资模式不断发展完善。在综合管廊建设的融资模式方面进行更深一步的探索，寻找更加公平、科学、适应国情和地方特点的是新时代管廊建设要面临的重要课题。

第 2 章 综合管廊建设效益与投融资模式分析

2.1 综合管廊建设成本效益分析

目前城市市政管线（电力、通信、给水、排水、燃气及热力管线等）传统敷设方法以地下直埋为主，因管线更换和维护需要，需重复开挖道路，严重影响城市道路交通和居民生活环境，造成人力、物力的巨大浪费，且开挖过程中容易意外损坏管道，甚至造成安全事故。

现代城市发展中，高效发展基础设施的进程与地下空间的系统利用密不可分。当前形势下，经济地利用地下空间成为城市建设水平的一项关键参考。相比之下，综合管廊的社会效益显著，但一次性建设投资巨大，部分地区每千米管廊的建设甚至需要上亿资金；即使投资成本有较高的优化率，综合管廊解决方案仍然要比传统解决方案承担更高的成本。目前国内关于综合管廊的研究大部分集中在规划、设计及投融资模式方面，对经济效益的分析研究很少涉及，且不彻底。因此，判断综合管廊工程是否值得建设投入，需要与传统直埋方式进行对比分析，充分考虑其直接与间接经济效益。

本节主要对综合管廊的成本和效益结构、计算方式进行详细解释。特别对比了相对管线直埋方式，两者在成本构成和经济效益方面的差异。

2.1.1 管廊建设成本构成

参考天津大学有关综合管廊政企合作运营模式的研究，以下对传统管线直埋和综合管廊两种管线铺设工程方式的费用组成结构进行分析。

按照直接费用和间接费用分析两类管线铺设工程的费用结构，如图 2-1 所示。

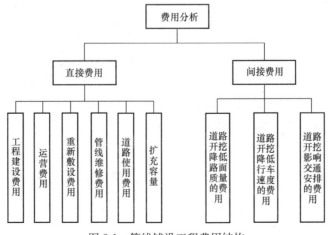

图 2-1 管线铺设工程费用结构

直接费用主要包括在管廊建设和管线敷设阶段产生的建设施工成本、建成之后的运维成本和再次扩容修理产生的扩容成本；间接费用主要指在道路开挖或再次开挖过程中对于交通质量和路面质量造成的影响，可以理解为管线工程造成的外部成本。

2.1.2　管廊建设效益构成

综合管廊的建设效益构成如图 2-2 所示。其中直接效益以综合管廊在使用过程中对各部门收取的相关管理费用为主，包括管道使用费用和相关的管理维护费用等，另外还包含使用综合管廊对政府和其他业主方单位直接产生的效益。此部分收费主要用于管廊系统的建设和管理运维支出。对管廊运营状况的实际情况了解后可以发现，管廊收取用户的租金并不足够支付相应费用，收支差值往往要通过政府的相关补助来进行填补。

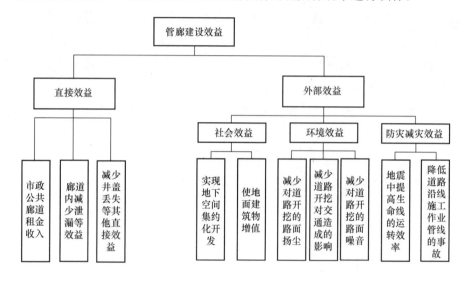

图 2-2　综合管廊的建设效益构成

建设综合管廊的收益不限于直接受益，其外部效益也是不可忽视的一部分。综合管廊运营的外部效益主要表现为对于社会的后期影响效应，建设综合管廊一方面可以有效减少道路反复开挖、减小道路损伤、充分利用地下环境资源；另一方面管廊基础设施的完善，能够更好的提升综合管廊的商业价值，吸引社会资本投资或合作，带动经济全面发展；另外，城市综合管廊还可以解决污水入廊、垃圾入廊，彻底解决垃圾围城的问题。污水管道入廊后，由原来的埋在地下看不见，变为安装在管廊内看得见，且可以利用管廊通风、排水、电气、监控、照明等附属设施。垃圾入廊在我国广州地区已经有使用的成功经验，它通过负压技术把生活垃圾通过管道输送到中央垃圾收集点，避免了垃圾收集、运输中的二次污染。所以，对综合管廊的外部经济效益难以进行具体估计，但其对社会的收益是显著而长期的，这是政府投入巨额资本发展和完善综合管廊系统的内在原因。

2.1.3　综合管廊与管线直埋成本效益对比

参考国内外有关研究，在决策支持系统中，为了更加精确的比较综合管廊与管线直埋成本的效益，采取定量策略分析综合管廊规划是必要的步骤。本节以定量方式解释了传统直埋管线及综合管廊的建设成本构成和相关计算方法，并通过实例进行分析计算，对比两者的经济效益和各自优劣势。

2.1.3.1　成本计算方法说明

1. 传统直埋管线成本计算方法

采用传统直埋方式所产生的总成本费用包括敷设成本、重新敷设成本、维护费用和其施工时产生的其他外部费用，详细计算方法如下。

（1）管线直埋敷设成本 $DC_{直1}$

传统管线直埋方式的敷设成本包括给水管线、电力管线、通信管线等各种管线安装的费用。假设 A 管线的单价为 S_1，长度为 L_1，A 管线的费用 $M_1 = S_1 \times L_1$，B 管线的费用为 M_2，C 管线的费用为 M_3 等，则首次敷设成本 $DC_{直1} = M_1 + M_2 + M_3 + \cdots + M_n$。

（2）管线重新敷设成本 $DC_{直2}$

各种管线有其自身的使用寿命。传统直埋方式下，由于受到氧化、沉降等自然因素的影响，管线的寿命缩短，加快了管线更换的频率。理想状态下，电缆使用周期一般为 15 年，铸铁材质的供水管线的使用时间一般为 20～30 年，所以需要更换老化管线而进行道路开挖，重新敷设管线的费用为：

$$DC_{直2} = \sum_n \sum_{t=1}^{50} M_{t,n} \times \frac{P_{t,n}}{(1+i)^t} \tag{2-1}$$

式中　$M_{t,n}$——第 t 年第 n 种管线重新铺设时的费用；

　　　i——第 n 种的管线在第 t 年时重新铺设费用的年均增长率，取 3%，下同；

　　　$P_{t,n}$——第 t 年重新敷设第 n 种管线的概率。

（3）传统管线维护费用 $DC_{直3}$

一般情况下，传统直埋方式管线的维护费用计算公式为：

$$DC_{直3} = \sum_n \sum_{t=1}^{50} M_{t,n} \times (1+i)^{-t} \tag{2-2}$$

式中　$M_{t,n}$——第 t 年敷设第 n 种管线的敷设费用；

　　　i——利率按 3% 计算，下同。

（4）传统直埋产生的其他外部费用 $DC_{直4}$

管线直埋于道路下，造成道路的反复开挖，对城市道路及安全产生诸多影响。按照被影响的对象可将这些影响分为三类：一是对城市道路质量的影响，二是对城市交通的影响，三是管线泄漏产生的费用。具体成本测算方法如下：

1）道路修复成本 $EC_{直1}$

道路开挖对道路产生的影响主要体现在路面的折旧、沉降、开裂、坑洞或突起等方面。同济大学的相关数学分析与论证指出，道路纵向开挖对道路质量的影响系数为 0.35，道路横向开挖对道路质量的影响系数为 0.40。根据道路折现率及每年道路开挖的概率，可对道路修复的成本进行估算。因此，传统直埋敷设方式对道路质量产生的影响成本的估

算方法为:

$$EC_{直1} = \alpha \times P_{W} \times C_{W} \times \sum_{r=1}^{50} (1+r)^{-j} \tag{2-3}$$

式中　α——开挖方式系数;

　　P_{W}——道路开挖的概率;

　　C_{W}——开挖道路的修建费用,元/m²。

2) 传统直埋增加的交通成本 $EC_{直2}$

由于道路开挖占用道路面积,导致交通拥堵。交通拥堵现象会产生额外的时间及燃料消耗和额外的大气与噪声污染两方面的交通成本,交通成本可用 $EC_{直2} = EC_{直21} + EC_{直22} + EC_{直23}$ 表示。此外,传统直埋式管线铺设方式对道路开挖增加的交通成本还包括增加的交通事故成本、心理成本、汽车损耗成本和货运成本等。

① 额外时间成本 $EC_{直21}$

道路拥堵导致了出行时间的增加,使额外时间成本成为直埋方式下交通成本重要组成部分。当今社会,随着经济的发展,时间创造的价值不断增加,使得道路拥堵产生的额外时间成本变成非固定成本。道路开挖引起的经济损失,与道路的机动车流量价值成正比,与城市经济的发展水平密切相关,即城市经济越发达,人均 GDP 越高,相应的每车每小时的货币价值也越高,因此,经济发达的大城市中道路拥堵所导致的时间浪费会使得社会生产成本的大幅度增加。这部分成本的计算方法可通过公式(2-4)实现,该公式中主要考虑车辆数及每辆车平均损失的时间两个参数。为了方便最后的时间成本统计,还需将其转换为经济成本,即,乘上机动车的平均时间价值。其中机动车的平均损失时间是由式(2-5)和式(2-6)求得的。

$$EC_{直21} = N \times \overline{VOT} \times \overline{T} \tag{2-4}$$

$$\overline{T} = \overline{T}_{堵} - \overline{T}_{畅} \tag{2-5}$$

$$\overline{T}_{畅} = \frac{\overline{l}}{\overline{V}_{畅}} \tag{2-6}$$

式中　$EC_{直21}$——机动车出行时由于拥堵产生的额外时间成本;

　　N——机动车出行的次数;

　　$\overline{T}$——机动车的平均损失时间;

　　$\overline{VOT}$——机动车的平均时间价值;

　　$\overline{T}_{堵}$——拥堵状态下的通过时间;

　　$\overline{T}_{畅}$——自由流状态下的通过时间;

　　$\overline{l}$——所通过路段的长度;

　　$\overline{V}_{畅}$——自由流状态下的平均车速。

② 额外燃料成本 $EC_{直22}$

在道路拥堵状态下,多次踩刹车和油门会造成燃料的额外消耗。据测试,一次紧急停车和急速起步,可多消耗 35mL 的汽油;急速起步 10 次,增加耗油 120mL 以上;突然加速要比平稳加速多消耗 1/3 燃油；空踩油门 10 次，浪费燃油 60mL 以上。此外，道路拥堵会导致车辆使用时间增加，这同样增加了燃料的消耗。可见，交通拥堵对车辆使用成本的一个主要影响表现为增加了车辆燃油消耗。

额外燃油成本主要通过车流量、车速监测结果和单位里程油耗进行计算。根据不同行驶速度下单位里程车辆的耗油量，计算拥堵比理想状态下单车单位行驶里程增加的耗油量，由此计算总耗油量的增加和由此导致的燃料损耗成本，其测算公式为：

$$TFE = L \times \{U_s[F_s(V_1) - F_s(V_0)] + U_m[F_m(V_1) - F_m(V_0)] + U_1[F_1(V_1) - F_1(V_0)]\}$$
$$(2\text{-}7)$$

$$EC_{直22} = K \times TFE \tag{2-8}$$

式中　　　　　TFE——总耗油量；

　　　　　　　TF——燃油成本；

　　U_s、U_m、U_1——分别对应小型车、中型车、大型车的车流量；

　　　　　　　　L——综合管廊所在路段的长度；

　　　　　　　　K——燃料价格；

　　　　　V_1、V_0——分别对应拥堵状态下和理想状态下的车辆行驶速度；

$F_s(V)$、$F_m(V)$、$F_1(V)$——速度 V 下，小、中、大型车的单位里程耗油量。

③ 额外污染物成本 $EC_{直23}$

在道路拥堵情况下，由于燃油量的增加，机动车尾气排放的污染物要远大于道路通畅条件下的排放量。相关研究表明，受车速变化影响，不同排放标准车辆的各项污染物排放因子在低速情况下明显高于正常行驶。当车速低于每小时 50km 至每小时 60km 的速度区间时，随着速度降低，各污染物的排放因子变大，也就是说其排放出来的污染物逐渐增多。拥堵导致的车辆怠速、缓行情况下，污染物的超额排放量计算方法类似于额外油耗的计算方法。在进行计算该部分成本时，参考额外油耗的公式，将单位里程的油耗量换成某种污染物的排放因子，其测算公式为：

$$TEE = L \times \{U_s[ef_s(V_1) - ef_s(V_0)] + U_m[ef_m(V_1) - ef_m(V_0)] + U_1[ef_1(V_1) - ef_1(V_0)]\}$$
$$(2\text{-}9)$$

$$EC_{直23} = c \times TFE \tag{2-10}$$

式中　　　　　TEE——污染物总排放量；

$ef_s(V)$、$ef_m(V)$、$ef_1(V)$——速度 V 下，小、中、大型车的某种污染物因子；

　　　　　　　　c——某种污染物的单位损害价值。

④ 管线漏损产生的费用 $EC_{直3}$

由于铺设传统管线采用的管道材料质量、管道接口密实、管道受腐蚀及施工质量等原因，传统管线经常出现一定程度的泄漏，同时传统管线又是被埋于地下，导致无法被及时发现而进行维护，造成巨大的资源浪费。在对管线进行抢修和维护的同时，又对人民的生活质量造成了一定的影响。假设漏损的体积为 V（m^3），单价为 D（元/m^3），则漏损所产生的费用通过如下公式计算：

$$EC_{\text{直}3} = V \times D \tag{2-11}$$

2. 综合管廊成本计算方法

采用综合管廊方式所产生的总成本费用分为综合管廊的建设成本、维护费用、运营成本和其施工时产生的交通成本，以下详细说明计算方法。

（1）综合管廊管线建设成本 $DC_{\text{管}1}$

综合管廊建设成本包括给水管线、电力管线、通信管线等各种管线安装和廊体的建设费用。在管线安装方面，假设 A 管线的安装单价为 S_1，长度为 L_1，则 A 管线的费用 $M_1 = S_1 \times L_1$，B 管线的费用为 M_2，C 管线的费用为 M_3，以此类推，可知廊体建设成本为 E，则建设成本计算公式为：

$$DC_{\text{管}1} = M_1 + M_2 + M_3 + \cdots + M_n + E \tag{2-12}$$

（2）综合管廊的管线维护费用 $DC_{\text{管}2}$

城市综合管廊内容纳管线的维护管理是保证管道内管线正常工作的条件，由于传统直埋管线的维护费用一般远远大于相同管线规模的综合管廊维护费用，因此综合管廊的管线维护费用可以在传统直埋方式管线的维护费用上取一个折减系数，其计算公式为：

$$DC_{\text{管}2} = \alpha \sum_n \sum_{t=1}^{50} M_{t,n} \times (1+i)^{-t} \tag{2-13}$$

式中　　α——折减系数，一般取 0.5 左右；

$M_{t,n}$——第 t 年 n 种管线的维护费用。

（3）综合管廊的运营成本 $DC_{\text{管}3}$

运营成本是建设项目投产运行后一年内的生产运营花费的全部成本和费用之和。

（4）综合管廊增加的交通成本 $DC_{\text{管}4}$

综合管廊的交通成本主要产生于管廊的建设时期。管廊建设时需对道路进行开挖，对城市交通秩序、城市道路本身及城市环境产生影响。因为环境成本具有较高的主观性，难以定量地进行准确分析和计算，所以综合管廊的交通成本只考虑对城市交通的冲击和对道路本身的破坏。由于这部分交通成本与传统直埋式的交通成本性质一样，因此在进行综合管廊的这部分交通成本的计算时采用传统直埋式的计算方法进行计算即可。

2.1.3.2　成本效益对比实例分析

本节以深圳市华夏路综合管廊为例，深入对比分析综合管廊方式与管线直埋方式的成本与经济效益差距，为综合管廊的大规模推广建设提供参考。

1. 成本对比分析

华夏路的道路等级为城市主干道Ⅰ级，路幅宽 60m，双向 8 车道，全长 1277.56m，在修建华夏路的同时，配套建设综合管廊。该道路综合管廊为光明新区内建设的第一项综合管廊工程。该综合管廊的断面尺寸为 3.0m×2.8m，内敷设的市政管线有给水管线、电力管线、通信管线等。假定华夏路传统管线直埋铺设长度和修建的综合管廊长度一致，为1.28km，计算周期设为 50 年。

（1）管线直埋时的敷设成本 $DC_{\text{直}1}$

光明新区华夏路采用传统管线直埋的方式，其首次敷设成本如传统管线敷设成本如表2-1 所示。

传统管线敷设成本　　　　　　　　　　　　表 2-1

序号	名称	规格	单位	数量	单价（元）	合计（万元）
1	给水管线	$DN600$	m	1615	2000	323
2	电力管线	2m×2m 隧道	m	1280	4500	576
3	通信管线	36 孔	孔公里	42.53	75453	320.9
4	热力管线	2m×2m 隧道	m	1280	1500	192
5	天然气管线	$DN500$	m	1280	4500	576
6	污水管线	$DN600$	m	1280	1600	204.8
	合计					2192.7

（2）管线重新敷设成本 $DC_{直2}$

在计算周期 50 年内，以上管线则需要重新敷设 2 次，分别为第 20 年、第 40 年，由式（2-1）知，则管线重新铺设需要的费用为：

$$DC_{直2} = \sum_n \sum_{t=1}^{50} M_{t,n} \times \frac{P_{t,n}}{(1+i)^t} = 1723.4 \text{ 万元}$$

（3）传统管线维护费用 $DC_{直3}$

假定以上管线每年的维护费用合计为 120 万元，总建设期为 3 年，从第 4 年开始维护保养，按 50 年运营期计算，由式（2-2）知，则管线的维护费用为：

$$DC_{直3} = \sum_n \sum_{t=1}^{50} M_{t,n} \times (1+i)^{-t} = 2748.1 \text{ 万元}$$

（4）传统直埋产生的其他外部费用 $DC_{直4}$

1）道路修复成本 $EC_{直1}$

假设华夏路采用传统直埋的方式铺设管线，由于市政管线修理更换等原因造成该段路每两年开挖一次，开挖方式为纵向开挖，开挖面积为 300m²/km，长度 1.28km，假设受影响的道路面积的造价指标为 600 元/m²，根据式（2-3）可以计算出 $EC_{直1}$ 为 2016000 元。

2）传统直埋增加的交通成本 $EC_{直2}$

① 额外时间成本

假定在计算年限 50 年内，华夏路道路开挖工程每两年进行一次，每次施工 10 天。根据华夏路的实际路况，假设其 50 年内的年平均日 pcu[1] 为 50000 辆，每辆车在施工期间的

---

❶ pcu（Passenger Car Unit）标准车当量数，也称当量交通量，是将实际的各种机动车和非机动车交通量按一定的折算系数换算成某种标准车型的当量交通量，折算系数在我国的《公路工程技术标准》JTG B01—2014 和《城市道路工程设计规范》（2016 年版）CJJ 37—2012 中均有规定，城市道路中的折算系数与公路中的折算系数有些许差异交叉口与路段也有差异，我国大多以小客车为标准车型，在不同公路等级与不同车道公路中有时会采用中型车为标准车，具体可参见《公路工程技术标准》JTG B01—2014 和《城市道路工程设计规范》（2016 年版）CJJ 37—2012。

平均损失时间为5min，取40元/h进行计算，得出额外时间成本 $EC_{直21}$ 为4166.70万元。

②额外燃料成本 $EC_{直22}$

由于华夏路上各种车型的比例不好预测，为了涵盖所有可能性，在计算时采用极值计算。即将所有车辆都看作小型车和将所有车辆都看作大型车进行两次计算。通过查阅相关资料，小型车的百公里额外油耗平均值为2L/100km，大型车的额外油耗为6L/100km。根据式（2-7）可知在计算年限内额外的燃料成本的最小值 $EC_{直22}$ 为825.00万元，最大值 $EC_{直22}$ 为2475.00万元，取其平均值则为1650万元。

③额外污染物成本 $EC_{直23}$

选取一氧化碳（CO）和氮氧化物（NO_x）进行额外污染物成本的计算。通过交通拥堵的相关调查研究成果，拥堵状态下小型车额外排放的尾气中CO的额外排放因子设为2g/km，NO_x 的额外排放因子设为1g/km，而大型车的各种额外排放因子则采用小型车的2倍进行计算。NO_x 的边际成本为20810元/t、CO的边际成本为3247元/t。根据式（2-7）可得出计算运营周期50年内的 $EC_{直23}$ 最小值为187.72万元，$EC_{直23}$ 最大值为375.44万元，取其平均值为281.58万元。

综上，交通成本 $EC_{直2} = EC_{直21} + EC_{直22} + EC_{直23} = 6098.3$ 万元。此外，交通成本还包括交通事故、心理、汽车损耗和货运等成本。但由于交通事故、心理、汽车损耗和货运等成本计算的主观性与交叉性较强，不便于进行定量分析。本书在计算交通成本时暂时只对前三种适合进行定量分析的成本进行计算，为传统管线直埋方式可行性的分析提供数据支持。

3）管线漏损产生的费用 $EC_{直3}$

据《中国城市建设统计年鉴》（2016年）统计，2016年全国供水管道共为74.55万km，年均漏水量873054万 m^3/a，全国天然气管道长度为11.76万km，其气体损失量为103546万 m^3/a。经过分析计算，本文中的华夏路段自来水和天然气的泄漏量分别为15000m^3/a、9000m^3/a，根据目前国内自来水和天然气单位体积的费用，该路段管线漏损所产生的费用为 $EC_{直3} = 1040$ 万元。

（5）综合管廊管线首次建设成本 $DC_{管1}$

若华夏路通过采用建设综合管廊的方式，则综合管廊的直接工程成本如综合管廊的直接工程成本，见表2-2所示。

综合管廊的直接工程成本　　　　　　　　　　　　　　　表2-2

序号	工程/费用名称	单位	数量	单价（元）	投资金额（万元）	备注
1	综合管廊通道	m	1280.00	50217.72	6427.87	通道长度
1.1	挖沟槽土方	m^3	109312.00	33.00	360.73	挖机接力
1.2	回填石粉碴	m^3	61941.76	77.00	476.95	
1.3	基坑支护闭水	m^2	15360.00	880.00	1351.68	

序号	工程/费用名称	单位	数量	单价 (元)	投资金额 (万元)	备注
1.4	施工降水	项	1.00	1500000.00	150.00	
1.5	C30 通道钢筋混凝土	m³	12876.80	1980.00	2549.61	含支架
1.6	消防系统	项	1.00	5000000.00	500.00	
1.7	通风系统	项	1.00	1000000.00	100.00	
1.8	监控系统	项	1.00	2000000.00	200.00	
1.9	监控中心土建工程	m²	500.00	3300.00	165.00	
1.10	监控中心监控设备	项	1.00	500000.00	50.00	
1.11	给水系统	m	1280.00	3300.00	422.40	给水管道
1.12	排水系统	台	13.00	55000.00	71.50	污水泵台数
1.13	照明系统	项	1.00	300000.00	30.00	
2	给水排水工程				700.39	
2.1	给水工程	m	2478.00	303.25	75.15	管廊长度
2.2	雨水工程	m	5665.00	715.96	405.59	管道长度
2.3	污水工程	m	4395.00	499.78	219.65	管廊长度
3	电气工程				1620.34	
3.1	电力工程	m	230.00	58574.06	1347.20	通道长度
3.2	通信工程	m	0.00	0.00	57.16	排管长度
3.3	照明工程	套	112.00	19283.43	215.97	设备台套
4	燃气工程	m	1480.00	900.00	133.20	管道长度
综合管廊、水、电、气工程总计					8881.80	

（6）综合管廊的管线维护费用 $DC_{管2}$

假定以上管线每年的维护费用合计为 120 万元，总建设期为 3 年，从第 4 年开始维护保养，计算期按 50 年计算，由公式（2-11）知，则管线的维护费用为：

$$DC_{管2} = \alpha \sum_n \sum_{t=1}^{50} Q_{t,n} \times (1+i)^{-t} = 861.7 \text{ 万元}$$

（7）综合管廊的运营成本 $DC_{管3}$

华夏路综合管廊主要包括排水工程、电气照明工程、通风系统以及管廊检测等其他费用，经计算运营成本为 25.62 万元/km，年运营成本为 32.8 万元，在 50 年运营期计算得出综合管理运营成本为 1640 万元。

（8）综合管廊增加的交通成本 $DC_{管4}$

在实际修建的过程中，华夏路综合管廊的建设工程并不是作为一个单一的工程项目进行的。因此该管廊虽采用明挖施工的方式进行修建，但其并未对城市道路、交通产生影响，即该综合管廊修建时的交通成本可以计为零。由于道路使用年限远小于计算年限，其生命周期内的交通成本也为零。

2. 经济效益对比分析

（1）传统管线直埋方式和综合管廊直接费用对比，见表 2-3

传统管线直埋方式和综合管廊直接费用对比（万元）　　　　表 2-3

传统直埋方式					综合管廊方式				
首次敷设成本	重新敷设成本	管线维护费用	其他外部费用	费用合计	直接工程成本	管线维护费用	运营成本	交通成本	费用合计
2192.7	1723.4	2748.1	7138.3	13802.5	8881.80	861.7	1640	0	11383.5

（2）间接效益分析

综合管廊工程减少了敷设、维修地下管线对交通和居民造成的影响，保持了路容的完整美观，并增加了工程管线的耐久性；与此同时，综合管廊还为市政管线铺设提供便利，减小了断水、停电等事故发生的概率，为工农业生产和人民生活提供了保障。对于有效利用道路下的空间，节约城市用地也有着关键性作用。

经过分析与推算，华夏路综合管廊节省了 3000m^2 的土地空间。根据深圳目前出台的城市地下空间出让金相关法规条例，地下空间的土地出让金按城市土地基准价的 40% 计算，土地基准价为 5000 元/m^2，则综合管廊释放土地产生的效益为 5000×40%×3000＝600 万元。

（3）其他效益分析

据南方网的数据统计，南京市平均每天发生爆管事故 30 多起，北京市大型水管崩裂事故每 4 天一起，燃气管道、污水管道等地下管道事故层出不穷，根据相关数据推算，国内每年因施工等人为因素造成的损失可达 100 亿之多。综合管廊作为一种新的市政基础设施，一定程度上避免了上述状况的出现，修建综合管廊有不可忽视的社会和经济效益。

3. 综合比较

在计算周期 50 年内综合管廊的综合费用总计为 10783.5 万元，平均造价为 8.43 万元/m，而传统管线直埋方式的综合费用总计为 13802.5 万元，平均造价为 10.8 万元/m，费用大约是综合管廊的 1.28 倍，传统管线直埋与综合管廊成本效益对比，见表 2-4 所示。

传统管线直埋与综合管廊成本效益对比（万元）　　　　表 2-4

传统管线直埋			综合管廊		
费用合计	间接效益	综合效益	费用合计	间接效益	综合效益
13802.5	0	13802.5	11383.5	600	10783.5

从表 2-4 可以看出，尽管综合管廊的初期建设成本比较高，但从长期综合效益计算来看，其相比于传统直埋方式仍然具有较大优势。整理国外相关文献的研究结果后，我们发现目前大部分研究结果与本文得出的结论相似。从长期可持续性的角度来看，越来越多的证据表明传统直埋法具有社会破坏性、环境破坏性和显著的更高的成本，即发展方式是不可持续的。

2.2　综合管廊投融资模式分析

从我国现阶段已经建成的如广州、昆明、厦门、南宁、南京、台北等地的综合管廊来看，目前我国综合管廊建设及运营的模式主要有以下 5 种：

（1）政府直投模式：国有企业全资负责建设综合管廊，建成后以国有企业为主导组建项目管理公司向管廊使用单位收取租金来运营综合管廊；

（2）联合出资模式：政府和管线单位联合出资建设及运营综合管廊；

（3）股份合作模式：政府方企业代表和社会资本组建成股份合作制的模式来建设及运营综合管廊；

（4）特许经营模式：以特许经营权的方式授予社会独资企业来进行综合管廊的建设及运营管理工作，政府不参与建设而是在后期运营过程中给予定价指导及补贴；

（5）PPP 模式：社会资本负责项目的设计、建设、运营、维护工作，政府负责价格和质量监管的模式。

下面将按照 5 种不同的管廊建设模式进行详细叙述，并分析不同运作模式下的优势和可能存在的问题。

2.2.1　政府直投模式

2.2.1.1　概念及运作过程

政府直投指综合管廊的主体设施以及附属设施全部由政府投资，管线单位租用或无偿使用综合管廊空间，自行敷设管线。政府直投模式下，资金来源主要有政府财政资金投入、以土地为核心的经营性资源融资、发行市政专项债，或由政府下属国有资产管理公司直接出资、申请金融机构贷款和发行企业债等。项目建成后以国有企业为主导，通过组建项目公司等具体模式实施对项目的运营管理。政府直投模式中的单位关系如图 2-3 所示。

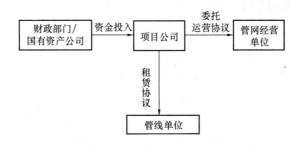

图 2-3　政府直投模式

"政府直投模式"的常见形式主要包括。

1. 财政预算拨付

政府直接通过拨款形式将资金注入综合管廊建设项目，此项资金一般是全额拨付的，不存在分期支付形式。财政资金主要来源于政府一般公共预算和政府性基金预算，主管部门需在项目开工前编制完成项目预算并报人大决议。

2. 委托贷款

政府委托平台公司以综合管廊建设的名义向国有银行申请贷款,由财政部门出具还款担保函,这种形式实质上也是政府全权出资。

3. 专项投入

政府以综合管廊项目申请到的上级政府或中央财政资金,或出具政策专门成立的综合管廊建设基金,我们一般视为综合管廊建设运营专项资金,要求专款专用,换言之,仅能够用于综合管廊建设和运营支出。当然,此种政府直投方式很有可能难以覆盖管廊建设成本及运营成本,需要财政预算资金或金融机构借款辅助,其往往用作建设期利息补贴或是运营期成本补贴。

4. 以上三种综合使用

即综合管廊的建设所需资金其中既包括政府的直接财政拨款,同时包括政府通过其他形式拨付的款项,例如银行贷款和专项资金的形式。综合运用以上三种形式,一定程度上可以暂时缓解政府的直接财政压力,一般来说,政府比较倾向于采用此模式。

2.2.1.2 "政府直投模式"的优点

"政府直投模式"是国内外普遍采用的综合管廊建设传统投资模式。从管廊建设的性质来看,其属于重点基础设施项目,外部效益突出,是城市生产生活正常进行的重要保证。采取政府全额出资建设的方式可以有效的保证项目建设进度,确保项目的及时建设和完成,避免因谈判时间过长而引起的时间延误;保证政府对项目的控制,有利于服务的稳定提供。

从经济效益看,综合管廊项目的投资规模大、短期效益不明显、回报率较低,因此吸引社会资本的难度较大。而由政府出资,则可以避免因为管廊建设经济效益不明显而出现融资困难的问题。

另外,采用这种模式,对于管线单位来说,可以有效降低管线的建设成本;对于政府投资者而言,也可以通过合理的收取租赁费回收投资,并保证对项目的控制权。一般在政府财政状况较好的地区较为适用。

2.2.1.3 "政府直投模式"的缺点

综合管廊项目一般投资规模较大,采用政府直接全资的模式短时间内会使政府面临资金短缺的问题,加重财政负担。由于政府必须一次性投入巨额资产,使得资产在公用事业上的沉淀现象加重,不利于充分发挥财政效能,开拓融资渠道,激活社会资本。由于政府投入了大量的资金,资金的回收是未知数,对政府来说存在很大的投资风险,加之综合管廊项目本身存在的诸多不可预测风险,政府承担的责任非常重大,需要制定相应的措施应对将来可能遇到的各类项目风险,以便有效的控制项目的运行和资金回收。

综合管廊在我国起步本身就比较晚,从设计到最后的建设运营,各方面的理论和实践经验都十分不足,而且国内的投融资市场本就不十分活跃,加之综合管廊是一个新鲜事物,被社会公众认可还需要一个过程,因此在我国"政府全权出资"的模式是最常用的方法。但由于综合管廊投资规模较大，并且建设期较长，这种模式无疑增加了政府的财政负担，要吸引更多的非国有资金投入到综合管廊项目的建设中来，还需要一段时间的努力。

2.2.1.4　实例

1. 欧洲地区管廊建设情况

欧洲是最早开始利用城市地下空间的地区，早在 19 世纪法国、英国、德国等国家就开始兴建综合管廊。

管廊在欧洲各国大规模兴建并形成网络，政府完全主导项目投资建设及后期运营管理是其关键因素之一。欧洲城市政府财政能力良好，有能力应对综合管廊建设一次性投入的巨额资金对政府造成的"脉冲"效应。政府出资开展管廊建设，建成之后产权归政府所有，避免了管线单位与政府之间关于管所有权归属的纠纷。

欧洲管廊的运营管理通过向管线单位出租管廊空间的形式展开，通过收取租金实现投资的部分回收及运行管理费用筹措，但并没有制定固定的收费标准，而是由管廊所在地议会每年通过听证进行确定，根据管廊的实际运营情况进行调整。这种运营管理模式运行前提是将管廊定性为公共产品，由社会大众的整体意愿定义产品价格，基本符合社会大众的利益需求。需要强调的是，政府直投模式必须有较为完整的法律体系进行保障，政府一般通过法律程序和具有法律效应的行政约束力来制约管线单位在建有管廊的区域必须入廊，保证管廊后期健康有效运营。

2. 广州大学城管廊建设情况

广州大学城综合管廊是广东规划建设的第一条综合管廊，也是目前国内距离最长、规模最大、体系最完整的一条综合管廊。该管廊与大学城建设紧密相关，采取统一规划、统一建设、统一布线的方式，集中铺设电力、通信、燃气、给水排水等市政管线。2003～2005 年共建设综合管廊 18km。大学城主线三舱综合管廊规划在小谷围岛中环路中央隔离绿化地下，沿中环路呈环状结构布局，全长约 10km，沟宽 7m，高 2.8m，支线管廊 8km。

广州大学城综合管廊作为市政基础设施的一部分，由政府主导建设。由财政拨款，建成以后作为资产注入广州大学城投资经营管理有限公司（国有公司）。该公司的主要业务是大学城经营性和准经营性市政公用设施、公共服务设施和高校后勤基础设施以及在大学城城市公共资源范围内相关项目的投资、经营管理及资本运营。公司投资项目涉及大学城的能源供应、市政设施和商业设施。如分布式能源系统、中水厂、信息枢纽等。目前公司主业是大学城供冷供热系统和中水系统经营，这两方面项目目前处于盈利状态，而在管廊管理方面，一直处于亏损。

3. 杭州管廊建设情况

杭州市规定绕城以内架空线必须全部上改下之后，启动了 220kV 管线上改下工程。该工程位于杭州市西湖区，涉及三条沿路的 220kV 高压线入地，总长度 7.8km，是专门的电力管廊。高压线入地后城市景观得到改善，也整理出了很多可开发土地。目前杭州的管廊管理模式是由管线单位直接管理。

4. 上海世博会管廊建设情况

上海市为满足世博会办展期间市政建设需要，优化和合理利用地下市政管廊空间，兼顾世博园区后续开发，减少市政设施重复建设量、避免主要道路开挖，提高市政设施维护及管理水平，在世博园区率先建设了国内第一条预制拼装综合管廊，收纳了沿途的通信、电力、供水管线。

上海世博会综合管廊由政府全资公司世博土地控股公司出资并建设，建成后移交给浦东新区市政管理署管理。新建的雨污水泵站、水库、垃圾收集站、雨水调蓄池、变电站及部分燃气调压站等市政设施，全部采用地下式或半地下式形式。世博园区内所有市政管线入地敷设。

2.2.2　政府与管线单位联合出资

2.2.2.1　概念及运作过程

政府与管线单位联合出资即政府和管线单位共同投资进行综合管廊建设。根据现有的一些基础设施及综合管廊的投资方式，总结政府机构管线单位共同投资建设综合管廊的方式大致分为如下两种：

1. "企业出资，政府补足"模式

综合管廊的建设资金不单纯由政府或管线单位其中一方单独承担，而是首先由建成后使用综合管廊的各管线单位根据传统直埋形式下的自身成本、本身的资金能力又或者根据管线的占用空间的比例和未来的经营收益，先提供部分综合管廊建设资金，剩余的建设资金的由政府机构补齐。至于管线单位的负担比例，可以由政府和管线单位在决策阶段通过谈判协商的方式来具体确定，或者采用政府的行政能力补足。最终原则以权衡双方的相互利益为标准，达成共同投资建设的协议，不致增加双方的负担。

2. "比例分摊"模式

首先政府和各管线单位按照约定确定各自的投资比例，政府投资剩余部分由各管线单位补足。而后各管线单位之间确定分配投资比例，可以由政府出面结合传统埋设条件下不同管线的成本不同以及未来的经营收益等指标综合考虑确定。

"政府管线单位共同投资"的投融资方式中，建设综合管廊的资金由原来仅仅依靠政府转变为政府和各管线单位共同投资建设，这种模式既保证了建设资金的按时供给，在一定程度上也可以减小政府的压力，可以说这种方式无论对政府来说还是对管线单位来说都是有利的，因此在实施上也较为顺利。这种方式比较适用于政府部门财政能力有限但需要建设综合管廊的国家和地区。

另外，这种前期投资建设的方式，解决了综合管廊建成后管线单位不愿意入廊的问题。在前期投入了一定数量的资金来建设综合管廊的单位，建成后必定会将管线进廊，部分解决了综合管廊租用问题。

2.2.2.2　政府与管线单位联合出资的优点

政府与管线单位联合出资模式目前被国内外管廊建设普遍采用，是一种较为成熟的建

设投融资模式。

从管廊建设投资特点看，其投资规模大，建设周期长，回报见效慢，如果单纯依靠政府拨款全额出资建设可能加重政府负担，甚至导致推迟建设，从而影响城市基础设施的建设。政府与管线单位联合出资的建设模式下，政府和各管线单位分担管廊的建设基金，大大的减少政府出资额，减轻了政府的财政负担。

尤其是当政府财政能力不足时，这种方式不存在管廊建成后的租赁风险问题，保证了管廊的使用效率。

2.2.2.3　政府与管线单位联合出资的缺点

1. 加重各管线部门的财务负担，贷款难度大

"企业出资，政府补足"的融资模式下，要求各管线单位投入管廊建设资金。尤其是按"传统体积值法"制定各方分摊比例时，要求各管线单位投入较大数额的建设资金，这可能增加管线单位的负担，容易使企业产生抵触情绪。

由于各管线单位出资金额较大，在实际出资时通常要部分依靠银行贷款的支持。但联合投资模式中，各管线单位仅取得管廊的使用权，而未取得所有权，故难以通过项目质押贷款。若仅仅依靠自有资金则很可能难以负担所要求的出资比例，这就造成了各管线单位的出资困难。

如果考虑采用以项目公司名义贷款，各投资方以其出资额承担有限责任，由于项目没有现金流入，只能以管廊项目资产进行抵押，这就使管廊项目风险大大增加。一旦管线单位无力偿还，则会严重影响管廊的正常运营。

2. 建设基金分摊比例的制定难度较大

由于很难找到各企业共同认可的分摊模式，协调难度很大。

"推定投资额"模式和"传统体积值法"两种制定投资分摊比例的方法虽然在理论上解决了资金分摊比例的问题，但在实际执行过程中仍然困难重重。同时，政府还需要防止企业直接将负担转嫁给广大用户，从而引起社会不良反响。

3. 产权界限模糊

虽然一般认为管廊建成后所有权归政府所有，但在缺乏相关法规明确界定的情况下，政府与管线单位联合出资的融资模式容易造成产权界限的模糊，这也将对建设投资的多元化造成一定影响。

4. 要求完善的配套法规

政府与管线单位联合出资模式对法律环境要求较高。其建设资金分摊比例的制定，管廊建成后的所有权、使用权、管理权的归属问题等均需要完善的法律法规加以界定。日本在管廊建设中采用联合出资模式建立了与之配套的法律法规体系。而在我国内陆地区，目前管廊建设尚未建立相关配套法规，采用该模式的难度较大。

2.2.2.4　实例

1. 保山市中心城区综合管廊

保山中心城区地下综合管廊全长约 34.88km，规划总投资约 12.6 亿元。在推进综合管廊建设实践中，为解决综合管廊巨额建设资金的来源问题，保山市政府通过组建管网公司，由国有城投公司控股 51%，电力公司参股 29% 和区级城投公司参股 20% 共同注资成立，作为保山市综合管廊建设、运营管理主体。管网公司通过出让、出租管线通道使用权以及收取管理费的方式逐步回收贷款资金，管廊使用权的价格综合考虑各管线单位占用管廊空间的大小、管线单位的经济效益和可承受能力等因素来确定。管廊的日常管理由管网公司负责。

保山市能够在全国各地建设综合管廊热潮中脱颖而出，最主要的原因是解答了管廊建设资金来源单一和管线单位协调难的难题。首先，保山市建立了具有相当资产的管网公司作为综合管廊建设、运营管理的主体，通过将城市供水水库、污水处理厂及中心城市的雨污管网等资产逐步划转至新组建的管网公司委托经营，建设主体的融资渠道与能力得到增强，稳定社会资本投资综合管廊的信心，进一步拓宽建设资金来源。其次，电力公司参股组建管网公司，保证了电力管线的入廊率。同时，由于管网公司拥有供水水库及给排水管网等资产，可以有效约束水务企业的行为。

然而，保山综合管廊项目能够成功运用"政府和管线单位联合出资"模式进行建设运营管理，其中重要的因素在于参股建立管网公司的电力公司是市属企业，地方政府可以通过行政手段对其进行一定的约束，从而保证综合管廊的使用效率。同时，在该模式下，综合管廊权属问题依旧没有解决，管线单位对只能获得管廊的使用权而不是所有权存在很大抵触情绪，管线单位参与综合管廊的运营管理意愿消极，未来管廊管理费用的收取依旧存在变数。

2. 日本综合管廊

1926 年关东大地震之后，日本政府针对地震导致的管线大面积破坏，从防灾角度在东京都复兴计划中规划建设综合管廊。1955 年后，由于汽车保有量快速增长，为避免经常开挖道路影响交通，日本于 1963 年颁布了《关于建设共同沟的特别措施法》，规定综合管廊作为道路合法附属物，并以法律的形式制定了费用分摊办法。目前已建干线管廊约 560km，计划建设约 40km。

日本综合管廊作为道路附属设施，其建设费用主要由政府承担，管线单位按照管线传统直埋费用出资，且管线单位可获得政策性贷款，以分担支付建设费用的压力。综合管廊建成后，管线单位只负责维护管理管线本身，管廊主体由道路管理者负责，在中央建设省下设 16 个"共同管道科"，专门负责综合管廊管理。政府分担一半以上的管理维护费用，其余部分由管线单位分摊，管线单位分摊费用比例以传统直埋铺设成本为基准。

日本综合管廊的费用分摊办法能够在实际工程中发挥作用，其关键在于相比较以传统方式直埋铺设管线，管线进入管廊后管线单位支出的费用并没有增加，管线单位相当于"无偿"享受综合管廊产生的效益。而且，由于日本几乎所有的市政管线都设置在道路下面，因此，管线单位以直埋方式铺设管线时需要交纳道路使用费，管线入廊可以节省这笔费用的支出。同时，政府已经建立了一套完善的道路和地下空间法律体系，对于管线单位不进入管廊以及道路开挖行为可以通过法律效益约束。

2.2.3　股份制合作模式

2.2.3.1　概念及运作过程

股份制合作模式由政府授权的国有资产管理公司与社会资本方共同组建股份制项目公司。以股份公司制的运作方式进行项目的投资建设以及后期运营管理。合资双方依据出资比例进行分红,并承担相应责任。股份制合作是目前地方政府招商合作常用模式之一。与PPP模式不同,此种模式下,项目立项后无需进行物有所值评价,财政承受能力论证、实施方案编制以及项目入库等程序,其可直接进行招投标实施项目,其合作模式如图2-4所示,这种模式最大的特点是有利于政府解决管廊建设资金造成财政困难的问题。

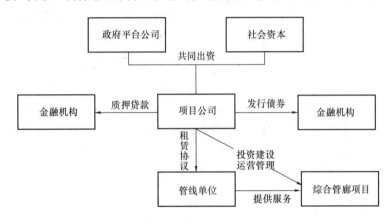

图 2-4　股份制合作模式

2.2.3.2　股份制合作模式优点

股份制合作可以把社会资本引入综合管廊,有利于缓解政府的财政压力,同时引进了企业先进的管理经验与技术,管廊公司具有较高运行效率,可以实现政府与企业的互惠互利。

2.2.3.3　股份制合作模式缺点

需要注意,在股份合作制模式下,企业进行投资是为了获得回报,而政府部门作为基础设施的提供者更看重社会效益,所以企业与政府的目标存在一定差别,在企业运行过程中存在一定矛盾。政府有时需要把综合管廊这种特殊的公共基础设施进行分割,分为公益性部分和可经营性部分,对于公益性部分由政府进行投资,对于可经营性部分则考虑引入社会资本。

2.2.3.4　实例

昆明城投和民营资本合资成立的昆明城市管网设施综合开发有限责任公司,负责综合管廊的建设,昆明城投出资30%的资金,民营资本出资70%的资金。项目公司融资完全采用市场化运作,通过银行贷款、发行企业债券等方式筹集建设资金,4年时间完成12亿元建设投资。昆明综合管廊建成后仍由昆明城市管网设施综合开发有限责任公司负责运营,回收的资金用于偿还银行贷款和赎回企业债券。

由于股份制模式下资产产权不清晰，城投公司最终回购民营资本份额，民营资本退出。

2.2.4 特许经营模式

2.2.4.1 概念及运作过程

特许经营权模式是指政府授予投资商一定期限内的收费权，由投资商负责项目的投资、建设以及后期运营管理工作，政府不出资。具体收费标准由政府在考虑投资人合理收益率和管线单位承受能力情况下，通过土地补偿或其他政策倾斜等方式给予投资运营商补偿，使运营商实现合理的收益。运营商可以通过政府竞标等形式进行选择。特许经营模式如图 2-5 所示，这种模式为政府节省了成本，但为了确保社会效益的有效发挥，政府必须加强监管。

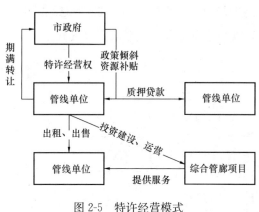

图 2-5 特许经营模式

2.2.4.2 特许经营模式优点

采用特许经营模式，作为投资者的民营机构可以通过管理和激励手段有效的降低项目建设成本。另外在特许经营协议中通过合同条款的约定，对项目中风险分担进行了约定，实现风险的分担。通过引进社会资本和社会资本可以有效减轻政府的财政压力，同时引入专业化的民营企业，充分利用民营企业的管理经验，可以使综合管廊的运行更加高效。

2.2.4.3 特许经营模式缺点

采用特许经营模式的缺点是：由于政府不参与综合管廊的筹资、建设、运营等具体过程的操作，对于项目的控制主要体现在与私营部门签订的特许经营协议中，如果合约有缺陷，很可能造成政府对于项目短期或者长期失去控制。综合管廊直接关系城市的发展，保证政府对其进行控制至关重要。

在综合管廊的运营过程中民营企业更看重投资的回报，这可能和公共设施的公益性相矛盾，如果在综合管廊运营过程中私人部门发现没有得到预期的收益，私营部门的积极性会降低，可能会降低项目的服务水平和经营效率，损害公共利益。此外由于我国的法律法规不够完善，在缺乏法律环境和技术支持的条件下，特许经营模式在操作上也比较困难。

2.2.4.4 实例

南京市最早尝试采用特许经营模式投资建设综合管廊。民营企业南京鸿宇市政设施管理公司在获得南京市政府授权情况下，自筹资金1亿多元，在南京市多条新建、改建主干道上，与道路同步施工埋设"鸿宇市政管廊"，总长达45km。在政府统一协调前提下，投资方可以通过将管廊以及管廊内的建成管线等设施通过出售、出租、合作经营等方式获得投资回报。

2.2.5　PPP 模式

2.2.5.1　概念及运作过程

PPP（政府与社会资本合作模式）是政府与社会资本之间，在公共服务和基础设施领域建立的一种长期合作关系。其特征为，通常由社会资本负责项目的设计、建设、运营、维护工作；社会资本通过"政府付费"、"使用者付费"、"使用者付费＋可行性缺口补助"的方式获得合理投资回报；政府部门负责基础设施及公共服务价格和质量监管，保证公共利益最大化。PPP 模式如图 2-6 所示，PPP 模式不仅可以缓解短期财政资金压力的问题，还可以引入社会资本和市场机制，提升项目运作效率。

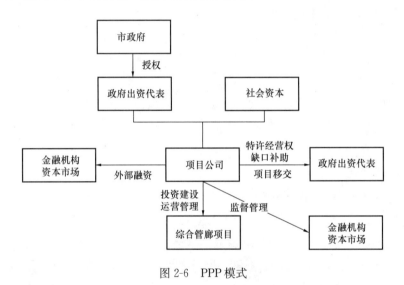

图 2-6　PPP 模式

相较于股份制合作模式而言，采用 PPP 模式实施管廊项目最大的差异在于，严格按照《政府和社会资本合作模式操作指南（试行）》（财金〔2014〕113 号）文件规定，完成项目实施阶段前即项目识别、准备、采购阶段的工作，包括但不限于：

（1）初步实施方案编制；

（2）物有所值评价报告编制；

（3）财政承受能力论证编制；

（4）组织物有所值评价专家论证会；

（5）组织财政承受能力专家论证会；

（6）实施机构向本级政府报批实施方案；

（7）地方人大决议项目支出责任纳入中期财政规划；

（8）项目填报综合信息平台；

（9）市场测试；

（10）资格预审文件发布与评审；

（11）招标文件发布与评审；

（12）PPP 合同签署。

此外，基于物有所值的基本理念，PPP 模式更加注重绩效考核，风险分配和合同管理。

从目前采用 PPP 模式的管廊项目来看，社会资本多为与管廊有利益关系的主体，如规划设计单位、建设单位、运营单位、资产管理公司等；PPP 基金（中国 PPP 基金及省级 PPP 引导基金等）大多情况以股权的形式投资于项目公司成立期，作为项目资本金入股项目公司。其他基金参与管廊 PPP 项目的方式主要有：一是通过与建设方和运营方组成联合体的形式，参与管廊 PPP 项目采购，作为项目公司股东；二是在项目公司成立后仅作为债权方，为项目公司提供借款。

2.2.5.2 PPP 模式相关类型

2014 年 5 月，李克强总理在内蒙古赤峰考察一家污水处理厂的在建项目工地时曾指出，"这么大的城市总量，不可能完全依靠财政进行大规模的基础设施建设，还要采取综合的商业运作方式"，并多次强调在城市建设中政府和社会资本合作的重要性。从狭义的角度理解，PPP 是多种项目融资模式的总称，包含 BOT、BOO、TOT、ROT 等多种模式。决策者可根据当地经济发展水平、社会环境及结合当地实际情况进行综合评估后，确定最适合当地综合管廊建设的融资模式。作为综合管廊的利益相关单位或个人，应共同参与制定管廊的收费和经营模式。

1. 地下综合管廊建设 BOT 模式

BOT（Build-Operate-Transfer，建设—运营—移交）模式是一种基本的 PPP 建设模式。该模式中，政府通过竞争性程序获取最佳社会投资人，由社会投资人组建地下管廊项目公司，政府与项目公司签订 BOT 协议，授予项目公司特许经营权，由项目公司负责地下综合管廊的投资、建设、运营。运营期内，项目公司向管线单位收取租赁费用，政府每年对项目的实际运营情况进行核定，通过财政补贴和其他优惠政策的形式，给予项目公司缺口补助。运营期满后，项目公司将管廊无偿移交给政府，运营模式如图 2-7。BOT 模式实施的核心在于特许经营权的获取，以确保项目公司在经营期限内的成本回收及获利。但因政府在特许经营期内不参与经营管理，因此必须加强行业管理监督，以确保公共利益不因企业的趋利性而被损害。

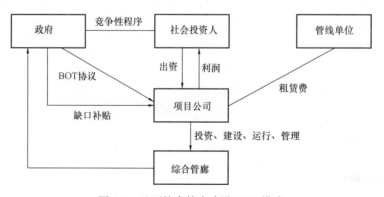

图 2-7 地下综合管廊建设 BOT 模式

2. 地下综合管廊 BOO 模式

BOO（Build-Own-Operate，建设—拥有—运营）模式是一种全新的市场化运行模式。与 BOT 模式相同，政府寻求社会投资人，由社会投资人组建项目公司。政府与项目公司签订 BOO 协议，授予项目公司特许经营权，由项目公司负责地下综合管廊的投资、建设、运营；项目公司在特许经营期内向管线单位收取租赁费用；政府向项目公司提供缺口补助。与 BOT 的不同之处在于，特许经营期满后地下综合管廊的产权归项目公司所有，如图 2-8 所示。BOO 模式的显著特点在于，政府不参与项目的日常管理运营，为维护公众及消费者的利益，政府必须加强监督管理。

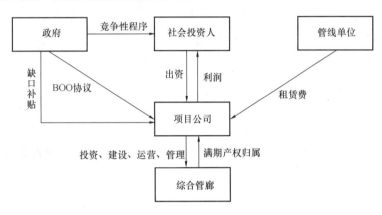

图 2-8　地下综合管廊 BOO 模式

2.2.5.3　综合管廊 PPP 模式的优点

1. 加快管廊项目整体的执行速度

PPP 模式下，一般由社会资本承担管廊项目的设计、施工建设及后期运营的责任，政府在选择合作伙伴时即引入了竞争模式。合作伙伴是从很多社会资本中选择最优的，所以后期合作过程中在合适的激励机制下私人部门一定把自己先进的管理经验及优良的技术应用到合作的项目中去，这样可以提高管廊项目的效率，加快项目整体的执行速度。

2. 降低管廊项目全生命周期成本

相较于传统管廊供给模式而言，PPP 模式的核心价值之一为物有所值（Value for Money，VFM），即指一个组织运用其可利用资源所能获得的长期最大利益。物有所值评价包括定性和定量分析。定性分析重点关注项目采用 PPP 模式与采用政府传统采购模式相比能否增加公共供给、优化风险分配、提高效率、促进创新和公平竞争、有效落实政府采购政策等。定量评价是在假定采用 PPP 模式与政府传统投资方式产出绩效相同的前提下，通过对 PPP 项目全生命周期内政府方净成本的现值（PPP 值）与公共部门比较值（PSC 值）进行比较，判断 PPP 模式能否降低项目全生命周期成本。采用 PPP 模式，借助社会资本的技术优势或管理经验，将提高效率和质量，实现物有所值，降低管廊项目全生命周期成本。

3. 提升综合管廊服务质量

地下综合管廊涉及各类管线，在建设期和运营维护期需要专业的技术能力。综合管廊项目中利用 PPP 模式的经验证明，PPP 模式下管廊项目公司提供服务的质量要比传统模式下政府提供服务质量要好。一方面，PPP 模式引入了竞争机制，社会资本只有创新方法，提高管理技术等有足够的竞争力才可以取得综合管廊 PPP 项目的契约。另一方面，PPP 模式下管廊项目质量决定着项目公司的收入。若项目公司未达到合同约定的绩效标准，政府会定期考核并扣减实际付款，这就促使管廊项目公司不断提高服务质量。

4. 提升公共管理质量

通过角色的转变，政府部门的人员从公共产品的生产者变成管理者，这样政府工作人员从日常业务的管理到公共服务的规划与绩效检测中，可以更好的对私人部门进行监督，提升公共管理的质量，增加社会公众对政府的美誉度。最终促进综合管廊高质、高效的建设与运维。

2.2.5.4　综合管廊 PPP 模式的缺点

1. PPP 合同谈判和签署可能会增加管廊项目工作量

在综合管廊项目中，需要政府、管线单位、运营公司等多家参与者通力合作，而多家参与者会导致整个项目的约束条件增加，各方利益难以协调。各方在投标招标阶段都需要进行咨询、法律、会计、文案等方面的咨询与准备，大大增加了项目准备阶段的工作量，且消耗大量时间，降低交易结构的效率。此外，在 PPP 项目实施过程中，若出现因合同欠缺考虑而出现的实际问题，往往需要政府与社会资本进行再谈判，这个过程也将花费较多时间，无异于增加管廊项目工作量。

2. 实施管廊 PPP 项目可能会导致垄断经营

综合管廊具有投资高、回报期长的特点。在 PPP 模式下，居高的投标成本和交易费用以及复杂的长期合同，导致规模较小的社会资本缺少竞争能力，减少了政府部门对社会资本的选择空间，而且 PPP 模式普遍采用特许经营制度，使中标的投资运营商获得了一定的垄断性。若绩效考核标准设置欠缺及回报机制设置不合理，那么在这种缺乏竞争的环境在某些情况下将会减弱社会资本降低成本、提高服务品质的动力。

3. 综合管廊 PPP 项目的长期合同可能会缺乏足够的灵活性

管廊 PPP 项目往往合作期限较长，为了保证项目长期运行稳定，PPP 合同会经过政府和社会资本多轮谈判，显得较为严谨，缺乏灵活性。政府或管廊项目公司在起草合同时，无法充分考虑管廊项目未来的变化，合同条款只能考虑当前状况，导致管廊运维后期无法因时制宜，及时调整。即使合同条款不能使管廊项目生命周期的综合成本最优化，按照法律规定，只能遵照合同执行。因此，在起草合同前期，政府部门或管廊项目公司需聘请经验丰富的 PPP 项目咨询机构进行规划分析并保留适当的灵活性。

2.2.5.5　PPP 模式实施的可行性

1. 中央政府的重视与相关政策的出台

一是有利的政策指引。党的十八届三中全会提出"积极发展混合所有制经济"，在推进城市建设管理创新领域，允许社会资本通过特许经营等方式参与基础设施投资建设和运营。

二是国务院重点推行 PPP 模式。《国务院关于加强地方政府性债务管理的意见》（国发〔2014〕43 号）大力推广使用政府与社会资本合作（PPP）模式来化解地方政府债务，规范地方政府举债融资。PPP 模式主要适用于政府负有提供责任又适宜市场化运作的公共服务、基础设施类项目。综合管廊项目符合 PPP 使用范围。

三是 PPP 操作规范指导。财政部金融司发布《政府和社会资本合作模式操作指南（试行）》（财金〔2014〕113 号）、《政府和社会资本合作项目财政承受能力论证指引》（财金〔2015〕21 号）、《PPP 物有所值评价指引（试行）》（财金〔2015〕167 号）》《政府和社会资本合作项目财政管理暂行办法》（财金〔2016〕92 号）等 PPP 指导文件，为管廊项目实施提供了规范的操作流程，有利于项目的规范和顺利实施。

2. 综合管廊试点城市树立标杆

财政部、住房城乡建设部于 2015 年和 2016 年组织了地下综合管廊试点城市评审工作。根据竞争性评审得分，两批试点城市评审共选出 25 个城市。其中，国家第一批综合管廊试点城市名单包括：包头、沈阳、哈尔滨、苏州、厦门、十堰、长沙、海口、六盘水、白银。2016 年，国家第二批综合管廊试点城市名单包括：郑州、广州、石家庄、四平、青岛、威海、杭州、保山、南宁、银川、平潭、景德镇、成都、合肥、海东。

据财政部 2014 年底发布的《关于开展中央财政支持地下综合管廊试点工作的通知》（财建〔2014〕839 号）第一条规定，国家将对地下综合管廊试点城市给予专项资金补助，具体补助数额按城市规模分档确定。直辖市每年 5 亿元，省会城市每年 4 亿元，其他城市每年 3 亿元。对采用 PPP 模式达到一定比例的，将按上述补助基数奖励 10%。基于国家对综合管廊 PPP 模式的支持，25 个试点城市先后采用 PPP 模式建设综合管廊并取得良好成效。

3. 中央及地方政府实施意愿较强

中央及各省市积极制定综合管廊奖补政策，各地政府参与热情较高。财政部 2018 年发布的《关于下达 2018 年度普惠金融发展专项资金预算的通知》中，中央财政下达 2018 年普惠金融发展专项资金 100 亿元，其中 PPP 项目以奖代补资金达 23.09 亿元，旨在支持和推动中央财政 PPP 示范项目加快实施进度，提高项目操作的规范性，保障项目实施质量，引导和鼓励地方融资平台公司存量公共服务项目转型。

各省市也积极响应中央号召，相继制定了相应的 PPP 项目的奖补政策，鼓励本省PPP 项目的建设和发展。江苏省财政厅印发《政府和社会资本合作（PPP）项目奖补资金管理办法（试行）》（苏财规〔2016〕25 号），第八条规定，对符合要求的 PPP 试点示范项目，省财政将按社会资本方出资的项目资本金金额（正式签署的合同金额），按以下比例计算给予奖补：

（1）社会资本方出资的项目资本金金额不满 5000 万元的部分，奖补比例不超过 5%；

（2）社会资本方出资的项目资本金金额超过 5000 万元以上不满 1 亿元的部分，奖补比例不超过4%；

（3）社会资本方出资的项目资本金金额超过1亿元以上不满2亿元的部分，奖补比例不超过3%；

（4）社会资本方出资的项目资本金金额超过2亿元以上不满5亿元的部分，奖补比例不超过2%；

（5）社会资本方出资的项目资本金金额超过5亿元以上的部分，奖补比例不超过1%。

陕西省关于PPP项目的奖补政策为，对列为省示范的PPP项目，省财政将给予前期费用补助，投资额在3亿元以下的补助30万元，3亿元（含3亿元）至10亿元的补助50万元，10亿元以上（含10亿元）的补助70万元。项目特别复杂的可适当上浮，最高不超过100万元；对列为省级示范并严格按照财政部和省财政厅出台的制度文件规范实施的PPP项目，在项目签约后，省财政将给予一次性奖励，投资额在3亿元以下的奖励300万元，3亿元（含3亿元）至10亿元的奖励400万元，10亿元以上（含10亿元）的奖励500万元。

云南省2016年发布的《云南省政府和社会资本合作项目奖补资金管理办法》（云财金〔2016〕54号）中对于PPP项目的奖补政策为：

（1）列入财政部和省级财政示范项目名单的，根据年初预算资金安排情况，给予不高于300万元的奖励；

（2）使用云南省PPP融资支持基金进行融资的，按政府方承担的PPP融资支持基金融资利息的25%给予贴息补助，最高不超过300万元；

（3）聘请有资质的咨询机构对项目提供咨询服务的，给予不高于咨询服务费50%的补助，单个项目最高不超过100万元。

PPP模式可以将部分风险由政府转移给企业，既降低了政府财政负担，又减少了企业投资风险，还可以充分发挥社会资本在融资、技术和管理方面的优势。政府通过PPP模式可以从"提供者"向社会资本"合作者"以及PPP"监督者"转变，实现市场的资源优化配置，实现市场的资源优化配置，充分发挥混合所有制经济。因此其他省市也积极参与推动PPP项目的发展，制定相应的法律法规、奖补政策鼓励PPP项目的建设。

4. 社会资本参与意愿较高

地下综合管廊已经并入政府采购范围，而且政府还鼓励相关金融机构加大信贷支持力度，为地下综合管廊提供中长期信贷支持，并将此列入专项金融债支持范围，支持运营企业发行企业债券和项目收益票据，专项支持地下综合管廊建设项目。在此种氛围下，社会资本对综合管廊PPP项目参与度较高。主要因为三点：一是基于综合项目往往投资额较大，前期将形成较为可观的工程利润；二是金融较为支持综合管廊项目，一定程度上降低了融资难度；三是综合管廊建设运营技术日新月异，能够满足地方政府需求。

2.2.5.6　实例

1. 贵州省毕节市地下综合管廊试点城市 PPP 项目

（1）基本情况

贵州省毕节市地下综合管廊试点城市 PPP 项目位于毕节市中心城区，是财政部、住房和城乡建设部 2015 年地下综合管廊试点项目。项目内容主要包括老城区的人民路、天湖西路等 10 条道路地下管线入廊改造和新城区大河经济开发区育德路、天湖路、天湖西路 3 条道路的综合管廊建设与运维。项目实施的综合管廊总长共 39.69km（老城区管廊长度 23.9km、新城区管廊长度 15.8km），总投资约 29.94 亿元（老城区 17.30 亿元，新城区 12.64 亿元），其中建安费用约 26.83 亿元，工程建设其他费用 1.69 亿元，预备费 1.43 亿元。

根据《毕节市中心城区综合管廊专项规划（2015-2030 年）》和毕节市地下综合管廊试点城市实施方案（2015-2017 年）》，该项目的最终目的是实现城市供水、电力、通信、广电、再生水、热力燃气、雨水、污水管线入廊，形成以荷泉南路（雨、污管网）、育德路（燃气管网）和红桥路（采用巡检车安装、维护）为地下综合管廊的全国示范项目。

该项目特许经营期为 30 年，其中：建设期 2 年，运营期为 28 年。该项目通过公开招标的方式选择具备相应工程施工总承包资质和项目经验的社会资本方，并由中标社会资本方增资贵州省某市政府已预先设立的项目公司，项目公司负责项目的投资、融资、建设及运营维护等。

（2）项目运作模式

该项目采取管廊打捆＋PPP 的模式，采用 BOT（建设—运营—移交）的方式进行运作。具体模式如下：

1）根据毕节市政府的授权，住房开发公司实际于 2015 年 5 月 28 日已成立了毕节市管廊建设开发投资有限责任公司（以下简称"管廊公司"）。管廊公司注册资本为 7 亿元（注册资本为认缴，住房开发公司未实际缴纳出资），是该项目的项目公司。

2）中标社会资本方根据中标后谈判确认的情况与住房开发公司、毕节市住建局签署《特许经营协议》，并与住房开发公司签署股东（增资）协议。随后社会资本方对项目公司增资，通过增资实现对项目资本金的投入。增资完成后，项目公司注册资本由原来的 7 亿元变更为 10 亿元，社会投资人实际缴纳货币出资 8 亿元，占股 80%；住房开发公司实际缴纳货币出资 2 亿元，占股 20%。

3）中标社会资本方进入项目公司后，项目公司与毕节市住建局签署补充协议，全面承继中标社会资本方和住房开发公司在《特许经营协议》项下的权利和义务，由项目公司负责项目的投资、融资、建设及运营维护，自行承担费用、责任和风险，并获得服务费用。

4）毕节市政府协调各个入廊企业与项目公司统一签署入廊协议，项目公司向入廊企业地下综合管廊使用服务，并通过收取廊位租赁费、管廊物业管理费以及获得政府可行性缺口补贴等方式取得收入，以补偿投入的成本和获取合理投资回报。

5）特许经营期结束，项目公司将项目设施完好、无偿移交给毕节市政府指定单位。

（3）项目融资结构图（图 2-9）

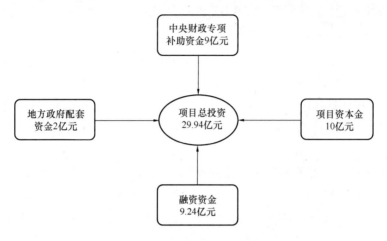

图 2-9　项目融资结构图

（4）项目特点

1）招标时项目公司已成立，社会投资人通过增资扩股项目公司的形式成为项目实施主体。

该项目在公开招标选择社会投资人前，毕节市政府授权住房开发公司出资 7 亿元（认缴，未实际出资）已成立项目公司，社会投资人需要以增资的方式成为项目公司的股东。按照政府方安排，增费完成后，项目公司注册资本由 7 亿元变更为 10 亿元，社会资本方以现金增资 8 亿元，占项目公司股比 80％；住房开发公司实际出资 2 亿元，占项目公司股比 20％。

2）社会投资人和施工总承包一次招选。

该项目采用公开招标的方式选择社会投资人，并且项目公司可与中标社会投资人直接签署施工总承包合同，项目无须再进行施工总承包招标。社会投资人和承包商一次招选的方式，避免了二次招标耗费的大量时间、资源和精力，又满足了社会投资人通过投资带动施工主营业务。除追求合理投资利润外，关注施工利润的诉求也符合国家关于招标投标法律法规的规定，实现了合法性和经济性的有效统一。

3）社会投资人在项目中缴纳的税费有最高限额。

该项目特许经营协议约定，毕节市政府给予项目公司的可行性缺口补贴不征收营业税和所得税，并且项目在运营期间，如果由于国家税收政策等原因导致项目公司缴纳营业税和所得税以及相关附加税超过每年 223 万元，超出部分由政府方核实后在支付当年政府可行性缺口补贴时，调增相应数额一并支付。

2. 内蒙古自治区包头市地下综合管廊 PPP 项目

（1）项目概况

为确保包头市地下综合管廊建设科学合理、切实可行，按照统一规划、统筹组织、形成规模、建成网络的原则，对建设方案进行反复论证，初步确定了综合管廊建设内容和工期安排。确定了红旗大街区域、哈南工业新城区域、临空经济区域 11 条 25km 综合管廊建设项目，其中主城区建设 13km，新城区建设 12km，工程静态投资 28 亿元。争取达到两年初见成效、三年实现运营的总体目标。2015 年，完成地下综合管廊建设 8.53km，主城区完成南直路、宏图街、长江路 5.78km 综合管廊建设，新城区完成哈南九路 2.75km 综合管廊建设，投入运营使用，新城区管廊将结合道路工程建设，同步组织实施。2016 年，完成综合管廊建设 16.98km，主城区完成红旗大街 7.5km 综合管廊工程建设，新城区完成哈南十二大道、十五路、十七路、临空第三大道、临空六路 9.48km 综合管廊建设。2017 年，组织地下综合管廊项目公司对已经建成的综合管廊进行运营、管理和维护，配合国家对综合管廊建设运营情况进行考核

另外，投资人需在建设期支付建设期利息 0.23 亿元，其中主城区 0.17 亿元，新城区 0.06 亿元。

由于主城区的地下综合管廊建设面临交通和临时施工场所问题，采用的施工工艺有所区别。主城区拟采用叠合整体式工艺施工，新城区采用传统的现场浇筑工艺施工。为了保障项目顺利招标，采取主城区和新城区管廊建设分开招标的方式。

（2）项目运作方式

根据财政部和住房城乡建设部联合印发的《关于市政公用领域开展政府和社会资本合作项目推介工作的通知》（财建〔2015〕29 号）文件精神，该项目采取"投资、建设和运营维护一体化＋入廊单位付费＋政府补贴"的运作方式。

1）由市城乡建设委员会作为招标人，通过招标方式，选定社会资本。市政府指定市建设集团有限公司与社会资本共同成立项目公司。地下综合管廊工程属于公益性项目，通常政府对关系公共利益和公共安全的事项（如股权变更时，受让方不满足合同约定的技术能力、财务信用、运营经验等基本条件；缩减运营维护经费等）享有一票否决权。参照国内其他公益性项目的做法，市建设集团有限公司以一元持有项目公司金股（无实际经济价值，权益主要表现为否决权而非收益权或其他表决权，金股通常作为 1 股）。市建设集团有限公司也可根据自身经营意愿，通过自筹资金增加自身股权比例，获取收益分成。

2）项目公司负责融资、建设和项目设施的运营维护。项目公司与入廊单位签订《入廊协议》。

3）项目建成投入使用后，在项目合作期限内，项目公司根据市政府及价格主管部门出台的收费政策对入廊单位使用地下综合管廊进行收费（包括入廊费和管廊运行维护费收入）。政府按照设施使用的绩效考核情况分期支付财政补贴，合作期满后项目设施无偿移交给政府指定机构。项目结构图如图 2-10。

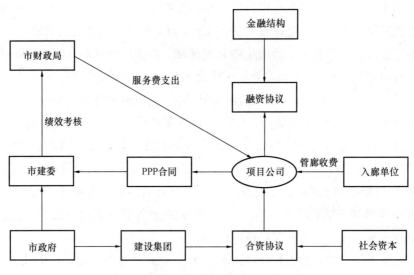

图 2-10 项目结构图

第3章 综合管廊相关政策法规与标准

3.1 法 规 政 策

截至 2018 年 12 月，据不完全统计，全国各省、直辖市及地级市已颁布的有关综合管廊建设管理的法规政策共 45 项。以下按照时间顺序分别进行整理。

3.1.1 国务院及各部委

2013 年 9 月 6 日，国务院发布《关于加强城市基础设施建设的意见》（国发〔2013〕36 号）；

2015 年 8 月 3 日，国务院办公厅发布《关于推进城市地下综合管廊建设的指导意见》（国办发〔2015〕61 号）；

2015 年 11 月 26 日，国家发展改革委、住房和城乡建设部发布了《关于城市地下综合管廊实行有偿使用制度的指导意见》（发改价格〔2015〕2754 号）；

2016 年 1 月 22 日，住房和城乡建设部印发《城市综合管廊国家建筑标准设计体系》和《海绵城市建设国家建筑标准设计体系》；

2016 年 2 月 6 日，中共中央国务院发布《关于进一步加强城市规划建设管理工作的若干意见》；

2016 年 3 月 24 日，财政部、住房和城乡建设部印发《城市管网专项资金绩效评价暂行办法》（财建〔2016〕52 号）；

2016 年 4 月 14 日，住房和城乡建设部建立全国城市地下综合管廊建设信息周报制度；

2016 年 4 月 22 日，住房和城乡建设部办公厅财政部办公厅关于开展地下综合管廊试点年度绩效评价工作的通知；

2016 年 5 月中旬，住房和城乡建设部和财政部组织专家成立绩效评价小组，对包头等 10 个第一批中央财政支持地下综合管廊建设试点城市 2015 年度绩效进行评价，了解中央财政支持地下综合管廊试点工作进展情况，总结推广试点城市工作经验和做法，查找不足并提出改进措施，督导各地按计划推进试点工作；

2016 年 5 月 26 日，住房和城乡建设部、国家能源局印发《推进电力管线纳入城市地下综合管廊的意见》（建城〔2016〕98 号）；

2016 年 6 月 2 日，住房和城乡建设部、国家能源局出台意见：鼓励电网企业参与投资建设运营地下管廊；

2016年8月，住房和城乡建设部发布《关于提高城市排水防涝能力推进城市地下综合管廊建设的通知》（建城〔2016〕174号）；

《城镇供水管网漏损控制及评定标准》CJJ 92—2016；

2017年3月，住房和城乡建设部发布《地下管线检测与可靠性鉴定标准（征求意见稿）》（建标〔2014〕189号）。

3.1.2 地方

2007年7月27日，上海市人民政府批转市建设交通委、市政局、上海世博局制订的《中国2010年上海世博会园区管线综合管沟管理办法》（沪府发〔2007〕24号）；

2010年12月24日厦门市人民政府第121次常务会议通过《厦门市城市综合管廊管理办法》、（厦门市人民政府令第143号）；

2014年6月13日，苏州工业园区城管局印发《苏州工业园区市政综合管廊运维管理办法》（苏园城管〔2014〕9号）；

2015年1月30号，河南省开封市人民政府办公室印发《开封市城市综合管廊管理办法》；

2015年2月4日，呼和浩特市人民政府办公厅印发《呼和浩特市城市规划区地下综合管廊管理暂行办法》（呼政办字〔2015〕11号）；

2015年3月2日，沈阳市发布《沈阳市城市地下综合管廊投资建设管理办法（试行）》（沈建发〔2015〕22号）；

2015年6月23日，深圳市前海深港现代服务业合作区管理局引发《深圳市前海深港现代服务业合作区共同沟管理暂行办法》；

2015年12月25号，珠海市第八届人民代表大会常务委员会第三十一次会议通过《珠海经济特区地下综合管廊管理条例》（珠海市人民代表大会常务委员会公告〔8届〕第29号）；

2016年9月5日，昆明市住房和城乡建设局发布《昆明市城市地下综合管廊规划建设投资管理暂行办法》（云政发〔2014〕63号）；

2016年2月14日，临沂市人民政府印发《临沂市地下综合管廊建设管理办法》；

2016年，合肥市政府先后出台了《合肥市人民政府办公厅关于加快推进城市地下综合管廊建设的实施意见》（合政办秘〔2017〕5号）、《合肥市城市综合管廊管理办法》，制定了《合肥市地下综合管廊运营维护补助资金管理办法（试行）》、《关于印发合肥市地下综合管廊专项资金绩效评价暂行办法的通知》（合财建〔2017〕350号），在全国率先研究制定《合肥市地下综合管廊消防验收规范》，并编制《安徽省综合管廊信息模型应用技术规程》、《合肥市地下综合管廊安全运行监测系统设计标准规范》；

2016年5月13日，武汉市人民政府印发《武汉市城市地下综合管廊管理办法》（武政规〔2016〕7号）；

2016年7月2日，西宁市政府第64次常务会议公布《西宁市地下综合管廊管理办

法》(西宁市人民政府令第 146 号);

2016 年 11 月 1 日,兰州市人民政府印发《兰州市地下综合管廊管理办法》(兰政发〔2016〕72 号);

2017 年 4 月 24 日南京市政府第 122 次常务会议批准《南京市城市地下综合管廊管理暂行办法》;

2017 年 7 月 27 日厦门市第十五届人民代表大会常务委员会第五次会议通过《厦门经济特区城市地下综合管廊管理办法》;

2017 年 8 月 22 日,浦东新区环境保护和市容卫生管理局印发《浦东新区综合管廊运行维护管理办法》(浦环保市容〔2017〕972 号);

2017 年 9 月 25 日,黄石市人民政府印发《黄石市城市地下综合管廊管理办法》(黄石政规〔2017〕6 号);

2017 年 9 月 26 日,湖南省发展和改革委员会、湖南省住房和城乡建设厅印发《湖南省城市地下综合管廊有偿使用收费管理办法(试行)》(湘发改价商〔2017〕700 号);

2017 年 11 月 16 日,合肥市人民政府办公厅印发《合肥市城市地下综合管廊管理办法(试行)》(合政办〔2017〕77 号);

2017 年 12 月 29 日,乌鲁木齐市人民政府印发《乌鲁木齐市地下综合管廊运营管理办法》(乌政办〔2017〕316 号);

2018 年 6 月 15 日,石家庄市人民政府印发《石家庄市地下综合管廊运营管理办法》(石政规〔2018〕9 号);

2018 年 9 月 21 日,甘肃省人民代表大会常务委员会批准《白银市城市地下综合管廊管理办法》;

2018 年 7 月 4 日,遂宁市人民政府办公室印发《遂宁市城市地下综合管廊管理办法》。

3.2　标　准　规　范

截至 2018 年 11 月,据不完全统计,全国各省、直辖市及地级市已颁布有关综合管廊建设的标准规范共 21 项。其中,全国有关综合管廊技术规范共 8 项,省(直辖市)级层面有关综合管廊建设的标准规范共 13 项,行业协会标准 4 项。具体情况如下所示。

3.2.1　国家标准

(1)《城市综合管廊工程技术规范》GB 50838－2015;

(2)《城市地下综合管廊工程规划编制指引》(建城〔2015〕70 号);

(3)《城市工程管线综合规划规范》GB 50289－2016;

(4)《城镇综合管廊监控与报警系统工程技术规范》GB/T 51274－2017;

(5)《城市综合管廊管线工程技术规范》(征求意见稿);

（6）《城市综合管廊运营管理技术标准》（征求意见稿）。

3.2.2　地方标准

（1）上海市工程建设规范《世博园区综合管廊建设标准》DG/TJ 08-2017-2007；

（2）重庆市工程建设规范《城市地下管线综合管廊建设技术规程》DBJ/T-50-105-2010；

（3）沈阳市工程建设规范《城市地下综合管廊工程建设技术管理规范》DB 2101/TJ 15-2014；

（4）上海市综合管廊维护规范《城市综合管廊维护技术规程》DG/TJ 08-2168-2015；

（5）上海市综合管廊规范《综合管廊工程技术规范》DGTJ 08-2017-2014；

（6）《内蒙古自治区城市地下综合管廊建设技术导则》（内建城〔2013〕119号）；

（7）《河北省城市地下综合管廊建设技术导则》（冀建城〔2011〕685号）；

（8）《福建省城市综合管廊建设指南（试行）》（征求意见稿）；

（9）《广西市政综合管廊设计与施工技术指南》（征求意见稿）；

（10）《保山市综合管廊规划建设技术导则》；

（11）《江西省城市地下综合管廊建设指南》（试行）；

（12）《吉林省城市地下综合管廊建设技术导则》（试行）；

（13）《贵州省城市地下综合管廊建设技术导则》（试行）。

3.2.3　行业协会标准

（1）北京城市管理科技协会《城市综合管廊运行维护技术规程》T/BSTAUM 002-2018；

（2）浙江省产品与工程标准化协会《城市地下管廊工程设计规范》T/ZS 0003-2018；

（3）中国工程建设标准化协会《城市地下综合管廊管线工程技术规程》T/CECS 532-2018；

（4）中国工程建设标准化协会《城市综合管廊运营管理标准》T/CECS 531-2018。

第2篇 经营与管理篇

　　运维管理体系的建设水平对于综合管廊能否按设计初衷完成其应有的功能有着至关重要的作用，只有管理体系明确、完整、成熟，管廊的运行维护工作才能做到有据可依、有章可循、专人专管。建立科学有效的管廊运维体系有利于系统地落实管廊运维工作，保障管廊设施安全，控制综合管廊各管线运行质量，提高人员工作效率，保证人员安全。

　　本部分系统解释了管廊运维管理的重要性，对于国内外管廊运维的现状和各自特点进行了整理，并对管廊运维管理体系按照组织管理、制度体系、绩效考核等方面进行了展开说明。

第4章 综合管廊运维管理现状及问题

4.1 国内外综合管廊运维管理现状

我国管廊的发展时间较短、在管理运维体系的建立方法和模式的成熟度方面必定与发展历史较长的国家和地区有所区别，本节将对国内外管廊运维管理的现状和特点进行简要介绍对比。

4.1.1 国外管廊运维管理现状

国外综合管廊发展较好的国家及地区主要集中在欧洲、日本及新加坡等地。各个国家和地区发展模式大不相同，主要分为法国的议会听证制、日本的各道路署管理组织与管理办法相结合的形式、新加坡"全生命周期"管理模式。

4.1.1.1 法国

在法国，综合管廊被定义为公共产品，综合管廊的所有权归政府，运营方式以政府出租管道空间给管线单位为主，综合管廊的维护由政府负责。巴黎设置了下水道管理局，负责综合管廊的运营维护工作，各市辖区按照属地原则分段管护地下管廊。这种"业主自管"的模式，业主既是产权方也是运营维护方，享受管廊的收益并承担管理成本。运营维护费用主要来自收取入廊费和申请财政补助，其租赁金额由地方议会听证会决定定价，这种方式既保障了公共的权益，同时也维护了各管线单位的利益。

法国于2006年前后就开始酝酿推进统一立法的工作，不断化解各类法律法规中存在的冲突问题，实现法律法规之间的协调统一。2012年5月颁布新法令《燃气、碳氢化工类公共事业管道的申报、审批及安全法令》，新法令运用通用性条文对管道的设计、建设、施工、运行及经营、监管等方面进行了明确规范。

为配合立法统一的进程，积极推进有关机构的整合力度，增强不同机构之间的协调关系，以实施更有效的政府监管活动。法国政府还采取了一系列措施，比如设立专职部门，帮助施工单位掌握管线网络的确切位置；建立专门的观察机构，负责管理信息的传递以及宣传活动等。

一百多年运维管理经验的积累，成就了法国独特的管廊运维方式：

1. 资金来源税费并举

法国居民缴纳的税收种类繁多，与管廊建设有关的主要有土地税，居住税。其由个人缴纳的水费中，除饮用水处理、污水收集处理、排污费、取水费及国家农业供水基金等收费项目外，还征收一定的增值税。这些资金成为法国各级政府管廊建设运行管理的主要来源。

2. 经营方式灵活多样

以供水污水处理系统为例，法国境内的约 3 万个供水和污水处理系统中，48％的供水系统和 62％的污水处理系统由地方当局直接管理，而公有水务公司供水量只占全国总售水量的 20％；私营水务公司向 80％的人口提供饮用水并负责污水的收集处理。20 世纪 80 年代后，法国的 3 家私营公司：苏伊士、威立雅和萨尔，几乎垄断了除公有水务公司以外的给水排水市场。同时，巴黎市还专门设置了下水道管理局，负责管廊的运营维护。巴黎各市辖区按照属地原则分段管护地下管廊。

3. 运行机制协商确定

法国政府采取特许经营方式，与企业签订合同，约定对方的权利义务，职责范围，工程实施，资金筹集。同时赋予地方各级政府充分的权限，如水价政策就是在国家（中央政府）的宏观指导下，投资者、政府部门、用户（企业私人居民）协商提出水价方案，举行听证会，签署合同，议定相关费用标准。既促进水资源的可持续保护与合理开发利用，又保障企业、居民的合法权益；既拓宽融资渠道，提高财政资金的投入和使用效益，又促进市场的充分发育，达到了建设运营管理双赢目标。

4. 财政保障机制完善

法国实行集权型国家预算管理制度和分税制，中央财政收入占中央、大区、省、市镇 4 级政府总预算的比重约 66％，地方预算占 34％，中央政府对地方的转移支付占地方预算收入来源的 25％，使得地方有较大的财力对管廊运行维护给予财政补贴。以巴黎 20 区为例，区政府在收取入廊企业管线使用费的同时，可通过向上级财政申请局居住税补助、区政府居住税安排等方式筹集维修改造资金。

4.1.1.2　日本

在日本，综合管廊的后期运营管理采取道路管理者与各管线单位共同维护管理的模式，即综合管廊设施的日常维护由道路管理者（或道路管理者与各管单位组成的联合体）负责，而综合管廊内各种管线的维护则由各管线单位负责。日本的运维管理组织结构由政府牵头制定相关法律法规，综合管廊所在地方政府和管线单位通过招标的方式，由专业公司对综合管廊主体进行运维管理。管道科对综合管廊的运营进行监督管理，对运维管理公司进行考核。

独特的地理位置、庞大的管廊建设规模，使得日本的运维管理经验独树一帜。

1. 完善的法律体系

1963 年，日本政府制定《综合管廊实施法》，颁布了《关于建设综合管廊的特别措施法》，有效解决了综合管廊建设中城市道路范围及地下管线单位入廊的关键性问题。1991 年，日本政府制定了《地下空间公共利用基本规划编制方针》，并于 2001 年颁布《大深度地下公共使用特别措施法》，进一步强化了深层地下空间资源公共性使用的规划、建设与管理规则，使地下空间开发利用的法律由单一管理向综合管理推进。这种以法律体系为准绳的综合管廊运维管理方式，明确了综合管廊的运维管理责任分工，可以做到有据可依，按规定办事。

2. 高超的地基液化处理技术

为了确保管廊的耐震性，运维管理人员须定期对投入运营的综合管廊进行耐震性检查。管廊地基液化是影响管廊抗震的关键因素之一，因此需对管廊地基液化可能性高的地方实施应有的防治措施。在东京临海部分回填地的现存综合管廊中，地基液化现象比较显著。以国道 357 号下的综合管廊为例，该管廊位于东京临海区域，大部分区域均需对于地基液化进行处理。在该项目中，主要采取了两种措施：

（1）当管廊的地基区域没有障碍物时，一般以连续打入钢板桩作为挡土设施；

（2）当管廊地下区域有障碍物或者管廊有交叉等无法打钢板桩的情形时，采用高压喷射搅拌的方式进行地基改良。

3. 系统的管廊健康评价体系

在日本，相关部门需要对综合管廊的损伤、裂化等情况进行健全度评价，评价体系里面将健全度分为了五个等级（Ⅰ级为健全、Ⅱ级为较健全、Ⅲ级为稍微注意、Ⅳ级为注意、Ⅴ级为需修补）。结合管廊健全度评价结果，对管廊维修方案进行经济性评价。管廊维修方案分为 7 种，分别为：

（1）健全度为Ⅲ～Ⅴ级的管廊均进行维修，维修频率 5 年/次；

（2）健全度为Ⅲ～Ⅴ级的管廊均进行维修，维修频率 10 年/次；

（3）健全度为Ⅲ～Ⅴ级的管廊均进行维修，维修频率 15 年/次；

（4）健全度为Ⅳ～Ⅴ级的管廊均进行维修，维修频率 5 年/次；

（5）健全度为Ⅳ～Ⅴ级的管廊均进行维修，维修频率 10 年/次；

（6）健全度为Ⅳ～Ⅴ级的管廊均进行维修，维修频率 15 年/次；

（7）仅对健全度为Ⅴ级的管廊进行维修，维修频率 5 年/次。

4.1.1.3　新加坡

20 世纪 90 年代末，新加坡在滨海湾推行地下综合管廊建设，成为新加坡在地下空间开发利用方面首个成功案例。新加坡综合管廊建设投资全部由政府承担，所有权归政府。运维单位提出收费额度后，业主向管线运营商收取费用。

新加坡滨海湾地下综合管廊自 2004 年投入运维至今，全程由新加坡 CPG 集团 FM 团队（以下简称"CPG FM"）提供服务。为了建设管理这条综合管廊，CPG FM 以编写亚洲第一份廊内人员操作安全施工标准作业流程（SOP）手册为基础，建立起亚洲第一支综合管廊项目管理、运营、安保、维护全生命周期的执行团队。新加坡综合管廊运维管理的强力组织，确保管廊有序与可控、全程管理，确保运维的可持续性，系统运维确保管廊安全与效率、鞭策机制确保运维的与时俱进。其运维管理理念为：第一，维护最佳城市宜居形象；第二，可持续性运作；第三，确保运营过程无中断；第四，确保管廊的安全性；第五，所有设备经常处于良好的工作状态。

新加坡综合管廊运维管理的主要特点。

1. 运维管理贯穿管廊周边地块开发建设的始终

综合管廊建设及运营的时间早于周围许多建筑的建设，所以在管廊运维管理期间，经常会出现附近土地开挖打桩而影响管廊结构稳固的问题。为解决这个问题，新加坡管廊运维管理公司提出了两种解决办法：一是要求所有在管廊附近开挖的施工单位必须提交一份打桩的施工图纸给运维管理公司；二是由运维管理公司的管理人员进行专业分析，确保没有问题后才能开始施工。

2. 系统化、精细化管控综合管廊全生命周期

在新加坡，综合管廊运维管理所涵盖的接管期、缺陷责任监测期、运营维护工作期，所包括的人员管理、设施硬件管理、软件管理，均有标准的流程手册进行指导及严格的考核机制作为保障。

3. 打造智慧运维平台

随着现代信息技术的发展，管廊智慧化管控需求愈发迫切。新加坡的智慧运维平台主要包含以下四个方面：一是集中式的绩效管理平台，包括智能能源监测、智能照明、智能运营等；二是可持续的管廊内部环境技术，包括环境监测、空气质量监测、施工条件监测等；三是集中式数据库解决方案，包括智能数据存储、提高能效方法等；四是智能监控仪表盘，可以融合所有监控系统，只显示管理人员所需要的信息。

4.1.2　国内管廊运维管理现状

本节主要以当前广州、珠海、厦门、上海地区的管廊运维管理现状为例，按照项目概况、管理方式与制度、运营收费方法等方面对于我国以上地区的管廊现状进行分类说明。

4.1.2.1　广州

1. 项目概况

广州大学城综合管廊全长约 18km，分为主干管、分支线和通信沟。主干管长约 10km，沟宽 7m，高 2.8m。分支线长约 8km，另建有约 43km 的通信沟，呈放射状结构布局，将综合管廊与综合信息枢纽楼、各高校和市政设施相连接。

综合管廊内间隔为各自封闭的电舱、水和弱电舱，分别布设了供电、供水、高质水、生活热水、杂用水、电信、有线电视等管线，并预留了发展所需的管孔空间以及维修人员和设备近处的空间。综合管廊建有一套完整的机电保障体系，主要设施包括照明、排水、通风、消防、通信、监控等。

2. 管理方式与制度

广州大学城综合管廊于 2004 年投入使用后通过与各管线单位签订《管理公约》和《租用合同》，明确各方权力和责任，实施有序管理。广州大学城投资经营管理有限公司（业主）对综合管廊所有物业（租/用户自行敷设的管线及设备除外）拥有所有权；各租/用户依法拥有对租用合同所确定的管廊区域的使用权；各租/用户在管廊内敷设的管线及设备产权属管线单位所有，管线单位拥有其产权资产的完全处置权，即占有、使用、收益、处分的权利。业主具有全权管理管廊的权力。为检查、维修及保养管廊物业，业主有权携带一切必需的设备、机器及材料进入管廊任何一部分，但在行使该项权利时，应注意尽可能不妨碍其他租/用户使用管廊。

3. 运营收费方法

广州大学城投资经营管理有限公司通过与各管线单位签订管理公约和租用合同，约定各方权利、义务，实现有序管理，同时按物价局核定的收费标准，向各管线单位收取入廊费和日常维护费（2005 年广州市物价局批复同意）。管线入驻收取一次性费用和日常维护费用。管线入廊费收费标准参照各管线直埋成本的原则确定，按实际铺设长度计收（具体单位长度收费标准略）。综合管廊日常维护费用则根据各类管线设计截面空间比例，由各管线单位合理分摊的原则确定收费标准。

4.1.2.2　珠海

1. 项目概况

该项目综合管廊全长 33.4km，工程直接建设投资约 20 亿元。根据横琴"三片十区"的功能布局，在不同路段规划单舱、双舱、三舱三种类型综合管廊，纳入其中的管线类型共 6 种，包括给水管、通信管、电力电缆、冷凝水管、中水管和垃圾真空管。横琴地下综合管廊内设有巡视、检修空间，工作人员可定期进入，高效开展各种管线的敷设、增减、维修工作。

2. 管理方式与制度

珠海大横琴城综合管廊运营管理有限公司负责该综合管廊的日常运维管理。运维管理公司在各方协调、职能完善的原则下组成，确保各专业配套完备，既包括专业技术人员的完备，也包括技术设备的完备。目前该项目部设置运维人员 28 名，负责 33.4km（已运行 28.9km）综合管廊的监控、巡查、检修，其中监控中心实行三班三倒制，每班 2 人。综合管廊的日常维护和管理包括以下内容：防止综合管廊遭受人为破坏；保障综合管廊内的通风、照明、排水、防火、通信等设备正常运转；建立完善的报警系统；建立具有快速抢修能力的施工队伍等。

管廊内设置有害气体监测、自动排水、消防通风等智能管理设施，并通过物联网技术与中控平台相连，可实时监控以确保管廊安全运行。平台以 BIM 技术以及地理信息系统为基础，将综合管廊监控与各子系统集中接入，通过各种真实的传感设备同虚拟地图环境相结合，实现场景、设备位置、报警等信息的全景呈现与控制管理，做到"事前智能感知、事中精确处置、事后完整取证"。

3. 运营收费方法

珠海大横琴城综合管廊运营管理有限公司负责该综合管廊的日常运维管理。该综合管廊的建设费用由政府确定的投资建设单位负责筹措，管线单位应当缴纳管廊使用费用，原则上不超过原管线直接敷设的成本。综合管廊管理费用包括综合管廊的日常巡查、大中修等维护费用、管理及必要人员开支的费用。综合管廊管理费用中的大中修等维护费用由政府承担，其他管理费用由管线单位按照入廊管线量分摊。管廊使用费和日常维护管理费缴费标准及缴付方式由综合管廊管理单位负责制定。

珠海市委托专业测算机构，借鉴国内外综合管廊收费管理经验，出台了地下综合管廊的收费项目和收费标准，目前初步意见为首年免收入廊费，该项费用按直埋成本在今后逐年收取；日常管理维护费按地下综合管廊日常管理维护总支出成本测算，根据各类管线设计截面空间比例，由各管线单位合理分摊。

4.1.2.3　厦门

1. 项目概况

翔安新机场片区地下综合管廊项目是厦门市首个以政府和社会资本合作（PPP）模式建设的市政项目，建设总里程 19.75km，共包含综合管廊 8 条，主要为翔安东路（含顶管过海段）、机场大道、环嶝北路、蟳窟北路、横二路、机场北路、大嶝中路和机场快速路（含顶管过海段）。综合管廊内主要纳入电力、通信、给水、中水、燃气、雨水、污水等管线，管廊内设置消防、排水、通风、信息、电气、监控和标识等管理系统。

2. 管理方式与制度

厦门在国内率先实行综合管廊企业化运维管理，于 2014 年 4 月组建厦门市政管廊投资管理有限公司，对全市综合管廊进行统一规划、统一建设、统一管理，通过"政府扶持、企业运作"的模式，逐步推动综合管廊建设与管理的多元化和市场化。厦门市政管廊投资管理有限公司设置了设备部和运维部，其中设备部负责管廊的巡检、修理和维护，运维部主要负责入廊费用的收取和相关的财务管理工作。此外，管廊的保洁和巡视工作外包给其他物业公司负责。管廊内还安装了监控探头、温度湿度监测器、有毒气体监测器等智能化设备，工作人员可以实现远程 24h 监控。

厦门市出台了一系列政策文件，如《厦门经济特区城市地下综合管廊管理办法》、《厦门市地下综合管廊安全保护范围管理办法》、《厦门市地下综合管廊应急处置预案》等，并建立综合管廊保障机制，对综合管廊的建设运营和管理起到了积极的作用，逐步实现了综合管廊建设和管理的多元化和市场化，形成了综合管廊持续建设和运营的良好体系。

4.1.2.4　上海

1. 项目概况

上海世博园综合管廊于 2007 年开工建设，管廊呈环状结构分布，总长约 6.4km。入廊管线有电力缆线、通信缆线和给水管线，以及管廊自用设备管线。土建结构标准断面为矩形，分单舱、双舱两种，采用预制拼装施工，是国内首条使用预制装配技术的管廊。管廊内配置了相关的设备设施系统，其中包括：自动化监控系统、视频监控系统、消防喷淋系统、火灾报警系统、排水系统、通风系统以及液压井盖系统等。

2. 管理方式与制度

该项目由其委托的上海某公司负责具体的运维管理工作（三年一签，季度付款），该公司设置常驻式运营项目部，派驻项目经理和专业技术、管理人员共 16 人（三班三倒），负责综合管廊监控、巡查（每天一次）、检修，财务、人力部门由公司总部运营部负责。

另外，《中国 2010 年上海世博会园区管线综合管廊管理办法》对世博综合管廊的建设要求，设计变更，竣工验收和备案，维护管理和管线单位的义务，进入综合管廊的手续，管线重设、扩建、线路更改等变更，建设、管理及紧急情况的费用承担，专账管理等作出明确规定。立法先行，管理先进，保障了世博园区综合管廊的顺利建设、运营与管理。

4.2　国内综合管廊运维管理现存问题

从国内综合管廊运维案例总结来看，现存问题主要分为宏观与微观两个层面。在宏观层面，主要存在法律法规不够健全、地下空间管理体制混乱、廊体和管线分属管理、运维管理标准缺失、运维管理制度建立不及时、运维管理部门职责不明、应急管理无从下手等问题；在微观层面，主要存在结构裂缝和渗水严重、设备维护水平低、设备运行能耗高、人工巡检人力成本大、监控技术单一且存在死角、附属设施安装位置不当、纸质文档可追溯性差、数据挖掘利用不足、管廊安全预警和应急响应滞后等问题。只有在管廊设计与建设前期充分做好规划工作，并在管廊运营期间认真筹划，借鉴经验，才能最大程度避免综合管廊运维问题，保障管廊的高效、安全运行。

本节中，我们对管廊运维管理现存问题将从经营与管理问题、运行与维护问题两方面介绍。具体问题如图 4-1 所示。

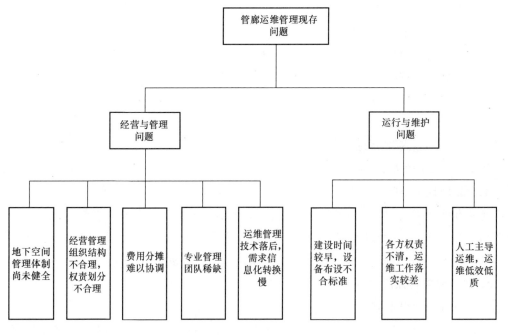

图 4-1　管廊运维管理现存问题

4.2.1　经营与管理问题

1. 管线入廊问题缺少相关规范

一般来说，地下空间的使用必须由专门的机构来负责规划及管理，建设地下管廊是在对地下空间综合规划的基础上进行的，在规划完成后，管廊建设完成后各管线单位必须进入管廊，并禁止再私自铺设地下管线。现阶段我国地下空间的开发缺少相应的协调管理机制，各管线单位各自为政的管理格局，造成了我国地下管线建设多头管理、地下管线的档案及信息平台未共享的局面。有时会出现综合管廊已经建成，但管线单位仍然绕过管廊自行铺设管线的情况。

2. 管理运维机制不明确、权责划分不合理

部分国外发达国家已经从管理机构的设置、管理内容与程序的制定、管理资金的分担以及地下市政综合管廊使用费的构成等多角度建立了管理体系与机制。如按照协作型构建、公司化运作、物业式管理的基本思路，设置涵盖地下综合管廊运营与管理的各个方面细节，并于各个环节上实行专人专职负责制。例如，在日本及我国台湾地区，综合管廊建设及运营管理由专门的机构负责，比如负责管廊建设所需资金的综合管廊建设基金委员会、专门建设综合管廊的机构及负责运营的管理维护中心等。

相比国外，我国综合管廊的职能定位较模糊，没有国家统一的法律法规予以规范，对于某些较早建立并投入运营的管廊项目，不同地区负责管廊建设及运营的主体单位不同，例如，浦东张杨路综合管廊运维管理由城市道路管理部门负责；世博园区综合管廊运维管理由浦东新区环境保护和市容卫生管理局负责；松江新城综合管廊运维管理由开发公司负责等，而且同一条管廊在不同时期还可能经历不同的管理者，建成后的综合管廊的归口管理也比较混乱。通过对现有管廊建设及运营管理公司的调研，笔者发现，管廊运维在我国各地没有统一的部门来负责，对于地方上是否建设综合管廊管理部门也没有相关法律的规定，只是遵循当地政府的个人主观意愿。

对于刚建成预备投入运营的管廊项目，各地政府设立了专门的经营管理组织机构。但由于国内管廊前期项目经营管理经验缺失、管廊建设模式多样等原因，各地政府对于经营管理组织结构的建设及权责的划分等问题时常无从下手。

由于地下空间的特殊性，管廊开发后很难恢复原貌，建设综合管廊从规划设计到后期运营都需要对地下空间进行全局性的综合管控。当前关于我国地下综合管廊运维管理部门职能定位及制度规范的研究还须加快脚步，明确管理部门及其权责是规范综合管廊运维管理的前提。管廊管理运维需要建立专门的部门，而不能仅靠成立临时指挥部的方式解决一时之需。

3. 费用分摊难以协调

综合管廊的建设不能分期实施，所以一次性的投资对政府财政有很大的脉冲效应。纵观国外的现有费用分摊机制：欧洲发达国家综合管廊建设费用由政府承担，管廊建设成功后政府以出租方式租给管线单位使用，并向管线单位收取一部分租金。管廊出租的价格由市议会讨论并表决，租金根据实际情况每年调整；日本地区综合管廊的建设资金由道路管理者与管线单位共同承担，后期的运营管理工作也由道路管理者与各管线单位负责并共同承担运营费用；我国台湾地区在借鉴日本费用分摊的方式上进行了进一步的规定，明确了费用分担的比例。相比之下，我国现阶段虽有部分管廊项目设定了管廊费用分摊标准，但由于各方权益难以统一等原因，管廊费用的分摊难以协调，管线单位分摊份额较小，后期的运营费用大部分还是要政府承担，由于政府的财政能力有限，综合管廊的发展被极大程度的限制。

4. 专业管理团队稀缺

综合管廊内部敷设多种管线，所以建立一支组织分工明确、运维技术过硬的专业运维管理队伍十分重要。新加坡在管廊建设初期，选择该国国内技术过硬的运维团队，为管廊项目的全生命周期运维管理方案进行规划，制定出一系列标准化的运维管理工作处理流程，同时培训出一批专业的运行维护工作人员，为新加坡管廊的正常运行保驾护航。反观我国，由于前期管廊建设用力过猛，管廊建设速度快，大批量管廊项目亟待投入运营。但后续运维力量缺失、运维管理队伍非专业化，使得管廊的运维管理出现了管线单位入廊协调难、运维管理组织结构混乱、应急管理低效等问题，导致诸多管廊项目呈现"病态"。因此，打造一支可以明确各种管线运维管理流程、协调管线单位工作的专业运维管理队伍将成为中国现阶段管廊建设的一大重要任务。

5. 运维管理技术落后，需求信息化转换慢

我国综合管廊建设体量大、运营周期长、运维巡检要求高，如何在最短的时间里，最大化管廊运维管理的工作效率及质量成为现阶段管廊运维管理的重要问题。对于已经投运的管廊项目，运维管理主要依靠人工，巡检效率低、效果差，难以满足整体的管廊运维管理目标。对于即将投入运营的管廊项目，虽建立了相应的信息化运维管理平台，但却存在信息化技术"华而不实"，平台建设非标准化，业务功能需求信息化转换困难等问题。

4.2.2　运行与维护问题

上位经营管理经验的缺失终将导致下位运行与维护工作的无序。由于法规体系的不完善、管理组织结构的不合理、权责划分不清晰、专业团队的缺失导致现有管廊项目在运行与维护的过程中出现了诸多问题。具体的问题如下：

1. 建设时间较早，设备布设不合标准

我国部分管廊建设完成时间早于《城市综合管廊工程技术规范》GB 50838-2015 标准的发布时间，这使得该部分管廊项目内部存在防火段长度设置不合规范、廊内附属设施系统配备不完善、相关设备布设不合理的问题。

2. 各方权责不清，运维工作落实较差

随着管廊投入运营时间的加长，维修巡检工作不到位而导致管廊本体结构、附属设施、管线等出现不同程度的破损、老化等问题。具体的问题如下。

（1）管廊结构方面

管廊的本体结构出现渗漏、部分破损；管廊的部分关键节点，例如管廊的出入口、通风口等部分，出现不同程度的渗水问题；管廊内部的辅助设备，例如爬梯、护栏等出现严重的锈蚀现象。见图4-2。

（2）廊内管线方面

管廊内部管线布设混乱，严重影响了管廊巡检工作的进行；廊内管道及管线表面凝露、灰尘较多，且部分管道出现锈蚀。见图 4-3。

图 4-2　管廊本体渗水及管道表面灰尘

图 4-3　桥架锈蚀

（3）附属设施方面

廊内的部分消防设备的状态较差，出现消防设备压力不足等问题（如图 4-4），严重影响设备的使用；部分通风设备表面锈蚀严重；部分照明设施出现不同程度的损坏；廊内标识系统缺失等。

（4）廊内环境方面

廊内地面有水渍、柳絮、灰尘；廊内空气浑浊，严重影响了入廊作业等工作；部分廊体墙面有水渍或蜘蛛网，清洁度较低。见图 4-5。

图 4-4　消防设备压力不足

图 4-5　墙体蜘蛛网

3. 人工主导运维，运维低效低质

现阶段，国内现已投入运营的部分管廊巡检主要依靠人工巡检的方式，重复、繁琐、冗长的运维巡检工作，导致运维人员出现诸多不利于工作的抵触情绪，大大降低了运维巡检的质量，影响了管廊运行质量。在实际运维管理的过程中，运维人员根据实际现场情况制定计划，使用笔记本手动记录运维工作日志，工作效率不高。

第5章　综合管廊运维管理体系

综合管廊作为一种集合地下管线于一体的城市基础设施工程，具有地下公共空间的特性，其运维管理十分重要。管廊运维管理是一项系统性工作，运维管理体系是实现运维管理统一性、系统性、规范性、合理性的根本。管廊运维管理体系的建设，需要遵从相关原则，并采取系列措施构建。管廊运维管理的体系主要包括：运维管理内容、运维管理目标及基本规定、运维管理组织架构、运维管理制度体系、运维管理方案和运维管理评价体系。

5.1　综合管廊运维管理内容

1. 经营的内容

目前，国内的城市综合管廊的运营一般包括以下几个方面：

（1）对外出租综合管廊的内部空间：对于电力系统来说，其管线的铺设技术性比较强，而且由于技术垄断等原因，也不希望其他部门来负责其管线的铺设工作；而通信行业由于其管线的铺设需要的专业性比较强，其他部门往往难以胜任，因此，也无法由其他部门完成其管线的铺设工作。对于上述两种行业，综合管廊管理单位一般只向其出租管廊的内部空间，并收取相应的费用，由其自行完成各自管线的铺设工作，并且以后的维护以及维修等任务也是由其独立负责的。

（2）对外出租综合管廊内部的管线：对于大多数的行业来说，其管线的铺设工作技术性并不太强，完全可以由其他部门来完成，比如供水以及供热系统的管线等。对于这类行业，一般是由管廊管理单位事先铺设好相应的管线，然后出租给这些部门使用，并收取相应的费用。

（3）向外出售综合管廊内部的管线：管廊管理公司不仅可以向有关部门出租其铺设的各类管线，也可以通过出售的方式一次性收回其成本。这样可以在短时间内收回费用，至于日后运行时的维护以及维修等工作则可以由双方进行商议。

2. 运行与维护的内容

管廊运行与维护的内容分为日常管理和安全与应急管理。日常管理主要对管廊土建结构、附属设施及入廊管线开展日常巡检与监测、专业检测及维修保养等工作。安全与应急管理是指为保障综合管廊的运维安全，及时有效的实施应急救援工作，为最大程度的减少人员伤亡、财产损失，维持正常的生产秩序而开展的工作。管廊运维管理具体内容阐述如下。

（1）管廊本体运维管理

综合管廊本体运维管理包括综合管廊（含供配电室、监控中心）结构及设施管理，内容分为日常巡检与监测、维修保养、专业检测和大中修管理。管廊本体运维管理中的日常巡检与监测、维修保养一般由管廊运维单位负责，涉及主体结构安全或有强制性规定的专业检测项目，由具有相应资质的专业机构进行，大中修一般由专业施工资质单位承担。本体管理应统筹制定管理方案及实施计划，科学合理确定运维管理内容、方法、标准及频次，保障综合管廊安全高效、经济运营。

（2）管廊附属设施运维管理

管廊附属设施运维管理包括消防系统、通风系统、供电系统、照明系统、排水系统、监控与报警系统以及标识系统的日常巡检与监测、维修保养和大中修管理，管廊运维公司需具体安排巡检人员，巡检、检测频率与时间规划，以及附属设施的更换、采购等工作。

（3）入廊管线运维管理

综合管廊内容纳的市政管线包括给水管道、排水管道、天然气管道、热力管道、电力电缆和通信线缆等管线。综合管廊内各管线新建、改扩建完成后，相应管线单位应会同管廊运维管理单位组织相关建设单位进行竣工验收，验收合格后，方可正式交付使用。各管线单位应与管廊运维管理单位签订入廊协议，明确双方的管理权限、责任、规范与义务。

（4）安全与应急管理

综合管廊的安全管理应根据其自身特点重点研究，其安全管理可分为两个方面内容，一是综合管廊安全管理；二是综合管廊发生突发事件的应急处置。综合管廊安全管理针对运维管理过程，主要在于日常巡检、维修、养护等作业中的安全管控；综合管廊应急管理以实际面临的突发事件的处置预案为核心内容。

5.2　综合管廊运维管理目标及基本规定

5.2.1　管廊运维管理的目标

明确管廊运维管理目标，建立健全管廊运维管理的保障体系，对于提高管廊的运维管理水平，提高运维的经济效益，调动管理人员的积极性和创造性，具有重大意义。

根据《城市地下综合管廊运行维护及安全技术标准（征求意见稿）》，可将管廊运维工作的总体目标体系划分如图 5-1 所示。

5.2.1.1　运维目标

综合管廊运维目标是指在管廊运维管理业务方面所需达到的目标，主要要求包括：日常运维、安全管理及突发事件的管理制度应具有较高的完整性；管廊本体、附属设施、管线、内部环境等的运行保障工作具有较高的合格率；本体、附属设施、管线等发生故

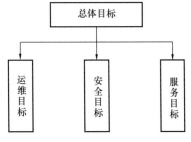

图 5-1　管廊运维管理目标

障或损坏时，维修及应急工作应具有较好的完成性及较高的相应性。

5.2.1.2　安全目标

综合管廊安全目标是指在管廊运维管理的过程中，安全管理方面所应达到的目标主要包括：管廊运维期间总体运行安全状况优良，安全事故人员零伤亡，杜绝火灾等安全责任事故，确保职工安全教育率，安全技术交底率，管理人员及特种作业人员持证上岗率，安全技术资料真实、准确、齐全等。

5.2.1.3　服务目标

综合管廊服务目标是指管廊运行管理过程中，为满足客户对管廊为其提供的相关服务的满意程度所需达到的目标。

5.2.2　管廊运维管理基本规定

为规范管廊运维公司的各项工作，使得各项工作具有持续高效性及相互协作性，同时加强管廊设备的合理管理及日常维护，明确各部门的职责和管理流程，确保管廊运维的稳定性，本书根据《城市地下综合管廊运行维护及安全技术标准（征求意见稿）》《城市综合管廊运营管理技术标准（征求意见稿）》，列出综合管廊运维工作的基本规定如下。

5.2.2.1　一般规定

1. 验收交接规定

综合管廊应经竣工验收合格后，方可投入运行。

2. 管廊运维管理单位规定

（1）综合管廊运维管理单位应具备相关专业能力与经验，运行、维护作业及安全管理人员应持证上岗；

（2）运营单位应根据综合管廊类型、入廊管线类型、管廊结构材质、运维要求和所处环境等因素，综合确定其运营管理等级，科学制定管理控制措施，宜建立统一的智能管理平台进行管控；

（3）综合管廊应实行规范化管理，管廊运营单位应制定完善的运行维护及安全管理制度，并定期修订；

（4）运维管理单位与入廊管线单位应签订协议，分工明确、界面清晰、各司其职、相互配合，做好日常管理、安全与应急管理等工作。

3. 管线单位规定

（1）敷设在综合管廊内的公用管线的权属单位应按年度编制维护计划，报综合管廊管理单位并经协调平衡后统一安排公用管线的维修时间，公用管线权属单位应严格按照统一安排的维护时间实施所属管线的维护；

（2）在综合管廊内的公用管线需进行施工作业时，应服从综合管廊管理单位的管理，并按相应的技术规程要求作业；

（3）综合运维管理单位和入廊管线单位应采用先进的运行、维护及安全技术，提高综合管廊运行、维护和安全管理水平。

4. 管廊运维规定

（1）综合管廊的运行维护及安全管理应实行 24h 工作制；

（2）综合管廊运行维护及安全管理应选用合格、适用的设备、工具与材料；

（3）综合管廊运行维护应选用合格、适用的材料与配件，鼓励采用新技术、新设备、新材料、新工艺，延长使用寿命。热力、燃气管道宜在其外壁加装具有实时在线监测管道自身安全状态、爆裂之前报警功能的变形量爆裂预警探测器；

（4）综合管廊运行维护及安全管理使用的仪器、仪表、量具应按照有关规定进行定期校验；

（5）综合管廊运行维护宜采用信息化管理手段，实现对主体结构和附属工程各个系统的自动检测，实时掌握其运行状态，建立相应的信息管理系统，对设施运行状态、维护过程信息、系统安全情况等进行动静态相结合的管理；

（6）综合管廊应实施设施保护区管理。需在设施保护区内开展施工作业等的活动，应与综合管廊管理单位联系，经协调同意后方可实施。

5. 其他规定

（1）在综合管廊有防爆要求区域内执行运行、维护工作和安全管理的人员、设备、仪器及操作程序等应符合相应的安全规定；

（2）监管单位应定期对综合管廊运营管理单位的运营质量进行考核，考核重点包括：综合管廊设施设备运营质量、运营事故及运营成本与效率。

5.2.2.2　运行管理基本规定

综合管廊的运行管理基本规定主要是管理组织形式以及管廊运行如何运作的基本规定。综合管廊运行管理基本规定遵循"协作型构建、公司化运作、物业式管理"的原则，具体内容如下。

（1）综合管廊运行管理包括运行值班、日常巡检、日常监测、出入管理、作业管理、信息管理等内容；

（2）运行管理应建立运行值班制度，并公布 24h 值班电话；

（3）日常监测对象应包含管廊本体、附属设施、廊内环境及入廊管线；

（4）日常监测应符合测量场所的防爆要求，使用防爆型测量仪器，并采取安全可靠的防爆措施；

（5）出入管理应对机具、材料、人员及所携物品实行严格的出入控制和登记；

（6）日常巡检应符合下列规定：

1）巡检对象包括综合管廊本体、附属设施及入廊管线等；

2）巡检方式采用人工、信息化技术或两者相结合的方式；

3）巡检人员应携带必要装备，并采取可靠的防护措施；

4）做好巡检记录，及时分析、报告、处理发现的问题，遇有紧急情况应按规定采取有效措施。

（7）作业管理应符合下列规定：

1）出入管廊的人员、机具、材料应符合管廊的出入管理要求；

2）廊内动火作业或用电作业，作业人员需要经过管廊运维管理部门确认管廊环境、设备的各项参数正常、满足作业要求，办理相关手续，在熟悉管廊内部设备、环境、逃生通道的运维人员陪同下进行作业；

3）应对管廊本体、附属设施、入廊管线等采取保护措施；

4）应在规定的时间、空间与作业范围内进行作业；

5）材料堆放、工具放置等不得堵塞日常巡检和人员逃生通道；

6）作业现场应及时清理干净；

7）作业完毕后应按相关规定进行验收；

8）廊内作业还应符合地下有限空间作业的有关规定。

5.2.2.3　维护管理基本规定

综合管廊维护指管廊本体及附属设施维修与保养的结合。为防止管廊本体及附属设施性能劣化或降低设施失效的概率，制定管廊维护管理基本规定，按计划或相应技术条件执行技术管理措施。

（1）综合管廊维护管理包括设施维护、专业检测、大中修及更新改造等；

（2）综合管廊设施维护应编制维护计划，并对维护工作的发起时间、发起原因、作业过程、质量验收等进行全过程跟踪管理；

（3）设施维护的内容主要包括：

1）周期性的润滑、防腐、紧固、疏通和耗材更换等保养工作；

2）设施缺陷的维修、不达标设备及其元器件的修理或更换；

3）内、外环境及设施设备的清洁、清理、除尘等保洁工作。

（4）专业检测是采用专业设备对综合管廊土建工程及附属设施设备进行的专项技术状况检查、系统性功能试验和性能测试。应定期组织对综合管廊本体、附属设施及入廊管线进行专业检测，检测结果及时处理；

（5）发生以下情形时应及时进行专业检测：

1）达到结构设计使用年限或设备使用寿命；

2）经多次小规模维修，同一病害或故障反复出现，且影响范围与程度逐步增大；

3）因自然灾害、环境影响或管线、设备事故等，造成设施较大程度的损害；

4）综合管廊本体、附属设施及入廊管线需要进行专业检测的其他情况。

（6）综合管廊专业检测一般应包括土建工程结构缺陷与沉降检测、渗漏水检测、消防系统检测等内容；

（7）大中修及更新改造的实施应符合下列规定：

1）综合管廊本体超过结构设计使用年限需要延长使用或存在重大病害，经专业检测或鉴定，建议进行大中修的，应实施大中修；

2）综合管廊附属设施及入廊管线设施存在重大病害或系统性故障，经专业检测或鉴定，确定其运行质量或功能不能满足设计标准或安全运行要求，应实施更新；

3）对入廊管线、设备周期性的大中修，确保运行正常；

4）综合管廊附属设施及入廊管线设施达到设计使用年限应实施更新；

5）综合管廊附属设施及入廊管线设施因技术升级等原因，需改变、增加原有功能或提升主要性能时，可实施改造；

6）大中修及更新改造宜按照工程项目组织实施，包括前期方案设计、过程质量控制和测试验收等工作内容；

7）大中修一般包括土建工程结构大规模的加固补强、止水堵漏，附属设施设备的大批量维修及更换；

8）综合管廊维护信息管理系统宜对维护全过程信息进行采集、整理、统计和分析。

5.2.2.4 安全管理基本规定

安全管理基本规定是为实现管廊运维安全目标而进行的有关决策、计划、组织和控制等方面的规定，合理有效地使用人力、财力、物力、时间和信息，以预防、解决和消除管廊运维过程中的各种不安全因素，防止事故的发生。

1. 安全管理制度基本规定

（1）建立安全管理组织机构，完善人员配备及保障措施，健全各项安全管理制度，落实安全生产岗位责任制，加强对作业人员安全生产的教育和培训；

（2）建立综合管廊安全防范和隐患排查治理制度，在运行维护的各个环节实行全方位安全管理；

（3）综合管廊安全检查应结合日常巡检定期进行，发现安全隐患及时进行妥善处理。

2. 人员出入安全管理基本规定

（1）未经允许不得擅自进入；

（2）出入人员应经过安全培训；

（3）先检测，再通风，确认安全后方可进入；

（4）入廊人员应配备必要的防护装备；

（5）有应急措施，现场配备应急装备；

（6）禁止单独进入综合管廊。

3. 综合管廊作业安全管理基本规定

（1）廊内应具备作业所需的通风、照明条件，并持续保持作业环境安全；

（2）作业人员应根据作业类型及环境，正确穿戴防护装备，配备必要的防护和应急用品等；

（3）依据消防、用电、高空作业等相关规定做好作业现场安全管理，并保持与监控中心的联络畅通；

（4）现场应按规定设置警示标志；

（5）作业期间应有专人进行监护，作业面较大、交叉作业时应增设安全监护人员；

（6）交叉作业应避免互相伤害；

（7）特种作业应按有关规定采取相应防护措施。

4. 综合管廊日常消防安全管理基本规定

（1）综合管廊内禁止吸烟；

（2）除作业必需外，廊内严禁携带、存放易燃易爆和危险化学品；

（3）逃生通道及安全出口应保持畅通。

5. 综合管廊信息存储、交换、传输及信息服务安全管理基本规定

（1）涉密图纸、资料、文件等（包含电子版），应严格按照国家保密工作相关规定进行管理；

（2）信息系统及其设备配置应符合国家现行标准《信息安全技术　信息系统安全等级保护基本要求》GB/T 22239 等的相关规定；

（3）信息系统及其设备应有防病毒和防网络入侵措施。信息系统中涉及的安全路由器、防火墙等应通过国家信息安全测评认证机构的认证；

（4）入廊管线信息安全应符合现行行业标准《城市综合地下管线信息系统技术规范》CJJ/T 269 的有关规定；

（5）ACU 与监控中心之间的数据交互需要安全传输。

6. 安全管理规范基本规定

综合管廊安全防范系统的运行维护除应符合《城镇综合管廊监控与报警系统工程技术标准》GB/T 51274 的有关规定，系统运行功能应与综合管廊安全管理需求相适应，并根据安全管理环境变化调整运行参数和优化系统。

5.2.2.5　应急管理基本规定

应急管理基本规定是综合管廊运维公司在突发事件的事前预防、事发应对、事中处置和善后恢复过程中，通过建立必要的应对机制，采取一系列必要措施，应用科学、技术、规划与管理等手段，以保障工作人员人身安全，促进综合管廊稳定发展的有关规定。应急管理基本规定的内涵包括预防、准备、响应和恢复四个阶段。

1. 预防阶段

（1）应根据综合管廊所属区域、结构形式、入廊管线情况、内外部工程建设影响等，对可能影响综合管廊运行安全的危险源进行调查和风险评估工作；

（2）应依据国家相关法律法规、技术标准及综合管廊本体、附属设施、入廊管线的运行特点，建立应急管理体系；

（3）应建立包含运维管理单位、入廊管线单位和相关行政主管单位相协同的安全管理与应急处置联动机制。

2. 准备阶段

（1）综合管廊运行维护及安全管理相关单位应针对可能发生的管线事故、火灾事故、人为破坏、洪水倒灌、对综合管廊产生较大影响的地质灾害或地震、廊内人员受伤、中毒、触电等事故以及其他事故制定应急预案，且应急预案编制应符合现行国家标准《生产经营单位生产安全事故应急预案编制导则》GB/T 29639 的规定；

（2）应定期组织预案的培训和演练，每年不少于 1 次，应急演练宜由综合管廊运维管理牵头单位组织；应定期开展预案的修订，一般 1 年修订 1 次，并根据管线入廊情况和周边环境变化等需要应进行不定期修订、完善；

（3）应建立完善的应急保障机制，确保包括通信与信息保障、应急队伍保障、物资装备保障及其他各项保障到位。

3. 响应阶段

综合管廊运行维护及安全管理过程中遇紧急情况时，应立即启动应急响应程序，及时处置。

4. 恢复阶段

（1）应急处置结束后，按应急预案做好秩序恢复、损害评估等善后工作；

（2）安排保洁人员清理事故现场废墟，并执行消毒、去污等措施；

（3）相关部门人员对事故进行评估损失，并对受伤、死亡人员给予合理的保险赔付；

（4）复查应急预案，有针对性地改进完善；

（5）对重大灾害事故应积极、快速组织灾后重建工作。

5.2.2.6　安全保护基本规定

为了加大对综合管廊的保护力度，进一步健全管廊的安全保护，建立健全的管廊突发事件应对，制定综合管廊安全保护基本规定。

（1）综合管廊应设置安全保护区，保护区外边线距本体结构外边线宜不小于 3m；

（2）综合管廊安全保护区内不得从事影响综合管廊正常运行的下列活动：

1）排放、倾倒腐蚀性液体、气体等有害物质；

2）擅自挖掘岩土；

3）堆土或堆放建筑材料、垃圾等；

4）其他危害综合管廊安全的行为。

（3）综合管廊应设置安全控制区，控制区外边线距本体结构外边线宜不小于 15m，控制区范围内工程勘察、设计及施工对本体结构的影响应满足综合管廊结构安全控制指标；

（4）综合管廊安全控制区内，限制从事深基坑开挖、爆破、桩基施工、地下挖掘、顶进及灌浆作业等等影响综合管廊安全运行的行为，对必须从事限制的活动，应进行安全评估，对涉及的综合管廊本体及可能影响的管线应进行监测，并采取安全保护控制措施；

（5）综合管廊安全控制区的日常管理应结合日常巡检的情况进行；

（6）管廊的安全保护区与安全控制区范围与公路建筑控制区重叠的，市政行政管理部门应和交通管理部门、公路管理机构协商后划定。管廊运营维护单位应在管廊安全保护范围设置安全警示标识，并向社会公示。

5.3　综合管廊运维组织管理

当前形势下，综合管廊运维管理可以在项目公司（运营期管廊产权单位）的组织下成立专门的运营公司，或者通过招标的方式确定综合管廊运营管理单位，负责综合管廊的日常维护和管理，也可由项目公司与入廊管线单位共同组建城市专业管理单位，负责综合管廊的日常维护和管理。

无论采取何种方式，运营管理机构都应在各方协调、职能完善的原则下组成。确保各专业技术人员及技术设备的完备，同时在运营管理机构的运作上责权明晰、保障有力，岗位设置合理、分工明确。本小节将详细阐述管廊运维组织管理的详细内容。

5.3.1　运维期各方权责及界定

地下综合管廊投资量大、回报周期长，入廊管线大多具有公益性。作为新生事物，地下综合管廊在使用过程中的责、权、利还缺乏有效制衡和匹配机制，导致社会各方的投融资积极性不是很高。运维公司能否获得持续、稳定、足额的经营收入，是金融机构向综合管廊项目提供融资的重要考察指标。要想获得长期稳定的建设资金，需明确界定运维期各方权责。

5.3.1.1　运维期各方权责

项目运维期的参与方包括政府、项目公司、第三方运维机构和入廊管线单位。综合管廊建设、运维阶段各方组织关系如图 5-2 所示。

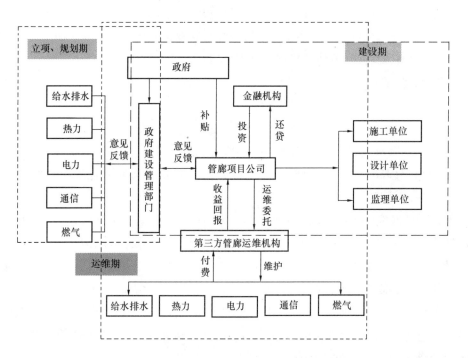

图 5-2　综合管廊建设、运维、维护和管理组织流程图

在运维期，政府、项目公司、运维机构和入廊管线单位之间权责主要为履行各方之间合同以及监督、考核、提供（享有）服务和付费等权利和义务。各方权责划分简图如图 5-3。

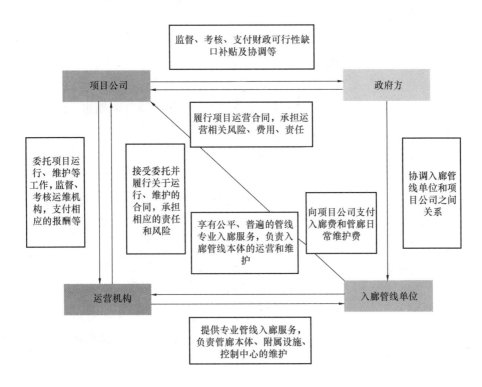

图 5-3 管廊运维各方权责划分简图

运维期项目各方权责简述如下。

1. 政府方

政府方是指代表社会公众权利进行建设的发展改革、建设行政、国土、规划、交通、消防、卫生等相关部门。政府方在管廊运维管理中包括且不限于如下权利和义务：

（1）具有项目协议的所有权利和义务；

（2）具有在有关法律法规下行使政府监督的权利、制定运行维护期的运行维护标准、对项目公司运行维护绩效考核及对该项目进行可行性缺口补贴等权利和义务。

2. 项目公司（含运维公司）

综合管廊项目公司（含运维公司）是依法设立的自主运营、自负盈亏的具有独立法人资格的经营实体，作为管廊 PPP 项目合同及项目其他相关合同的签约主体，负责管廊项目的具体实施与运维。政府部门将管廊特许经营权转让给项目公司，其包括且不限于如下权利和义务：

（1）具有项目协议下的所有权利和义务；

（2）编制管廊项目《运行维护手册》供甲方审核，并按照《运行维护手册》的约定及相关法律法规和标准规范负责管廊项目的运行和维护，自行承担运维该项目相关的费用、风险和责任，向保险公司投保各种必须的保险并承担相关费用；

（3）负责管廊项目的商业运行和维护，为入廊管线单位提供专业管线入廊服务，并对管廊项目设施定期进行检修保养，确保项目设施完好的使用状态；

1）保持综合管廊内的整洁和通风良好；

2）搞好安全监控和巡查等安全保障；

3）配合和协助管线单位的巡查、养护和维修；

4）负责综合管廊内公用设施设备养护和维修，保证设施设备正常运转；

5）综合管廊内发生险情时，采取紧急措施并及时通知管线单位进行抢修。

（4）制定安全生产管理制度、应急措施和预案，保证地下综合管廊的安全运行；

（5）运维期满，按照项目协议的约定负责将符合移交标准的项目资产移交给市政府或其指定机构；

（6）接受政府方、社会和入廊管线单位的监督和考核，获得基于项目的回报（使用者付费＋政府支付的可行性缺口补贴）；

（7）为保障综合管廊安全运行应履行的其他义务等。

3. 入廊管线单位

管线进入管廊，管线的产权仍然归其建设单位所有，因此作为产权单位也必须承担管线本身的维护等职责和义务，同时又要与管廊的管理单位产生工作的交叉、对接和配合，因此必须对管线产权单位的行为进行规定。入廊管线单位包括且不限于如下权利和义务：

（1）对管线使用和维护严格执行相关安全技术规程；

（2）建立管线定期巡查记录，记录内容应包括巡查时间、地点（范围）、发现问题与处理措施、上报记录等；

（3）编制实施管廊内管线维护和巡检计划，并接受市政管理机构的监督检查；

（4）在综合管廊内实施明火作业，应当严格执行消防要求，并制定完善的施工方案，同时采取安全保证措施；

（5）制定管线应急预案；

（6）为保障入廊管线安全运行应履行的其他义务等；

（7）同意并支持在项目建设期间与项目公司签订入廊协议，约定管廊有偿使用费标准及付费方式、计费周期等有关事项。同时应在签订的协议中明确双方对管廊本体及附属设施、入廊管线维护及日常管理的具体责任、权利等，约定滞纳金计缴等相关事宜，确保管廊及入廊管线正常运行。

5.3.1.2　运维期各方责任界面

根据运维期管线公司、管廊运维公司、政府部门权责分析，在管廊运维工作中，责任界面划分如下：

（1）管线公司负责廊内各自管线的运行维护工作，包括管线正常状态的巡检、监测，故障状态的维修等，管线公司人员入廊开展相关工作需要办理申请手续，并在管廊运维公司人员的陪同下进行；

（2）管廊运维公司负责廊内除管线外的所有设施、设备的运行维护工作，保证为廊内管线的运行提供合适的环境条件、空间条件等，在正常状态下进行管廊本体、附属设施、管线的保洁、巡查、检测、维修、保养等维护工作（管廊运维公司对管线的巡检为一般性目视辅助巡检）。在发生故障情况时，应根据上级领导指示，依据事故等级对应的应急预案开展救援工作，联系相关管线公司进行管线故障的定位和抢修，联系公安、消防、医疗、卫生、救援队等相关单位开展救援工作，实时将处理情况上报上级管理部门；

（3）政府部门对管廊公司进行绩效考核，作为拨付运维费用的依据。

5.3.2　运维公司组织架构

综合管廊运维管理单位组建的目的是在综合管廊的建设和运行过程中承担综合管廊设施设备的维护管理、技术管理和任务，确保综合管廊所有设施、设备的安全、顺利进行。运维公司应建立职责明确、功能齐全、高效运作的组织管理机构，确保项目公司对项目的筹划、资金筹措、建设实施、运营管理、养护维修、债务偿还和资产管理、项目移交等各项工作的顺利开展。

运维公司领导班子由经理、安全总监、总工程师、财务总监组成，下设物资设备部、安全技术部、运维监控部、计划财务部、综合管理部共 5 个职能部门，下辖信息安全技术组、消防设施组、土建组、强弱电维修组、机电维修组、巡检组、中心机房组 7 个班组。

运维公司组织机构图如图 5-4。

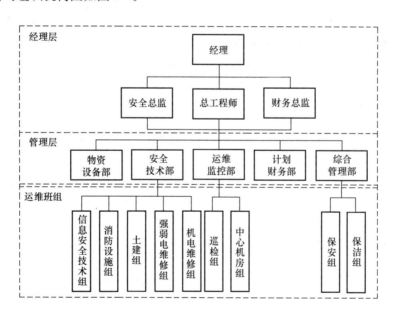

图 5-4　运维公司组织机构图

5.3.3　运维公司各部门岗位职责

运维公司各部门及各岗位是一个相互影响、相互联系的整体，一个执行力强的团队是综合管廊高效运维的前提和保障。员工需明确所处岗位的范围和工作职责内容，能够最大化的进行劳动用工管理，科学的进行人力配置，做到人尽其才、人岗匹配，优化管廊运维公司的人力使人力配置得到最合理、最充分的发挥，确保管廊运维高效率、高质量进行。

5.3.3.1　运维公司经理层主要职责

1. 经理主要职责

经理是管廊运维公司经营管理的领导核心，是经营管理的最高决策人。为了明确职责权利，理顺工作流程，提高质量、效率，强化岗位职责，规划经理主要职责如下：

（1）主持运维公司的生产经营管理工作，并定期向上级公司汇报工作情况；

（2）对管廊运维公司的安全生产负责，组织各部门骨干成立安全生产委员会，制定管廊运维的安全生产管理文件并监督执行；

（3）贯彻运维公司的管理体系和层级管理原则，决定运维公司组织机构的设置及其职权与相互关系；

（4）负责管理资源配备，选聘部门主管，决定管理人员配置及录用、考核、奖惩、晋升和运维公司的重大人事变动；

（5）组织编制运维公司运维管理近期规划和远期计划，审定年度工作计划，并组织实施；

（6）审批运维公司预算，控制管理资金使用、费用开支、成本消耗，提高管理的经济效益；

（7）研究、制定、审核重要设备改造、新增服务项目、开发项目的决策方案、投资计划，决定并报上级公司批准后组织实施；

（8）主持质量计划的编制与重大合同的评审并签署，主持管理评审并监督评审决议的贯彻实施；

（9）定期召开管理例会，听取工作汇报，及时处理各部门反映的各种问题，协调各部门的工作关系，以利于各项工作的开展；

（10）组织制定运维公司内劳动工资、奖金分配、劳动福利等的决策方案和管理制度，合理分配劳动报酬，调动员工积极性。

2. 安全总监主要职责

安全总监从全局、战略的角度规划公司安全管理，对管廊总体安全目标负责。其主要职责如下：

（1）协助总经理工作，分管对外协调、信息维护、安全生产、环境保护、综合管理和行政管理等工作；

（2）协调运维公司各部门关系，做好组织联动；

（3）负责运维安全管理工作；

（4）负责组织各部室对安全、质量检查，提出要求，并监督落实；

（5）负责落实与管廊 SPV 公司❶所签订的委托运维合同以及其他与管廊运维有关的重要合同、协议的实施；

（6）负责具体行政管理工作；

（7）负责协调运维公司与管廊 SPV 公司、入廊管线单位和政府有关部门的关系；

（8）负责公司安全生产的相关工作，包括安全生产培训、检查、应急演练、应急预案编制等；

（9）负责制定全公司的整体信息安全政策、策略和管理规定，积极推动在全集团各板块和企业的落地、改进，提升信息安全水平；

（10）负责全公司整体信息安全风险和评估，提供安全管理方案，监控实施相关信息安全保障措施，对信息安全事件调查和处理；

（11）保障管廊运维体系的终端、系统、网络与信息的安全性、完整性和可用性，消除安全隐患。

3. 总工程师主要职责

在综合管廊运维中，总工程师是整个运维公司或管廊项目的工程技术负责人。由技术水平过硬的资深技术人员担任。总工程师主要职责如下。

（1）协助总经理工作，分管运维公司技术管理、运维维护、物资审核等工作；

（2）负责牵头组织制定运维、维护、维修手册和实施细则，负责牵头组织制定业务相关的规章制度；

（3）组织制定、评审、发布业务相关应急方案，并组织实施，定期组织应急预案演练；

（4）负责组织编制维护、维修计划，并负责安排落实；

（5）对总经理负责，在分管工作中贯彻实施运维公司整体管理体系的方针和目标；

（6）负责贯彻落实行业技术规范；

（7）负责管廊运维技术交流、总结、开发、创新；

（8）负责执行运维技术标准及维护质量标准，指导、帮助相关人员提高业务能力；

（9）负责组织实施项目相关接管、验收工作，在管廊主体结构及附属设施工程移交中负责相关技术资料移交。

4. 财务总监主要职责

财务总监是全面负责公司财务活动、会计活动，并对公司进行全面监督和管理的高级管理人员。财务总监协助总经理工作，从战略高度把握财务管理、公司治理、资本运营。财务总监主要职责如下：

（1）负责编制财务预决算；

（2）负责审批运维公司所有款项的支出；

---

❶　SPV（Special Purpose Vehicle）是政府与社会资本组成的一个特殊目的机构，政府以该机构为载体引入社会资本，双方对公共产品或服务进行共同设计开发，共同承担风险，全过程合作，期满后再将项目移交给政府。此处指政府指定机构与中选社会资本联合成立的项目公司，负责管廊项目的工程投资、建设，在特许经营期内承担管廊的运营和维护。

（3）管理运维公司财务，保证税收的按时缴纳；

（4）根据运维公司的具体情况，负责制订符合国家规定的财务管理制度，积极配合上级公司和政府有关部门对资金管理的专项审计与监督。

5.3.3.2　运维公司管理层主要职责

1. 物资设备部主要职责

物资设备部是集团公司材料、设施设备和运维材料的总归口管理部门，在总经理的领导下，负责管廊的物资设备管理工作。物资设备管理贯穿于综合管廊的整个运维过程中，它是管廊运维正常发展的基本保证。通过明确物资设备部职责，把物资设备管理和管廊运维紧密结合起来，促进运维公司的利益最大化。

（1）贯彻落实相关政策，制定和完善物资管理体系，确保生产性物资的安全保供，主动协调与其他部门的关系；

（2）负责组织生产性物资工作，全面落实年度建设、生产经营计划、任务，确保供应；

（3）根据年度预算，科学编制采购计划，做好物资的采购、验收、仓储、发放等管理工作，合理控制成本；

（4）严格执行规定，参与生产性物资合格供应商的评审、管理、物资采购招标议标和专项谈判工作；

（5）加强标准化和信息化建设工作。定期盘库，平衡供应；按照规定，处置呆滞物资；牵头开展修旧利废工作；

（6）加强仓库的安全检查和员工的安全教育，定期检查仓库的"防火、防爆、防盗、防潮"等工作；

（7）负责物资部固定资产、能源等基础管理工作、事务性工作；

（8）完成领导临时交办的任务。

2. 安全技术部主要职责

安全技术部是运维公司的安全管理、技术管理、设备管理综合部门，负责安全规章制度及技术标准的归口管理，负责新技术、新工艺的认证，作为公司安全管理委员会、技术咨询委员会的常设机构负责公司安全、技术管理工作。安全技术部主要职责概述如下：

（1）负责组织编制综合管廊的运维维护技术标准、安全操作规程、管廊安全生产规范、信息系统安全维护方案、应急预案、管廊大中修方案，在管廊的运维管理过程中进行安全技术管理。下辖的 5 个维修组，负责管廊本体及附属设施的维修工作；

（2）负责同各入廊管线单位编制地下综合管廊管线维护管理办法、实施细则；

（3）负责内部设施更新升级、维修保养等计划的编制、提报和管理控制；

（4）负责公司的工作计划和调度管理；

（5）负责组织公司的应急演练；

（6）拟订运维公司科技创新发展规划，负责年度科技创新项目立项审批，牵头科技创新项目的实施，组织科技创新成果评定，促进企业科技进步；

（7）组织制定技术工作计划和实施办法，建立和完善运维公司的技术管理体系。负责拟订运维公司技术管理规定，规范技术管理工作，并组织、协调、解决技术管理工作中的问题。牵头编制运维公司技术文本，并组织审核和执行；

（8）负责技术资料的收集、归类、分存、标识和保管，负责技术档案的立卷与归档，负责科技图书的采购、登记、保管和借阅；

（9）负责技术改造项目的立项审核、合同签订、质量控制与竣工验收，对技术改造项目进行全过程跟踪；

（10）组织拟订运维公司特种设备、计量器具管理制度，建立特种设备、计量器具台账，编制特种设备、计量器具检定计划并组织委外检定，定期对特种设备、计量器具的保管和使用情况进行检查；

（11）根据上级有关安全生产、消防、治安内保、环境保护方针、政策、法律、法规和有关规定，组织制定各类安全规章制度体系，并监督执行；

（12）根据"预防为主"的方针，负责制定运维公司的安全生产、消防、治安内保、环境保护等方面的安全技术措施计划，并组织实施；负责统计、考核安全生产、消防、治安内保、环保等工作实绩和指标、报表报交工作；

（13）组织编制和完善各类突发事件应急处置预案，制定年度演练工作计划，并组织实施；

（14）负责组织重大节日、重大活动和各级来访的安全保卫工作；

（15）负责消防器材、保卫装备设施的维护；严格履行"动火"审批手续，监督做好"动火"现场的防范措施，确保"动火"安全；

（16）负责安全事故的调查、分析、处理工作。协助公安消防机关调查运维公司内部发生的各类重大刑事案件、治安案件和火灾事故；

（17）完成上级领导临时交办的其他任务。

3. 运维监控部主要职责

运维监控部是综合管廊运维管理的核心部门，对综合管廊进行整体监测，实现管廊实时状况的查看和管理，并针对可能出现的问题给出预先设置的解决方案，大大提升综合管廊的综合运维管理能力及突发事件的反应能力，同时提高管廊的综合保障能力，实现智慧化管廊运行辅助决策与管理。运维监控部主要职责如下：

（1）负责综合管廊运维管理，制定运维维护质量目标，以及审核为达到目标拟实施的措施，对运维过程中各方责任细化，组织协调各方关系。下辖的巡检组和中心机房组负责综合管廊日常巡检监控工作；

（2）负责按国家相关运维维护规范和标准对综合管廊本体、附属设施、内部管线设施的运行状况进行安全评估，并及时处理安全隐患；

（3）负责按住房和城乡建设局和管廊 SPV 公司制定的管廊运维考核标准对运维维护进行日常管理、监督、检查与控制，保证综合管廊设施维护、运行、应急保障措施及客户满意度满足考核要求；

（4）负责建立与入廊管线单位的联系机制，接受投诉，及时处理反馈问题保证入廊单位的满意度；

（5）完成上级领导临时交办的其他任务。

4. 计划财务部主要职责

计划财务部负责公司的财务管理，在管廊运维公司一定的整体目标下，关于资产的购置（投资），资本的融通（筹资）和经营中现金流量（营运资金），以及利润分配的管理。计划财务部职责包括"反映、监督、纳税"三个部分。其主要职责概述如下：

（1）按照《企业会计准则》《会计基础工作规范》的有关规定，负责运维公司的会计核算及财务管理工作；

（2）负责编制、上报大中修计划及所需费用；

（3）参与运维公司重大经济事项的研究、审查和决策；参与运维公司招投标审查、合同会签审核等工作；

（4）组织编制财务收支计划，负责资金的监管；

（5）实行全面预算管理，分析预算执行情况及存在问题，提出应对措施；

（6）定期或不定期组织成本预测、考核，建立健全经济核算制度，利用会计资料进行经济活动分析，提出建议；

（7）负责财税、审计等上级部门的协调，按照规定做好有关税务的缴纳工作；

（8）加强运维公司财产物资监管，执行运维公司财产物资管理制度；

（9）负责运维公司回报资金的计取和归集；

（10）负责运维公司日常财务工作管理，并督促落实；

（11）完成上级领导临时交办的其他任务。

5. 综合管理部主要职责

综合管理部是运维公司的综合管理部门，主要负责公司的日常各项行政、人力资源及法律事务等工作；还有组织公司企划、贯标、开展公司研发及代表公司与其他团体联系等职能。综合管理部是管廊运维公司的关键部门之一，是公司承上启下、沟通内外、协调各部门的枢纽，是推动公司各项工作朝既定目标前进的中心。其主要职责概述如下：

（1）加强对各项行政事务工作的督促和检查，建立并完善各项规章制度，促进项目公司各项工作的规范化管理；

（2）负责综合性会议的组织和运维公司领导活动的安排，负责统筹综合材料起草、调研报告的撰写、信息搜集与报送等工作，负责党政公文处理、文档管理、督办督查、印鉴证照管理等工作；

（3）负责统筹运维公司接待及行政管理工作，承办运维公司值班、办公用品、报刊征订以及员工实物福利等后勤保障工作；

（4）负责干部人事管理工作；

（5）负责对各业务部门的绩效考核，制定考核实施方案；

（6）协助领导督促、检查各业务部门的政务工作和各部门之间的综合协调，做好承上启下、内外协调、对外联络工作，处理好公共关系；

（7）负责运维公司固定资产、办公用品、应急物资、低值易耗品的购置、分发、登记管理；

（8）认真做好文件收发管理，建立健全对文件的审核、编号、打印、复印及文件的收发、传递、保管、立卷、归档各项管理制度，对运维公司档案的收集、整理、保管，加强档案业务基础建设和部门档案管理的业务指导；

（9）负责综合管廊安全保卫、保洁等工作；

（10）完成上级领导临时交办的其他工作。

5.3.4　人员管理

为规范项目公司人事管理，提高员工工作积极性，维护管廊运维稳定，根据国家有关劳动人事的法律法规、相关政策，整理出以下内容。

5.3.4.1　人员录用

当管廊运维公司中内部人员不足或需要特殊技术、专业知识人才时，须进行人员录用。人员录用由公司综合管理部负责，综合管理部应严格规范人员录用过程，对被录用人的身份、背景、专业资格和资质等进行审查，对其所具有的技术技能进行考核；对员工实行合同化管理，所有员工都必须遵守合同且应签署保密协议。新员工正式上岗前，必须先接受培训。培训内容包括学习公司章程及规章制度，了解公司情况，学习岗位业务知识等。对于外聘人员试用期间，考察其现实表现和工作能力。对管理人员的职位所需的实际知识及所具备的素质工作态度、工作技能及潜质和工作经验等进行考核，不适合岗位则需调整。试用期间的工资，按拟定的工资下调一级发放。对于公司从事关键岗位的人员，可以从内部选拔，并签署岗位安全协议。

5.3.4.2　人员离岗

公司有权辞退不合格的员工，同时，员工也有辞职的自由。但均须按单位相关制度规定履行手续。综合管理部应严格规范人员离岗过程，及时终止离岗员工的所有访问权限；取回各种身份证件、钥匙、徽章等以及机构提供的软硬件设备，并办理严格的调离手续，涉密人员离岗、离职，应清退涉密载体、签订保密承诺书，接受脱密期管理。员工未经批准而自行离职的，公司不予办理任何手续；给公司造成损失的，应负赔偿责任。

5.3.4.3　人员考核

为了发掘与有效利用员工的能力、对员工给予公正的评价与待遇、提高员工的工作积极性，促进管廊运维持续稳定发展，应定期对各个岗位的人员进行安全技能及安全认知的考核，对关键岗位的人员进行全面、严格的安全审查和技能考核。考核最基本的要求是必须坚持客观公正的原则，建立由正确的考核标准、科学的考核方法和公正的考核主体组成的考核体系，实行多层次、多渠道、全方位、制度化的考核，并注意考核结果的正确运用。最后，综合管理部应对考核结果进行记录并保存。

5.3.4.4　人员培训

　　培训作为企业增强员工素质、提高竞争能力的有效活动，已成为企业人力资源管理最重要的模块之一。管廊运维人员通过培训，可以全面理解管廊运维的具体内容，熟悉廊内各种设备、设施的功能，降低事故率；充分掌握公司管理模式，提高工作质量；熟悉各类岗位职责，提高工作效率。全面阶段性的运维培训，提高员工工作素质，管廊运维能力。

　　1. 培训原则

　　管廊运维人员培训遵循两个基本原则：

　　（1）理论联系实际：培训需与员工需求，岗位要求紧密联系；

　　（2）系统＋循环性：提高员工某方面能力的培训要具有系统性，对于特别重要的能力会采用循环培训的方式。

　　2. 培训目的

　　（1）全面理解管廊运维概念，完善工作意识；

　　（2）充分掌握管廊运维管理模式，提高工作质量；

　　（3）熟悉管廊各种设备、设施的功能，降低事故率；

　　（4）掌握各类岗位职责、管理手册；

　　（5）通过全面阶段性的职业培训，提高员工的工作素质。

　　3. 培训对象

　　管廊运维公司实施全员培训，根据不同层次安排不同的培训内容。培训对象分为如下两类：

　　（1）各职能部门主管及各管理处经理以上管理人员；

　　（2）各职能部门、各管理处一般员工，包括维修人员、巡检人员、技术人员巡检人员、后勤人员等。

　　4. 培训方式

　　培训方式分为内训及外训两种。以内训为主、外训为辅为基本原则。内训应根据管廊运维公司实际需求，由公司内部相关管理者或聘请其他经验丰富的专业人士，对公司员工进行针对性理论和实际技能授课和实践演练。外训包括派遣一些管理骨干外出培训或到高端管廊项目进行参观学习、取经。培训期间及结束后，应安排多种形式考核，如笔试、口试、抽签答题、实际操作、模拟操作等。

　　5. 培训日期

　　管廊运维人员培训分为三期。第一期为共同培训，对管廊运维基础、相关概念等内容制定员工培训计划，方便日后进行专业性的培训课程，此期为一周时间；第二期为具体岗位培训，针对不同功能部门的工作需要，安排有关员工参加相对应的培训，此期为两周时间；第三期为外部培训及评估考核，根据员工职能职别，由领导部门按员工表现及需求提交人员名单及外出培训方案，安排外出培训及考察。在考察完毕后，对全体员工进行全面评估及考核，以核定员工培训计划课程和人员的最终成效。

6. 培训内容

管廊运维人员培训内容应与公司发展需要相结合，根据管廊运维公司性质，将培训内容分为共同培训与具体岗位培训内容，共同培训可作为职前培训，而具体岗位培训需要根据不同部门不同职责的分工来具体安排，作为在职培训。具体培训内容如下：

（1）共同培训

共同培训内容适用于管廊运维公司每一位员工，因此采用职前培训的方式，所有员工必须参加。它主要是使新员工了解公司的文化、章程、制度等基本内容，以适应工作岗位要求。具体内容如下所示：

1）公司的企业文化、宗旨及工作方针；

2）管廊运维具体概念、基础；

3）公司组织架构及各主要负责人；

4）各部门工作关系介绍；

5）公司人事制度，员工手册、管理手册。

（2）具体岗位培训

具体岗位培训具有针对性，需根据不同部门、不同职责的工作性质不同而确定相对应的培训内容。管廊运维公司分为物资设备部、安全技术部、运维监控部、计划财务部以及综合管理部，每一个部门下分别设置不同岗位。管廊运维公司各部门及各岗位具体培训内容如下：

1）物资设备部

A. 物资管理体系；

B. 采购计划编制；

C. 物资采购、验收、仓储、发放等管理；

D. 物资采购招标议标、专项谈判；

E. 呆滞物资处置、修旧利废；

F. 仓库安全检查；

G. 员工安全教育。

2）安全技术部

A. 管廊运维维护技术标准、安全操作规程、管廊安全生产规范、信息系统安全维护方案、应急预案、管廊大中修方案等编制；

B. 综合管廊管线维护管理办法编制；

C. 综合管廊附属设施更新升级、维修保养等计划编制；

D. 管廊运维公司的工作计划和调度管理；

E. 安全与应急演练；

F. 技术管理体系的建立与完善；

G. 技术资料的收集、归类、分存、标识和保管；

H. 技术档案的立卷与归档；

I. 技术改造项目的立项审核、合同签订、质量控制与竣工验收；

J. 各类安全规章制度体系制定；

K. 突发事件应急预案编制；

L. 安全事故调查、分析、处理。

3）运维监控部

管廊运维公司运维监控部下辖人员包括巡检人员、维修人员、中心机房监控人员。运维监控部具体培训内容如运维监控部培训内容见表 5-1 所示。

运维监控部培训内容　　　　　　　　　　　表 5-1

运维监控部	巡检人员	（1）管廊巡检内容（包括管廊本体、附属设施以及管线）； （2）巡检周期； （3）巡检岗位职责； （4）巡检工作流程； （5）巡检职业道德； （6）巡检服务规范
	维修人员	（1）管廊维修内容（包括管廊本体、附属设施以及管线）； （2）维修周期与时间； （3）维修岗位职责； （4）维修工作流程； （5）维修服务规范； （6）维修安全操作注意事项； （7）维修技术培训
	中心机房组 监控人员	（1）管廊监控内容（包括廊内环境、运维系统、各管线与附属设施）； （2）监控管理制度； （3）监控工作职责； （4）应急管理制度

4）计划财务部

A. 财务部岗位设置及职责、职权表述；

B. 财经法规及各项会计规章制度；

C. 财务部与各部门之间的关系（如物资设备部、综合管理部）；

D. 管廊运维公司招投标审查、合同会签审核；

E. 财务收支计划编制、资金监管；

F. 管廊运维公司回报资金的计取和收集。

5）综合管理部

综合管理部下辖人员包括保安人员、保洁人员、后勤人员。具体培训内容如综合管理部岗位职责见表 5-2 所示。

综合管理部岗位职责   表 5-2

综合管理部	保安人员	(1) 保安人员管理手册； (2) 保安工作制度； (3) 保安岗位职责； (4) 各保安设备、设施位置； (5) 交接班制度； (6) 巡检路线图、巡检流程； (7) 对讲机呼叫及使用规范； (8) 各类保安工具使用； (9) 消防培训（消防设施位置、消防设备器材使用、消防制度、报警称许、紧急疏散程序及路线）； (10) 保安计划的制定及实施； (11) 突发事件处理流程； (12) 对外服务礼仪及沟通技巧； (13) 外来施工人员管理
	保洁人员	(1) 保洁人员管理手册； (2) 保洁工作制度； (3) 保洁岗位职责； (4) 保洁工作内容（包括管廊本体、管线、附属设施、监控中心等）； (5) 交接班制度； (6) 各类保洁区域清洁要求； (7) 各类设施设备清洁流程； (8) 清洁器械、工具的使用要求； (9) 各类清洁用品申领制度； (10) 对外服务礼仪及技巧； (11) 节约能源意识
	后勤人员	(1) 管廊运维公司行政事务的督促和检查； (2) 公司会议组织和领导活动安排； (3) 管廊运维公司接待工作统筹； (4) 干部人事管理工作； (5) 公司后勤保障工作； (6) 公司设施设备购置； (7) 文件收发管理

7. 培训评估

（1）培训期间或培训结束后，综合管理部经理负责组织多方面、多角度的评估活动，并将评估结果记录存档（含合格和不合格者），必要时反馈给培训师、培训对象和相关人员。

（2）培训评估的考核结果将与绩效考核挂钩，员工接受培训的情况将列入员工绩效考核的内容之一，其培训考核的成绩、成果将按照一定的核算方式计入绩效考核的汇总评估结果。对于有明确专业技术规范、标准或有特殊需要规定的培训考核，应严格按相关的标准，要求组织考核，成绩不合格者，应参加下一轮培训、考核直至合格通过。多次培训考核仍不合格者，应重新考虑其工作安排。

（3）除了对参加培训的员工进行必要的考核之外，部门负责组织和培训者也要地培训工作的实际效果进行考核、评估，以不断改善、提高培训工作的技巧和水平。

5.3.4.5　外部人员访问管理

为维护综合管廊系统安全，确保综合管廊安全稳定运行和各类管线安全，外部人员访问需严格按公司规定执行，如果未按公司规定执行或出现事故由该人员个人承担一切后果。

公司应对外部人员允许访问的区域、系统、设备、信息等内容应进行书面的规定，并按照规定执行。外部人员访问受控区域前先提出书面申请，批准后由专人全程陪同或监督，并登记备案。外部人员严禁接触与业务无关的设备，如因违规操作而造成管廊事故，并在相关工作人员劝阻无效的情况下，将追究操作人员的全部责任。

5.4　综合管廊运维管理制度体系

综合管廊作为具有公共属性的城市能源通道，运维管理十分复杂，涉及政府、投资建设主体、运营管理单位和入廊管线单位等多个主体，一般需要城市政府牵头、各部门和各单位积极配合，制定一套完整的、涵盖综合管廊从规划建设到运营维护管理全生命周期的配套政策和制度保障体系，其中包括规划、建设、运营、维护、管理、收费考核等多个方面，确保综合管廊的运营维护管理安全、高效、规范和健康发展。

5.4.1　运维管理制度制定原则及构成

5.4.1.1　运维管理制度制定原则

管理制度体系内容的合理与否，结构的完整与否，决定着公司制度化管理的效果，运维公司应从实际出发，在管理制度方面坚持以下原则。

1. 系统原则

按照系统论的观点来认识公司管理制度体系，深入分析各项管理活动和管理制度间的内在联系及其系统功能，从根本上分析影响和决定公司管理效率的要素和原因。

2. 遵循管理自然流程原则

在公司中，业务流程决定各部门的运行效率。将公司的管理活动按业务需要的自然顺序来设计流程，并以流程为主导进行管理制度建设。

3. 以人为本原则

公司的构成要素中人是最关键、最积极、最活跃的因素。公司管理的计划功能、组织功能、领导功能、控制功能都是通过人这个载体实现的，只有在各环节中充分发挥人的积极性、创造性，公司才能达到目标。

4. 稳定性与适应性相结合原则

公司管理总是要不断否定管理中的消极因素，保留发扬管理中的积极因素，并不断吸收新内容和国内外先进的管理经验，进行自我调整、自我完善，以适应公司内外部环境变化的需要，公司在管理制度制定上将遵循稳定性与适应性相结合的原则。

5.4.1.2　运维管理制度构成

综合管廊运营管理企业内部管理制度体系是保障综合管廊日常管理维护工作专业化、规范化、精细化的必要措施和手段。由于目前综合管廊运营管理在国内没有一套完整的、适用的管理制度流程，运营管理单位必须根据实际情况建立包括《进出综合管廊管理制度》、《入廊管线单位施工管理制度》、《日常维护管理制度》、《安全管理制度》、《巡检管理制度》、《值班管理制度》等在内的管理制度体系，将综合管廊维护管理的内容、流程、措施等进行深入和细化，保障综合管廊能高效规范的运行。企业内部需要建立的规章制度主要包括（但不限于）以下内容。

（1）《进出综合管廊管理制度》：规定进出综合管沟及其配电站的所需的手续、钥匙的管理，旨在加强综合管廊各系统管理，确保设备安全运行；

（2）《入廊管线单位施工管理制度》：包括入廊工作申请程序、入廊施工管理规定、廊内施工作业规范、动火作业管理规定、安装工程施工管理规定，对入廊管线单位申请管线入廊和在管廊内的施工做出相应规定；

（3）《日常维护制度》：主要对综合管廊本体和附属设施巡检的规定，以及配合管线单位巡查的相关规定；

（4）《安全管理制度》：包括安全操作规程、安全检查制度、安全教育制度，对如何建立应急联动机制，如何实施突发事件的应急处理，事故处理程序、安全责任制等做出详细规定；

（5）《巡检管理制度》：包括对巡检人员、巡检操作以及值班长巡检重点的相关规定；

（6）《值班管理制度》：对值班人员职责、值班人员要求做出规定；

（7）《档案资料管理制度》：对综合管廊的工程资料、日常管理资料、入廊管线资料予以分类、整理、归档、保管及借阅管理；

（8）《自动监控系统管理维护制度》：对监控系统维护保养、监视系统设备管理维护、消防监控设备管理维护、防火门以及应急灯、疏散灯进行规范化管理，实现综合管廊运行管理智能化监控。

5.4.2　进出综合管廊管理制度

规定进出综合管廊及其配电站的所需的手续、钥匙的管理，旨在加强综合管廊各系统的管理，确保设备安全运行。

（1）综合管廊的各租用单位进入综合管廊内进行施工、专业维护，应提前按本制度规定填写申请表，经值班长签字确认后，在规定时间由管理维护人员开启相应的投料口门；

（2）进入综合管廊工作申请表内容包括：申请单位、负责人、安全员、联系电话、工作内容、工作位置（地段）、工作起止时间、安全保护措施，并加盖申请单位公章；

（3）严格执行钥匙登记制度，原则上钥匙不外借，综合管廊的投料口门由值班管理人员开启和关闭；

（4）综合管廊日常管理公司根据综合管廊设备设施、各租用单位的申请要求等实际情况，统一合理安排，对不符合综合管廊安全要求的各租用单位申请，管理公司将不给予办理；

（5）综合管廊的租用单位在综合管廊内进行施工、维护等工作，应做好防火等安全保护措施。如管廊管理公司发现施工存在安全隐患，管理公司有权要求租用单位停工整改，对发生安全事故的，上报上级部门进行处罚；

（6）租用单位应做好对本单位及其他单位的成品和半成品保护，造成其他单位损失的，由事故造成者承担全部责任，包括经济损失、法律责任、安全责任及由此产生的后果；

（7）各申请单位如在综合管廊内涉及焊接等动火工作，申请单位应申请办理施工动火证，经批准后方可在指定区域和时间进行动火；

（8）施工完毕后，由管廊管理公司会同施工单位对施工地段进行检查，检查内容包括施工垃圾的清理，对成品和半成品的保护，所安装（整改）的设备设施是否符合综合管廊的有关要求等。

5.4.3 入廊管线单位施工管理制度

进入综合管廊施工单位，需递交施工申请，经管廊管理公司审批后，方可办理施工进入手续。

施工单位办理施工进入手续需交纳施工保证押金，施工期间若出现违反综合管廊施工管理规定的行为，按规定在施工保证押金内扣除。施工结束经管廊管理公司值班管理人员检查完毕后，确认没有违反施工管理规定，全额返还施工保证押金。

施工单位在施工过程中造成对管廊内设备的损坏，需对损坏部分进行修复，并承担因此造成的责任及产生的费用。施工单位进入管廊内不服从施工管理规定，管廊管理公司有权中止施工，待整改后重新办理施工申请。

办理施工手续需注明施工人员数量、工作区段、工作时间、进入原由、安全措施等。

1. 违反下述规定，管廊管理公司将按规定罚款处理

（1）施工人员工作期间需配带"管廊出入证"，严禁转借、涂改，施工结束后需返还给管廊管理公司，违者进行罚款；

（2）施工人员严禁擅自触摸、操作、使用申请工作范围外的所有设备设施，违者罚款；

（3）管廊内严禁吸烟，违者罚款；

（4）管廊内严禁大小便，违者罚款；

（5）各单位每天撤场前，应清理施工垃圾，做好文明施工，违者罚款。

2. 违反下述规定，管廊管理公司有权中止其施工申请

（1）未经批准，擅自进入综合管廊；

（2）《综合管廊出入登记表》内容不齐全，与实际情况不符；

（3）进入综合管廊人员，擅自进入非指定区域、延长工作时间；

（4）施工单位安全防护措施不齐全，存在安全事故隐患（若因此造成人员伤亡、设备设施损坏的，施工单位需承担因此造成的责任及产生的费用）；

（5）未办理用电申请，擅自使用管廊内电力资源和办理用电申请后未在指定位置取电的；

（6）未办理动火申请证，及办理动火申请证后未在指定区域、指定时间内动火的。

5.4.4 日常维护管理制度

（1）保持综合管廊内的整洁和通风良好；

（2）监督管线单位严格执行相关安全规程，做好安全监控和巡查等安全保障工作；

（3）监督综合管廊内管线和附属设施施工单位严格执行相关安全规程和批准的安全施工措施方案，做好安全监控和巡查等安全保障；

（4）配合和协助管线单位的巡查、养护和维修；

（5）负责综合管廊结构的保护和维修及管廊内公用设施设备的养护和维修，保证设施设备正常运转；

（6）综合管廊内发生险情时，采取紧急措施并及时组织管线单位进行抢修；

（7）制定并实施综合管廊应急预案；

（8）巡查保护综合管廊构筑物的完整、安全，及时发现并制止对综合管廊产生危害的行为。

5.4.5 安全管理制度

（1）综合管廊是城市公共安全管理的重要环节，对进出管廊应进行严格的审批程序规定，未经审批任何无关人员不得擅自进入管廊；

（2）需要进入综合管廊的人员应当先行向项目公司提出申请，并履行相应入廊管理制度，确保人员安全并由管廊管理公司派遣相应人员同时到场方可入廊；

（3）对入廊作业人员严格管理，实名登记并发放作业证，在廊内必须随身佩戴；

（4）对廊内动火作业等特殊工种进行专项审批登记和重点监控等；

（5）未经同意擅自进入综合管廊造成损害，应负担相应责任。

5.4.6 巡检管理制度

（1）规定综合管廊日常运行管理值班人员巡检的一般要求，管理与考核；

（2）项目负责人应根据综合管廊的设备系统的特点，制定巡检的时间、要求及执行人路线、检查项目，报管理公司总经理批准后实施；

（3）负责巡检的人员必须是经过考核、批准上岗的独立值班人员或已批准的在监护下值班的人员；

（4）巡检时，带好必要的工具（如手电筒、手套、听声棒、护目镜、检查工具、通信工具等）应做到思想集中、认真细致，根据设备特点，仔细听、摸、闻、看，认真分析，真正掌握运行设备的实际情况；

（5）巡检的人员必须按规定的时间、路线和检查项目进行认真检查；

（6）巡检发现的异常情况，应立即分析判断，及时消除或采取相应的措施，防止事故扩大，汇报值班长并做好记录；

（7）除定期的巡检外，还应针对设备的特点、运行方式的变化、负荷的情况、天气的状况、有缺陷的设备等增加检查次数；

（8）对大修后试运行的设备以及新设备试运行阶段、设备系统变更操作之后，应加强检查；

（9）事故处理之后，应对设备和系统进行全面的巡检；

（10）值班长的巡检重点是：

1）主要设备、重要的辅助设备、有缺陷的设备及某些薄弱环节和主要工作；

2）检查全班安全、高效运行情况、生产秩序、劳动纪律、环境卫生，各岗位人员的工作情况；

3）对检查出缺陷尚未处理的带病运行设备，技术主管应根据缺陷情况制定出具体措施，交值班员执行；

4）值班长外出巡检应将去向通知值班员；

5）巡查人员应定时对综合管廊供配电系统进线、出线的电流、电压、功率因数、开关状态指示等进行巡视、检查，并做好巡视记录；

6）巡检中发现并消除重大设备缺陷者，应给予表扬或奖励；巡检中玩忽职守，未及时发现缺陷、扩大成事故者应追究责任，并严肃处理；

7）项目负责人和技术主管应随时监督巡检制度的落实情况。

5.4.7 值班管理制度

值班工作是沟通上下，联系内外、协调左右的信息枢纽。对上级重要文件的及时传达，对项目公司内部事务的及时处理等起着重要的保证作用。

1. 值班人员职责

（1）值班人员要坚守岗位，不得擅自离岗。重要任务必须离开时，应找人替代，不得出现脱岗、离岗现象；

（2）要认真处理好当班事宜，并记好值班日志，妥善保管、处置好来文来电、重要来访，严格做到事事有登记，件件有着落；

（3）要认真接好电话，并做好记录和办理工作；

（4）保持好环境卫生，确保清洁；

（5）办好领导临时交办的各项工作任务。

2. 值班工作要求

（1）值班人员在接听电话时要做到文明亲切，听话、说话准确，记录完后要认真核对，确认无误后再终止通话。在写电话记录时要做到字迹工整，用词准确；

（2）值班日记要按要求写清值班时间、值班人员、事项内容等；

（3）信息传达要做到内容清楚，范围准确。即该传到哪里就准确无误地传到哪里，不能随意扩大或缩小传递的范围；

（4）值班人员应注意严格执行保密规定；

（5）值班人员由于其他原因不能值班的，应先行请假或请其他人员代替并报领导批准；

（6）每天下班前进行交接班。交接时要把当天未处理完的事项详细记在值班日记上，并须向接班人交代清楚。

5.4.8 档案资料管理制度

公司档案，是指公司从事经营、管理以及其他各项活动直接形成的对公司有保存价值的各种文字、图表、声像等不同形式的历史记录。为加强管廊运维公司档案工作，充分发挥档案作用，全面提高档案管理水平，有效地保护及利用档案，为公司发展服务，特制定档案资料管理制度。

1. 档案资料内容

项目公司运营部按规定的格式就运营维护服务事项备存记录，包括：项目设施状况（不含入廊管线、道路和景观工程，下同），包括正常使用中及处在维修状态的项目设施种类及数目；维护维修计划；维护维修计划执行情况；维护维修计划变动情况；项目设施检查记录，包括日常检查、定期检查和专项检查；项目设施状态评定记录；项目设施维修记录，包括日常维修、中修及大修；相关政府部门检查结果；任何事故的详细记录；市建委合理要求的其他事项记录。

2. 归档要求

（1）档案质量总的要求是：遵循文件的形成规律和特点，保持文件之间的有机联系，区别不同文件的价值，便于保管和利用；

（2）归档的文件材料种数、份数以及每份文件的页数均应齐全完整；

（3）在归档的文件材料中，应将每份文件的正件与附件、印件与定稿、请示与批复、转发文件与原件，分别立在一起，不得分开，文电应合一归档；

（4）不同年度的文件一般不得放在一起立卷，跨年度的总结放在针对的最后一年立卷，跨年度的会议文件放在会议开幕年；

（5）档案文件材料应区别不同情况进行排列，密不可分的文件材料应依序排列在一起，即批复在前，请示在后，正件在前，附件在后，印件在前，定稿在后。其他文件材料依其形成规律或特点，应保持文件之间的密切联系并进行系统的排列；

（6）案卷封面，应逐项按规定用钢笔书写，字迹要工整、清晰。

3. 档案的利用

（1）公司档案只有公司内部人员可以借阅，借阅者都要填写《借阅单》，报主管人员批准后，方可借阅，其中非受控文档的借阅要由部门经理签字批准，受控文档的借阅要由总经理签字批准；

（2）档案借阅的最长期限为两周；对借出档案，档案管理人员要定期催还，发现损坏、丢失或逾期未还，应写出书面报告，报总经理处理；

（3）必须严格保密，不准泄露档案材料内容，如发现遗失必须及时汇报，追求责任；

（4）不准拆卷及任意抽、换卷内文件或剪贴涂改其字句等，不得任意摘抄或复制案卷内容，如确有需要，必须经领导批准才能摘抄或复制；

（5）必须爱护档案，保持整洁，不准在档案材料中写字、划线或作记号等；

（6）不准转借，必须专人专用；

（7）用毕按时归还，如需延长借阅时间，必须通知档案管理人员另行办理续借手续。

5.4.9　自动监控系统管理维护制度

1. 管理维护总则

（1）严格遵守系统各设备运行操作规程，保证各设备处于良好状态，系统设置于自动状态；

（2）各班将各设备运行情况记录于当班日志；

（3）根据维护计划做好各设备的维护保养；

（4）遇故障报警及时处理并将故障记录于运行日志；

（5）对外包保养设备的承包商保养工作做好监督；

（6）各设备的运行参数不得随意更改；

（7）严禁监控计算机上使用个人自带软件。

2. 监控系统维护保养规程

（1）技术主管每年12月制订下一年度的保养计划，取得综合管廊开发建设公司认可后，负责实施；

（2）工作过程注意做好防静电措施；

（3）对要抽出的部件和拆除的端子做好记录；

（4）对于有一主一备的设备不可同时退出主、备设备维护，一般是先主后备；

（5）对检修电源、氧气探测器、温湿传感器等装置不能用湿式清洁剂清洗，应用吸尘器或小气泵进行清洁；

（6）根据系统特点重点做好清洁和紧固接线端口的工作；

（7）工作结束后要测试被保养设备并填写有关表格。

3. 监视系统设备管理维护规定

（1）保证系统不间断电源的开启。系统的不间断电源严禁使用监视设备以外的负载；

（2）摄像头的电源插座严禁使用其他负载；

（3）未经技术主管的同意，严禁修改系统参数。系统参数修改后，应记录在当班日志上，并即时通知巡检监控值班人员；

（4）系统有关的参数修改和重大修理都应记录在保养表格上；

（5）摄像头和红外报警器故障应于 3h 内修复，矩阵开关故障应于 8h 内修复，监视器和线路故障应于 2 个工作日内修复。有关的修理情况记录在当班日志上；

（6）每天巡检系统运行情况一次，发现异常立即处理，并记录在当班日志上。

4. 消防监控设备管理维护制度

（1）监控中心值班员负责监控综合管廊及配电中心消防设备（报警系统、BTM 系统、联动柜等）24h 运行操作、监控、记录。显示火警信号后，应立即派人前往检查。确认火情后，通过广播和警铃疏散人员；

（2）如有设备故障，监控中心值班人员及时通知检修组进行维修处理；

（3）当班值班员要负责监控室的清洁工作，保持地面、墙壁、设备无积尘、水渍、油渍；

（4）定期对管廊消防系统进行模拟检测，确保消防设备处于正常状态；

（5）消防系统如因维护或其他原因，要暂时改变消防系统的状态（如手动/自动等），应由综合管廊开发建设公司书面通知管廊管理公司，并提出相应的临时措施，确保管廊消防安全。

5. 防火门维护保养制度

（1）按维护计划进行系统维护保养；

（2）清除防火门及传动拉杆表面灰尘，并加润滑油；

（3）检查控制箱内器件，紧固接线端子，清洁箱内及表面灰尘；

（4）检查手动开关控制盒，清洁按钮上的污物；

（5）检查防火门行程开关，开关滑轨加润滑油；

（6）手动启动防火门，检查运行情况，并调整上下行程开关位置，令防火门开启或关闭处于适当的位置。测试过程严防防火门冲顶或冲底；

（7）工作结束后填写防火门设备检查表。

6. 应急灯、疏散指示灯管理维护制度

（1）综合管廊各段应急灯、疏散指示灯不得私自拆除、移位和取用；

（2）巡检人员每天检查一次应急灯具，发现异常立即报检修组修理。检查内容包括灯具是否正常发亮，表面玻璃有否破损，安装是否牢固，按下测试按钮是否仍然发亮；

（3）应急灯具应保持清洁。

5.5　综合管廊运维管理绩效考核的内容及方式

合理的绩效考核内容设置以及有效的绩效考核方法可提升城市地下综合管廊运行维护质量和效率，可有效提高地下综合管廊运行维护常态化和精细化水平。以下对综合管廊的运维绩效考核方式和内容进行详细说明。

5.5.1　运维管理绩效考核的内容

综合管廊维护管理的绩效考核由住房和城乡建设局作为行业主管单位负责具体实施，考核对象是综合管廊运维公司。考核采取日常考核、定期考核和抽检抽查相结合的方式，考核结果直接与财政拨付的维护费用挂钩，实施扣减。主要包括以下内容，（另附绩效考核表，参见附录 A1.6）。

1. 运维管理目标的考核

对管廊运维公司的总体工作成绩进行考核，需按照运维目标进行，具体包括：

（1）总体质量目标：做到管廊运维维护过程中无重大事故发生，无重大人员伤亡，管廊总体运行优良；

（2）具体质量目标：确保管廊主体、入廊管线、监控系统及附属系统运行合格率达 100％；

（3）服务质量目标：管廊使用客户（业主）综合满意度调查满意率≥95％。

2. 组织机构设置

管廊运维公司的组织机构设置是否合理，确保各部门的工作可以覆盖管廊运维工作的所有内容。需要有专门的部门负责安全生产工作。

3. 日常管理制度执行情况的考核

（1）对管廊工作人员的日常工作进行考核

1）建立作业人员着装和劳动保护用品使用规定，工作人员按规定着装，佩戴安全防护用品；

2）考勤制度的执行情况；

3）建立管廊作业责任制，责任到人，做到全区域管廊责任范围无遗漏；

4）建立岗位工作检查制度，做到每日检查，考核检查记录及问题整改记录；

5）监控中心值班人员要认真处理好当班事宜，并记好值班日志，妥善保管、处置好来文来电、重要来访，严格做到事事有登记，件件有着落；

6）管廊巡检人员要按照工作计划实施巡检工作，完成工作计划中的所有内容，遇到异常问题及时上报。需要管线公司人员维修管线时，应做好陪同协助工作；

7）管廊维修人员需要持证上岗，有专业维修证书，根据工单要求完成相应的维修工作，留有维修记录，并将维修结果反馈给管理部门；

8）制定工作记录制度、问题处理和汇报制度（按照问题的类型、大小分析结果现场决定处理、上报程序人数）、岗位换班交接制度等，对各项制度的制定及落实情况进行监督检查和考核；

9）建立完善的岗位安全操作规程和作业要求，对进出管廊应进行严格的审批程序，对入廊作业人员严格管理，实名登记并发放作业证，在廊内必须随身佩戴；

10）对廊内动火作业等特殊工种进行专项审批登记和重点监控。

（2）档案资料管理考核

1）综合管廊运维管理单位应建立完备的技术档案管理制度，包括技术档案的收集、整理、鉴定、统计、归档、保管、借阅、检查、销毁等规定和工作流程；

2）综合管廊运维管理单位应设专门部门及专人负责档案管理；

3）综合管廊运维管理单位应定期对技术档案进行核对维护，保持技术档案完整和准确；

4）综合管廊技术档案管理宜采用计算机技术实施动态管理，并纳入综合管廊统一管理平台。

（3）运行数据管理考核

1）综合管廊运行相关数据类型应包含 BIM 数据、GIS 数据、管线数据、运维数据、监控存储数据、安全监测数据等；

2）综合管廊统一管理平台可对入廊管线信息进行集中统一管理，及时将入廊管线规划、普查、竣工测量资料及入廊管线的具体信息输入系统，并实行动态管理；

3）综合管廊宜建立运行数据库，具备扩展和异构数据兼容功能。内容应完整、准确、规范，并应建立统一的命名规则、分类编码和标识编码体系；

4）综合管廊运行数据管理应建立有效的数据备份和恢复机制，数据的保密和安全管理应符合相关标准要求。

4. 管廊运行维护考核

（1）综合管廊日常保洁

包括土建结构、管廊地面、排水渠、管廊内壁四周、通风口、管线外露面、支架、管理室门窗、排水管道、集水坑等，做好日常保洁工作。管廊清理出的垃圾和废物应及时清除出管廊，严禁随意倾倒，产生的废水严禁随意排放。

（2）管廊本体巡检

廊体日常检查，主要对管廊结构巡视检查，及时发现早期破损、显著病害或其他异常情况，进行维修保养；廊体定期检查采用仪器和量具进行测量，检查结果及时填入表格记录。

（3）管廊本体监测与检测

综合管廊本体日常监测应以结构变形监测为主，竖向位移监测应反映结构不均匀沉降，综合管廊结构变形监测宜采用仪器监测与巡视检查相结合的方式。

（4）管廊本体维护保养

露出地面的人员出入口、逃生口、吊装口、通风口等应保持外观完整、结构完好、功能正常。对管线分支口、支吊架、排水沟集水坑、建筑结构、楼梯爬梯、结构装饰、各类外露金属构件、地面、混凝土结构等按照相关的操作规程进行维护保养，并留有保养记录。

综合管廊设施设备经检测或专项测评确定其运行质量达不到要求或其功能、性能无法满足应用和管理要求，经维修后仍无法达到或满足要求时，应安排设施设备大中修、更新或专项工程。

（5）附属设备巡检

综合管廊附属设施运行应符合设计要求，并应满足对综合管廊本体及入廊管线的管理需求，附属设施检测及维护宜以系统为单位进行。附属设施的巡检包括消防系统、通风系统、供电系统、照明系统、给水排水系统、监控报警系统、标识系统等，根据各系统的巡检规范开展工作，并留有巡检记录。巡检中发现异常问题的，及时上报。

（6）安全管理

应建立安全管理组织机构，完善人员配备及保障措施，健全各项安全管理制度，落实安全生产岗位责任制，加强对作业人员安全生产的教育和培训。

（7）监控中心维护

控制中心的维护包括日常维护及定期维护。日常维护是各子系统发生故障时及时维修。定期维护是整个控制中心定期（每季或每月）对整个系统的运行出现的问题进行维修及保养。

（8）管线运维

定期对入廊管线进行巡检，及时将到期、老化、破损等不符合安全使用条件的管线报告给相关的管线公司，以便进行维修、改造或更新，并对停止运行、封存、报废的管线采取必要的安全防护措施。

对综合管廊内燃气管线、电力管线、给水管线、排水管线、热力管线、通信管线等市政公用管线、管件、随管线建设的支吊架、随管线建设的检测监测装置等制定详细的巡检计划，进行巡检并留有巡检记录。发现异常情况及时上报。

（9）安全运维

安全运维工作主要包括：环境与设备监控、入廊人员监控、防入侵监控，控制综合管廊运维工作中的安全。

（10）应急运维

在安全生产管理部门的管理下，制定应急预案，不同等级事故的应急处理流程，预防和减少事故，及时有效地组织实施应急救援工作，提高生产安全事故应急处置能力，最大限度地减少人员伤亡和财产损失，保护生态环境，维护人民群众的生命安全和社会稳定。应急预案报上级管理部门备案。

（11）通告机制

对管廊运维信息的通告机制进行设计，保证和各单位的高效沟通。

（12）环境保护

管廊运维公司对环保工作负全面责任，监督、检查各部门环保工作、环保措施执行情况，定期进行评比、推动环保工作。

综合管廊运维公司内部也根据考核内容制定相应绩效考核规定直接考核各岗位的工作人员和直接责任人，形成了直接与公司收益和个人经济利益挂钩的全方位、多层次的绩效考核体系，确保考核的有效性。对综合管廊的维护管理直接起到良好的督促效果。

5.5.2　管廊运维管理绩效考核方式

综合管廊运维管理绩效考核采取日常考核、定期考核和抽检抽查相结合的方式，并根据行业工作的特点，按照运营维护的重点、周期制定考评细则。主要考核项目公司是否按照规定的标准、时限和质量完成工作任务。在项目设施日常运营维护期间，每月抽查一定比例的设施状况，并检查运营维护等事项。日常运营维护期巡查发现问题，按标准扣分，督办未整改的加倍扣分，考评采取日常巡查督办、重点项目、定期联合考评、基础工作考评等形式进行，实行百分制。

（1）日常监督考评。每日进行巡查，对照考评细则，发现问题，现场拍照、记录，按标准扣分，并下达限期督办整改通知，未按时限整改的加倍扣分，扣分结果列入当月考评成绩；

（2）定期联合考评。每个季度组织项目设施使用单位的相关人员，集中进行联合互检互查考评，随机抽查项目设施，对检查发现的问题现场打分，按标准扣分，并对检查问题进行通报；

（3）社会监督考评。将城建服务热线、新闻媒体曝光、晨检、夜查以及社会反应的问题纳入日常考评工作，按标准扣分，经核实造成影响的按 5 倍扣分，对重大问题、造成不良后果的按 10 倍扣分；

（4）基础工作考评。按照考评细则的内容进行检查，年终进行一次，考评结果列入年度考评成绩。

第6章　综合管廊收费管理

6.1　综合管廊费用收取现状及问题

近几年来，综合管廊建设在我国取得了迅猛的发展。在综合管廊建设投资运营过程中，如何分摊综合管廊的建设运维成本受到普遍的关注，管廊费用收取的既关系到管廊建设投资的顺利回收，进而影响管廊建设投资运营的持续发展，同时也关系到入廊管线单位的正常运营，进而影响到百姓的水电煤气等使用成本。

目前综合管廊在我国仍处于发展阶段，如何分摊其高昂的建设费用和运营周期内产生的维护费用是政府和各管线单位关注的重点问题。国内外综合管廊费用收取标准有所不同，且各种收费方式均存在各自的问题。本章对国内外管廊收费现状进行分析，并从中总结目前管廊费用收取面临的问题；借鉴先进国家地区综合管廊的运营收费经验，分析国内综合管廊运营收费的发展历程，对如何科学制定综合管廊费用分摊模式和相关定价标准提出相应建议，探索行之有效的综合管廊收费方法。

6.1.1　国外综合管廊收费现状分析

6.1.1.1　欧洲

欧洲国家政府财政能力较强，地下综合管廊在各国被定位为公共物品，综合管廊的建设费用全部采用政府出资模式，较少涉及费用分摊问题。在此背景下欧洲国家管廊建成后，产权即明确归政府所有，管线单位使用综合管廊时需向政府缴纳租赁费，以此实现政府投资的部分回收。收费规则方面，欧洲各政府对于管廊的租赁价格并没有明确的规定，而是采用市议会讨论表决的方式进行确认，每年根据实际变动。为了保证管廊入廊率，欧洲政府一般会制定相应规则，规定一旦此地建设有综合管廊，相关管线单位不得再采用传统直埋方法，而必须采用地下综合管廊的方式敷设管线。

这种收费方式的实现必须依靠配套的完整法律体系来保障，确保相关单位按规定入廊，放弃传统埋设方法。本质上依靠法律约束力来保障综合管廊的后期运营与使用效率。

6.1.1.2　日本

由于日本政府最初没有建立完善的地下综合管廊补助机制和费用分摊标准，地下综合管廊早期未能在日本大规模推广。从1963年开始，日本政府先后颁布了《共同沟实施法》、《共同沟设计指南》等多部法律法规文件，在法律制度上对综合管廊建设和运营费用分摊规则进行了规定。通过法律建立起建设资金由政府和管线使用单位共同承担，后期运营政府分担一半以上的管理维护费用，其余部分各入沟管线单位分摊的模式。同时，日本政府划拨一定的管廊补贴费用，用于降低管线单位的入廊成本，促进各管线单位参与综合管廊的建设使用积极性。

另外，日本地方政府也对管廊费用分摊制定了相应的管理办法。如高崎市通过《高崎站西线共同沟管理规定》等地方管理办法对综合管廊费用分摊做出规定。高崎市收容的管线包括电话管线、电力管线、通信管线等。高崎市综合管廊建设费约 11.3 亿日元，使用者所需要负担的建设费用包括工程本体建设费和附属设施费。其中本体建设费是廊体、燃气低压槽、自然换气口、出入口等建设费用的总和，主要由道路管理者承担。综合管廊中各占用物件使用附属设施的费用则由各使用者利用率与其所占长度的比例相乘确定分摊比例。综合管廊本体及附属设施的改建、维修、灾害后进行的恢复等日常维修管理费，根据建设时费用的比例，由道路管理者和使用者负担。高崎市综合管廊费用分摊情况见表 6-1。

高崎市综合管廊费用分摊情况　　　　　　　　　　　　　　　表 6-1

	本体工程		附属设施		共同沟建设费合计		附属设施维修管理	
	建设（千日元）	负担比例（%）	建设费（千日元）	负担比例（%）	建设费（千日元）	负担比例（%）	建设费（千日元）	负担比例（%）
道路管理者	844000	84.3	28000	22.3	72000	77.3	1050.8	22.8
日本电信电话（株）	33000	3.3	29000	23.1	62000	5.5	1050.8	22.8
东京电力（株）	90000	8.9	28000	22.2	118000	10.4	1050.8	22.8
东京燃气（株）	8000	0.8	—	—	8000	0.7	—	—
东京通信（株）	500	0	500	0.3	1000	0.1	14.0	0.3
高崎市上水道事业者	12000	1.2	29000	23.4	41000	3.7	1050.8	22.8
高崎市下水道事业者	15000	1.5	11000	8.7	26000	2.3	387.3	8.4
合计	1002500	100	125500	100	1128000	100	—	100.0

6.1.2　我国综合管廊收费现状分析

我国在 2015 年之前主要采用政府全部出资方式建设综合管廊，政府部门负责综合管廊的运维，或委托专业运维公司进行管理，管线单位无偿使用。目前，部分综合管廊建立了有偿使用制度，并制定了收费标准。我国关于综合管廊费用的规定，当前多数处于试行阶段。全国性有关综合管廊的费用分摊标准尚未建立。

下面选取我国几个较有代表性的地区的综合管廊费用分摊现状进行分析。

6.1.2.1　台湾

台湾是国内实施综合管廊建设较早，也是较先进的地区。我国台湾地区《共同管道建设及管理经费分摊办法》规定：综合管廊的建设费用由主管单位和管线事业单位共同承担，两者承担比例为 1∶2。并且规定管线单位承担部分的建设经费分摊计算公式为：

$$R_j = \frac{v_j \times c_j}{\sum\limits_{j=1}^{n}(v_j \times c_j)} \tag{6-1}$$

式中　R_j——第 j 类管线单位经费分摊比例值；

　　　v_j——第 j 类管线的使用体积（使用体积＝使用面积×长度）；

　　　c_j——第 j 类管线直埋敷设成本；

　　　n——该综合管廊工程参与管线类数。我国台湾地区在法律中规定了管线权属单位和管廊主管单位的分摊比例为 1∶2。根据我国台湾地区建设经验，管线直埋成本大约为综合管廊建设成本的 60%，管线权属单位承担的费用基本为传统直埋敷设费用，而主管单位弥补剩余综合管廊建设费用的不足，此种收费模式有利于管线的入廊。

6.1.2.2　广州

2005 年，广州大学城综合管廊参照国外及我国台湾地区的运行模式，确定了综合管廊的收费模式。广州市物价局发布《关于广州大学城综合管沟有关收费问题的批复》（穗价函〔2005〕77 号）对广州大学城综合管廊进行定价，管廊入廊费收费标准参照各管线直接敷设成本（不含管材购置费及安装费用），对进驻综合管廊的管线单位一次性收取管线入廊费，按实际铺设长度计收，综合管廊日常维护费用根据各类管线设计截面空间比例，由各管线单位合理分摊的原则确定（见广州大学城综合管廊入廊收费标准，表 6-2，广州大学城综合管廊日常维护费收费标准，表 6-3），此举开启了我国综合管廊收费模式的先河。

广州虽然很早就由物价部门介入制定了综合管廊的入廊费和运营费的收费标准，但在后期落实实施的过程中，仅收到少量的运营费。尽管入廊费未收取成功，广州仍是目前国内仅有的实施收费且收上费用的三个城市之一。

广州大学城综合管廊入廊收费标准 表 6-2

管线	长度	单位直接敷设成本收费标准（元/m）
饮用净水（DN600）	11965m	562.28
杂用水（DN400）	11965m	419.65
供热水（DN600）	11965m	1394.09
供电	44138 孔米	102.7
通信	309780 孔米	59.01

广州大学城综合管廊日常维护费收费标准 表 6-3

管线	饮用净水	供电	通信	杂用水	供热
截面空间比例	12.7	35.45	25.4	10.58	15.87
金额（万元）	31.98	89.27	63.96	26.64	39.96

6.1.2.3　厦门

厦门市 2011 年即制定了《厦门市城市综合管廊管理办法》，其中明确管廊使用费及日常维护管理费由市政行政主管部门报价，并由行政主管部门按照有关规定核准。根据《厦门市物价局关于暂定城市综合管廊使用费和维护费收费标准的通知》（夏价商〔2013〕15号）的规定，入廊费的确定以厦门市市政工程设计院《调查报告》中测算的各类管线使用费直埋成本为基数，加上市政公用业成本费用利润率平均值 2.6%，拟定综合管廊使用试行标准。入廊费试行标准见表 6-4。

入廊费试行标准　　　　　　　　　　　　　　表 6-4

管线类型	直埋成本平均单价（元/m）	试行收费标准（元/m）
给水工程（不计管材费及安装）		
给水管 DN200	280.8	306.49
给水管 DN300	317.2	346.22
给水管 DN400	475.8	519.34
中水工程（不计管材费及安装）		
中水管 DN100	250	272.87
中水管 DN150	260	283.79
中水管 DN250	300	327.45
污水工程（不计管材费及安装）		
污水管道 DN200	380	414.77
污水管道 DN300	410	447.51
污水管道 DN400	490	534.83
电力工程（10kV 土建部分）		
电力管道（玻璃钢管）	186.6	203.67
电信工程（土建部分）		
电信管道（含有线电视、交信）	130	141.89

根据《厦门市物价局关于暂定城市综合管廊使用费和维护费收费标准的通知》（夏价商〔2013〕15号）的规定，运营管理费的确定根据各类管线设计截面空间比例，由各管线单位合理分摊。拟定以《调查报告》中测算出的各类管线单位综合管廊维护费定价成本为基数，加上市政公用业成本费用利润率平均值 2.6% 作为综合管廊维护费试行标准。综合管廊维护费试行标准见表 6-5。

综合管廊维护费试行标准　　　　　　　　　　表 6-5

项目名称	审核数	试行标准
年综合管廊日常维护管理费运营总成本（元）	4945592.26	
各类管线截面占比（%）		
给水	27.75	
中水	11.45	
电力（12 孔/16 孔）	21.88	

续表

项目名称	审核数	试行标准
通信（12孔）	11.98	
污水	11.24	
雨水	15.71	
各类管线总长度（m）		
给水	11085.75	
中水	11085.75	
电力	144026.80	
通信	133029.00	
污水	6640.09	
雨水	3419.67	
单位定价成本（管线截面占比测算、元/米·年）		
给水	123.80	135.13
中水	51.08	55.76
电力（每孔）	7.51	8.20
通信（每孔）	4.45	4.86
污水	83.72	91.38
雨水	227.20	247.99

厦门在2012年参考广州大学城的定价模式，并进行创新，增加了市政公用业的收益率。物价部门介入制定了厦门综合管廊的入廊费和运维费的收费标准。在后期落实实施过程中，尽管仅收到少量的运维费，入廊费未收取成功，但也成为目前国内仅有实施收费且收上费的三个城市之一。

时下厦门定价调整机制约定的两年期限已到，厦门市物价局正在进行新一轮地下综合管廊收费成本监审程序，对入廊费和运维费重新调整测算。

6.1.2.4　青岛

青岛市各专业管线单位按管线直埋的成本核算，缴纳直埋土石工程费和二次开挖费用，其中对于中水、电力、通信三种管线，根据普遍工程施工经验，考虑运营期内至少一次扩建或翻建，将二次开挖引起的工程费用均摊入管廊建设工程费用中，核算为入廊费的一部分。青岛市入廊费收费统计见表6-6。

青岛市入廊费收费统计 表 6-6

专业管线种类	管径及容量	入廊费（万元/m）
给水管道	DN600	0.06
中水管道	DN300	0.07
供热管道	DN700，2根	0.1
工业管道	DN400，2根	0.08
电力电缆	24根	0.59
通信管线	36根	0.32
合计		1.22

运营管理费按照各专业管线所占的综合管廊截面比例进行分摊，青岛市管廊运营管理费统计见表6-7。

青岛市管廊运营管理费统计　　　　　　　　　　表 6-7

专业管线种类	管径及容量	比例 （%）	基数 [元/(a·m)]	维护费 [元/(a·m)]
给水管道	DN600	13.62	386.15	52.29
中水管道	DN300	6.95	386.15	28.84
供热管道	DN700，2根	25.05	386.15	96.73
工业管道	DN400，2根	17.43	386.15	67.31
电力电缆	24 根	22.38	386.15	86.43
通信管线	36 根	14.57	386.15	56.26
合计				386.15

6.1.2.5　横琴

2009 年，国务院批复《横琴总体发展规划》，明确规划将珠海市横琴新区建设成为资源节约型、环境友好型的生态岛，同时开展横琴新区地下综合管廊建设工程。横琴新区地下综合管廊覆盖全区，全长 33.4km。廊内纳入电力、通信、给水、排水等 6 种管线，管廊断面形式分为单舱、双舱、三舱三种。在运营管理上，横琴新区管理委员会委托专业的物业管理公司负责综合管廊的运营、管理和维护工作，并制定《横琴新区综合管沟管理办法》，用于规范横琴新区综合管廊的运营管理。

在费用分摊问题上，横琴新区明确一次性入廊费用和日常管理维护费用相结合的管廊有偿使用收费机制，得到各管线单位的认可。在收费标准上，委托专业咨询机构进行费用测算，并借鉴国内外综合管廊收费经验，制定综合管廊的收费标准。使用专用截面分摊法、专用—公用截面分摊法和直埋成本法三种方法进行计算，并对三种方法计算得到的费用分摊比例取平均值，最终得到电力、给水排水、通信、中水、热力、垃圾 6 家管线单位分摊比例为：33.12%，14.9%，26.83%，11.10%，9.20%，4.86%。结合估算得到的管廊建设成本和运营费用，得出收费标准。

6.1.2.6　昆明

2003 年，昆明在广福路、彩云路、洋源路 3 条道路同步建设地下综合管廊 45.19km，成为全国已运营管廊规模最大的省会城市。政府通过限制城市道路开挖和提高传统方式管线挖掘成本的方式，减少管线单位反复开挖的情况，促进管线入廊进程。

昆明市采取管线有偿使用原则，除公益性文化事业外，沿线新建管线均要求缴费入廊，费用分摊标准参考新建直埋管线土建费用、管线廊内占用空间比例、管廊运营维护成本三个指标；对于无收益来源的公益性管线进入综合管廊，报请批准后，减免费用计入建设成本。昆明市收取管线入廊费约 5 亿人民币，其中大部分由电力部门缴纳。在推动电力管线入廊过程中，昆明城投公司依托昆明市政府与电力部门进行谈判，向电力公司论证了电力管线进入综合管廊在建设成本、技术和安全运行保障等方面的优势，积极争取南方电力公司的支持与合作，最终获得了成功。电力管线入廊后，节省的空间使得管廊周边土地增值，环境优势明显，也给电力管线单位带来了一定效益。

6.1.2.7　其他城市

珠海虽然在珠海高新区管委会协调下制定了入廊费和运维费收费标准，但至今尚未收到任何费用。因定价调整期限已到，珠海市目前正在进行新一轮的入廊费和运维费的测算及洽谈工作。

上海、郑州等城市也均有完善的管廊立法程序及收费定价机制，但均因各种原因而未能实施收费。在住房城乡建设部大力推行地下综合管廊建设的大好形势下，各地综合管廊建设单位和政府也在积极地筹划地下综合管廊的收费定价机制及收费标准的制定。

6.1.3　综合管廊项目收费问题

综合管廊的有偿使用制度改变了传统的免费使用模式，在新格局的发展中，也必然会遇到各种各样的问题。制定收费机制和收费标准过程中遇到的主要问题和难点如下：

1. 管线单位协调困难

我国国家性质决定了我国管线单位的国有性质，其中电力企业隶属国家能源局主管，通信企业主管部门隶属工业和信息化部，水务企业主管部门为住房城乡建设部，看似简单的综合管廊使用费用分摊机制设计事实上却涉及国家资源和利益的重新分配。

在项目实施过程中，由于项目主管单位对各管线没有管理和约束权力，在综合管廊收费机制和收费标准的制定过程中经常遇到协调困难。首先，制定综合管廊收费机制和收费标准需要管线单位提供大量的基础资料，包含管线直埋敷设成本、维护费用等，用于计算管线入廊后的综合收益，但在实际操作过程中，因为涉及承担综合管廊建设和维护的费用，管线单位的配合存在一定的困难；同时，在我国以往的市政工程建设过程中，有些地方政府承担了管线单位的部分建设费用，比如很多城市的电缆沟为政府投资建设，电力部门可以直接免费使用，电力部门延续免费使用模式的愿望，必定为综合管廊收费标准的制定造成阻碍；另外，管线单位分摊综合管廊日常维护费，但各个管线单位对分摊原则和分摊标准不易达成一致意见。由此可见，综合管廊收费标准的具体制定实施，需要国家层面的顶层设计，才能从根本上对各个管线单位的利益进行一定的协调。

2. 费用分摊不够合理

目前，综合管廊项目收费主要根据入廊管线占用管廊空间的比例进行分摊，该分摊方式容易产生争议。综合管廊空间包括各管线的实体空间、配套的支墩、支架空间、管道安装和检修的必要空间，以及其他公共空间。目前管线占用的空间主要有两种计算方法，一种按管线的实体空间计算；一种按管线的实际使用空间（包含管廊支墩、支架等配套设施和管线的空间、需要分摊的管廊公共空间）计算。空间分配过程中关于公共空间的分摊计算，需要综合考虑公平合理的分摊原则。不够合理的计算方式不但影响管线单位的入廊，也无法保证综合管廊建设的可持续发展。例如自来水管管径较大，但经济效益远落后于其他管线，采用空间比例法对诸如此类的占用空间大、经济效益低的管线单位有失公平，不利于调动其入廊积极性。有学者提出将管线当年的收益和管线所占空间比例共同作为费用分摊的影响因素，以此避免空间比例法中管线占用空间大但收益较低的现实情况。

3. 付费模式不明确

综合管廊建设前期投资巨大，管线单位在进入管廊时采取一次性买断或分期支付的方式投资，对综合管廊的投资方及管线单位有重大影响。我国对不同的付费模式尚没有明确的财务测算，这使得综合管廊在实际运营收费中没有参考依据，付费模式比较模糊。

4. 所应分摊的费用界定模糊

综合管廊所应分摊的费用包括管廊建设费及运营维护费，这一点已经被广泛认可，但管廊内管线是由管线单位自行敷设并进行日常监测维修还是由管廊主管单位统一建设并管理，目前尚没有明确规定，由此常常产生难以界定的分摊费用。

5. 缺乏法律依据

综合国内外综合管廊管线入廊收费的政策及法律法规，不难发现，在英、法等欧洲国家，入廊费以管廊空间租赁的形式收取；在日本、我国台湾地区的法律中，规定综合管廊的建设费用由道路管理者（主管单位）与管线权属单位共同承担，其入廊费的收取形式体现在建设资金中。而我国大陆地区在法律层面上并没有出台完善合理的关于管廊收费的法律规定，仅仅在国务院颁布的指导意见中提及入廊收费的原则性指导意见，可以说我国在入廊收费定价这一领域的法律法规仍为一片空白。同时，我国法律上并没有对管线入廊做出强制性规定，政府也没有出台管线入廊的激励机制，管线单位入廊率没有保证。

6.2 综合管廊费用构成及影响因素分析

当前形势下，确定地下综合管廊定价收费标准并确保其有效实施，是保障项目公司获得合理收益、实现稳定现金流，有效减轻政府财政负担的重中之重。确立综合管廊的有偿使用机制，首先要分析综合管廊的费用构成，为费用分摊提供参数依据。

6.2.1 综合管廊费用的主要构成

综合管廊费用包括管线入廊费用及管廊运维费用。其中，入廊费用包括管廊主体设施建设费与附属设施建设费；管廊运维费用包括主体设施维护管理费和附属设施维护管理费，包含管廊投入使用后的人员、设备检修、水电消耗等费用。

6.2.1.1 综合管廊入廊费用组成

综合管廊入廊费用主要由综合管廊工程费用、综合管廊工程建设其他费用、综合管廊基本预备费用以及综合管廊贷款利息组成。

1. 综合管廊工程费用

综合管廊的工程费用主要由建筑工程费、安装工程费和设备购置费组成。其中，建筑安装工程费包括如标准段、管线分支口、交叉口、通风口、吊装口、人员出入口等主体结构构件和配套设施，如运营控制中心、变配电中心等的建造费用。

综合管廊的设备购置费包括：给水排水系统设备、火灾报警系统设备、供电照明系统设备、通风系统设备、监控与通信系统设备、自控仪表等辅助设施购置费用支出。

2. 综合管廊工程建设其他费用

综合管廊的工程建设其他费用主要包括：勘察设计费、前期工作咨询费、环境影响评价费、招标代理服务费、场地准备费及临时设施费、建设单位管理费、施工图预算编制费、建设工程监理费、竣工图编制费、工程保险费、劳动安全卫生评价费、供电外线费等。若是在老城区建设综合管廊，还需要对原有地下管线动迁、道路空间占用和道路、绿化修复等支出费用。

3. 综合管廊基本预备费用

综合管廊基本预备费用包括：技术设计、施工图设计及施工过程中所增加的工程费用；设计变更、工程变更、材料代用增加的费用；遇到一般自然灾害造成的损失和预防自然灾害采取措施产生的费用；竣工验收时为鉴定综合管廊的工程质量对隐蔽工程必要的挖掘和修复产生的费用等。

4. 综合管廊贷款利息

综合管廊需要大量的建设资金，为了满足资金需求，采取向商业银行、其他金融机构贷款以及境内外发行债券等举措，因此需要偿还相应的利息。

6.2.1.2　综合管廊运维费用组成

管廊运营成本主要内容包括管廊内监控与报警系统、通风系统、排水系统、照明系统和消防系统等共用设施设备日常维护管理、清扫保洁、安全监控、巡查等日常维护成本、管理费用和大中修费用。

根据该项目管廊运营内容及运营机构设置、岗位人员构成等情况，下面就各项支出作以下详细说明。

1. 日常维护费

（1）工资及福利费：根据运营期间人员配置及当地工资水平计算得出。包括所有职工及临时雇工发生的劳务费及相应的社保费；

（2）材料费：主要是运营期间使用的各种材料费，如防水材料、各种管线、管道、电缆、照明灯具等；

（3）燃料动力费：运营期间需巡查检修，考虑年燃料消耗费；

（4）水电费：主要用于配电设备、监控设备、水泵、风机、照明等用电支出以及管廊卫生保洁用水支出。运营期间抽水主要按排除管道渗漏水为主、廊体渗水适当考虑；

（5）管理费：主要是项目运营发生的安全费、差旅费、办公费等。

2. 保险费

根据管廊项目合同及运营期保险方案购买包括建设工程一切险、财产险、第三者责任险等保险，按项目设施的全部重置价值为基数计算费用。

3. 大中修费用

根据管廊运维计划，确定大中修次数及相关费用。

4. 合理利润

运维单位合理利润由业主单位和运维管理单位双方根据运营服务要求和质量共同确定。

5. 税金

按市政公用行业营改增相应税率计税。

6.2.2　综合管廊费用的影响因素

在制定管廊收费标准的过程中需要考虑投资者、管线单位和政府部门的利益，主要有以下方面。

1. 投资资金的回报要求

资金回报率是投资者考量的主要因素，不同的资金来源对回报率有一定差异。由于综合管廊投资规模大，如果能保证收益的稳定性，即使较低的收益率水平也会对立足长期投资的大资金具有较强的吸引力。

2. 直埋条件下的相关费用

管线单位会把采用直埋方式与使用综合管廊之间的费用差异进行比较，来判别使用综合管廊的效果。如果使用综合管廊的费用大大高于采用直埋方式，管线单位会降低使用综合管廊的积极性，甚至产生抵触行为。所以，深入分析各管线单位在直埋条件下的相关费用构成是制定管廊收费标准的重要内容。

3. 不同类型管线的收费差异

在制定管廊收费标准的过程中需要考虑不同类型管线的直埋成本不同、占用空间不同、维护频率不同、经营利润不同，制定更加科学的收费计算方式，才能够获得更多管线公司的支持。

4. 政府的补贴额度

政府部门的补贴是综合管廊建设运营过程中的重要组成部分。通过使用综合管廊，减少了路面重复开挖等常见问题，同时通过立体集成式的管线铺设方式为政府节约了路面空间资源，政府以分期补贴的方式支持综合管廊建设。

6.3　综合管廊费用分摊分析

2016 年 7 月 7 日，李克强总理在国务院常务会议上提出，要在公共服务和基础设施等领域进一步放宽市场准入。李克强总理说："地下管廊是典型的基础设施，事关公共服务，也是目前城市建设中突出的短板，一定要调动起社会资本参与建设的积极性。"综合管廊的建设及运营管理需要大量的资金，一般由政府和各管线单位承担。由于综合管廊项目参与者众多、关系难以协调、各个主体利益不同，合理的综合管廊费用分摊有助于调动管线单位的积极性、保障好后期管廊的正常运营以及综合管廊的推进与发展。

6.3.1　综合管廊费用分摊原则

综合管廊收费应依据其费用类型的特性，评估政府收益程度、管线单位收益程度及各管线单位使用特性予以合理分摊，费用分摊原则如下。

（1）管廊费用分摊者应包括相关各级政府、所有管线参与单位；

（2）管廊费用分为管线入廊费用及管廊运维费用；

（3）各管线单位作为综合管廊的直接使用者和直接受益者，按照"使用者付费"原则承担费用，而且承担费用不宜超过各类管线直埋成本；

（4）社会公众是综合管廊的受益者也是最终使用者，我国政府代表社会大众，因此，政府作为社会大众的代理人，按"受益者付费"原则负担综合管廊剩余部分费用；

（5）费用分摊采用的方法应尽量科学合理且具有可操作性，避免采用程序过于复杂的费用分摊方法；应具有一定的客观性和公平性，并为大部分管线单位所接受；

（6）考虑各管线单位财务负担能力时，可依实际状况调整其费用摊付年限，选定适当的利率逐年摊付其负担金额或由政府机关适当补助；

（7）基于综合管廊的属性和作用，结合我国实际，在费用分摊时应坚持公共事业价格政策的基本原则，暂不考虑建设资金的合理投资回报和运营管理公司的合理利润率，只考虑能够合理补偿工程建设费用和基本运营管理费用；

（8）保持费用分摊模式存在一定的弹性空间，依据一段周期内各管线所产生的实际维护管理成本适当调整各管线单位的费用分摊比例，实现费用分摊模式的持续运作。

按照上述原则，综合管廊的费用分摊应综合考虑各种费用分摊影响因素，最大程度追求公平、合理的分摊比例，以确保收费可以正常进行。

6.3.2　综合管廊费用分摊步骤

综合管廊费用分摊应按照上文中的原则，按照"受益者付费，使用者付费"合理进行费用分摊，具体的步骤如下：

1. 确定参与费用分摊的主体

因为各个主体在综合管廊项目中的作用和地位不同，所以并不是所有部门都要参与综合管廊的费用分摊。政府和管线单位在地下综合管廊项目中占有重要的地位，是管廊的主要使用者和受益者，理应分摊管廊的建设费用；而有些单位在管廊的建设中仅处于从属地位，或仅仅获得很小的外部效益，就不需要分摊管廊的建设和运维费用。因此，应根据项目的实际情况具体分析确定需参与管廊费用分摊的相关主体。

2. 费用估算及划分

对综合管廊项目的费用进行估算，是科学合理的进行费用分摊的前提。在对综合管廊工程建设和运营维护费用进行评估时，应根据综合管廊项目设计和估算指标等相关资料对项目全生命周期费用进行估算，并将费用进行合理划分。如分摊运营管理费时，可以将运营管理费分类，根据费用性质和实际情况，采用不同的分摊方法进行费用分摊。

3. 选定费用分摊方法

选定费用分摊方法是地下综合管廊费用分摊问题中最重要的一步，选择不同的费用分摊的方法，可能会得到截然不同的费用分摊结果。目前，我国地下综合管廊项目的先进地区对与分摊方法进行了一些尝试，但是并没有一种公认的可以适用于各种情况的费用分摊方法。

4. 计算费用分摊比例及份额

在上述工作全部完成后，就可以确定与费用分摊相关的指标，如管线单位占用地下综合管廊空间比例和直埋成本比例等，由此进一步根据所采用的分摊方法算得各个主体应承担的综合管廊项目费用的比例和份额，当选用多种方法时还可以进行相应的综合计算。

6.3.3　综合管廊费用分摊主体

综合管廊建设成本巨大，完全由管线单位承担其建设费用是不合理的；综合管廊的建设具有社会、经济和环境等多方面效益，政府、管线单位和社会公众都是受益主体。全面考虑管廊费用分摊主体，合理分配管廊费用，才有可能科学地推动综合管廊的建设与运维。

1. 发起者——政府

地下综合管廊项目的发起人一般为政府。作为收容市政管线的基础设施，管廊具有准公共物品属性，外部效益较大，能够减少道路反复开挖给管线带来的交通堵塞，改善城市环境，提升城市建设水平。但当前地下综合管廊项目收益尚不明确，没有稳定可回收的现金流，除政府以外的其他企业或单位一般不会考虑投入前期投资大，后期没有明显收益的项目。

政府是地下综合管廊项目的主要费用分摊人。我国政府部门代表的是广大人民的根本利益，接受社会公众缴纳的税款，因此政府在一定程度上代替人民向地下综合管廊项目付费。在地下综合管廊费用分摊上，政府对综合管廊的推进、监督和管理起到极大的作用。主要表现在两方面：一方面政府制定相关法律法规，完善行业规范，明确地下空间权属，可以确保综合管廊利用率、提高管线入廊积极性和拓宽收费渠道，缓解我国地下综合管廊收费困难的问题。二是政府作为地下综合管廊的推动者和社会公众的代理人，可以通过财政补贴、税收减免、政策性贷款和设立专项基金等方式给予地下综合管廊项目一定的费用支持。

2. 直接使用者——管线单位

管线单位是地下综合管廊的直接使用者，利用综合管廊提供的管道空间敷设管线进行运营维护，可以为管线单位省却直埋成本，降低维护难度，提高管线材料的使用寿命，且易于扩展容量，理应承担部分综合管廊费用。现阶段，我国地下综合管廊大多采用政府投资，管线单位免费使用的模式。一味靠政府投资模式建设地下综合管廊将带来巨额债务，不是长远之计，更不能在全国大范围推广。按照使用者付费原则，管线单位也理应是费用分摊的主体之一。

2015 年，国务院办公厅下发了《关于推进地下综合管廊建设的指导意见》，《意见》明确提出了应统筹考虑综合管廊建设和运营、成本和收益的关系，制定综合管廊的收费标准，实行地下综合管廊有偿使用。然而我国的管线单位大多数属于天然垄断行业，其垄断地位便于从管线使用中获利，且拥有管线的掌控权。采用地下综合管廊的形式，管廊投资建设成本较直埋成本大，若管线单位不仅失去了对管线绝对的掌控权，还需要交纳管廊的入廊费和后期维护费，必定导致管线单位的入廊意愿打折。

因此，在明确地下综合管廊有偿使用的前提下，提出合理的管线单位可接受的费用分摊方法显得尤为重要。

3. 间接使用者——社会公众

综合管廊的建设极大地改善城市环境，减少管线直接埋设给城市生活带来的不利影响，生活于城市中的社会公众将直接地感受到综合管廊带来的效益。因此，社会公众既是综合管廊的主要受益者，也是综合管廊的最终受益者。然而这种效益对与综合管廊项目本身而言是一种外部效益，难以进行量化，更难以直接收取费用。

虽然社会公众是地下综合管廊的使用者，但现阶段政府并不能因地下综合管廊前期投入比传统直埋方式高而提高社会公众的水价、电价等。水电价关系到社会经济生活的重要内容，波及众多领域，管线单位难以将综合管廊成本直接转移给下游消费者。

社会公众是税款的缴纳者，税款一部分用于基础设施建设，其中自然包括了地下综合管廊工程，因此，社会公众也是综合管廊建设资金的最终提供者。并且，由于综合管廊建设带来土地升值，房地产价格上涨等效应也是社会公众以间接的方式提供综合管廊建设资金。政府部门事实上成了综合管廊收益的代表者，其不但可以获得长期的经济发展收益、财税增长收益，而且树立了良好的政府形象。因此不应将社会公众作为地下综合管廊的费用分摊者，政府应代替公众承担综合管廊建设和运营管理的相应费用。

4. 投资参与者——企业

由于综合管廊投资规模较大，仅仅依靠政府财力难以承担，即使是财政能力良好的地方政府，也会面临综合管廊建设资金财政短缺的问题。因此，吸收第三方投资者往往成为综合管廊项目运作成败的关键。由于综合管廊项目通常是由政府发起的，有政府的引用作为保证，只要确定合适的运作模式，必然会有投资者愿意参与。城市基本建设领域已越来越成为大资金长期投资的目标，吸引多元化资金参与城市基本建设也越来越为政府部门所重视。

综合管廊项目可以通过有偿收费机制和资金流入带来潜在的利润，但因政策及收费价格没有到位等客观因素，无法完全收回成本。由于其本身拥有很大部分的公益性，是市场失效或低效的部分，经济效益不够明显，市场运行的结果将不可避免地形成资金供给的缺口。因此，综合管廊项目需要通过政府适当补贴或政策优惠持续运营，待其价格逐步到位及条件成熟时，即可转变成纯经营性项目，吸引社会投资者进入。

5. 其他投资参与者

包括 PPP 模式中引入的社会资本和相关金融机构。其他投资者也负担了综合管廊项目中的部分费用，但是在费用分摊问题上，主要由管线单位和政府部门分摊，其他机构可以被看作与政府合作，分摊政府需要分摊费用中的一部分。

金融机构的贷款在综合管廊建设资金中占有重要地位，引入社会资本与政府合作即采用 PPP 模式对地下综合管廊建设运营，能够减少政府债务，社会资本拥有的先进建设经验也可以发挥出来，有利于风险分担。但在贷款发放上，金融机构主要关注项目的合理收益，项目虽由政府发起，可收益点较少，较多的社会资本担心自己投资建成管廊，管线却不入廊，即使管线入廊，在议价时自己也处于弱势地位。因此，拓宽地下综合管廊收益来源，保证其现金流，以此吸引金融机构和社会资本参与到管廊的建设中，是十分必要的。

6.3.4　综合管廊费用分摊方法

综合管廊费用的分摊需要确定两方面的内容，首先是政府和管线单位间费用分摊比例的确定，其次是各管线单位之间费用分摊比例的确定。

6.3.4.1　政府和管线单位间费用分摊比例确定

在确定政府和管线单位费用分摊比例时，传统费用分摊方法中的平均分摊法、成本增量法和修正增量法显然有失公平或不可行。因此，政府和管线单位之间的费用分摊宜采用效益比例法进行。根据"受益者付费"原则，政府作为社会公众的代理人代替社会公众对管廊建设享受到的外部效益进行付费。剩余部分则根据使用者付费的原则，由管线单位负担。由于综合管廊外部效益（因管廊建设带来的土地增值或投资吸引力的增加）难以精确量化，因此参考其他城市已建成综合管廊费用—效益数据对政府和管线单位费用分摊比例进行分析。清华大学学者郭莹对部分城市地下综合管廊成本收益进行研究，得出结果见表 6-8。

部分城市地下综合管廊建设成本收益情况（万元）　　　　表 6-8

项目名称	直接成本	外部成本	总成本	直接受益	外部收益	总收益	外部总收益/总收益
广州大学城	107929	0	107929	76655	146889	223544	0.66
上海张江路	46576	0	46576	22864	49918	72782	0.69
上海安亭新镇廊道	34097	0	34097	19494	41490	60984	0.68
上海松江大学城廊道	2875	0	2875	1624	11147	12771	0.87
杭州城站广场廊道	5275	0	5275	4920	15644	20564	0.76
深圳大梅沙廊道	14695	0	14695	11145	18657	29802	0.63
北京中关村西区廊道	50515	0	50515	13228	22399	35627	0.63
佳木斯林海路廊道	11114	0	11114	11139	2381	13970	0.2

续表

项目名称	直接成本	外部成本	总成本	直接受益	外部收益	总收益	外部总收益/总收益
陕西蒲城县廊道	9618	0	9618	5421	1143	6564	0.17
湖南永州市廊道	62139	0	62139	52262	13927	66189	0.21
昆明呈贡新城廊道	74160	0	74160	50590	59730	110320	0.54
平均数	38090	0	38090	24486	34889	59374	0.55

由表 6-8 可得，地下综合管廊外部效益占总效益比重较大，平均值为 55％。1 个项目中有 8 个项目的外部效益占总效益的比重在 54％～87％之间，其余 4 个项目外部效益占总效益的 20％左右。外部效益占总效益比重大的项目均是国内经济发展较好的城市。这些地区地下空间资源宝贵，土地价格较高，地下综合管廊建设节约的地下空间，大幅提高了区域土地低价和房价，由此产生了较明显的外部效益。从数据来看外部效益占总效益的比重与区域经济发展，区域规划、未来人口和产业布局紧密相关，综合管廊的建设能够给经济发展较好城市带来超过 50％的外部效益。根据效益比例分摊的方法，如果外部效益全部由社会公众受益，可以认为政府作为社会公众的代理人，应承担 50％以上的费用，但是外部效益里面还有因管廊建设减少的管线单位维修费用，因此政府应分摊的费用比例应小于外部效益占总效益的比值。结合我国台湾地区和日本政府费用分摊的先进经验，我国政府在建设地下综合管廊时分摊费用宜定为 33％（最高不超过 35％，最低不低于 30％）。

6.3.4.2 管线单位间费用分摊比例确定

结合综合管廊项目的特点，本节具体论述如何运用传统费用分摊方法、改进的传统费用分摊方法、群决策法、基于离差平方法的多种费用分摊方法组合，以及费用分摊因子模型确定管线单位间费用分摊比例。

1. 传统费用分摊方法

由于地下综合管廊项目的增量费用和可分离费用难以界定，在对地下综合管廊费用进行分摊时，传统费用分摊方法中的增量配置法和可分离费用剩余效益法都较少被使用。而平均分摊法又存在明显的不合理性，因此比例分摊法被广泛应用在地下综合管廊项目费用分摊问题中。比例分摊法的重点在于费用分摊因子选择的合理性，费用分摊因子不同，费用分摊比例相差很大。常见的地下综合管廊项目费用分摊因子有管线占用空间、管线直埋成本、管线单位效益、传统铺设管线的挖掘频率等。下面详细分析比例分摊法的不同费用分摊因子。

（1）空间比例法

空间比例法是指以入廊管线单位的管线在综合管廊中所占的有效面积或有效体积作为分摊因子进行总成本分摊的方法。空间比例法根据分摊因子的不同又可以分为使用面积法和使用体积法。使用面积法的分摊因子为各管线的有效使用面积与管线通道截面积的比值。一般管线的截面分为两个部分，一部分是各类管线的横截面积，另一部分是各类管线所必须的操作空间，管线占用的横截面积加上其所需要的操作空间即为管线单位的有效使用面积。为了计算方便，我们可以将管线通道操作空间平均分摊到各个管线单位；使用体积法是考虑到管线通道因地形变化或各管线要求而存在的管线通道截面的变化，所以使用体积作为分摊因子的方法。综合管廊收容的管线越多，其需要的空间越大，建设和运营成本也随之上升，因此，按照空间比例进行费用分摊具有一定的理论依据，是地下综合管廊项目费用分摊的常用方法。

（2）直埋成本法

直埋成本法是指以各个管线单位的直埋成本比例为费用分摊因子进行总成本分摊的方法。采用直埋成本作为分摊因子的原因是，管线的直埋成本是影响管线单位缴纳入廊费的重要因素之一，原本直埋成本高的管线单位承担较多的管廊建设费用。因此，在对地下综合管廊进行费用分摊时将管线直埋成本作为费用分摊因子较容易被管线单位接受。

（3）效益比例分摊法

效益比例分摊法是本着"谁受益，谁分摊"的原则，根据各个费用分担的主体的获得的收益比例进行费用分摊。简单来说，效益比例分摊法就是哪个管线单位的运营效益高或者服务范围大，此管线单位就承担较高的费用分摊比例。效益比例是较为科学的费用分摊因子且更容易被费用分摊主体接受，被广泛应用在一些项目（如节能改造项目）的费用分摊问题中。

效益又可分为财务效益和国民经济效益，采用效益比例分摊法计算时，若使用国民经济效益作为费用分摊因子，则应该界定管廊的建设给各个管线单位带来的外部效益，并对外部效益进行量化。因管廊建设给管线单位带来的外部效益较难精确量化的，可以考虑将因管廊建设节省的传统直埋成本看作是各个管线单位的效益（又称节减额：把综合管廊建设看作必须花费金额，则管廊直埋成本为节省金额）。或者可以简化处理，估算因综合管廊建设减少的道路挖掘次数作为建设管廊给各管线单位带来的主要效益，将反复挖掘次数作为分摊因子。若以挖掘次数的多少确定各管线单位的分摊比例，则反复挖掘次数多的管线单位分摊较多的费用。

若采用财务效益作为费用分摊因子，则应对各个管线单位的财务效益进行定量分析。采用财务效益作为费用分摊的因子的理论基础是埋设于地下的管线其经营收益率和行业利润率是不同的，一些管线单位会产生超额利润，因此应当分摊更多的费用。但是管线单位认为进入综合管廊并非是其效益高的原因，并且在综合管廊建设过程中，效益高的管线未必需要花费较高的建设和运营管理费用。因此，采用财务效益作为综合管廊费用分摊因子的合理性也有待探讨。

2. 改进的比例分摊法

空间比例法和直埋成本法是确定管线单位费用分摊比例最常用的两种方法。但是采用单一的费用分摊因子得出的结果可能会对某些管线单位不公平。例如采用空间比例法对于电力通讯等占用空间小的管线相当有利，得出的应分摊费用可能会小于自身直埋成本。但会增加一些大管径管线单位负担，供水、供热等大管径管线其占用空间比例大，但是直埋成本和行业利润率比电力通讯单位低。若采用空间比例法，这些管线单位需分摊费用可能超出其更够承受的范围，导致其选择直埋方式敷设而不愿意进入管廊，单纯依靠政府强制力也无法保证管廊的入廊率。而直埋成本法在科学合理性上较空间比例法上差，但是易于被管线单位接收。

为了弥补单纯依靠管线占用空间比例定价带来的不合理性，考虑对单一的比例分摊法进行改进。提出利用一个控制因子 K，将空间比例法和直埋成本法结合得出管线单位工程建设费用分摊比例的方法。

1）设立目标函数U_i

设U_i为第 i 个参与单位的利益，每个管线单位都希望分摊最少的费用。则可以得出目标函数与约束条件如下：

$$\min U_i = [\gamma_i \varphi_i + (1 - \gamma_i)\beta_i]Q \qquad (6\text{-}2)$$
$$\text{st}:[\gamma_i \varphi_i + (1 - \gamma_i)\beta_i]Q \leqslant Q_i$$

式中　i——管线单位，$i=1$，2，3…n；

φ_i——第 i 个管线单位的管线占地下综合管廊的空间比例；

β_i——第 i 个管线单位的直埋成本比例；

γ_i——管线单位愿意按空间比例法进行费用分摊的比例；

Q——单位长度管廊管线单位需承担的总工程建设费用；

Q_i——管线单位 i 的单位长度管线的成本。

2）利用控制因子 K 约束比重γ_i的范围

改进的比例分摊法其重点就是确定空间比例法和直埋成本法在费用分摊中占用的比重，每个管线单位的关键问题就是选择γ_i以获得最大的自身最大的利润。为了确定管线单位愿意按照采用空间比例法进行费用分摊的比例γ_i，引入一个控制因子 K，K 为管线单位愿意接受分摊的管廊建设费用比直埋成本法建设费用增长的程度，使用 K 值来约束γ_i的范围，见式（6-3）。

$$\frac{[\gamma_i \varphi_i + (1 - \gamma_i)\beta_i]Q}{\beta_i Q} \leqslant K \qquad (6\text{-}3)$$

式中　$\gamma_i \bigcap \gamma_j = [a, b]$，其中$(i \neq j)$。

运用此种方法，政府与管线单位首先协商得出各管线单位能接受的分摊管线工程建设费用比原有直埋成本法多出的程度，即 K 值。通过 K 值的约束条件，解出各个管线单位的γ_i的范围，通过所有管线单位γ_i的交集就可得到所有管线单位均可以接受的γ_i，即管线单位愿意采用空间比例法的份额。最终可以确定各管线单位想要分摊的建设费用为$[\gamma_i \varphi_i + (1 - \gamma_i)\beta_i]Q$。

3. 群决策方法

比例分摊法根据改变不同费用分摊因子确定管线单位费用分摊比例，计算简单，实用性强，具有一定合理性。改进的比例分摊法将各个管线单位的接受程度考虑在内，但是没有考虑到在各个管线单位都满意的基础上，所有管线单位的社会效益是否达到最大化。而管线单位整体效益的最大化也是解决综合管廊费用分摊问题时想要达成的目标之一。群决策方法通过建立群决策效用模型可以很好地将管线单位（决策总体）的整体效益考虑在内，此方法在费用分摊问题时具有很好的适用性。下面论述如何从新的视角——群决策角度确定管线间费用分摊比例。

（1）建立群决策模型

建设管线单位 i 在公平合理的基础上建立的效用函数为 $U_i(i=1，2，\cdots，n)$，U_i 是与各管线单位的费用分摊比例 ω_i 有关的函数，其中费用分摊比例 ω_i 满足两个条件，一是各个管线单位感到公平合理，二是群体对此比例感到满意。则群效用函数 U_i 为：

$$U = u(u_1,u_2,\cdots,u_n) \tag{6-4}$$

作为个体决策者效用的加权集结函数如下：

$$U = \lambda_1\,\mu_1(\omega_1) + \lambda_2\,\mu_2(\omega_2) + \cdots + \lambda_n\,\mu_n(\omega_n) = \sum_{i=1}^{n}\lambda_i\,\mu_i(\omega_i) \tag{6-5}$$

式中　λ_i 为各个决策者的权重，λ_i 满足 $\sum_{i=1}^{n}\lambda_i = 1$。

每个管线单位的费用分摊额不应该超过等替代费用 M_i 或部门效益 B_i，根据传统费用分摊方法中的二次分摊法，可以得到每个管线单位应分摊费用 X_i 为：

$$X_i = C_i + \omega_i\left(K - \sum_{i=1}^{n}C_i\right) \leqslant \min[B_i,M_i] \tag{6-6}$$

式中　K——待分摊的总费用；

　　　C_i——项目可分离费用；

则可以得到 ω_i 的约束条件

$$\omega_i \leqslant \frac{\min[B_i,M_i] - C_i}{K - C_i} \tag{6-7}$$

经过上述分析，我们可以得到地下综合管廊群决策模型为：

$$\max U = \sum_{i=1}^{n}(\lambda_i\,\mu_i(\omega_i)) \tag{6-8}$$

其需要满足的条件为

$$0 \leqslant \omega_i \leqslant \frac{\min[B_i,M_i] - C_i}{K - C_i}$$

$$\sum_{i=1}^{n}\lambda_i = 1 \tag{6-9}$$

上式表明，群决策模型中的 ω_i 与各个管线单位的权系数 λ_i 有关，因此要想解出群决策模型中的各个部门分摊比例 ω_i，首先应确定各个管线单位的权系数 λ_i。λ_i 可以通过构建委托矩阵的方法解出。

（2）确定权系数 λ_i

假设所有管线单位对所有的权重都有意见，且负有责任。找不到一个公正的人来确定各个权重的值，必须依靠群的全体选择一个权重值，这一过程需要利用委托过程去达到目的。委托过程包含以下三个公设：

公设 1（委托）：群中的每一个成员有一个委托小组，这个小组由群中的其余 $n-1$ 个部门组成，部门对委托小组内的每一个部门制定一个权重 P_{ij}，$0 \leqslant P_{ij} \leqslant 1 (i=1,2,\cdots,n)$，满足 $P_{ij}=0, \sum\limits_{i=1}^{n} P_{ij}=1 (i=1,2,\cdots,n)$。

公设 2（决策规则）：每个委托部门有一个线性相加的群效用函数，其中权系数由公设 1 确定。

公设 3（代替）：用部门 i 的委托小组的效用函数去替代部门 i 的效用函数。

其中 P_{ij} 为管线单位 i 认为管线单位 j 在群效用函数中所起到的作用或是管线单位 i 认为管线单位 j 在剩余费用中应分摊的比例。由公设 1 可知，P 可以看作是具有 n 个状态的马尔可夫过程的一步转移概率矩阵，P 为一个有限马尔可夫链。这样就可解出 λ_j：

$$\lambda_j = \sum_{i=1}^{n} \lambda_i P_{ij}, \sum_{j=1}^{n} \lambda_j = 1, 且 \lambda_j > 0 \tag{6-10}$$

由式（6-10）可以得到唯一的权重 λ_j。

（3）确定投资分摊比例

可以假设 $U_i(\omega_i) = 1 - \omega_i^2$

则群效用函数为：

$$U = u(u_1, u_2, \cdots, u_n) = \lambda_1 \mu_1(\omega_1) + \lambda_2 \mu_2(\omega_2) + \cdots + \lambda_n \mu_n(\omega_n)$$
$$U = \lambda_1(1-\omega_1^2) + \lambda_2(1-\omega_2^2) + \cdots + \lambda_n(1-\omega_n^2)$$

且满足 $\sum\limits_{i=1}^{n} \omega_i = 1$

通过构造拉格朗日函数：

$$L(\omega_i, r) = \left[\lambda_1(1-\omega_1^2) + \lambda_2(1-\omega_2^2) + \cdots + \lambda_n(1-\omega_n^2) \right] + r(\omega_i - 1)$$

根据最优条件：

$$\frac{\partial U}{\partial \omega_i} = 0; \frac{\partial U}{\partial r} = 0, i = 1, 2, \cdots, n$$

可以最终解出费用分摊比例：

$$\omega_i = \frac{1}{\lambda_i} \times \frac{1}{\dfrac{1}{\lambda_1} + \dfrac{1}{\lambda_2} + \cdots + \dfrac{1}{\lambda_n}} (i = 1, 2, \cdots, n) \tag{6-11}$$

群决策方法是从决策整体角度出发，通过建立群效用函数模型，成立委托小组，建立委托矩阵 P，得出各个决策者的权重 λ_i 和最终的费用分摊比例。与传统方法不同的是，不仅将各个管线单位的满意程度考虑在内，且考虑到管线单位整体最优化。

4. 基于离差平方法的多种费用分摊方法组合

改进的比例分摊法对传统费用分摊方法进行改进，将管线单位的接受程度考虑在内。比例分摊法和改进的比例分摊法都从不同侧面或是在某种程度上反映了公平合理性原则，但是由于地下综合管廊项目的费用分摊问题较为复杂而且涉及因素众多，通过不同方法计算得到的费用分摊比例系数有时存在较大差异。各管线单位出于自身利益考虑都希望采用对自身较为有利的方法对项目费用进行分摊，可能导致不同利益主体在具体分摊方法选择问题上产生分歧。为了避免几种费用分摊方法所得结果可能具有的片面性，减少管线单位分歧，确保管廊项目在规定时间内得以顺利实施。考虑通过运用基于概率统计理论的离差平方法对费用分摊组合进行综合评价分析，根据管廊项目具体情况同时选取多种分摊方法综合分析确定各受益部门应承担的合理投资用比例和份额。

离差平方法是一种加权综合法，它的优点是不需要人为确定各种分摊方法的权重，而是以单个分摊方法接近多种分摊方法平均值的程度确定权重，减少了综合评价过程的主观性。具体来说，就是假设存在一个权重函数，当第 i 种分摊方法的分摊系数 X_i 偏离分摊的平均值 $\overline{X}$ 较大时，说明该方法分摊的精度较差，利用权重函数求出的权重系数较小；反之，当偏离值较小时，说明利用该方法分摊的精度较高，利用权重函数求出的权重系数较大。

设权重函数为 W_i，W_i 应满足以下三个条件：

(1) $\sum\limits_{i=1}^{n} W_i = 1$。

(2) 权重系数 W_i 与离差平方 $(X_i - \overline{X})^2$ 呈反向关系，即若 $(X_i - \overline{X})^2$ 小，则 W_i 大；反之，若 $(X_i - \overline{X})^2$ 大，则 W_i 小。

(3) 综合管廊分摊系数估值 C 依概率收敛于期望综合分摊系数 X 构造权重函数如下：

$$W_i = \frac{\left[(n-1)s^2 - (X_i - \overline{X})^2\right]}{\left[(n-1)s^2\right]} \tag{6-12}$$

$$s^2 = \sum\limits_{i=1}^{n} \frac{(X_i - \overline{X})^2}{(n-1)} \tag{6-13}$$

则可以得到综合分摊系数的估值为：

$$C = \sum\limits_{i=1}^{n} W_i X_i \tag{6-14}$$

将离差平方法运用到管廊项目费用分摊问题中去具有合理性和必要性。对于各种基本费用分摊方法，运用离差平方法，对其分摊结果精度情况分别赋以不同权重，然后将每种分摊方法计算所得的比例系数与相应权重相乘后再求和，即可得到综合投资费用分摊系数，以此作为地下综合管廊项目各相关主体分摊费用的依据。

5. 费用分摊因子模型

费用分摊因子模型主要用来确定各管线使用单位对综合管廊建设和维护费用的分摊比例。根据"使用者付费"的原则，在构建分摊因子模型时，不仅考虑管线的占用面积 (S) 和管线单位的收益 (I)，还考虑了节约的管线建设成本、节约的管线维护成本和管理难度系数。

（1）费用分摊考虑的因素

1）节约的管线建设成本。与传统直埋方式相比，综合管廊一般能够大大降低各管线单位的建设成本。节约的管线建设成本 B ＝传统直埋方式首次投入成本－（管线直埋与维护成本＋管线动迁补偿成本）。若管线的动迁成本太高，则节约的建设成本可用负数表示。

2）节约的管线维护成本。传统模式铺设的管线，每次故障维修都需要先寻找准确的故障点，然后再开挖维修，维护难度大费用高，不止须要反复开挖和填埋，还会影响交通和公共环境。而在综合管廊中，故障点一目了然，维修的精准性强，危险性低，方便快捷，只需要负担管线本身的维修费用，大大降低了管线单位的维修成本，对管线单位而言是受益。节约的管线维护成本 M＝传统直埋方式维护成本－综合管廊中管线维修成本。

3）管理难度系数。虽然各管线同处于管廊内，但各管线的管理频率、管理人数和管理费用差异很大，因此，在进行费用分摊时，还应该考虑到各管线的管理难度。各管线的管理难度用 G 表示，可通过专家调查法确定。

另外，在确定分摊费用时，各因素对分摊因子的影响程度是不同的，所以构建的费用分摊因子模型如下：

管线 i 费用分摊因子 ω_i 为：

$$\omega_i = m_1 \frac{S_i}{\sum S_i} + m_2 \frac{I_i}{\sum I_i} + m_3 \frac{B_i}{\sum B_i} + m_4 \frac{M_i}{\sum M_i} + m_5 \frac{G_i}{\sum G_i} \tag{6-15}$$

式中　　S_i——管线 i 入所占空间横截面积；

$\sum S_i$——各管线所占空间横截面积和；

I_i——管线 i 的年度经营收益，年度经营收益＝平均年用量×单位用量费用；

B_i——管线 i 节约的建设成本；

M_i——管线 i 节约的维护成本；

G_i——管线 i 的管理难度系数；

$m_1 \sim m_5$——权重，通过层次分析法获得。

（2）费用分摊因子权重

为获得费用分摊因子中各指标的权重，利用层次分析法，设置评价指标为管线横截面积、管线收益、管线管理难度、节约建设成本、节约维护成本 5 个指标，评判标度如表6-9所示。

重要度定义表　　　　　　　　　　　　　　　　　　　表 6-9

标度	含　义
1	两个因素相比较，具有同等重要性
2	两个因素相比较，一个因素比另一个因素较重要
3	两个因素相比较，一个因素比另一个因素一般重要
4	两个因素相比较，一个因素比另一个因素非常重要
5	两个因素相比较，一个因素比另一个因素特别重要

以调查问卷形式，向行业专家、综合管廊建设单位、综合管廊管理单位等进行城市地下综合管廊分摊因素重要度调查，获得调查数据，并进行一致性检验。经检验计算，筛选可以接受的调查矩阵，作均值处理，计算分摊因子的各指标权重。

（3）费用分摊因子模型

经统计计算，得出各分摊因子的指标权重，获得最终的费用分摊因子模型：

管线 i 费用分摊因子 ω_i 为：

$$\omega_i = 0.3\frac{S_i}{\Sigma S_i} + 0.2\frac{I_i}{\Sigma I_i} + 0.3\frac{B_i}{\Sigma B_i} + 0.1\frac{M_i}{\Sigma M_i} + 0.1\frac{G_i}{\Sigma G_i} \tag{6-16}$$

（4）费用分摊因子定价参考模型

费用分摊因子的定价参考模型还应考虑以下因素：

1）管廊总建设成本。包括管廊从筹建到竣工验收完毕之间的所有勘察设计费用、建设费用等内部成本和路面修复、交通补偿等外部成本。

2）管线直埋建设成本与维护成本。指管线进入综合管廊时的铺设、搭接和维护等费用。

3）管线动迁补偿成本。在老城区，各管线的铺设复杂而混乱，若想进行改造，将各管线统一归入廊中，势必会改变一些原有管线的位置等，增加建设费用，此费用应由各管线单位承担。在新铺设管线区段一般不存在这项成本，应视实际情况进行计算。

4）政府补贴额。政府补贴的方式一般有一次性补贴和按年支付补贴额度两种，其补贴额将在很大程度上影响入廊费用。政府付费建设综合管廊、一次性支付补贴额或以其他方式在项目交付使用前变相给予的补贴，均可视为一次性补贴；若政府按年支付，补贴额 $B_0 = $ 年补贴额×补贴年限。

综合以上因素以及费用分摊因子，其定价模型如下：

$$P_i = C_i + D_i + [T_i - \Sigma(C_i + D_i) - B_0] \times \omega_i \times \left(1 - \frac{1}{(1+r)^N}\right) \tag{6-17}$$

式中　　P_i——管线 i 分摊的费用；

C_i——管线 i 的直埋建设成本；

D_i——管线 i 的动迁补偿成本；

T_i——管廊总建设成本；

$\Sigma(C_i + D_i)$——所有管线直埋建设维护成本与管线动迁补偿成本之和；

B_0——政府补贴额度；

ω_i——费用分摊因子；

r——社会长期投资资本年回报率。

6.4　综合管廊费用分摊实例分析

6.4.1　珠海横琴新区

珠海作为我国最早开放的经济特区，是珠江口西岸区域性中心城市，近年来经济高速发展，已由一座边陲小镇建设发展成为一座现代化都市。横琴新区坐落于广东省珠海市南侧，临近澳门的横琴岛，总面积 106.46km²。

横琴新区已建城市地下综合管廊沿横琴新区快速路呈"日"字型布设，覆盖全区，全长 33.4km，设总监控中心 1 座，项目总投资约 20 亿元。截至目前，入廊管线包括电力、通信、给水、中水、供冷和垃圾真空系统等 6 种，排水管线、燃气、供热暂未纳入综合管廊。综合管廊沿环岛北路、环岛东路、中心北路、中心南路、环岛西路等分布，布设在市政绿化带下方，在横琴新区主干路上形成"日"字型环状管廊系统，并在十字门商务区、口岸服务区的滨海东路布置了支线。横琴新区综合管廊按防水钢筋混凝土设计，可抗 7 级地震，并具备自动排水、空气质量监测、自动报警等多项功能。横琴新区综合管廊横断面尺寸和布置图如图 6-1 所示。

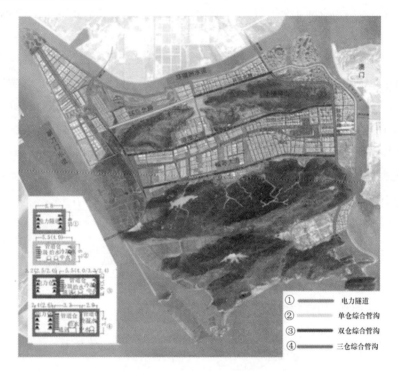

图 6-1　单舱室、两舱室、三舱室横断面尺寸和布置图

为测算横琴新区综合管廊各条管线运营所需收取的合理费用，2012 年 10 月广州市国际工程咨询公司受珠海横琴岛实业发展有限公司的委托，承担对横琴综合管廊各条管线一次性入廊和日常维护费用的收费标准进行核算的工作，核算结果用于珠海大横琴投资有限公司向上级物价部门申报综合管廊各条管线收费标准的审批依据。此处根据广州市国际工程咨询公司 2015 年 10 月的核算结果对横琴新区的综合管廊费用分摊方法进行整理。

1. 测算依据

（1）《珠海市横琴新区市政基础设施工程专项规划》；

（2）《横琴新区综合管沟管理办法》；

（3）《广东省通信管理局、广东省物价局关于广东省通信管线出租业务资费标准（试行）的通知》；

（4）核算方法同时参考了《关于广州大学城综合管沟有关收费问题的批复》（穗价函〔2005〕77 号）；《台湾共同管沟建设及管理经费分摊办法》等文件。

2. 测算内容

综合管廊日常维护工作主要包括如下内容：

（1）综合管廊设备设施养护；

（2）综合管廊主体工程养护；

（3）综合管廊管线安全监督；

（4）综合管廊的应急管理；

（5）综合管廊的管线施工管理；

（6）综合管廊客户关系管理；

（7）综合管廊的环境卫生管理；

（8）综合管廊的定期监测、检测费用。

综合管廊运维费用指开展以上工作所发生的人工费、水电费、维修费等费用。

3. 收费标准测算办法

根据《横琴新区综合管沟管理办法》，横琴新区综合管廊建设管理实行有偿使用的原则。核算拟采用三种方法：专用截面分摊法、专用－公用截面分摊法以及直埋成本法。

（1）专用截面分摊法

1）原理

专用截面法指各种专业管线所占的横截面积，专用面积分为电力、给水、中水、通信、热力和垃圾六部分，计算出各种管线所占的专用截面空间比例，以此作为各项收费的分摊比例。

2）计算结果

根据测算，上述 6 家的电力、给水管、通信、中水、热力（凝结水）、垃圾分摊比例分别为：20.53％、22.22％、30.76％、13.60％、8.91％、3.99％。不含垃圾管的 5 家管线单位分摊比例分别为：21.38％、23.14％、32.04％、14.16％、9.28％。

（2）专用－公用截面分摊法

1）原理

将管廊的截面分为专用面积和公用面积，专用面积分为电力、给水、中水、通信、热力和垃圾六部分，公用面积是维护人员和设备进入综合管廊施工的共用空间，电力舱单独供电力管线使用，其他管道舱的公用面积由其余 5 家平均分摊。

2）计算结果

根据测算，上述 6 家的电力、给水管、通信、中水、热力（凝结水）、垃圾分摊比例分别为：20.65％、19.40％、21.18％、17.60％、13.52％、7.66％。不含垃圾管的 5 家管线单位分摊比例分别为：19.42％、21.71％、23.39％、20.02％、15.46％。

（3）直埋成本法

1）原理

原理是：根据各管线单位现有直埋成本，按比例分摊。

2）计算结果

根据初步测算，上述 6 家的电力、给水管、通信、中水、热力（凝结水）、垃圾分摊比例分别为：58.19％、3.08％、28.54％、2.11％、5.16％、2.92％。

不含垃圾管的 5 家管线单位分摊比例分别为：55.85％、3.51％、32.17％、2.45％、6.02％。

经计算，横琴新区综合管廊各条管线日常维护费用收费标准核算结果为：横琴新区综合管廊年运营成本为 713.84 万元。综合考虑专用截面分摊法、专用一公用截面分摊法和直埋成本法 3 种方法的测算结果，对三种方法计算结果取均值，则电力、给水管、通信、中水、热力（凝结水）、垃圾等 6 家管线单位分摊比例分别为：33.12％、14.90％、26.83％、11.10％、9.20％、4.86％。不含垃圾管的 5 家管线单位分摊比例分别为：32.22％、16.12％、29.20％、12.21％、10.25％。横琴新区综合管廊运维费具体分摊情况与运营维护成本分析见横琴新区综合管廊运维费分摊情况，表 6-10，管廊运营维护成本分析表，见表 6-11。

横琴新区综合管廊运维费分摊情况　　　　　　表 6-10

项目内容	含垃圾管		不含垃圾管	
	比例（％）	分摊费用（万元）	比例（％）	分摊费用（万元）
电力线缆	33.12	236.43	32.22	229.97
给水管	14.9	106.34	16.12	115.09
通信电缆	26.83	191.51	29.2	208.43
中水管	11.1	79.25	12.21	87.17
凝结水管	9.2	65.64	10.25	73.18
垃圾真空管	4.86	34.67		

管廊运营维护成本分析表　　　　　　表 6-11

序号	项目内容	单位	数量	成本（元/年）	合计（万元）	备注
一	日常维护费	项	1		406	
1	工资及福利费				315	含奖金及津贴等
1.1	管理人员	人	11	120000	132	
1.2	监控、巡检、维护人员	人	21	80000	168	
1.3	劳务人员（临时雇佣）	人	3	50000	15	按总员工数10％计
2	材料费				4	
2.1	防水材料	项	1	30000	3	
2.2	照明材料	项	1	10000	1	
3	机械燃料动力费	项	1	60000	6	按每年6万km计，1元/km
4	水电费	项	1	693121	69	
5	管理费	项	1		12	（1+2+3+4）×3％

序号	项目内容	单位	数量	成本 （元/年）	合计 （万元）	备注
二	保险费	项	1		303	以廊内设备总额为计算 基数，费率按 1.5%计
三	大中修费用（含恢复性大修）	项	2		1703	
1	中修费用	项	4		426	4×（一+二）×15%
2	大修理费	项	2		1277	3×（一+二）×60%
四	合理利润	项	1		164	（一+二+三）×6.8%
五	税金	项	1		52	（一+二+三+四）×11%－ （三）×0.8×17%
六	合计	万元			2628	（一+二+三+四+五）
七	万元/公里/年	km	19.6		134	（六）/19.6km

6.4.2　青岛高新区

青岛高新区位于红岛与胶州湾南北毗邻处，是青岛市政府推进地区集群化发展的主干区域。高新区主管部门计划在本区域内建成约 75km 的综合管廊，其长度相当于高新区交通主次道路的一半左右。目前，青岛高新区共计建成综合管廊 55km，管廊的系统网状布局大体完成，东部及中部区域管廊隧道工程基本完工。正在建设中的综合管廊主要分布在西部区域，长度约 20km。当前，综合管廊的日常监督管理主要由高新区公用事业服务中心负责。从长远来看，青岛高新区综合管廊的规划开发会吸引社会资本甚至国外资本投入，增加区域内资产附加值，提高公共部门资金收入，有巨大的发展潜力。

该工程总造价为 18522 万元（不含工程建设其他费），根据工程分期拨付，不考虑建设期内贷款利息。根据高新区工程进度安排，范围内综合管廊三年建设完成。

1. 测算依据

《建设项目经济评价方法与参数》。

2. 收费标准测算方法

（1）项目总造价：本项目总造价为 18522 万元；

（2）管线传统方式下的建设成本：根据测算，地下综合管廊每延米的工程成本比传统直埋高 45%，则本项目传统直埋方式下的建设成本可估算为 18522×（1－45%）＝10187.10 万元；

（3）各管线的占用空间：给水管道、中水管道、供热管道、工业管道、电力电缆、通信管线所占综合管廊的截面比例分别为 13.62%、6.95%、25.05%、17.43%、22.38%、14.57%；

（4）社会折现率：根据社会经济发展多种因素综合测定，由专门机构统一测算发布，目前取值 8%；

（5）综合管廊维护管理费用：该项目综合管廊管理费用为 386.15 元/(a·m)，初期建安费可于第 18 年收回。高新区的综合管廊工程干线综合管廊全长约 3.5km，支线综合管廊全长约 7km；

（6）根据《建设项目经济评价方法与参数》，基准收益率按 8% 计算，以给水管道为例，其收费标准如下：

1）投资者预期的给水管道年租金收费额：

$$18522 \times (A/P, 8\%, 18) \times 13.62\% = 269.17 \text{ 万元}$$

2）给水管道可以接受的年租金收费额：

$$10187.10 \times (A/P, 8\%, 18) \times 13.62\% = 1148.05 \text{ 万元}$$

3）给水管道的年度运营维护费：

$$38.615 \times 10.5 \times 0.5 \times (13.62\% + 13.26\%) = 55.22 \text{ 万元}$$

3. 其他管线收费标准

其他管线按上述过程计算后各管线单位的收费标准见表 6-12。

青岛高新地区综合管廊管线单位收费标准（万元） 表 6-12

	给水管道	中水管道	供热管道	工业管道	电力电缆	通信管线	合计
投资者预期的年租金收费额	269.17	137.35	495.07	344.47	442.30	287.95	1976.31
管线单位可以接受的年租金收费额度	148.05	75.54	272.29	189.46	243.26	158.37	1086.97
管线单位年运营维护费	55.22	28.18	101.57	70.67	90.74	59.08	405.46
政府每年给予投资者的租金补贴	121.22	61.81	222.78	155.01	198.94	129.58	889.34

6.4.3 成都市

1. 测算依据

（1）《关于城市地下综合管廊实行有偿使用制度的指导意见》（发改价格〔2015〕2754 号）；

（2）《成都市地下综合管廊总体规划》；

（3）《成都市地下综合管廊设计导则》。

2. 测算内容

（1）入廊费测算包括的内容有地下综合管廊本体、控制室及附属设施的合理建设投资；综合管廊本体及附属设施建设投资合理回报，原则上参考金融机构长期贷款利率确定（政府财政资金投入形式的资产不计算投资回报）；各入廊管线占用管廊空间的比例；各管线在不进入管廊情况下的单独敷设成本；管廊设计寿命周期内，各管线在不进入管廊情况下所需的重复单独敷设成本；管廊设计寿命周期内，各管线与不进入管廊的情况相比，因管线破损率以及水、热、气等漏损率降低而节省的管线维护和生产经营成本。

（2）日常维护费的测算包括地下综合管廊本体、附属设施、监控中心运行、维护、更新改造等正常成本；地下综合管廊运营单位正常管理支出；地下综合管廊运营单位合理经营利润，原则上参考当地市政公用行业平均利润率确定；各入廊管线占用管廊空间的比例；各入廊管线对附属设施的使用强度。

3. 收费标准

入廊费收费标准与日常维护费收费标准见表 6-13 和表 6-14。

入廊费收费标准　　　　　　　　　　　　表 6-13

序号	管线种类		一次性交纳	逐年交纳	分两次交纳
			万元/(km·根)	万元/(km·根)	万元/(km·根)
			(孔)·年限	(孔)·年限	(孔)·年限
1	给水（输水）工程	DN200	31.66	1.56	22.27
		DN300	33.14	1.64	23.31
		DN400	34.78	1.72	24.47
		DN500	45.58	2.25	32.06
		DN600	48.13	2.38	33.86
		DN800	53.38	2.64	37.55
		DN1000	60.84	3.01	42.80
		DN1200	71.54	3.54	50.33
		DN1400	79.91	3.59	56.21
2	直饮水工程	DN100	30.99	1.53	21.80
		DN150	31.31	1.55	22.03
		DN200	31.66	1.56	22.27
		DN300	33.14	1.64	23.31
		DN400	34.78	1.72	24.47
		DN500	45.58	2.25	32.06
3	再生水工程	DN100	30.99	1.53	21.80
		DN150	31.31	1.55	22.03
		DN200	31.66	1.56	22.27
		DN300	33.14	1.64	23.31
		DN400	34.78	1.72	24.47
		DN500	45.58	2.25	32.06
		DN600	48.13	2.38	33.86
		DN800	53.38	2.64	37.55
		DN1000	60.84	3.01	42.80
4	雨水工程	DN200	20.42	1.01	14.36
		DN300	49.28	2.44	34.67
		DN400	85.14	4.21	59.89
		DN500	108.39	5.36	76.25
		DN600	116.61	5.76	82.03
		DN800	173.34	8.57	121.94
		DN1000	210.15	10.38	147.83
		DN1200	258.16	12.76	181.61
		DN1350	421.25	20.82	296.33
		DN1500	722.33	35.69	508.13
		DN1650	876.44	43.31	616.54
		DN1800	894.60	44.21	629.32

续表

序号	管线种类		一次性交纳	逐年交纳	分两次交纳
			万元/(km·根) (孔)·年限	万元/(km·根) (孔)·年限	万元/(km·根) (孔)·年限
5	污水工程 (重力管)	DN200	20.42	1.01	14.36
		DN300	49.28	2.44	34.67
		DN400	85.14	4.21	59.89
		DN500	108.39	5.36	76.25
		DN600	116.61	5.76	82.03
		DN800	173.34	8.57	121.94
		DN1000	210.15	10.38	147.83
		DN1200	258.16	12.76	181.61
		DN1350	421.25	20.82	296.33
		DN1500	722.33	35.69	508.13
		DN1650	876.44	43.31	616.54
		DN1800	894.60	44.21	629.32
6	污水工程 (压力管)	DN200	20.42	1.01	14.36
		DN300	49.28	2.44	34.67
		DN400	85.14	4.21	59.89
		DN500	108.39	5.36	76.25
		DN600	116.61	5.76	82.03
		DN800	173.34	8.57	121.94
7	燃气工程	DN150	26.68	1.32	18.77
		DN200	28.37	1.40	19.96
		DN250	33.38	1.65	23.48
		DN300	35.07	1.73	24.67
		DN400	46.40	2.29	32.64
		DN500	63.71	3.15	44.82
8	电力工程	110kV/220kV 高压	35.17	1.74	32.22
		10kV 中压	9.01	0.45	6.34
9	通信工程	通信线缆	8.34	0.41	5.87

日常维护费收费标准 表 6-14

序号	管线种类		大中型管廊	小型管廊	微（缆线）型管廊
			万元/（km·根）（孔）·年限	万元/（km·根）（孔）·年限	万元/（km·根）（孔）·年限
1	给水（输水）工程	DN200	2.21	5.67	1.38
		DN300	3.28	8.42	2.05
		DN400	4.12	10.07	2.70
		DN500	4.58	12.45	3.34
		DN600	5.44	14.79	3.97
		DN800	7.11	19.33	—
		DN1000	8.71	—	—
		DN1200	21.25	—	—
		DN1400	24.32	—	—
2	直饮水工程	DN100	1.12	2.87	0.70
		DN150	1.67	4.28	1.04
		DN200	2.21	5.67	1.38
		DN300	3.28	8.42	2.05
		DN400	4.12	10.07	2.70
		DN500	4.58	12.45	3.34
3	再生水工程	DN100	1.12	2.87	0.70
		DN150	1.67	4.28	1.04
		DN200	2.21	5.67	1.38
		DN300	3.28	8.42	2.05
		DN400	4.12	10.07	2.70
		DN500	4.58	12.45	3.34
		DN600	5.44	14.79	3.97
		DN800	7.11	19.33	—
		DN1000	8.71	—	—
4	雨水工程	DN200	0.54	—	—
		DN300	0.67	—	—
		DN400	0.98	—	—
		DN500	1.15	—	—
		DN600	1.33	—	—
		DN800	1.74	—	—
		DN1000	2.45	—	—
		DN1200	2.99	—	—
		DN1350	3.94	—	—
		DN1500	5.37	—	—
		DN1650	6.30	—	—
		DN1800	7.28	—	—

续表

序号	管线种类		大中型管廊	小型管廊	微（缆线）型管廊
			万元/（km·根） （孔）·年限	万元/（km·根） （孔）·年限	万元/（km·根） （孔）·年限
5	污水工程 （重力管）	DN200	3.46	—	—
		DN300	5.13	—	—
		DN400	6.77	—	—
		DN500	8.37	—	—
		DN600	9.94	—	—
		DN800	12.99	—	—
		DN1000	15.92	—	—
		DN1200	18.74	—	—
		DN1350	20.78	—	—
		DN1500	22.98	—	—
		DN1650	24.69	—	—
		DN1800	26.57	—	—
6	污水工程 （压力管）	DN200	3.46	—	—
		DN300	5.13	—	—
		DN400	6.77	—	—
		DN500	8.37	—	—
		DN600	9.94	—	—
		DN800	12.99	—	—
7	燃气工程	DN150		—	—
		DN200		—	—
		DN250	3.52	—	—
		DN300		—	—
		DN400		—	—
		DN500		—	—
8	电力工程	110kV/220kV 高压	0.38		
		10kV 中压	0.20	0.38	0.16
9	通信工程	通信线缆	0.19	0.29	0.06

（1）入廊费分一次性全额交纳、逐年交纳和分两次交纳三种方式，可由各管线大内自行选择。一次性全额交纳入廊费的，在其应交入廊费总额基础上优惠20％收取。分两年交纳入廊费的，在其应交入廊费总额基础上优惠10％收取。逐年交纳入廊费的，无优惠。

（2）日常维护费收费分类以《成都市地下综合管廊设计导则》为依据，分大中型、小型、微（缆线）型三种类型，根据不同类型管廊内各管线对应的日常维护费收取标准收取。

（3）对地下综合管廊国家试点项目在管廊正式移交前入廊的管线，免收第一年日常维护费,相关费用由政府进行补贴。待管廊规范化运营一年后,管廊运营单位按各自分摊比例进行计费。日常维护费每两年调整一次,管线单位一次性交纳两年的,在其应交费用总额基础上优惠 10% 收取。

6.4.4 深圳市

1. 测算依据

(1)《国务院办公厅关于推进城市地下综合管廊建设的指导意见》(国办发〔2015〕61 号);

(2)《国家发展改革委住房和城乡建设部关于城市地下综合管廊实行有偿使用制度的指导意见》(发改价格〔2015〕2754 号)。

2. 测算内容

综合管廊有偿使用费包括入廊费和日常维护费。入廊费主要用于弥补管廊建设成本,由入廊管线单位向管廊建设运营单位一次性支付或者分期支付。日常维护费主要用于弥补管廊本体及附属设施运行、维护成本、管理支出,由入廊管线单位按确定的计费周期向管廊建设运营单位逐年支付。

3. 测算标准

(1)综合管廊有偿使用费标准实行市场调节价,由管廊建设运营单位与入廊管线单位按市场化原则协商确定,通过双方签订书面协议,明确有偿使用费收费标准和缴费方式等。

(2)综合管廊建设运营单位与入廊管线单位协商确定有偿使用费标准,具体见深圳综合管廊有偿使用收费标准,表 6-15。入廊费根据综合管廊结构设计使用年限 100 年内各类管线新建和重复敷设直埋成本确定。日常维护费根据综合管廊本体及附属设施运行维护成本、管理费用和合理收益,以及管线占用空间比例等因素确定。

深圳综合管廊有偿使用收费标准 表 6-15

序号	入廊管线种类	入廊费		日常维护费	逐年支付入廊费日常维护费合计
		一次性支付入廊费标准	逐年支付入廊费标准		
	给水、输水工程	(元/m)	〔元/(m·年)〕	〔元/(m·年)〕	〔元/(m·年)〕
	DN200	781.50	38.62	41.55	80.17
	DN300	924.40	45.68	41.55	87.23
	DN400	1071.90	52.97	41.55	94.52
	DN500	1464.00	72.34	108.50	180.84
1	DN600	1874.20	92.61	108.50	201.11
	DN800	3671.30	181.41	108.50	289.91
	DN1000	4593.70	226.99	151.00	377.99
	DN1200	5240.50	258.95	151.00	409.95
	DN1400	5915.30	292.29	151.00	443.29
	DN1600	6604.50	326.35	151.00	477.35

续表

序号	入廊管线种类	入廊费		日常维护费	逐年支付入廊费日常维护费合计
		一次性支付入廊费标准	逐年支付入廊费标准		
2	直饮水工程	（元/m）	［元/(m·年)］	［元/(m·年)］	［元/(m·年)］
	DN100	644.80	31.86	41.55	73.41
	DN150	711.70	35.17	41.55	76.72
	DN200	781.50	38.62	41.55	80.17
	DN300	924.40	45.68	41.55	87.23
	DN400	1071.90	52.97	41.55	94.52
	DN500	1464.00	72.34	108.50	180.84
3	再生水工程	（元/m）	［元/(m·年)］	［元/(m·年)］	［元/(m·年)］
	DN100	644.80	31.86	41.55	73.41
	DN150	711.70	35.17	41.55	76.72
	DN200	781.50	38.62	41.55	80.17
	DN250	850.90	42.05	41.55	83.60
	DN300	924.40	45.68	41.55	87.23
	DN400	1071.90	52.97	41.55	94.52
	DN500	1464.00	72.34	108.50	180.84
	DN600	1874.20	92.61	108.50	201.11
	DN800	3671.30	181.41	108.50	289.91
	DN1000	4593.70	226.99	151.00	377.99
4	污水工程(重力管)	（元/m）	［元/(m·年)］	［元/(m·年)］	［元/(m·年)］
	DN200	6125.94	302.70	121.56	424.26
	DN300	6329.63	312.77	121.56	434.93
	DN400	6523.92	322.77	121.56	443.93
	DN500	7157.01	353.65	162.09	515.74
	DN600	7334.87	362.44	162.09	524.53
	DN700	7545.95	372.87	162.09	534.96
	DN800	7666.91	378.85	162.09	540.94
	DN900	7837.00	387.25	162.09	549.34
	DN1000	8966.11	443.05	202.61	645.66
	DN1100	12510.33	618.18	202.61	820.79
	DN1200	12672.54	626.19	202.61	828.80
	DN1350	13042.51	647.69	202.61	847.08
	DN1400	13107.69	647.69	202.61	850.30
	DN1500	13246.58	654.56	202.61	850.30
	DN1650	13367.81	660.55	202.61	863.16
	DN1800	13529.12	668.52	202.61	871.13

序号	入廊管线种类	入廊费		日常维护费	逐年支付入廊费日常维护费合计
		一次性支付入廊费标准	逐年支付入廊费标准		
5	天然气工程	（元/m）	[元/(m·年)]	[元/(m·年)]	[元/(m·年)]
	DN150	593.43	29.32	101.29	130.61
	DN200	616.96	30.49	101.29	131.78
	DN250	714.69	35.32	101.29	136.61
	DN300	732.37	36.19	101.29	137.48
	DN400	955.15	47.20	101.29	148.49
	DN500	1307.13	64.59	101.29	165.88
6	电力工程	[元/(m·回路)]	[元/(m·回路·年)]	[元/(m·回路·年)]	[元/(m·回路·年)]
	110kV/220kV	3232.30	159.72	27.43	187.15
	10kV 中压	382.40	18.90	4.48	23.38
7	通信工程	[元/(m·孔)]	[元/(m·孔·年)]	[元/(m·孔·年)]	[元/(m·孔·年)]
	通信管道 φ110		13.95	5.5	19.45
	通信管道 φ30 以下小孔		2.79	1.1	3.89

（3）既有管线迁移入廊，由政府财政承担迁移费用（含管材费用）并相应减免迁改管线寿命周期的入廊费，日常维护费则由管廊使用单位自行承担。

（4）城市市政路灯系统、公共安防监控通信系统等公益性管线入廊，采取政府购买服务方式。对公益性文化企业的有线电视网入廊，有偿使用费标准实行适当优惠，差额部分由政府财政予以补偿。

6.5　综合管廊收费管理的思考

综合管廊是城市市政基础设施建设现代化的重要标志，相对于传统管线直埋方式来说，综合管廊具有减少道路频繁开挖、延长管线使用寿命、有效利用城市空间等优势，因此近些年来受到政府和社会各界的广泛关注。但由于综合管廊的建设和运维需要大量的资本投入，参与者结构复杂，合理的费用测算及分摊方式是保证各管线单位入廊率、维护综合管廊日常运营、保障综合管廊可持续发展的热点问题。

通过对国内外综合管廊建设及运维的收费现状进行分析，本章总结了管廊收费的痛点问题，对管廊收费构成以及影响因素进行整理，进而提出合理的费用分摊方式，并以实例加以说明。通过分析，我们可以总结出以下两点思考。

1. 合理分摊费用，提高入廊率

目前，国内综合管廊项目仅有少数实现了收费入廊，费用分摊不够合理是管线单位入廊困难的关键问题之一，传统的比例分摊方法必然造成各管线单位之间的争议，不利于入廊率的提高；另一方面，在管线单位与政府之间的费用分摊问题上，由于管廊项目一般由政府进行前期的建设投资，后期再向管线单位收取建设成本，这种方式也必然会造成管廊收费难以落实的实际情况。思考出更优化、更合理的费用分摊方式，是提高综合管廊入廊率，落实管廊收费运营的关键点。

2. "使用者付费"原则

"使用者付费"原则是综合管廊费用分摊应坚持的基本原则。基于此原则，我国政府代表最根本受益者——社会大众的根本利益，应该参与费用分摊，同时各管线单位作为直接使用者也应承担相应的费用。本章对于各管线单位间费用分摊比例确定提出了几种不同方法，但是各方法的实际原则都离不开"使用者付费"的理念。如何科学的对各管线单位分摊比例进行确定，最大限度做到费用分摊公平化、合理化，是实现有偿入廊和管廊收费运维的未来课题。

第 3 篇　运行与维护篇

综合管廊的运行与维护工作质量直接决定了综合管廊的运行安全。明确运维工作的详细内容、执行周期以及执行标准，并形成文字报告、数据图表，可以帮助管理人员切实了解管廊运行状态，并对可能存在的隐患问题采取针对性的措施，从而保障管廊运营安全。

本篇以综合管廊的组成结构为依据，将管廊运维工作划分为管廊本体的运行维护、附属设施的运行维护以及入廊管线的运行维护；关于管廊运维安全和运行状态，本篇阐述了管廊安全维护、应急运维、信息管理以及环境保护的相关内容；最后，针对管廊运维过程设计了各项工作的标准处理程序，作为管廊运营公司实际工作流程中的参照方案。

本部分内容是管廊运行维护工作不可或缺的重要参考内容，亦可作为日常管理和应急事件处理的行事准则。

第7章　综合管廊运行与维护要求

本章简要介绍了综合管廊运维的业务范围与内容，按照管廊本体、附属设施和不同类型的入廊管线进行分别叙述，一并给出有关管廊运维信息与数据管理的基本要求。

7.1　管廊本体的运行维护

管廊本体主要材质为混凝土，其主要作用是承载城市建设过程中的各类管线。确保管廊本体的结构健康是保证各类管线安全、稳定运行的前提，是管廊运维阶段的重要内容。因此，管廊运维公司应对管廊本体的运行维护给予足够重视。

本节将从管廊日常保洁、管廊本体巡检、管廊本体的监测与专业检测、管廊本体的维护保养等方面进行详细阐述。

7.1.1　管廊日常保洁

日常保洁工作主要包括以下内容。

（1）管廊本体和附属设施的保洁，管廊本体土建结构应经常性、周期性地进行保洁维护。管廊地面和排水明廊保洁要求每周至少清扫、擦洗一次，清除掉集水坑内水面垃圾，并保持地面干净无杂物。管廊内壁四周、通风口和各种支架要求每周集中保洁一次，各种排水管道及集水坑要求每季度至少清理、疏通检查一次。集水坑每半年进行一次清淤，淤泥杂物运出管廊外，平时由保洁员进行巡查保洁，做到无蜘蛛网、吊灰及灰尘污垢。廊内附属设施每周进行擦拭，保证设备外观无尘，无渍。重大接待参观任务时，根据管廊管理部要求进行全面保洁；

（2）地面设施的保洁，包括人员出入口、投料口、通风口，应每周清扫一次，保证设施无杂物、积水、无明显污渍；

（3）监控中心的保洁，包括地面每日进行打扫，地毯每季度需要进行1次清洗，墙面每周进行1次清掸，门窗每周进行1次擦拭，办公台、文件柜每天清抹1次，灯饰每月擦拭1次，空调每月清洁1次，垃圾桶每天擦拭1次；

（4）保洁员在管廊内进行保洁工作时要求服装统一、干净整洁。保洁工具要求集中放置，且堆放整齐。每天将管廊清理出的垃圾和废物清除出管廊，严禁随意倾倒，产生的废水严禁随意排放；

（5）保洁过程中需要用到湿法保洁和干法保洁。对各种支架、扶手采用湿法保洁时应注意保护各种设施设备的安全，防止污水渗入设施内。可根据实际效果选择保洁剂，宜选用中性保洁剂。干法保洁需严格遵守清扫机械操作规程，既应保证清扫质量，也应避免损伤管廊内部设施。清扫时应采取必要的降尘措施。对于清扫不能去除的污垢，可用保洁剂进行局部处理。

综合管廊日常保洁内容与频率，见综合管廊日常保洁内容表，表7-1。

表 7-1

综合管廊日常保洁内容

序号	清洁项目		日常保洁	定期作业		
			每日	每周	每月	每季度
1	管廊内部	地面		清扫		
2		墙面		清洁除尘除蜘蛛网		
3		排水沟、集水坑		清除水面垃圾		每季度进行清理、疏通检查，每半年清淤一次
4		爬梯、护栏、支（桥）架		外表面擦拭1次		
5		附属设施		外表面擦拭1次		
6		通风口		清抹1次		
7	地面设施	人员出入口		清扫1次，维护保洁		
8		投料口				
9		通风口				
10	监控中心	地面	瓷砖地面清扫1次（地毯吸尘1次）			地毯清洗1次
11		墙面		清掸1次		
12		门窗		擦拭1次		
13		办公台、文件柜等	清抹1次			
14		灯饰			除尘、擦拭1次	
15		空调			清洁1次	
16		垃圾桶	擦拭1次			
17	其他	垃圾清运	将清理出的垃圾运至垃圾清理点			

7.1.2　管廊本体巡检

综合管廊属于地下构筑物工程，管廊的全面巡检必须保证每周至少一次，并根据季节及地下构筑物工程的特点，酌情增加巡查次数。对因挖掘暴露的管廊本体，按工程情况需要酌情加强巡视，并装设牢固围栏和警示标志，必要时设专人监护。廊体的巡检工作分为日常检查、定期检查、特殊检查三类。

7.1.2.1　日常检查

管廊本体日常检查是对综合管廊钢筋混凝土构筑物的外观状况进行的日常巡视检查。

主要检查内容包括检查各结构部件的功能是否完好、有效，运行是否正常，对需要改善的和对运行有影响的设施缺陷应做好检查记录，并及时处置；检查日常维修养护状况；检查综合管廊内部环境状况，通过综合监控系统对综合管廊内的温度、湿度、氧气含量、有害气体等数据进行观测并记录；检查综合管廊设施保护区内和周边地面道路交通、路面施工等对综合管廊运行安全、结构安全的影响。

日常检查的周期为每周1次，日常检查应分别在综合管廊内部和地面沿线，采用巡检方式进行，管廊内和地面巡检宜同步进行。需要如实记录设备设施缺陷情况，实地判断缺损原因和范围，并提出处理意见。对缺损严重、危及安全运行，且无法判断其损坏原因的，提出特殊检测的要求。对综合管廊可能产生不良影响的外部路面施工的道路交通行为，协调有关单位和部门进行妥善处置。

廊体日常巡检内容及方法，见表7-2。

廊体日常巡检内容及方法

表7-2

序号	项目		检查内容	方法
1	管廊内部	廊体结构	是否有变形、缺损、裂缝、腐蚀、渗漏、露筋等	目测、尺测、管廊结构变形测量仪
2		变形缝、沉降缝	填塞物脱落（预制）、压溃、错台、渗漏水	
3		螺栓孔、注浆孔	填塞物脱落、渗漏水	
4		排水沟、集水坑、横截沟、边沟	沟槽内是否有淤积	
5		各出入口、通风口、水泵结合器井等	工作正常	
6		装饰层	表面是否完好，是否有缺损、变形、压条翘起、污垢等	
7		爬梯、护栏	是否有锈蚀、掉漆、弯曲、断裂、脱焊、破损、松动等	
8		管线引进入（出）口	是否有变形、缺损、腐蚀、渗漏等	
9		管线支撑系统	支（桥）架是否有锈蚀、掉漆、弯曲、断裂、脱焊、破损等	
10			支墩是否有变形、缺损、裂缝、腐蚀等	
11		施工作业区	施工情况及安全防护措施等是否符合相关要求	
12	地面设施	人员出入口	表观是否有变形、缺损、堵塞、污浊、覆盖异物，防盗设施是否完好、有无异常进入特征，井口设施是否影响交通，已打开井口是否有防护及警示措施	目测
13		雨污水检查井口		
14		逃生口、投料口		
15		进（排）风口	表观是否有变形、缺损、堵塞、覆盖异物，通道是否通畅，有无异常进人特征，格栅等金属构配件是否安装牢固、有无受损，锈蚀	
16		井盖	占压、破损、遗失	
17	保护区周边环境	施工作业情况	周边是否有临近的深基坑、地铁等地下工程施工	目测、问询
18		交通情况	管廊顶部是否有非常规重载车辆持续经过	
19		建筑及道路情况	周边建筑是否有大规模沉降变形，路面是否发现持续裂缝	目测
20	监控中心		主体结构是否有沉降变形、缺损、裂缝、渗漏、露筋等；门窗及装饰层是否有变形、污浊、损伤及松动等	目测

7.1.2.2　定期检查

定期检查包括常规定期检查和结构定期检查。

1. 常规定期检查

常规定期检查是由从事综合管廊养护工作的专业工程师组织，配以必要的仪器，按规定周期对综合管廊的基本技术状况和各部件功能进行全面检测。常规定期检查应填写《设施常规定期检测表》，记录缺陷状况，并做状态评价。根据定期检查情况，编写检测报告，对检测时存在的缺陷进行记录，并对原因、程度、严重性等方面作出分析后进行及时处理，发现重大病害、隐患应报有关部门。

管廊本体常规定期检查内容和方法，见表 7-3。

管廊本体常规定期检查内容和方法　　　　　　　　　表 7-3

序号	项目		检查内容	方法
1	构筑物	混凝土管段	是否有位移、变形、缺损、裂缝、腐蚀、渗漏、露筋	仪器、目测
2		监控中心	是否有沉降变形、缺损、裂缝、渗漏	仪器、目测
3	附属设施	排水设施	沟槽内是否有淤积、金属管道是否畅通及管道腐蚀、盖板是否翘起、碎裂、有响声	仪器、目测
4			是否变形、缺损、裂缝、渗漏	仪器、目测
5		装饰层	表面是否完好，是否有缺损、变形、压条翘起，结点是否牢固	目测
6		通风口、投料口、防火门	结构是否完好、是否有变形、损伤，通道是否通畅，金属构件是否安装牢固，有无锈蚀，防火门是否安装牢固	仪器、目测
7		桥（支）架	安装牢固，是否有松动、脱落，金属件是否锈蚀	人工检查、目测
8	管线引入及地面设施	管线引入	防水措施是否有效，有无渗漏	观察
9		工作井	结构是否受损，井内配件是否安装牢固、有无锈蚀，井内线缆排列是否有序	仪器、目测
10			井内有否有积水与杂物	观察
11		地面井口设施	井盖及井沿是否受损，钢格栅等构配件是否安装牢固、有无受损，防盗盖板门是否安装牢固	仪器、目测
12	沉降检测		按沉降检测的要求执行	仪器、分析
13	渗漏检测		按渗漏检测的要求执行	检查、计量
14	混凝土碳化检测		按混凝土碳化检测的要求执行	仪器、分析

（1）沉降检测要求

在常规定期检查内容中，综合管廊土建工程的沉降检测应符合以下要求。

1）检测要求

A. 综合管廊沉降检测应符合《国家一、二等水准检测规范》GB/T 12897 的要求；

B. 综合管廊沉降检测时，应在综合管廊外埋设水准检测基准标；数量应根据不同测量方式确定，位置稳定可靠，埋设深度应大于综合管廊底板，埋设位置应远离综合管廊并不受沉降影响；

C. 水准检测基准标采用Ⅰ等精密水准检测精度进行联测，每 2 年 1 次；

D. 观测精度按Ⅱ等精密水准标准实施；

E. 综合管廊内观测点的埋设应根据设计要求进行布置；如设计无明确要求，可按下列要求布置：矩形段每管段四角各设 1 个测点，竖井与综合管廊结合处等特殊部位应布设测点。

2）检测周期

A. 综合管廊沉降检测周期为：新建综合管廊每半年 1 次，连续观测 2 年后频率为每年 1 次；

B. 发现综合管廊有突变、本次沉降量大于前两次检测平均值 2 倍以上，或综合管廊保护区域内有地基施工等异常情况应增加检测频次。

3）检测方法

A. 采用城市管网检测方法对综合管廊沉降进行检测，必须构成一个闭合环线；

B. 综合管廊内各测点、转点位置应固定不变；

C. 各测点高程值平差计算后，即进行本次变形量和累计变形量计算，各计算数据须经过验算后方可提交使用。

4）检测评价

A. 每次检测后，应提交检测报告，报告应包括以下内容：检测情况介绍、检测精度评定、检测成果评价、异常情况说明、初步结论、沉降曲线图、沉降异常情况的综合分析，提出处理意见；

B. 如发现沉降量大的异常情况，应及时提交专项分析报告和处理意见。

（2）渗透检测要求

综合管廊土建工程的渗透检测应符合以下要求：

1）检测要求

A. 防水等级应满足设计标准，或按《地下工程防水技术规范》GB 50108 要求执行；

B. 渗漏检测应连续读数 6 次，每次读数间隔时间为 2h；

C. 检测渗漏水量时须关闭进入综合管廊的全部水源，停止一切用水作业，雨天应停止进行渗漏水量的测定。

2）检测周期

A. 综合管廊渗漏水量的检测为每季度 1 次；

B. 渗漏水点的检测为每季度 1 次；

C. 在发现结构有变形、沉降或有较大漏水点的情况应增加检测频次。

3）检测方法

A. 采用检测集水井在每 2h 进入的渗漏水溶剂数来测定；渗漏检测方法可按本书附

录 D 执行；

B. 检测仪器可用感应式水位仪，读数精度应为±1mm；检测仪器采用测深水尺时，读数精度应为±2mm；

C. 对综合管廊渗漏水点的检测应做好普查记录汇总表，内容包括漏水类别、漏水点具体位置、漏水点漏水量、初始发现时间、是否为复漏点等。

4) 检测评价

A. 每年应提交年度检测报告，报告应包括以下内容：检测情况介绍、漏水类别、漏水点位置、是否为复漏点、检测成果评价、异常情况说明、初步结论等，根据检测的成果和资料对渗漏的异常情况进行综合分析，提出处理意见；

B. 如发现有漏水量超过防水等级规定时，应及时进行堵漏处理。

（3）混凝土碳化检测要求

综合管廊土建工程的混凝土碳化检测应符合以下要求：

1) 检测要求

A. 在综合管廊内应定期进行混凝土碳化检测，并以 pH 值来确定混凝土的碳化深度；

B. 综合管廊内混凝土碳化检测 pH 值应不小于 9。

2) 检测周期

A. 混凝土碳化检测周期为每 2 年 1 次；

B. 对于混凝土表面有锈迹及 pH 值变小等情况，应增加检测频次。

3) 检测方法

混凝土碳化检测宜采用试剂法。

4) 检测评价

每次检测应提交混凝土碳化 pH 值、混凝土碳化深度、钢筋锈蚀记录和混凝土保护层状况记录。

2. 结构定期检测

（1）结构定期检测应在规定的时间间隔进行，间隔时间宜为 6～10 年，关键部位可设仪器监控测试；

（2）结构定期检测应由具备相应资质的专业单位承担，并应由具有综合管廊或隧道养护、管理、设计、施工经验的人员参加。检测负责人应具有 5 年以上隧道专业工作经验；

（3）结构定期检测应根据综合管廊建成年限、运行情况、已有技术评定、周边自然环境等制定详细计划，计划应包括采用的测试技术与组织方案并提交主管部门批准；

（4）结构定期检测应包括以下内容：

1) 收集各类资料，包括竣工图、材料试验报告、施工记录、历次维修资料、历次检测报告和常规定期检测中提出的建议；

2) 根据常规定期检测结果，对综合管廊内受影响的主要结构及部位进行检测，如梁、板、墙、井、管段等；

3) 对结构中出现的一般缺陷，可采用目测和仪器相结合的方法进行检查；

4）通过材料取样试验确定材料特性、退化程度和退化性质；

5）分析确定退化原因；

6）通过综合检测评定，确定具有潜在退化可能的构件，提出相应的养护措施。

（5）结构定期检测应有现场记录，填写《设施结构定期检测表》，记录缺陷状况并作状态评价；

（6）根据结构定期检测数据，对结构整体性能、功能状况作分析鉴定，并编写结构定期检测报告。结构定期检测报告应包括下列内容：

1）进行结构定期检测的原因；

2）结构定期检测的方法和评价结论；

3）结构部件和总体维修、加固或改善方案和建议；

4）进一步检测、试验、结构分析评估及建议。

7.1.2.3　特殊检查

特殊检查指当管廊本体在定期检测中有难以判明的安全隐患，需要进行修复加固、改建，或超过设计年限，需要延长使用，或遭遇自然灾害，需要进行的检查。

特殊检查应委托具有相应检测资质的专业检测机构进行实施，主要检查人员应具有5年以上隧道专业工程师资格。

实施特殊检查前，检测单位应搜集管廊竣工资料以及周边环境资料，查阅历次定期检测和特殊检测报告，识别和鉴定结构主要材料及强度，明确特殊检测的原因。

由专业人员采用专门技术手段并辅以现场和实验室测试等特殊手段进行详细检测，进行综合分析并提交书面检测报告。

（1）特殊检测应包括结构材料缺损状况诊断，结构整体性能、功能状况评估；

（2）特殊检测报告应包括下列主要内容：

1）概述、基本情况、检测组织、时间背景和工作过程；

2）描述综合管廊目前的技术状况、实验与检测项目及方法，检测数据与分析结果、技术状况评价；

3）阐述检测部位的损坏原因及程度，评定继续使用的安全性；

4）提出结构及局部构件的维修、加固或改造的建设方案，提出维护管理措施。

对特殊检测结果不满足要求的综合管廊，在维修加固之前，应采取临时加固、围护措施，并应继续监测结构变化。

7.1.3　管廊本体的日常检测与专业检测

综合管廊长度大，在具体建设过程中往往需要设置伸缩缝、沉降缝甚至采用预制拼接方法进行施工。管廊拼接处通常为薄弱位置，在环境荷载作用下可能会出现混凝土开裂、不均匀沉降、水平错动等诸多问题。这些问题不仅会严重削弱混凝土管廊的适用性和耐久性，还会对管廊内的附属设施和各类管道造成不良影响。因此需要对管廊本体进行日常监测与专业检测，确保其安全稳定运行。综合管廊本体日常监测和专业检测应符合《工程测量规范》GB 50026、《国家一、二等水准检测规范》GB/T 12897 及《建筑变形测量规范》JGJ 8 的规定。

7.1.3.1　管廊本体的日常检测

管廊本体的日常检测是采用专业仪器设备，对管廊本体的变形、缺陷、内部应力等进行实时检测，及时发现异常情况并预警的运维管理办法。日常检测应以结构变形监测为主，竖向位移监测应反映结构不均匀沉降，结合位移值及位移速率判断综合管廊结构稳定特征。

在管廊本体的日常检测中，有以下注意事项。

（1）需要对相关区域或局部结构进行日常检测的情形包括：工程设计阶段提出检测要求；水文地质发生较大变化，可能影响结构安全稳定；日常人工观测数据异常或变化速率较大；安全保护区和安全控制区内周边环境存在可能影响结构安全稳定的较大变化等；

（2）综合管廊结构变形监测宜采用仪器监测与巡视检查相结合的方式，变形监测观测点应设在能反映管廊结构变形特征的位置或监测断面上，矩形或圆形断面综合管廊布设要求应符合变形监测测点布设要求，见表 7-4。

变形监测测点布设要求　　　　　　　　　　　　　　　　　　　　表 7-4

序号	监测项目	监测点布设	监测断面间距
1	竖向位移	舱室顶板至少 1 处	10～20m 一个断面，预制装配式综合管廊可适当缩小
2	水平位移	两侧墙至少各 1 处	
3	轮廓测量（盾构法）	竖向和水平向至少各 1 条测线	

（3）综合管廊结构变形监测精度等级宜不低于三等，干线、支线综合管廊变形监测精度等级宜采用二等；

综合管廊结构监测与检测报警值应符合结构监测与检测报警值，见表 7-5。

结构监测与检测报警值　　　　　　　　　　　　　　　　　　　　表 7-5

序号	安全控制指标	预警值	控制值
1	水平位移	10mm	20mm
2	竖向位移	10mm	20mm
3	结构轮廓变形	10mm	20mm

（4）综合管廊变形监测周期应根据埋深、变形特征、变形速率、观测精度和工程地质条件等因素综合确定，并应符合下列要求：

1）因周边基坑施工而实施的变形监测，应在基坑开始开挖或降水前进行初始观测，回填完成后可终止观测。其变形监测宜与基坑变形监测同步进行；

2）因地下隧道施工影响而实施的变形监测，宜每天观测 1～2 次，相对稳定后可适当延长监测周期，恢复稳定后可终止观测；

3）当变形速率明显增大时，应及时增加观测次数；当变形量接近预警值或有事故征兆时，应持续观测；

4）正常运行初期，第 1 年宜每季度观测 1 次，第 2 年宜每半年观测 1 次，以后宜每年观测 1 次，但在变形显著时，应及时增加观测次数。

（5）综合管廊本体结构宜每 6～10 年进行 1 次全面专业检测，发生以下情形时应及时进行全面或单项专业检测：

1）经多次小规模维修，结构劣损或渗漏水等情况反复出现，且影响范围与程度逐步增大，应结合具体情况进行专业检测；

2）遭受地震、火灾、洪涝、爆炸等灾害事故后；

3）受周边环境影响，结构本体变形监测超出预警值或显示位移速率异常增加时；

4）达到设计使用年限；

5）结构改造、用途改变等需要进行专业检测的其他情况。

7.1.3.2 管廊本体的专业检测

专业检测应符合以下要求：

（1）检测应由具备相应资质的单位承担，并应由具有综合管廊或隧道养护、管理、设计、施工经验的人员参加；

（2）检测应根据综合管廊建成年限、运营情况、周边环境等制订详细方案，方案应包括检测技术与方法、过程组织方案、检测安全保障、管廊正常运营保障等内容，并提交主管部门批准；

（3）专业检测后应形成检测报告，内容应包括土建工程健康状态评价、原因分析、大中修方法建议，检测报告应通过专家评审后提交主管部门；

（4）综合管廊本体结构各专业主要检测内容及检测方法详见附录 B；

（5）专业检测应根据综合管廊本体建成年限、运行情况、已有监测数据、已有技术评定、周边环境等制定详细的检测计划，计划应包括检测项目、检测方案等并提交主管部门批准。监测与检测数据应及时处理，达到预警值或变形量出现异常变化时，需做好检查记录，实地判断原因和范围，提出处理意见，并及时上报处理。

7.1.4 管廊本体的维护保养

土建结构的保养维修工作主要包括经常性或预防性的保养和轻微破损部分的维修等内容，以及管廊大中修。

7.1.4.1 综合管廊本体的防渗堵漏

当综合管廊内由于变形缝止水带损坏造成漏水、结构变形严重造成的漏水或因漏水影响综合管廊内设备正常工作时，应对综合管廊本体及时进行防渗堵漏处理。防渗堵漏使用的材料，应经相关部门检验、测试、鉴定和有合格证的许可。

综合管廊防渗堵漏应符合以下要求：

（1）综合管廊内结构总渗水量应满足设计标准，如无设计标准，总渗水量必须小于 $0.5L/(m^2 \cdot d)$；

（2）局部渗水严重区域任意 $100m^2$ 中的渗漏水点数须不超过 3 处，平均渗漏水量不应大于 0.05L/(m² · d)，任意 100m² 防水面积上的渗漏量不应大于 0.15L/(m² · d)（地下工程防水等级 2 级）；

（3）防水原则应以堵为主，对结构复杂、变形严重段可采用引排方法，但须符合防水等级 2 级要求。

综合管廊堵漏方法有以下几种。

1. 综合管廊管段接缝的堵漏

综合管廊管段接缝的漏水处理可采用凿宽缝隙、封堵内腔、柔性材料嵌缝、化学注浆处理。小于 20mm 的接缝需进行扩宽，扩宽后嵌入半圆条或者 PE 泡沫条。对接缝进行封堵后，需安装注浆嘴，通过注浆嘴进行注浆止水，注浆材料需采用聚氨酯注浆液及其他高分子注浆材料。注浆完成待凝后，去除注浆嘴封堵注浆孔。在接缝漏水处理完成后，需在表面做一道有机硅防水层或环氧玻璃布。

2. 结构裂缝、施工缝的堵漏

综合管廊结构裂缝、施工缝漏水处理需采用嵌缝法、堵塞法和注浆法：

（1）嵌缝法

嵌缝法需先凿槽，尺寸视漏水量大小而定，一般深×宽为 40mm×30mm。根据渗水量大小选择止水方法，渗漏量较小时，可采用速凝水泥环氧胶泥直接填嵌，渗漏水量较大时，可采用引水方法后进行填嵌。待填嵌胶泥固化后，立即涂刷环氧底胶一道，厚度为 1mm 左右，在底胶要固化时再涂刷面胶一道。

（2）堵塞法

堵塞法适用于水压较小的慢渗漏水处理。沿裂缝凿成八字形槽，深为 30mm，宽为 15mm，并用清水冲洗干净。把配置好的速凝水泥胶泥做成条状，待胶泥将要凝固时迅速堵塞于裂缝的沟槽中，挤压密实。堵漏完毕无渗漏后，再抹水泥防水砂浆底面各一层。

（3）注浆法

注浆法适用于水压较大的漏水处理。沿裂缝凿成八字形槽，深为 35～40mm，宽为 20～25mm，并用清水冲洗干净。在槽内嵌入 PE 泡沫条，或者抽空内腔，封堵后安装好注浆嘴。采用注浆泵将化学浆液通过注浆嘴压入空腔内，待浆液凝固后，再在表面做一道有机硅或环氧树脂防水层。

3. 管线引入预留孔的堵漏

综合管廊管线引入预留孔漏水处理可采用堵塞法和注浆法。在管道与管廊墙体的间隙处先用柔性材料做填嵌，用抽管的方法进行空隙处的内腔形成，并留出注浆嘴，用注浆泵进行注浆止水处理。孔洞可直接用注浆管塞入孔洞内，然后用堵漏剂进行填孔封堵，完成后，再进行化学注浆。综合管廊管线引入预留孔漏水也可采用将带有浆液的柔性材料堵在出水口，然后用堵漏剂进行封填，最后抹一层防水砂浆。缆线检修、更换及新增缆线作业后，引入预留孔处可采用缆线密封件密封防水。

4. 钢筋混凝土结构墙面渗水的堵漏

综合管廊结构墙面渗水处理可采用抹面法、渗透法和注浆法。结构表面混凝土有轻微渗水可在普通硅酸盐水泥中掺加外掺剂。拌匀后，抹在混凝土表面，反复抹搓多遍直至不见水印为止。结构表面有少量渗水可采用混凝土结晶渗透剂掺水拌匀后，抹在经清洗湿润的混凝土表面，厚度为 30mm 左右。结构表面有大面积渗漏水时，可采用注浆方法进行处理；根据结构表面渗水情况，对于有大的出水点进行钻孔埋入引水管（注浆管），或者对结构表面进行单孔多眼布点成梅花形，孔距为 1～1.5m 为宜；对大面积渗水处理，可先引水，然后用速凝防水浆抹面，待凝固后，从引水管内注浆；严重的大面积渗漏水，可于壁后注水泥浆，然后注化学浆液封口，最后可做附加防水涂料或其他防水层。

5. 井接缝或止水带漏水处理

井接缝或止水带漏水可采用粘贴法、嵌缝法、外加止水带法和注浆法。粘贴法处理变形缝漏水是用氯丁胶粘剂，把氯丁胶片粘贴在变形缝两侧混凝土基面上。嵌缝法处理变形缝漏水可先将缝凿成深 8cm 的沟槽，沿接缝进行抽管成空腔，待凝固后注浆止水，然后将环氧聚氨酯弹性密封膏嵌入槽内。外加式止水带是在接缝的表面另安装止水带，将加工好的橡胶止水带或金属止水带用胶粘剂和螺栓安装在接缝两侧的混凝土上，在安装前需要对接缝进行漏水注浆和嵌缝处理。变形缝由于施工时止水带周围的混凝土不密实（常出现石子集中、漏振现象）或浇捣混凝土时止水带被破坏而产生漏水，对于这些漏水部位可采用关注弹性聚氨酯和水溶性聚氨酯浆液注浆方法进行处理。

7.1.4.2　设施的保养维修

桥（支）架无变形，保持构件完整、表面完好、无腐蚀、油漆剥落、连接可靠、螺栓无松动，构件无脱焊、脱落。桥（支）架的维护内容、周期和方法，见表 7-6。

桥（支）架的维护内容、周期和方法　　　　　　表 7-6

序号	项目	周期	维护方法
1	桥（支）架表面完好程度	季	检查，敲铲油漆
2	桥（支）架钢结构连接完好程度	季	检查，紧固螺栓 松动、脱落处重新焊接、修复 化学螺栓松动，应另行补种，结构形成整体
3	桥（支）架钢结构防腐	3 年	油漆复涂

排水沟渠及集水坑应保持结构完好、排水畅通、无渗漏，盖板完好有效。排水沟渠及集水坑的维护内容、周期和方法应符合排水设施的维护内容、周期和方法，见表 7-7。

排水设施的维护内容、周期和方法　　　　　　表 7-7

序号	项目	周期	维护方法
1	明沟检查	月	检查，破损处设嵌缝槽，嵌缝处理
2	明沟清理	按需	清理，疏通
3	集水坑检查	月	检查，破损处设嵌缝槽，嵌缝处理
4	集水井格栅、盖板	季	检查，破损应及时更换
5	集水坑清淤	半年	池底淤泥清排处理

监控中心及设备用房结构维护保养应符合相应建筑结构形式的国家和行业维护技术规范要求。楼梯、爬梯及栏杆应保持外观完整、结构完好、连接可靠、功能正常，每季度检查不少于 1 次，维护方法详见爬梯、栏杆的维护内容、周期和方法，见表 7-8。

爬梯、栏杆的维护内容、周期和方法　　　　　　　　　　表 7-8

序号	项目	周期	维护方法
1	日常保洁	月	保洁
2	固定构件油漆、修复	即时	检查，修补已锈蚀、剥落的油漆；补焊已脱焊的构件；加固或更换已松动、失效的构件

结构装饰应保持外观清洁、结构完好，发现缺损及时维修、更换，维护方法详见表 7-9。

装饰层的维护内容、周期和方法　　　　　　　　　　表 7-9

序号	项目	周期	维护方法
1	日常保洁	月	保洁
2	装饰层缺损	即时	及时修补；结点有损坏或不牢固应焊接加固；压条翘起等即时更换
3	涂料层装饰层修补	即时	大面积发生脱落、风化、污垢，严重时应表面处理后复涂
4	装饰层处的伸缩缝和沉降缝渗漏	即时	堵漏处理
5	装饰层处的伸缩缝和沉降缝嵌缝脱落	即时	采用柔性材料，发生脱落、翘起和损坏时及时修复

管线分支口出现渗漏时应及时进行封堵；预埋排管应保持管路畅通、无积水，管材及包封完好，当出现堵塞或损坏时应进行疏通、维修；管线工井应保持结构、井盖完好，并及时进行排水、清理。管线引入及地面设施的维护内容、周期和方法见表 7-10。

管线引入及地面设施的维护内容、周期和方法　　　　　　　　　　表 7-10

序号	项目	周期	维护方法
1	管廊内管线引入处防水措施	日	观察、及时闭闭
2	管廊内预留孔防水封堵	日	观察、及时封闭
3	地面道路交通和周边施工影响	日	观察
4	地面沉降或路面损坏、堆物等影响	日	目测
5	路面井口设施	日	观察，有破损及时修复
6	工作井内积水与杂物	季	定期清除
7	工作井内线缆	年	整理
8	工作井结构及井内配件	年	检查、更新、加固

综合管廊本体其他各类外露金属构件应及时进行紧固、补焊、防腐及更换等。管廊本体的钢筋混凝土结构维修应符合《混凝土结构耐久性修复与防护技术规程》JGJ/T 259 的有关规定，并应符合结构设计要求。地面应保持平整完好，发现破碎、坑洞、翘动、松动

等局部缺损，要及时修补，维修后保持地面平整，混凝土不低于原设计强度。露出地面的人员出入口、逃生口、吊装口、通风口等应保持外观完整、结构完好、功能正常。土建工程的维修项目、内容及方法见表7-11。

土建工程的维修项目、内容及方法　　　　　　　　表7-11

维修项目	内容	方法
混凝土（砌体）结构	龟裂、起毛、蜂窝麻面	砂浆抹平
	缺棱掉角、混凝土剥落	环氧树脂砂浆或高标号水泥砂浆及时修补，出现露筋时应进行除锈处理后再修复
	宽度大于0.2mm的细微裂缝	注浆处理，砂浆抹平
	贯通性裂缝并渗漏水	注浆处理，涂混凝土渗透结晶剂或内部喷射防水材料
变形缝	止水带损坏、渗漏	注浆止水后安装外加止水带
钢结构管廊	钢管壁锈蚀	将锈蚀面清理干净后，采取防锈措施
	焊缝断裂	焊接段打磨平整，并清理干净后，采取措施
构筑物及其他设施	门窗、格栅、支（桥）架、护栏、爬梯、螺丝松动或脱落、掉漆、损坏等	维修、补漆或更换等
管线引进入（出）口	损坏、渗漏水	柔性材料堵塞、注浆等措施

7.1.4.3　综合管廊大中修

根据《城市综合管廊运营管理技术标准》，大中修应由具备相应资质的单位承担，并应由具有综合管廊或隧道养护、施工经验的人员担任负责人。综合管廊设施设备经检测或专项测评确定其运行质量达不到要求或其功能、性能无法满足应用和管理要求，经维修后仍无法达到或满足要求，或超过设计年限需要延长使用年限时，应安排设施设备大中修、更新或专项工程。

大中修一般包括土建工程结构大规模的加固补强、止水堵漏，附属设施设备的大批量维修及更换。综合管廊主体结构应定期进行检查与检测，并根据检查与检测专项报告的意见编制大中修项目计划。综合管廊其他设施设备应根据其功能、性能以及运行质量，并结合设计使用年限或产品设计使用寿命组织实施大中修、更新或专项工程。日常养护过程中记录的设施设备运行状态数据和分析报告、针对设施设备运行状态的专项检测报告，可作为启动大中修工程、更新或专项工程的依据。

综合管廊投入运维后，项目公司应定期组织检测评定，对综合管廊主体、附属设施、内部管线设施的运行状况进行安全评估，并根据其评估状况组织维护或修复，项目公司应在维护方案、计划报经甲方同意后方可组织实施。管廊本体大中修竣工后应将相关建设资料进行备案存档。

1. 综合管廊维修计划

根据项目运维计划，在运维期内，计划自运维日起，每隔3年组织一次中修、每隔8年组织一次大修，运维期满项目移交前组织一次恢复性大修，同时，在运维期内根据日常巡检情况，对管廊内附属设施、内部管线设施进行例行维修工作。

计划大、中修日即为维修日，维修日达到 30 日前，项目公司应组织甲方、入廊管线单位和第三方检测评估机构对管廊及其附属设施进行检测、评估，确定其维修项目，项目公司应根据检测评估结果编制维修方案，经甲方批准后实施。

2. 管廊维修工作内容

（1）中修工作内容

中修工作内容包括检修管道的微小漏油（砂眼和裂缝）、阀门和其他附属设备；检修和刷新管道阴极保护的检查头，里程桩和其他管线标志；检修通信线路，清刷绝缘子，刷新杆号；清除管道防护地带的深根植物和杂草，洪水后的季节性维修工作；对露天管道和设备、管廊内架子进行防锈涂漆工作以及防火门隔热、防火材料更换等内容。

（2）大修工作内容

大修工作内容包括更换已经损坏的管段，修焊穿孔和裂缝，更换绝缘层；更换切断阀等干线阀门；检查和维修水下穿越；部分或全部更换通信线和电杆；修筑和加固穿越、跨越两岸的护坡、保坎、开挖排水沟等土建工程；有关更换阴极保护站的阳极、牺牲阳极、排流线等电化学保护装置的维修工程；管廊主体结构的修补及堵漏。

大修工作应成立专业的堵漏工作小组，负责管廊的日常防水及堵漏工作。管廊内各个系统的维修。通过全面检查水泵的运行、视频的运转、风机的运转、灭火器的失灵、应急灯的启用、照明灯具的开启，及时组织人员对失效部位进行修复与保养，保证综合管廊通风、照明、供电、排水、消防、通信、监控等设备和设施的正常运转（涉及管线本身的专业维护、维修等由各管线单位自行负责）。

事故性维修指管道发生爆裂、堵塞等事故时被迫全部或部分停产进行的紧急维修工程，亦称抢险。抢修工程的特点是，它没有任何事先计划，必须针对发生的情况，立即采取措施，迅速完成，这种工程应当由经过专门训练，配备成套专用设备的专业队伍施工。必要的情况下，启动应急救援预案，确保管廊及内部管道、线路、电缆的运行安全。以上全部工作由管线产权单位负责，项目公司负责巡检、通报和必要的配合。

（3）例行维修工作内容

管廊养护的例行维修主要根据日常巡检过程中发现的管廊本体、附属设施及服务于管廊本身的设备、设施管路、线缆、开关、闸门等系统故障进行维修、养护，发现问题及时处理。此外在日常巡检过程中发现入廊管线及其构造设施发现的故障、问题，将及时反馈给入廊管线产权单位派人维修。管廊内外部维包括监控中心的运行，日常检查，综合管廊内外建筑物的保养与维修，也包括对综合管廊的消杀防治、清洁。

3. 大中修保证措施

综合管廊的维护保养是一项持续性的工作，运维期管廊及附属设施的维修应按照维修计划，同时根据日常维护保养结果及设备设施自然磨损程度相结合的原则进行。

（1）维修时间点的确定

根据大中修计划，在每个管廊大中修维修日到达前 1 个月，项目公司组织由甲方、入廊管线单位及第三方评估机构对管廊本体及附属设施（含监控及其他各个系统）进行检测、评估，若全部或部分维修项目未达到大（中）修标准，则将此类维修项目推移到下个年度，同时在下个年度的维修日到达前 1 个月再组织检测维修，管廊项目的中修周期最长不得超过 5 年，大修周期最长不得超过 10 年，以确保管廊和其附属设施的安全以及运维服务质量。

同时管廊的维修应根据日常维护及巡检结果，发现问题及时组织专业技术人员修理，确保管廊运维的安全。

（2）管廊廊体的保证措施

针对管廊地下工程结构特性，在排除地震、战争等不可抗力等因素引起的损坏，因自然力印象产生的损坏主要表现为管廊的不均匀沉降、地下结构渗漏水、外力引起的结构破坏（如管廊外周边施工）等现象。

1）管廊廊体不均匀沉降

在管廊内底板处、管廊外高出地面部位或管廊结构伸缩缝、变形缝等结构部位设置沉降点进行沉降监测，当廊体结构累计沉降量达到 30mm 或单日沉降量超出 10mm 时，通过在管廊内设置预留注浆孔等措施进行注浆加固，情况严重影响廊内设施或管线安全时，可通过地面卸载的方式。

同时根据入廊管线相关安全要求，当管廊沉降威胁到其正常运维及安全时，应立即采取措施防止进一步沉降。

2）地下结构渗漏水

加强廊内日常巡检，及时发现各渗漏水部位并进行堵漏，根据渗漏水程度可采用压密注浆、小导管注浆，情节严重的可凿除渗漏点处松散混凝土层，直至混凝土结构密实部位，在清洗干净后，找出渗漏点，先采取压密注浆或小导管注浆堵漏，然后再采用同等级防水混凝土浇捣密实，混凝土强度达到设计标准后再涂刷防水涂料等。

3）外力导致的结构破坏

在管廊范围设置建筑施工界限，并设立明显标志牌，严禁在这一区域进行堆载、挖掘等施工，因特殊原因必须在此范围内施工时，应通过专家论证，采取合理科学的管廊保护方案后再组织施工。

（3）管廊附属设施保证措施

管廊附属设施主要包括监控系统及环境监控、安全防范、视频监控、火灾报警等系统设施和设备。针对这类系统设施设备的维修，一方面是根据设备的设计年限，另一方面是在日常维护及使用过程中对其使用质量及功能性评定，发现问题立即组织维修或更换；另一方面虽然未达到大（中）修维修日，但已达到其产品设计使用年限时，也应强制报废，进行设备更新维护。

7.1.5 管廊本体运维中的新技术简介

由于综合管廊工程埋置于地层中，衬砌与地层接触一侧非常隐蔽，难以直接发现损伤部位程度，使得综合管廊结构的健康检测方法与桥梁和房屋等土木工程结构有所区别。

目前，综合管廊损伤检测方法与健康诊断技术通常结合在一起，通过先进的传感技术和信息采集技术，测量裂缝宽度、内轮廓变形量、衬砌强度值等指标进行综合管廊安全性验算。本质上讲按照状态维修（CBM）的原则进行运维。状态维修是指根据先进的状态监测和诊断技术提供的设备状态信息，判断设备的异常，预知设备的故障，并根据预知的故障信息合理安排检修项目和周期的检修方式，即根据设备的健康状态来安排检修计划，实施设备检修。相比于定期检修，状态维修具有更高可靠性，更有利于做到防患于未然。

裂缝宽度一般通过游标卡尺测量得到，精度为 0.02mm，或者安装裂缝计读取，精度可达 1×10^{-4}mm。内轮廓收敛变形通过收敛计（精度 0.01mm）、全站仪或其他收敛系统进行测量。衬砌强度可采用多种无损检测方法确定，如撞击回波法、超声波法、地质雷达法等。

撞击回波法通过传感器记录由钢球产生的超声波和音速范围内的机械应力脉冲，由频率分析检测结构损伤。该方法检测速度较快，但是检测深度依赖于对象的材料、强度及应力脉冲的频带，因此尺寸效应显著。

超声波法的理论基础是固体介质中弹性波传播理论，通过人工激振的方法向介质发射声波，在一定的空间距离上接受介质物理特性调制的声波，通过观测和分析声波在不同介质中的传播速度、振幅、频率等声学参数，实现损伤检测、超声波检测。

地质雷达法又称探地雷达法，是借助发射天线定向发射的高频（10～1000MHz）短脉冲电磁波在地下传播，检测被地下地质体反射回来的信号或透射通过地质体的信号来探测地质目标的交流电法勘探方法。其工作原理类似于地震勘探法，主要利用波在地下的传播时间、速度与动力学特征。

7.2　管廊附属设施的运行维护

综合管廊附属设施运行维护及安全管理对象包括消防系统、通风系统、供电系统、照明系统、给水排水系统、监控报警系统及标识系统等。

综合管廊的附属设施运行维护应符合相关技术规范，如《城市地下综合管廊运行维护及安全技术标准（征求意见稿）》等，按照产品说明书、系统维护手册以及相关技术规范要求实施，满足管廊本体及入廊管线的管理需求。

管廊附属设施的机电设施养护维修包括日常检查维护、经常性检修和定期检修：

（1）日常检查维护是指通过目测对机电设施外观和运行状态进行的一般巡视检查，同时进行保洁，以及简易零部件的更换工作，不少于 1 次/天；

（2）经常性检修是通过步行目测或使用简单工具，对设施仪表读数、运行状态或损伤情况进行的检查，不少于 1 次/月；对破损零部件应及时进行维修；

（3）定期检修是指通过检测仪器对仪表进行标定，和对连接及装配状态等机电设施运行情况和功能进行的比较全面检查和维修，宜按 1 次/年进行。

管廊附属设施的机电设施养护维修需要注意：

（1）机电设施养护应使设备技术状态达到产品说明书、设计文件或有关规范的要求。

所有设备、设施更换件必须与原设计、安装的型号、规格、性能、生产厂家等相同；

（2）机电设施养护应配备专门的电工工具、测试仪器、保洁工具、安全防护设施等。对配备的专用工具应按要求定期由专业单位检测达标。耐高压工具试验 1 次/半年，测试仪器校对 1 次/年，安全防护设施检查 1 次/季度；

（3）机电设施养护应及时真实记录各种设备的检查情况，特别是日常检查维护时的机电设备故障、缺陷记录，定期交与招标人归档，以建立专门的技术档案。

7.2.1　消防系统

综合管廊消防系统包括火灾自动报警系统、灭火系统、防排烟系统以及防火分离、灭火器材等设施设备，其主要功能为综合管廊内火灾发现、控制、扑救、人员疏散。其运行维护内容及方法如下。

1. 消防系统运行维护要求

（1）消防系统的日常监测、综合管廊消防控制室的管理应符合《消防控制室通用技术要求》GB 25506 的有关规定，实行每日 24h 专人值班制度，每班持有消防控制室操作职业资格证书的值班人员不应少于 2 人；

（2）综合管廊消防系统的巡查、检测、维修、保养等维护工作的实施应符合《建筑消防设施的维护管理》GB 25201 的有关规定；

（3）综合管廊消防系统应每年至少检测一次，检测对象包括全部系统设备、组件等。检测技术要求与方法应符合《建筑消防设施检测技术规程》GA 503 的有关规定；

（4）消防设施应保持功能完好。因检查、维修等原因需停用消防系统时，应采取有效措施；

（5）消防系统应根据专业检测分析报告，并结合设备的建议使用年限，安排大中修专项工程。

2. 消防系统巡检

消防系统的日常巡检内容及方法见表 7-12。

消防系统日常巡检内容及方法　　表 7-12

序号	项目	巡检内容	方法
1	防火分离	防火门有无脱落，歪斜	
2		防火封堵有无破损	
3	干粉灭火系统	灭火控制器工作状态	
4		灭火剂存储装置外观	
5		紧急启/停按钮、警报器、喷嘴外观	
6		防护区状况	观察判断
7	细水雾灭火系统	灭火控制器工作状态	
8		储气瓶和储水瓶（或储水罐）外观，工作环境	
9		高压泵组、稳压泵外观及工作状态，末端试水装置压力值（闭式系统）	
10		紧急启/停按钮、释放指示灯、报警器、喷头、分区控制阀等组件外观	
11		防护区状况	

序号	项目	巡检内容	方法
12	防排烟	防火阀外观及工作状态	
13	系统	挡烟垂壁及控制装置外观及工作状况	
14		外观	
15	灭火器	数量	
16		压力表、维修指示	观察判断
17		设置位置状况	
18	消防专用	消防电话主机外观、工作状况	
19	电话	分机外观，电话插孔外观	
20	应急广播系统	扬声器外观	

3. 消防系统维修保养

消防系统的维修保养应结合日常巡检与监测情况进行，消防系统维修保养内容、要求及方法见表 7-13。

消防系统维修保养内容、要求及方法　　　　　　表 7-13

序号	维修保养项目	内容	要求	方法
1		外观检查	清洁	擦洗，除污
2		泵中心轴	轴转动灵活，无卡塞	长期不用时，定期盘动
3	细水雾消防泵	主回路控制回路	接线、连锁控制是否满足要求	测试、检查、紧固
4		水泵	密封性检查	检查或更换盘根填料
5		机械	润滑	加 0 号钙基脂油
6	管道	外观	无锈蚀、掉漆	补漏、除锈、刷漆
7	阀门	密封性、润滑检查	密封性及润滑良好	加或更换盘根、补漏、除锈、刷漆、润滑

4. 消防系统防火分隔

（1）现行国家标准《城市综合管廊工程技术规范》GB 50838 规定，综合管廊按照不同的舱室设置防火分隔；

（2）综合管廊投入运行后应保持各类防火分隔完好、有效；

（3）天然气管道舱及容纳电力电缆的舱室应每隔 200m 采用耐火极限不低于 3.0h 的不燃性墙体进行防火分隔；

（4）防火分隔处的门应采用甲级防火门，管线穿越防火隔断部位采用阻火包等封火防堵措施进行严密封堵。

7.2.2　通风系统

为排除综合管廊内电缆散发的热量，并补充适量的新鲜空气，需设置通风系统。通风系统主要包括机械排风系统、机械进风系统和自然进风系统。其运行维护内容及方法如下。

1. 通风系统运行维护对象

综合管廊通风系统运行维护及安全管理对象应包括通风设备（风机、消声器、风管、排烟防火阀）、通风管道及附件、空调系统等设施设备。

2. 通风系统的运行要求

（1）系统运行状态、故障信号监测及显示正常，支持对通风设备进行电力能耗监测；

（2）各工况运行模式满足设计要求；

（3）当采用节能模式时，应保证综合管廊内环境温度、湿度、氧气浓度等满足设备、管线运行安全及人员活动的基本要求；

（4）根据外部环境温度、湿度等因素制定通风系统运行方案；

（5）与其他附属设施系统联动控制正常，事故通风功能正常；

（6）事故后排烟风机及排烟防火阀等的维护、检测应符合国家现行标准《建筑消防设施的维护管理》GB 25201 和《建筑消防设施检测技术规程》GA 503 的有关规定。

3. 通风系统巡检

通风系统日常巡检应每月不少于 1 次，通风系统的日常巡检内容及方法见表 7-14。

通风系统日常巡检内容及方法　　　　　　　　　表 7-14

序号	项目	巡检内容	方法
1	风口、风管系统	固定部件有无脱落，歪斜	观察判断
2		风口、风管外观有无破损、锈蚀	
3		风口处有无异物堵塞、通风是否通畅	
4	风机系统	风机运转声音有无异响	
5		风机运行有无异动	
6	空调系统	内、外机表面是否整洁	
7		固定件是否有松动移位	
8		制冷制热效果是否达到要求	

4. 通风系统控制要求

（1）对散发有害物质或有爆炸危险气体的部位，宜采取局部通风措施，建筑物内的有害物质浓度应符合国家现行标准《工业企业设计卫生标准》GBZ 1 的有关规定，并应使气体浓度不高于爆炸下限浓度的 20%；

（2）对同时散发有害物质、有爆炸危险气体和热量的建筑物，全面通风量应按消除有害物质、气体或余热所需的最大空气量计算。当建筑物内散发的有害物质、气体和热量不能确定时，全面通风的换气次数应符合下列规定：厂房的换气次数宜为 8 次/h，当房间高度不大于 6m 时，通风量应按房间实际高度计算，房间高度大于 6m 时，通风量应按 6m 高度计算；

（3）管廊内可能突然发大量有害或有爆炸危险气体的建筑物应设事故通风系统，事故通风量应根据工艺条件和可能发生的事故状态计算确定。事故通风宜由正常使用的通风系统和事故通风系统共同承担，当事故状态难以确定时，通风总量应按每小时不小于房内容积的 12 次换气量确定；

（4）管廊属于封闭性地下构筑物，废气的沉积、人员和微生物的活动等原因都会造成舱内含氧量下降，故舱内需设置含氧量装置与固定的或移动的机械排风设施。当氧气浓度过低时，检测仪器报警，自动开启排风系统，保证新鲜空气进入管廊，仅当管廊内氧气指标达到要求时，工作人员方可进入；

（5）当采用常规供暖通风设施不能满足生产过程、工艺设备或仪表对室内温度、湿度的要求时，可按实际需要设置空气调节、加湿（除湿）装置；

（6）当采用节能模式时，应保证综合管廊内环境温度、湿度、氧气浓度等满足设备、管线运行安全及人员活动的基本要求；

（7）根据外部环境温度、湿度等因素制定通风系统运行方案；

（8）与其他附属设施系统联动控制正常，事故通风功能正常。

5. 通风系统维修保养

通风系统的维修保养内容、要求及方法应按表 7-15 的要求进行。通风系统应结合设备的建议使用年限安排大中修专项工程。

通风系统维修保养内容、要求及方法　　　　　　表 7-15

序号	维修保养项目	内容	要求	方法
1	通风口、风管系统	风口、风管紧固	组件、部件安装稳固，无松动移位，与墙体结合部位无明显空隙	观察、紧固
2		风口、风管校正		
3		锈点补漆	无破损、锈蚀	观察、保洁、补漆
4		支架全面防腐处理		
5		风管焊接查漏		
6		锈蚀紧固件更换		
7		风道异物清理	通风畅通无异物阻塞、无漏风现象	观察判断
8		风管漏点补焊		
9	风机系统	盘动电机有无异响	运行平稳，无异响、异味	观察判断
10		电机通风状况是否良好		
11		传动轴承润滑情况		
12		风机保养		
13		线路配接情况	电机及机壳接地电阻≤4Ω	紧固，使用接地电阻测试仪测试接地电阻
14		接地装置的可靠性		
15		保护装置是否有效		
16		测试电机绝缘电阻	风机外壳与电机绕组间的绝缘电阻>0.5MΩ	用兆欧表测量电阻
17	排烟防火阀	表面防锈处理	表面无锈蚀，启动与复位操作应灵活可靠，关闭严密	观察、保洁、加润滑油
18		铰链、转轴润滑		
19		信号传输	反馈信号应正确	与监控系统联动测试

续表

序号	维修保养项目	内容	要求	方法
20		清洗过滤网		保洁
21	空调系统	清洗风道	机体干燥、无积尘、运行正常	保洁
22		添加制冷剂		—
23		系统全面检查		保养

7.2.3 供电系统

综合管廊供电系统是由电源系统和输配电系统组成的产生电能并供应和输送给管廊内电设备的系统，是管廊系统运行的基本前提。

1. 供电系统运行维护内容及要求

（1）综合管廊内供电系统运行维护及安全管理对象应包括变电站、低压配电系统、低压配电控制设备、电力电缆线路和防雷与接地系统等；

（2）供电质量应符合《电能质量 供电电压偏差》GB/T 12325 的有关规定；

（3）综合管廊供电系统运行维护作业安全管理应符合《电力安全工作规程 电力线路部分》GB 26859、《电力安全工作规程 发电厂和变电站电气部分》GB 26860 的有关规定；

（4）供电系统应实行 24h 运行值班，每班不少于 1 人，高压操作不少于 2 人；

（5）变压器、互感器等设备应按《电力设备预防性试验规则》DL/T 596 的规定定期进行预防性试验；

（6）防雷接地装置应每年测试 1 次，电阻值应符合设计要求。

2. 供电系统的日常监测

（1）对变压器、高压开关柜、主要低压进线柜等供配电设备运行状态及负荷情况进行监测；

（2）应对不间断电源（UPS）、应急电源（EPS）及应急配电箱运行状态及故障报警信号进行监测；

（3）可对供电系统漏电情况进行监测。

3. 供电系统巡查

供电系统的日常巡查项目和内容应符合表 7-16 的规定，巡查频次每周不少于 1 次。台风预警、雷电预警、高温预警、强冷气候等特殊情况下，应对供电系统进行专项检查。

供电系统日常巡查项目和内容 表 7-16

序号	项目	巡检内容	方法
1	变压器	温度是否在规定范围内	观察变压器温度指示计值
2		运行时有无振动、异响及气味	观察判断
3	高压配电柜	运行时有无异响及气味	观察判断
4		屏面指示灯、带电显示器及分、合闸指示器是否正常	观察高压配电柜屏面指示灯的工作状态

序号	项目	巡检内容	方法
5	直流屏	直流电源装置上的信号灯、报警装置是否正常	观察各信号灯工作状态
6	低压配电柜	运行时有无异响及气味	观察判断
7		运行时三相负荷是否平衡、三相电压是否相同	观察柜面电流表、电压表值，并做好记录
8	电容补偿柜	运行时有无异响及气味	观察判断
9		三相电流是否平衡，功率因素表读数是否在允许值内	观察柜面电流表、功率因素表值，并做好记录
10	供电线缆和桥架	桥架有无脱落，外露电缆的外皮是否完整，支撑是否牢固	观察判断

4. 供配电系统维修保养

供电系统的维修保养应结合日常巡检与监测情况进行，包括变电站房场地、电气箱柜、仪器的日常保洁，易损件的更换，节点紧固，执行机构润滑，绝缘件、蓄电池、电容器、电容柜的更换，防腐处理等内容，维修保养内容、要求及方法见表 7-17。供配电系统的维修保养内容、要求及方法。供配电系统根据设备状态数据和分析报告，并结合设备的建议使用年限，安排大中修专项工程。

供配电系统的维修保养内容、要求及方法　　　　表 7-17

序号	维修保养项目	内容	要求	方法
1	变压器	绝缘检查	内部相间、线间及对地绝缘符合要求	兆欧表测量电阻值
2		接线端子	无污染、松动	清洁、紧固
3	高压配电柜	真空断路器	固定牢固无松动，外表清洁完好，分合闸无异常	紧固、清洁、分合闸功能测试
4		"五防"功能	工作正常	进行手车、一二次回路、连锁机构等功能测试
5		接线端子	无烧毁或松动	观察判断、紧固
6		微机综保	上下级联动协调	检查校验各定值参数
7	PT 柜	高压互感器	外表清洁完好，绝缘良好	观察、清洁；用兆欧表测量绝缘电阻值
8		避雷器	接地装置无腐蚀	观察、清洁
9	高压计量柜	电流互感器	外表清洁完好，绝缘良好	观察、清洁；用兆欧表测量绝缘电阻值
10		计量仪表	计量是否准确	计量仪表标定
11	电容器柜	电力电容	无漏油、过热、膨胀现象，绝缘正常	观察判断；用兆欧表测量绝缘电阻值
12		接触器	触头无烧损痕迹、闭合紧密	观察判断，紧固
13		熔断器	无烧损痕迹	观察判断

续表

序号	维修保养项目	内容	要求	方法
14	低压配电柜	断路器	引线接头无松动，触头无烧损、绝缘良好，分合闸工作正常	观察判断、紧固；分合闸动作测试
15		接触器	触头无烧损痕迹、闭合紧密	观察判断，紧固
16		互感器	绝缘良好	用兆欧表测量绝缘电阻值
17		熔断器	无烧损痕迹	观察判断
18		热继电器	引线接头无松动，触头无烧损	紧固、观察判断
19		接线端子	无松动	
20	电力电缆		绝缘层无破损	观察判断
21	桥架		接地良好	接地电阻测量仪测量接地电阻
22	防雷接地设施	防雷装置	浪涌保护器工作正常，防雷装置安装牢固，连接导线绝缘良好	观察判断、紧固
23		接地装置	接地电阻满足设计要求	接地电阻测量仪测量接地电阻

7.2.4　照明系统

1. 主要巡检范围

（1）照明系统主要是为管廊运行管理提供照明，包括正常照明、应急照明、应急逃生照明、线路等。照明工程管养范围主要包括照明管线维护、照明配电箱维护检修、各种照明灯具检修等；

（2）照明系统的日常巡检内容应包含灯具、线路及控制功能的完好状况。照明系统的日常巡检每月不少于 1 次。应急照明系统的功能试验每季度不少于 1 次；

（3）照明系统的维护宜结合日常巡检进行，并及时更换损坏设备和部件。

2. 照明系统日常巡检

照明系统的日常巡检内容及方法见表 7-18。

照明系统日常巡检内容及方法 表 7-18

序号	项目	巡检内容	方法
1	正常照明灯具	灯具防护罩有无破损，灯具固定是否牢固	观察判断
2		灯具运行状态是否正常	
3	应急照明灯具	灯具防护罩有无破损，灯具固定是否牢固	

3. 照明系统运行要求

（1）应根据管廊内作业要求进行照明系统信号检测和开关控制；

（2）应与安全防范系统进行联动控制；

（3）应根据突发应急事件处置要求进行联动控制；

（4）照明的控制功能完好，支持对照明设备进行电力能耗监测；

（5）室内照明应符合《建筑照明设计标准》GB 50034 的有关规定；

（6）综合管廊内常用照明设备工作正常，满足安全巡查的要求，亮灯率大于 95％；平均照度不小于 15lx，最小照度不小于 5lx；

（7）应急照明供电电源转换功能须完好，照度不低于 5lx，持续供电时间应不小于 60min；

（8）应急逃生照明设备必须工作正常，备用电池应及时更换；

（9）监控中心照度一般宜不小于 300lx，变电室照明照度一般宜不小于 200lx；

（10）配电箱及照明灯具接地可靠，接地电阻应符合设计要求。

4. 照明系统运行管理

（1）照明系统包括管廊内以及设备夹层的灯具、托架、标志及信号灯照明线路等为管廊运行提供照明服务设施；

（2）设备维护人员每月检查隧道内各类照明状态等能按设计要求与监控中心联动正确；

（3）每年对所有灯具、控制箱的支架、外壳等锈蚀状况进行除锈、防腐、油漆处理；

（4）按招标人要求统一开启、关闭照明等设施。

5. 照明系统维护保养

照明系统的维修保养应结合日常巡检与监测情况进行，照明系统维修保养内容、要求及方法见表 7-19。照明系统定期维护的项目、周期和方法见表 7-20。

照明系统维修保养内容、要求及方法　　　　　　表 7-19

序号	维修保养项目	内容	要求	方法
1	正常照明	控制功能	满足运行要求	利用监控系统进行控制功能及联动功能测试
2	应急照明	控制功能		
3		后备电池		切断正常电源，进行切换功能测试

照明系统定期维护的项目、周期和方法　　　　　　表 7-20

序号	项目	周期	维护方法
1	照明系统日常巡检	日	安全巡查时检查
2	照明系统控制功能	月	试验
3	应急照明功能	季	试验
4	安全疏散照明后备电池	年	试验，不符合要求时及时更换

7.2.5　给水排水系统

1. 主要巡检范围

（1）综合管廊内给水排水系统运行维护及安全管理对象应包括给排水管道及其附属阀

件、水泵、仪表等;

（2）排水系统的日常运行应满足以下功能要求:

1）实现对综合管廊内集水坑中水泵的启停水位、报警水位的监测;

2）实现综合管廊内水泵手/自动状态监视、启停控制、运行状态显示、故障报警。

2. 给水排水系统日常巡检

（1）给水排水系统日常巡检应每月不少于1次,汛期、供热期应增加巡检频次。给水排水系统日常巡检内容及方法见表7-21。

给水排水系统日常巡检内容及方法 　　　　　　　表 7-21

序号	项目	巡检内容	方法
1	集水坑	水位是否正常,有无杂物	
2	管道、阀门	钢管、管件外表是否有锈蚀,评估是否需补漆	
3		钢管、管件是否有泄漏、裂缝及变形	
4		防腐层是否有损坏	
5		管道接口静密封是否泄漏	
6		查看支、吊架是否有明显松动和损坏	
7		查看阀门处是否有垃圾及油污	观察判断
8	水泵	查看潜水泵潜水深度	
9		检查水泵负荷开关、控制箱外观是否破坏及异常	
10		查看连接软管是否松动或破损	
11		水泵运行时听有无异响,观察有无异常	
12	水位仪	外观检查是否损坏	
13		观察安装是否稳固	
14		信号反馈是否正常	
15		观察接线是否正常	

（2）排水系统的维修保养应结合日常巡检与监测情况进行,给水排水系统的维修保养内容、要求及方法见表7-22,水泵维护的项目、周期和方法见表7-23。

给水排水系统的维修保养内容、要求及方法 　　　　　　　表 7-22

序号	维修保养项目	内容	要求	方法
1		金属管道	保持通畅	检查、疏通,必要时更换
2	管道阀门	阀门保养	（1）检查阀门的密封性和阀杆垂直度。调整闸板的位置余量; （2）检查闸杆等零部件的腐蚀、磨损程度,发现损坏则更换或整修; （3）清除垃圾及油污,并加注润滑脂; （4）敲铲油漆（一底二面）	检查、保洁、加润滑油、补漆

序号	维修保养项目	内容	要求	方法
3		检查运行电压电流值	测量或读取，有异常应维修	用万用表测量电压、电流
4		水泵负荷开关检查	试车是否正常	观察判断
5		水泵安装情况检查和密封性	有松动、渗漏应紧固、调整	观察、紧固
6	水泵	轴承润滑	清洗，加注润滑脂	保洁
7		叶轮清理		清除异物，冲洗
8		水泵外壳防腐		除锈，防腐
9		水泵电机绝缘电阻	电机外壳与电机绕组间的绝缘电阻 >0.5MΩ	兆欧表测量绝缘电阻

水泵维护的项目、周期和方法　　　　　表 7-23

序号	项目	周期	维护方法
1	检查运行时有无异响	运行时	听声，有异响应维修
2	检查运行电压电流值	运行时	测量或读取，有异常应维修
3	潜水泵潜水深度检查	月	观察，超标应调整水位仪
4	水泵负荷开关检查	月	观察，试车
5	水泵控制箱检查	月	观察
6	连接软管检查	月	目测，有松动，渗漏应紧固、调整
7	水泵安装强度检查和密封性	季	观察，有松动、渗漏应紧固、调整
8	轴承润滑	季	清洗，加注润滑脂
9	叶轮清理	季	清除异物，冲洗
10	水泵外壳防腐	半年	除锈，防腐
11	水泵电机绝缘电阻	年	兆欧表测量

7.2.6　监控报警系统

为了满足综合管廊的环境管控、应急处置、日常管理的需求，综合管廊需要进行监控报警系统设计与运行维护。监控与报警系统的组成及其系统架构、系统配置应根据管廊建设规模、纳入管线的种类、管廊运维模式等确定。监控与报警系统运行维护措施如下。

1. 运行维护内容

（1）综合管廊内监控与报警系统运行维护及安全管理对象应包括监控中心机房、环境与设备监控系统、安全防范系统、火灾自动报警系统、通信系统、预警与报警系统、地理信息系统、建筑信息模型系统、人员定位系统和统一管理平台等。

（2）监控与报警系统应保持 24h 不间断运行，并由监控值班人员及时进行信息报送、设备控制和操作。监控与报警系统在一般报警情况下（如温湿度超限、氧气浓度过低、液位高度超限等情况）能够自动处置警情，确保管廊内环境可控。监控与报警系统在统一管理平台故障的情况下仍然可以进行一般报警处置。

2. 监控与报警系统的运行要求

（1）对管廊本体及相关附属设施进行集中监控；

（2）应对管廊内沿线、设备集中安装地点、人员出入口、变配电间和监控中心等场所进行图像信息的实时采集，并对外来非法入侵行为进行报警联动控制；

（3）应能显示管廊内沿线火灾报警控制器、火灾探测器、手动火灾报警按钮的工作状态、运行故障状态等相关信息，并进行联动控制；

（4）能接收可燃气体探测报警系统、电气火灾监控系统的报警信号环境与设备监控系统的报警信号，系统支持自动处理异常情况，并应显示相关联动信息；

（5）能接收入廊管线可能影响到人身安全、结构本体安全、其他入廊管线安全的信息；

（6）应保证固定语言通信系统、无线通信系统和远程通信系统通信功能正常；

（7）各子系统之间以及与其他附属设施系统、入廊管线之间的联动控制应符合《城镇综合管廊监控与报警系统工程技术标准》GB/T 51274 的有关规定，控制功能正常。

3. 统一管理平台要求

（1）对综合管廊本体和附属设施各系统运行状态进行监控；

（2）对相关设备联动执行情况进行准确反馈，反馈信息准确无误；

（3）对运行数据进行统计分析；

（4）正确自动联动各类相关设备处理报警事件，并记录报警处理过程，处理过程自动打印输出处理报告；

（5）环境与设备监控系统环境参数检测内容、报警设定值应符合《城市综合管廊工程技术规范》GB 50838、《城镇综合管廊监控与报警系统工程技术标准》GB/T 51274 和《密闭空间作业职业危害防护规范》GBZ/T 205 的规定。部分环境参数报警设定值应符合表 7-24 的要求。

部分环境参数报警设定值　　　　　　　　　　　　表 7-24

序号	参数类别	报警设定值	备注
1	高温报警	40℃	不含监控中心
2	湿度报警	满足设计要求	设备、材料防潮保护要求
3	O_2浓度	≥18%	体积百分数
4	H_2S浓度	≤10mg/m³	
5	CH_4一级报警浓度	≤1%	体积百分数
6	CH_4二级报警浓度	≤2%	体积百分数
7	集水坑水位	满足设计要求	

4. 监控与报警系统的日常巡检规定

（1）应检查传感设备、执行设备、控制设备、显示设备、传输线路及设备等的外观、连接状态、供电状况及相应功能等；

（2）应检查软件、数据库的运行状态或运行日志等；

（3）应检查监控中心室内温湿度、清洁度等环境状况；

（4）巡检周期应符合国家现行有关标准要求；

（5）主要巡检内容详见附录 C。

5. 监控与报警系统的检测方法与要求

应符合《建筑设备监控系统工程技术规范》JGJ/T334 的有关规定。

6. 监控与报警系统的维护规定

（1）定期进行设备及敏感元件清洁、除尘；

（2）定期进行传感设备的连接紧固、位置校正；

（3）及时维修和更换损坏的设备和元器件；

（4）定期进行相关设备的机械润滑及防腐处理；

（5）计算机系统定期进行软件升级、数据自动备份等维护；

（6）主要维护内容详见附录 E。

7. 综合管廊监控与报警系统的运行维护

应满足《城镇综合管廊监控与报警系统工程技术标准》GB/T 51274 的规定。

7.2.7　标识系统

（1）综合管廊标识系统运行维护及安全管理对象应包括综合管廊介绍牌、工程质量终身责任永久性标牌、管线标识、设备铭牌、警示警告标识、里程标识、方向标识、节点标识和其他标识，主要功能为标明综合管廊内的公用管线、设施名称、定位及警告提示；

（2）标识的设置应符合《城市综合管廊工程技术规范》GB 50838 的要求。主要包括：

1）在综合管廊的主要出入口处应设置综合管廊永久性标牌，对综合管廊建设的时间、规模、容纳的管线等情况进行简介；

2）纳入综合管廊的管线应采用符合管线管理单位要求的标志、标识进行区分，标志铭牌应设置于醒目位置，间隔距离不应大于 100m。标志铭牌应标明管线的产权单位名称、紧急联系电话；

3）在综合管廊的设备旁边应设置设备铭牌，铭牌内应注明设备的名称、基本数据、使用方式及其紧急联系电话；

4）在综合管廊内应设置"禁烟"、"注意碰头"、"注意脚下"、"禁止触摸"等警示、警告标识；

5）综合管廊内部应设置里程标识，交叉口处应设置方向标识；

6）在人员出入口、管线分支口、灭火器材设置处等部位，应设置明确的标识，综合管廊内部应设置里程标识；

7）综合管廊穿越河道，应在河道两侧醒目位置设置明确标识。

（3）标识的编号原则应统一、易辨识，并符合唯一性、可扩展性。各类运维管理单位应对管廊人员出入口、逃生口、吊装口、通风口等制定统一的编号标识；

（4）标识本体应使用安全可靠、无毒、不燃或阻燃的材料。室外标识材料还应考虑自然环境影响，保证使用寿命；

（5）标识系统的日常巡检主要以观察为主，对简介牌、管线标志铭牌、设备铭牌、警告标识、设施标识、里程桩号等表面是否清洁、是否有损坏、安装是否牢固、位置是否端正、运行是否正常等进行查看记录。日常巡检应不少于每月 1 次；

（6）标识系统的维修保养主要通过对有积灰、破损、松动、运行不正常的简介牌、管线标志铭牌、设备牌、警告标识、设施标识、里程桩号等进行清洗、维修、防腐、紧固、调整、更换。标识、标牌更换时应选用耐火、防潮、防锈材质，保持标识表面清洁、安装牢固、位置端正、内容清晰完整。

7.3　入廊管线的运行维护

入廊管线虽然避免了直接与地下水和土壤接触，但仍处于高湿有氧的地下环境，因此对管线应当进行定期巡查和维护。通过明确入廊管线权属单位和管廊建设运营单位责任，加强协调配合，及时发现和处置各种安全隐患，努力保持管廊和管线安全运行。

7.3.1　综合管廊管线运维的特点

相比于传统的管线直埋方式，综合管廊管线运行维护具有以下几点特征：

1. 管道安全性高

管线入廊，不仅可以减少对于居民正常生活的影响，还可提升管线安全水平和防灾抗灾能力。各个管建在地下管廊内，有廊体保护，管线几乎不受土壤压力、地面交通负荷等外部因素影响，爆裂的几率很低，即便发生事故，也可避免致人伤亡的悲剧；对于管线的运维工作，由于综合管廊中一般设有配套的监控设备和安全设施，发生紧急问题时响应速度快，处理流程清晰，可以最大化减少应急事件产生的影响，安全性较高。

2. 巡查难度小

采用传统的管线直埋方式，管线发生老化或损坏的情况，地上人员往往无法及时发现问题，难以及时做出相应处理，也很难按期进行检查维护。在管廊中，管线分布清晰可查，不需要开挖路面就可以看到问题，管线中存在的问题可以在定期巡查中第一时间被发现并处理，居民断电、断水、断网等现象随之大幅减少；新建成的综合管廊配套设施中，信息化智能化的监控设施、传感器甚至巡检机器人也可以对管线的巡查和监控工作提供有效而不间断的支持，综合管廊管理运维信息系统也集成了自动报警功能，这在很大程度上可以排除管线设施的安全隐患，降低巡查工作的难度。

3. 运维效率高

直埋方式下，各个管线单位之间各自对其负责的管线进行运营和维护，各自流程相对独立。采用综合管廊对于管线进行统一管理维护，不同管线都可以按照完善统一的运营管理方案进行统一管理，在新时代的背景下，管辖公司在硬件技术和软件技术上共同享用先进科学的信息化、智能化模式，将各自的资源进行有机整合，运营管理的效率远远高于传统方式。

另外，从长远的计划来看，整合地下管线进行统一管理，可以在保证运维质量的前提下降低运维管理的成本，在合理分摊运维费用的前提下共同解决管线的监控、巡查、人员等方面的问题。

4. 管线单位管理协同性高

建设地下综合管廊，还能起到优化市政管线管理机制的效果。目前，20 多种地下管线牵涉 30 多个权属部门，规划打乱仗的情况时有发生。在运维管理的过程中，一种管线施工需要另一种管线产权单位配合时，常常因协调程序繁琐拖延工期，也经常因不慎挖断其他管线造成断水、断电甚至引发爆炸。建设地下综合管廊之后，管线单位合理有序的进入管廊，很多传统方式下由于协调不畅、信息不对称的方式造成的问题迎刃而解，特别是对于经常受到其他管线施工影响的燃气管线，进入管廊之后的安全问题，在综合管廊的运营维护模式中，也可以得到很大程度地解决。

7.3.2　管线运维的业务范围

为确保综合管廊内各管线长期安全稳定运行，对自有管线的维护管理，管线权属单位应承担主要责任，具体履行编制年度维修计划、建立巡护制度等职责；管廊运维单位主要做好协助工作，具体履行配合管线权属单位编制管线安全防范措施、隐患治理和应急处置预案等职责。管线单位人员定期对入廊管线进行巡检，管廊运维公司巡检人员进行一般性目视辅助巡检，并及时将到期、老化、破损等不符合安全使用条件的管线报告给相关的管线公司，以便进行维修、改造或更新，并对停止运行、封存、报废的管线采取必要的安全防护措施。

入廊管线运行维护及安全管理对象应包括综合管廊内燃气管线、电力管线、给水管线、排水管线、热力管线、通信管线等市政公用管线、管件、随管线建设的支吊架、随管线建设的检测监测装置等。

7.3.3　管线运维的一般规定

（1）入廊管线的设计和施工，除应符合各管线相应的国家现行标准的有关规定外，还应符合《城市综合管廊工程技术规范》GB 50838 的有关入廊管线的规定以及综合管廊工程总体设计要求；

（2）入廊管线单位改扩建项目应按照有关规定报建，方案应充分考虑对土建工程结构、附属设施和相邻管线运营安全及周边环境的影响，经批准方可实施。综合管廊内入廊管线新建、改扩建完成后，相应管线单位应会同管廊运营管理单位组织相关建设单位进行竣工验收，验收合格后，方可正式交付使用；

（3）入廊管线运行管理应与入廊管线运行环境特点相适应，运行管理自动化系统宜根据入廊管线综合管廊段的特点进行参数设置，并与综合管廊运行管理信息化系统实现关键信息共享；

（4）需要进入综合管廊的管线单位人员应向管廊运营管理单位提出申请，并履行相应入廊管理制度，确保人员安全；

（5）对入廊作业人员应严格管理，实名登记并发放作业证，在廊内随身佩戴。应符合标准《城市综合管廊工程技术规范》GB 50838 第 10.1.7 条相关规定，对廊内动火作业等特殊工种进行专项审批登记和重点监控等；

（6）入廊管线作业前，应对作业人员进行综合管廊内管线维护作业安全培训和作业交底，告知作业内容、安全注意事项及应采取的安全技术措施；

（7）入廊管线单位与综合管廊运维管理单位联系渠道应明确，并保证渠道畅通；

（8）入廊管线施工及维护作业应符合综合管廊运维管理要求，并应采取对同舱管线的安全保护措施；

（9）入廊管线应急处置时应避免对周围其他管线及附属配套设施造成安全影响，采取措施防止次生灾害的产生；

（10）入廊管线维护站点宜结合综合管廊监控中心或管理用房统筹设置；

（11）入廊管线的防雷设施应按规定的周期进行测试和检修，保证其性能良好。

7.3.4　入廊管线分类

根据管线所属单位和功能划分，入廊管线主要分为：燃气管线、电力管线、给水管线、排水管线、热力管线和通信管线，部分特殊管线包括直饮水、冷凝水管、垃圾输送管等。

7.3.5　燃气管道的运行维护

燃气管道由于其易燃易爆的特殊性，安全问题一直被高度关注，无论是传统直埋方式还是综合管廊方式下，保证燃气管道的安全运行是其运营与维护的重点。相比之下，综合管廊内有完整的监控系统和传感器、报警器，对于保证燃气管道的安全运行有着至关重要的作用，燃气管道进入管廊对于其安全运维是有促进作用的。

根据《城市地下综合管廊运行维护及安全技术标准（征求意见稿）》、《城市综合管廊运营管理技术标准（征求意见稿）》、《城镇燃气设施运行、维护和抢修安全技术规程》CJJ 51、《天然气管道运行规范》SY 5922，在燃气管线的运维工作中，管廊运维公司主要负责燃气管线的日常巡检，对燃气管线的运行情况进行一般性目视辅助巡检，将管线的异常情况报告给燃气公司；燃气管线的专业检查项目，由专业的管线巡检人员在管廊巡检人员的陪同下一起进行巡检，管线的故障定位、维修检查等工作由燃气公司负责，管廊运维公司负责协调工作，对管廊内开展的相关工作提供保障。

7.3.5.1　燃气管线巡检方案

（1）应根据天然气管道的不同压力等级及廊内外环境制定综合管廊内天然气管道巡检计划，通常情况下巡检周期宜不大于 2 周；

（2）天然气管道巡检人员进入天然气舱室前，应检测舱室内是否有天然气泄漏，并检测其他有害气体及氧气浓度，确认安全后方可进入。人员进出还应符合相应的综合管廊安全管理规定；

（3）进行巡检的工作人员，应符合《压力管道安全管理人员和操作人员考核大纲》TSG D6001 和《压力管道安全技术监察规程—工业管道》TSG D0001 的相关规定；

（4）管廊运维公司对燃气管道进行一般性目视辅助巡检主要包括下列内容：

1）管道舱内无燃气异味，便携式甲烷气体检测报警装置无报警；

2）管道支架及附件防腐涂层应完好，支架固定应牢靠；

3）跨越管段结构稳定，构配件无缺损，明管无锈蚀；

4）管道温度补偿措施、管道穿墙保护功能正常；

5）管道阀门应无泄漏、损坏；

6）管道附件及标志不得丢失或损坏；

7）重点关注地震活动、管廊沉降对天然气管道的影响；

8）以上项目如有任何一项不符合，应立即联系管线公司处理。

（5）燃气公司管线巡检人员对燃气管线进行的专业检查项目，由管线巡检人员使用专业检测设备按照《城镇燃气设施运行、维护和抢修安全技术规程》CJJ 51、《城市综合管廊运营管理技术标准（征求意见稿）》中的相关项目进行；

（6）管道巡线频度的确定要考虑操作压力、管道尺寸、人口密度、所输流体、地形、气候。

7.3.5.2　管线运维方案

（1）输气管道应设置测量、控制、监视仪表及控制系统；

（2）输气管道应根据规模、环境条件及管理需求确定自动控制水平，宜设置传感器数据采集系统；

（3）传感器数据采集装置系统宜包括调度控制中心的计算机系统、管道各站场的控制系统、远程终端装置（RTU）以及数据通信系统。系统应为开放型网络结构，具有通用性、兼容性和可扩展性；

（4）仪表及控制系统的选型，应根据输气管道的特点、规模、发展规划、安全生产要求，经方案对比论证确定，选型宜全线统一；

（5）输气管道流量计系统的设计应符合《天然气计量系统技术要求》GB/T 18603 的有关规定，并设置备用计量管路；

（6）天然气管道运行压力应小于等于管道设计运行压力，供气量超限可能导致管输系统失调的部位，压力控制系统应具有限流功能，压力控制系统可设置备用管路；

（7）输气管道通信方式，应根据输气管道管理营运对通信的要求以及行业的通信网络规划确定。光缆与输气管道同沟敷设时，应符合《输油（气）管道同沟敷设光缆（硅芯管）设计及施工规范》SY/T 4108 的有关规定。光纤容量应预留适当的富余量以备今后业务发展的需要；

（8）管道通信系统的通信业务应根据输气工艺、监控、传感器数据采集系统、数据传输和生产管理运行等需要设置；

（9）管道维修或更换后，如须置换，置换合格恢复通气前，应进行全面检查，除应符合管网运行要求外，还应核实天然气舱室运行条件；

（10）天然气管线单位应根据综合管廊运行维护及安全管理标准及相关行业标准建立、健全管线安全管理制度及运行、维护、抢修操作规程；

（11）天然气管线单位应制定综合管廊内中毒、火灾、泄漏等天然气安全生产事故应急预案。应急预案制定及演练应与综合管廊运维管理相协同，并按有关规定进行备案；

（12）综合管廊内天然气管线和引出支管线敷设及连接施工时，应采取可靠的安全保护措施；

（13）天然气管线泄漏时，应对综合管廊临近舱室及临近构筑物内进行天然气浓度检测，并应根据检测结果采取相应措施；

（14）天然气管线与直埋支管线连接处应封堵严密；

（15）临近或进出综合管廊的直埋天然气管线泄漏信息应及时传送给综合管廊运维管理单位，做好管廊内相应防范措施；

（16）应定期检查天然气管线放散管的接地可靠性、牢固程度和管道通畅性；

（17）天然气舱内不应带气动火作业，其他必要作业应符合《城镇燃气设施运行、维护和抢修安全技术规程》CJJ 51 中生产作业的规定，发现天然气泄漏应立即停止作业；

（18）对散发有害物质或有爆炸危险气体的部位，宜采取局部通风措施，建筑物内的有害物质浓度应符合《工业企业设计卫生标准》GBZ 1 的有关规定，并应使气体浓度不高于爆炸下限浓度的 20%；

（19）当舱室内天然气浓度超过爆炸下限的 20% 时，应启动应急预案；

（20）综合管廊内天然气管线的运行维护及安全管理还应符合《城镇燃气设施运行、维护和抢修安全技术规程》CJJ 51、《城镇燃气管网泄漏检测技术规程》CJJ 215 和《燃气系统运行安全评价标准》GB/T 50811 的有关规定。

7.3.5.3　燃气管线故障处理流程

根据《城市地下综合管廊运行维护及安全技术标准（征求意见稿）》、《城市综合管廊运营管理技术标准（征求意见稿）》、《城镇燃气设施运行、维护和抢修安全技术规程》CJJ 51，细化燃气管道泄漏后的处理流程。管廊运维公司负责报警数据的确认和通知相关单位，负责将管廊的人财物损失降到最低，现场抢修工作的协调；燃气公司负责对燃气管道进行抢修。

具体处理流程详细介绍如下，作为管廊实际运维工作的参考，其中实际燃气管线的抢修流程以燃气公司的处理流程为准。

1. 甲烷传感器报警后，管廊运维公司的工作流程

（1）监控中心根据报警信息，确认是有燃气泄漏或是传感器误报警；

（2）如果确认燃气泄漏，需要确认管廊内燃气浓度是否已达到爆炸下限的 20%，若浓度超过 20% 应立即启动风机，对廊内进行通风；

（3）根据现场情况和燃气公司协调是否需要切断管道燃气传输，通知公安、消防、医疗部门赶赴现场协同处理燃气泄漏；

（4）确认燃气泄漏区域是否有人员，开展伤员营救，将人员紧急转移到安全区域，设置安全警戒区和警示标志；

（5）将管廊燃气泄漏情况通告上级管理部门；

（6）通知燃气公司组织专业人员到达管廊开展抢修工作。

2. 燃气公司维修人员到达后的抢修工作流程

（1）抢修人员进入事故现场，应带好职责标志，根据燃气泄漏程度确定警戒区并设立警示标志，立即控制气源、消灭火种，切断电源，驱散积聚的燃气，严禁启闭电器开关及使用电话；

（2）操作人员进入抢修作业区前应按规定穿戴好防静电服、鞋、防护用具，并严禁在作业区内穿脱和摘戴。作业现场应有专人监护，严禁单独操作；

（3）在警戒区内燃气浓度未降至安全范围时，严禁使用非防爆型的机电设备及仪器、仪表等；

（4）当泄漏处已发生燃烧时，应先采取措施控制火势后再降压或切断气源，严禁出现负压；

（5）抢修作业时，与作业相关的控制阀门必须有专人值守，并监视其压力；

（6）当抢修中暂时无法消除漏气现象或不能切断气源时，应及时通知有关部门，并作好事故现场的安全防护工作；

（7）泄漏抢修作业应符合下列规定，当有动火作业时，应考虑动火作业的特殊性：

1）检查和抢修人员宜采用燃气浓度检测器或采用检漏液、嗅觉、听觉、来判断泄漏点；

2）根据泄漏部位及泄漏量应采用相应方法堵漏；

3）当发生大量泄漏造成储气柜快速下降时，应立即打开进口阀门、关闭出口阀门，用补充气量的方法减缓下降速度；

4）燃气设施泄漏抢修作业如用阻气袋阻断气源时，可使用钻孔设备在工作坑泄漏点两侧各钻制一阻气工作孔，将管线内燃气压力降至阻气袋有效阻断工作压力以下，且阻气袋应在有效期内使用；给阻气袋充压时，要用专用气源工具或设施进行，且充气压力要在阻气袋允许充压范围内，充填气体宜采用惰性气体；

5）地上（下）调压站、调压箱发生泄漏，应立即关闭泄漏点前后阀门，开启防爆风机加强通风，故障排除后方可恢复供气；

6）调压站、调压箱由于调压设备、安全切断设施失灵等原因造成出口超压时，应立即关闭调压器进出口阀门，并放散降压和排除故障。当压力超过下游燃气设施的设计压力时，应对超压影响区内燃气设施做全面检查，排除所有隐患后方可恢复供气；

7）运行中的燃气设施需动火作业时，应有技术、生产、安全等部门配合与监护；

8）动火作业现场，应划出作业区并设置护栏和警示标志；

9）动火作业区内应保持空气流通，防止燃气积聚，在较密闭的空间内作业时，应采取强制通风、加强安全防护等措施；

10）动火作业区内可燃气体浓度应小于其爆炸下限的 20%，在动火操作过程中应严密监测作业区内可燃气体浓度及管道内压力的变化；

11）动火作业过程中，操作人员严禁正对管道开口处；

12）停气动火作业应符合下列规定：

A. 动火作业前，置换作业管段或设备内的燃气时，应符合下列规定：

（A）采用直接置换法时，应取样检测混合气体中燃气的浓度，经连续三次（每次间隔约 5min）测定均在爆炸下限的 20% 以下时，方可动火作业；

（B）采用间接置换法时，应取样检测混合气体中燃气或氧的含量，经连续三次（每次间隔约 5min）测定均符合要求时，方可动火作业；

（C）燃气管道内积有燃气杂质时，应充入惰性气体或采取其他有效措施进行隔离；

（D）停气动火操作过程中，应严密观测管段或设备内可燃气体浓度的变化；

（E）当有漏气或窜气等异常情况时，应立即停止作业，待消除异常情况后方可继续进行；

（F）当作业中断或连续作业时间较长时，均应重新取样检测，并符合要求时，方可继续作业；

（G）燃气设施停气作业实施前必须有停气、供气方案。

B. 不停气动火作业应符合下列规定：

（A）新、旧钢管连接动火作业时，应先采取措施使新旧管道电位平衡；

（B）带气动火作业时，管道内必须保持正压，其压力宜控制在 100～500Pa，应有专人监控压力；

（C）动火作业引燃的火焰，必须有可靠、有效的方法随时将其扑灭。

C. 压缩天然气设施的抢修除应按以上相关规定执行外，还应符合下列规定：

（A）站内出现大量泄漏时，应迅速切断站内气源、电源，设置安全警戒线，采取有效措施，控制和消除泄漏点，防止事故扩大；

（B）因泄漏造成火灾后，除采取上述措施控制火势、抢修作业外，还应对未着火的其他设备和容器进行隔火、降温处理；

（C）管道和设备修复后，应作全面检查，防止燃气窜入夹层、其他舱室和建（构）筑物等不易察觉的场所；

（D）当事故原因未查清或隐患未消除时不得撤离现场，应采取安全措施，直至查清事故原因并消除隐患为止；

（E）修复供气后，应进行复查，确认无不安全因素后，抢修人员方可撤离事故现场。

7.3.6　电力管线的运行维护

根据《城市地下综合管廊运行维护及安全技术标准（征求意见稿)》、《城市综合管廊运营管理技术标准（征求意见稿)》、《电力电缆及通道检修规程》Q/GDW 11262、《国家电网公司电缆及通道运维管理规定》国网（运检/4）307 等规定，在电力管线的运维工作中，管廊运维公司主要负责电力管线的日常巡检，对电力管线的运行情况进行一般性目视辅助巡检，将电力管线的异常情况报告给电网公司；电力管线的专业检查项目，由专业的管线巡检人员在管廊巡检人员的陪同下一起进行巡检，管线的故障定位、维修检查等工作由电网公司负责，管廊运维公司负责协调工作，对管廊内开展的相关工作提供保障。

7.3.6.1　电力管线巡检方案

巡视检查分为定期巡视和非定期巡视，其中非定期巡视包括故障巡视、特殊巡视等。电缆线路的定期巡检应不少于 45 天 1 次，综合管廊路段洪涝或暴雨过后应进行 1 次巡检，综合管廊内有管线施工作业、遭遇洪涝、地震、火灾以及周边场地开挖作业或非开挖作业施工时，应该加强对电缆的非定期巡视。

1. 定期巡视

（1）电缆线路每 45 天巡视一次；

（2）35kV 及以下开关柜、分支箱、环网柜内的电缆终端 2～3 年结合停电巡视检查一次；

（3）水底电缆线路应每年至少巡视一次；

（4）电缆线路巡视应结合运行状态评价结果，适当调整巡视周期。

2. 非定期巡视

（1）电缆线路发生故障后应立即进行故障巡视，具有交叉互联的电缆线路跳闸后，应同时对线路上的交叉互联箱、接地箱进行巡视，还应对给同一用户供电的其他电缆线路开展巡视工作以保证用户供电安全；

（2）综合管廊内有管线施工作业、遭遇洪涝、地震、火灾以及周边场地开挖作业或非开挖作业施工时，应该加强对电缆的非定期巡视。对电缆线路周边的施工行为应加强巡视。

3. 管廊运维公司对电力管道进行一般性目视辅助巡检内容

（1）电缆本体有无破损，电缆铭牌是否完好，相色标志是否齐全、清晰；

（2）电缆外护套与支架、金属构件处有无磨损、锈蚀、老化、放电现象，衬垫是否脱落；

（3）电缆及接头位置是否固定正常，电缆及接头上的防火涂料、防火带是否完好；

（4）巡检人员配有手持测温设备，监测电力管线温度；

（5）支吊架、接地扁钢是否锈蚀，与电气连接点有无松动、锈蚀；

（6）应查看路面是否正常，线路标识是否完整无缺等；

（7）检查电缆终端表面有无放电、污秽现象，终端密封是否完好，终端绝缘管材有无开裂，套管及支撑绝缘子有无损伤；

（8）电气连接点固定件有无松动、锈蚀，引出线连接点有无发热现象；

（9）中间接头是否过热，是否渗胶或漏油，中间接头外观是否正常，摆放是否合理，两端电缆是否平直；

（10）接地线是否良好，连接处是否紧固可靠，有无发热或放电现象；

（11）电缆出线部位是否有渗漏、破损、腐蚀等情况，防火分隔封堵是否严密完好；

（12）对电缆终端处的避雷器，应检查套管是否完好，表面有无放电痕迹，检查泄漏电流监测仪数值是否正常，并按规定记录放电计数器动作次数；

（13）通过短路电流后应检查护层过电压限制器有无烧熔现象，交叉互联箱、接地箱内连接排接触是否良好；

（14）有无受到同舱其他市政管线的影响。

4. 电网公司管线巡检人员对电力管线进行的专业检查项目

由管线巡检人员使用专业检测设备按照《电力电缆及通道检修规程》Q/GDW 11262、《国家电网公司电缆及通道运维管理规定》国网（运检/4）307 中的相关项目进行，在紧急情况下，电网公司派驻工作人员到综合管廊执行短期工作任务，确保电力管线工作正常。

7.3.6.2　电力管线运维方案

（1）管廊运维公司巡检人员应记录线路巡检的结果。应做好巡查记录、隐患排查治理和缺陷处理记录，并应根据巡检情况，采取对策消除缺陷。重大安全隐患应及时告知上级管理部门；

（2）电力电缆应执行状态评价和管理，当综合管廊电力舱室运行环境及电缆设备发生较大变化时应及时修正状态评价结果和调整状态管理工作；

（3）电力电缆运行、维护及安全管理除应符合本标准外，还应符合电力行业和地方的有关规定；

（4）电力电缆运行维护及安全管理还应符合国家现行标准《电力安全工作规程 电力电线部分》GB 26859、《电力电缆线路运行规程》DL/T 1253 和《电力电缆分布式光纤测温系统技术规范》DL/T 1573 的有关规定。

7.3.6.3　电力管线故障处理流程

根据《城市地下综合管廊运行维护及安全技术标准（征求意见稿）》《城市综合管廊运营管理技术标准（征求意见稿）》《电力电缆线路运行规程》Q/GDW 512，细化电力管线故障后的处理流程。管廊运维公司负责报警数据的确认和通知相关单位，负责将管廊的人财物损失降到最低，现场抢修工作的协调；电网公司负责对电力管线进行抢修。

具体处理流程详细介绍如下，作为管廊实际运维工作的参考，其中实际电力管线的抢修流程以电网公司的处理流程为准。

1. 电力管线发生故障后，管廊运维公司工作流程

（1）监控中心根据报警信息（如温度报警、火灾报警），确认电力管线的故障区域和是否发生火灾，如果发生火灾，采取火灾应急处理流程，启动管廊内消防系统控制火势；

（2）根据现场情况和电网公司协调是否需要切换电力管线，并协调组织专业人员到达管廊开展抢修工作，通知公安、消防、医疗部门赶赴现场协同处理；

（3）确认电力管线区域是否有人员，开展伤员营救，将人员紧急转移到安全区域，设置安全警戒区和警示标志；

（4）将管廊电力管线故障情况通告上级管理部门。

2. 电网公司维修人员到达后抢修工作流程

（1）故障查找与隔离

1）电缆线路发生故障，根据线路跳闸、故障测距和故障寻址器动作等信息，对故障点位置进行初步判断，并组织人员进行故障巡视，重点巡视电缆通道、电缆终端、电缆接头及与其他设备的连接处，确定有无明显故障点；

2）如未发现明显故障点，应对所涉及的各段电缆使用兆欧表或耐压仪器进一步进行故障点查找；

3）故障电缆段查出后，应将其与其他带电设备隔离，并做好满足故障点测寻及处理的安全措施。

（2）故障测寻

1）电缆故障的测寻一般分故障类型判别、故障测距和精确定位三个步骤；

2）电缆故障的类型一般分接地、短路、断线、闪络及混合故障等五种，可使用兆欧表测量相间及每相对地绝缘电阻、导体连续性来确定，必要时对电缆施加不超过《电力设备预防性试验规程》DL/T 596-1996 规定的预防性试验中的直流电压判定其是否为闪络性故障；

3）电缆故障测距主要有电桥法、低压脉冲反射法和高压闪络法；

4）电缆故障精确定位主要有声频感应法、声测法、声磁同步法和跨步电压法；

5）充油电缆可采用流量法和冷冻法测寻漏油点的方法确定故障点；

6）故障点经初步测定后，在精确定位前应与电缆路径图仔细核对，必要时应用电缆路径仪探测确定其准确路径。

（3）故障修复

1）电缆线路发生故障，应积极组织抢修，快速恢复供电；

2）锯断故障电缆前应与电缆走向图进行核对，必要时使用专用仪器进行确认，在保证电缆导体可靠接地后，方可工作；

3）故障电缆修复前应检查电缆受潮情况，如有进水或受潮，必须采取去潮措施或切除受潮线段。在确认电缆未受潮、分段电缆绝缘合格，方可进行故障部位修复；

4）故障修复应按照电力电缆及附件安装工艺要求进行，确保修复质量；

5）故障电缆修复后，应参照《电气装置安装工程　电气设备交接试验标准》GB 50150-2016 的规定进行试验，并进行相位核对，经验收合格后，方可恢复运行。

（4）故障分析

1）电缆故障处理完毕，应进行故障分析，查明故障原因，制定防范措施，完成故障分析报告；

2）故障分析报告主要内容应包括故障情况（包括系统运行方式、故障经过、相关保护动作及测距信息、负荷损失情况等）；故障电缆线路基本信息（包括线路名称、投运时间、制造厂家、规格型号、施工单位等）；原因分析（包括故障部位、故障性质、故障原因等）；暴露出的问题；采取应对措施等。

（5）资料归档

1）电缆故障测寻资料应妥善保存归档，以便以后故障测寻时对比；

2）每次故障修复后，要按照公司生产管理信息系统的要求认真填写故障记录、修复记录和试验报告，及时更改有关图纸和装置资料；

3）对典型的非外力电缆故障，其故障点样本应注明线路名称、故障性质、故障日期等并妥善保管。

7.3.7　给水管道的运行维护

根据《城市地下综合管廊运行维护及安全技术标准（征求意见稿）》、《城市综合管廊运营管理技术标准（征求意见稿）》、《城镇供水管网运行、维护及安全技术规程》CJJ 207、《城镇供水管网抢修技术规程》CJJ/T 226，在给水管线的运维工作中，管廊运维公司主要负责给水管线的日常巡检，对给水管线的运行情况进行一般性目视辅助巡检，将管线的异常情况报告给自来水公司；给水管线的专业检查项目，由专业的管线巡检人员在管廊巡检人员的陪同下一起进行巡检，管线的故障定位、维修检查等工作由管线公司负责，管廊运维公司负责协调工作，对管廊内开展的相关工作提供保障。

7.3.7.1　给水管线巡检方案

（1）管道巡检周期应根据管道现状、重要程度及舱室环境等确定，应每周不少于1次，可结合综合管廊附属配套系统设置采用自动化巡检方式，及时发现异常情况及时处理。

（2）管廊运维公司对给水管道进行一般性目视辅助巡检主要包括下列内容：

1）管道外观是否明显损坏；

2）管道接口外观是否有漏水；

3）阀门外观是否明显损坏；

4）伸缩节外观是否漏水；

5）橡胶垫是否老化；

6）支吊架外观是否锈蚀；

7）锚固件外观是否明显损坏；

8）管线上标识的清洁维护及油漆；

9）管道保温是否损坏；

10）管道保温层连接口是否开裂；

11）外保护层的清洁维护和修补。

（3）自来水公司管线巡检人员对给水管线进行的专业检查项目，由管线巡检人员使用专业检测设备按照《城镇供水管网运行、维护及安全技术规程》CJJ 207、《城市综合管廊运营管理技术标准（征求意见稿）》中的相关项目进行。

7.3.7.2 给水管线运维方案

（1）管道冲洗消毒、水压试验等应不影响综合管廊的安全稳定运行，必要时其计划及实施应与综合管廊运维管理单位提前进行有效联络与沟通；

（2）综合管廊内管道排气阀排气时应与综合管廊附属配套通风系统运行相协调，宜启动风机通风，满足综合管廊运维管理环境和安全技术要求；

（3）综合管廊内管道低点排放运行时，应与综合管廊附属配套通风、排水系统运行相协调，排放水量、水质和可能的有毒有害气体排放应符合廊内运维管理和安全要求；

（4）涉及综合管廊内管道运行安全的供水管网隐患预警信息、安全事故预警信息等应及时传送综合管廊监控与报警系统，安全预警方案应与综合管廊本体及附属设施运维管理相协调；

（5）当采用不停水快速维修方法时，应校核并持续监测排水量，并保障廊内作业用电、用气安全和人员安全；

（6）当发生爆管、破损等突发事故时，应立即启动应急预案，迅速关阀止水，并与综合管廊运维管理单位联动实施应急处置。

（7）定期维护项目、内容，应符合下列规定：

1）应每季对管线附属设施，如排气阀、自动阀、排空阀、管桥等巡视检修一次，保持完好；

2）应每年对管线钢制外露部分进行油漆。

（8）大修理项目、内容、质量，应符合下列规定：

1）管道和管桥严重腐蚀、漏水时，必须更换新管，其更新管段的外防腐及内衬均应符合相关标准的规定，较长距离的更新管段还应按规定泵验合格；

2）输水管渠大量漏水，必须排空检修，更换或检修内壁防护层、伸缩缝等；

3）有条件的城市，应每隔 2～3 年做全线的停水检修，测定管内淤泥的沉积情况、沉降缝（伸缩缝）变化情况，并制定出相应的处理方案；

4）钢管外防腐质量检测应符合下列规定：

A. 包布涂层不折皱、不空鼓、不漏包、表面平整、涂膜饱满；

B. 焊缝填、嵌结实平整；

C. 焊缝通过拍片抽检；

D. 厚度达到设计要求。

（9）给水管线抢修方案应根据廊内环境条件采取必要防护措施，并符合现行行业标准《城镇供水管网抢修技术规程》CJJ/T 226 的有关规定；

（10）综合管廊内给水管道的运行维护及安全管理还应符合现行行业标准《城镇供水

管网抢修技术规程》CJJ/T 226 的有关规定。

7.3.7.3 给水管线故障处理流程

根据《城市地下综合管廊运行维护及安全技术标准（征求意见稿）》、《城市综合管廊运营管理技术标准（征求意见稿）》、《城镇供水管网抢修技术规程》CJJ/T 226，细化给水管线故障后的处理流程。管廊运维公司负责报警数据的确认和通知相关单位，负责将管廊的人财物损失降到最低，现场抢修工作的协调；自来水公司负责对给水管线进行抢修。

具体处理流程详细介绍如下，作为管廊实际运维工作的参考，其中实际给水管线的抢修流程以自来水公司的处理流程为准。

1. 给水管线发生故障后，管廊运维公司工作流程

（1）监控中心根据报警信息（如集水坑液位），确认给水管线的故障区域；

（2）根据现场情况和自来水公司协调是否需要切断管道自来水传输，通知公安、医疗部门赶赴现场协同处理给水管线泄漏；

（3）确认给水管线区域是否有人员，开展伤员营救，将人员紧急转移到安全区域，设置安全警戒区和警示标志；

（4）将管廊给水管线泄漏情况通告上级管理部门；

（5）通知自来水公司组织专业人员到达管廊开展抢修工作。

2. 自来水公司维修人员到达后抢修工作流程

（1）确认关阀止水；

（2）钢质管道修复：

1）钢质管道修复可采用焊接法和管箍法。对于大面积腐蚀且管壁减薄的管道，应采用更换管段法修复；

2）管径大于 600mm 的钢质管道，对口焊接或安装管箍前，应检查椭圆度并进行整圆作业；

3）管道穿孔、裂缝焊补应符合下列规定：

（A）当穿孔孔径小于 20mm 或裂缝宽度小于 10mm 时，可加工坡口后直接焊接；

（B）当穿孔孔径大于等于 20mm 时，可采用钢板填补的方法对接封孔；

（C）穿孔、裂缝焊补后，宜采用外加筋板焊接加固。

4）管径大于等于 800mm 的钢质管道可开孔进行管道内修复。内衬钢板或钢带前，应清理管道内壁并进行除锈处理；

5）管道修复后应进行防腐处理，防腐质量应符合现行国家标准《给水排水管道工程施工及验收规范》GB 50268 的有关规定。

（3）铸铁管道修复

1）铸铁管道穿孔、承口破裂或裂缝漏水可采用管箍法修复。对于严重破裂的管道，应采用更换管段法修复；

2）管道砂眼漏水时，可在漏水处钻孔攻丝堵漏；

3）管道裂缝漏水时，应在裂缝两端钻止裂孔，并应采用管箍法修复；

4）管道切割后的插口端应磨光、倒角。

（4）管道附件修复

1）阀门抢修的要求包括：

A. 阀门更换宜选用相同规格的阀门；

B. 阀门从管道取出时，应采取措施防止管道松动；

C. 阀杆或阀板发生故障时，可更换阀杆或阀板；

D. 管道水流方向应与阀门指示流向一致。

2）进排气阀漏水时，可采取清除杂物、更换浮球或胶垫方式进行修复；

3）消火栓和阀门阀体等出现裂纹漏水或受到破坏时，应止水更换。

7.3.8　排水管道的运行维护

根据《城市地下综合管廊运行维护及安全技术标准（征求意见稿）》、《城市综合管廊运营管理技术标准（征求意见稿）》、《城镇排水管道维护安全技术规程》CJJ 6、《城镇排水管渠与泵站运行、维护及安全技术规程》CJJ 68，在排水管线的运维工作中，管廊运维公司主要负责排水管线的日常巡检，对排水管线的运行情况进行一般性目视辅助巡检，将管线的异常情况报告给排水管线管理部门；排水管线的专业检查项目，由专业的管线巡检人员在管廊巡检人员的陪同下一起进行巡检，管线的故障定位、维修检查等工作由管线公司负责，管廊运维公司负责协调工作，对管廊内开展的相关工作提供保障。

7.3.8.1　排水管线巡检方案

（1）排水管道巡查周期应每周不少于 1 次；

（2）管廊运维公司对排水管道进行一般性目视辅助巡检主要包括下列内容：

1）管道外观是否明显损坏；

2）管道接口外观是否有漏水；

3）橡胶垫是否老化；

4）支吊架外观是否锈蚀；

5）锚固件外观是否明显损坏；

6）锚固件防腐层；

7）管线上标识的清洁维护及油漆。

（3）排水公司管线巡检人员对排水管线进行的专业检查项目，由管线巡检人员使用专业检测设备按照《城镇排水管道维护安全技术规程》CJJ 6、《城市综合管廊运营管理技术标准（征求意见稿）》中的相关项目进行。

7.3.8.2　排水管线运维方案

（1）综合管廊内排水管道系统应严格密闭，排水管道舱室内未经许可严禁动用明火；

（2）当采用管道排水时，疏通方案应结合管道材质、连接方式、管径等因素综合确定，确保管道结构安全。具备水力疏通条件时，应优先采用水力疏通；

（3）综合管廊舱室内清掏作业应符合《城镇排水管道维护安全技术规程》CJJ 6 中井

下作业的有关规定，采取通风、检测、防爆等安全保护措施，并持续保持廊内通风良好；

（4）综合管廊内淤泥外运应采取密闭措施；

（5）排水管道维修应根据管道基本概况、综合管廊内外环境条件和管道缺陷检测与评估成果，综合确定维修方案。排水管道检查井内宜设置检修用闸槽；

（6）排水井下作业时应加强综合管廊内有毒有害气体检测及渗漏检查

（7）排水管道井下维护作业应符合《城镇排水管道维护安全技术规程》CJJ 6 中的相关规定，并履行审批手续，除执行当地排水管道下井许可制度外，还应符合综合管廊运行管理的作业管理要求；

（8）综合管廊内排水管道或舱室排水的运行维护及安全管理还应符合《城镇排水管道维护安全技术规程》CJJ 6 和《城镇排水管渠与泵站运行、维护及安全技术规程》CJJ 68 的有关规定。

7.3.8.3　排水管线故障处理流程

根据《城市地下综合管廊运行维护及安全技术标准（征求意见稿）》、《城市综合管廊运营管理技术标准（征求意见稿）》、《城镇排水管道非开挖修复更新工程技术规程》CJJ/T 210、《城镇排水管道维护安全技术规程》CJJ 6，细化排水管线故障后的处理流程。管廊运维公司负责报警数据的确认和通知相关单位，负责将管廊的人财物损失降到最低，现场抢修工作的协调；排水公司负责对排水管线进行抢修。

具体处理流程详细介绍如下，作为管廊实际运维工作的参考，其中实际排水管线的抢修流程以排水公司的处理流程为准。

1. 传感器报警后（H_2S 报警/CH_4 报警/集水坑液位报警），管廊运维公司工作流程

（1）监控中心根据报警信息，确认是有 H_2S 或 CH_4 泄漏，还是传感器误报警，确认排水管线泄漏的位置；

（2）如果确认排水管线故障，需要确认管廊内 H_2S 或 CH_4 浓度是否已达到爆炸下限的 20%，若浓度超过 20% 应立即启动风机，对廊内进行通风；

（3）根据现场情况和排水公司协调是否需要切断管道传输，通知公安、消防、医疗部门赶赴现场协同处理排水管道泄漏；

（4）确认排水管道泄漏区域是否有人员，开展伤员营救，将人员紧急转移到安全区域，设置安全警戒区和警示标志；

（5）将管廊排水管道泄漏情况通告上级管理部门；

（6）通知排水公司组织专业人员到达管廊开展抢修工作。

2. 排水公司维修人员到达后的抢修工作流程

（1）确认切断管道传输，如有大量漏水的情况需使用水泵进行排水，如有有害气体的情况需使用风机进行通风，确保维修现场环境条件满足施工要求；

（2）确认管道损坏位置，结合专业的检测工具，确认管道缺陷类别，管道检测中发现的缺陷和异常情况可分为以下三类：

1）结构性缺陷，影响管道结构强度和使用寿命的缺陷，如裂缝、腐蚀等；

2）功能性缺陷，影响管道排水功能的缺陷，如沉积、结垢、树根等；

3）特殊构造，特殊的管道构造，如变径等。

（3）管道结构性缺陷的名称、代码和定义见表 7-25 的规定。

排水管道结构性缺陷的名称、代码和定义　　　　　　　　　表 7-25

序号	缺陷名称	代码	定义	计量单位
1	破裂	PL	管道外部压力超过了自身承受力，出现了裂缝或破裂	个（环向）或 m（纵向）
2	变形	BX	管道原来的形状被改变（本缺陷仅适用于柔性管道）	个（环向）或 m（纵向）
3	错口	CK	管道接口的插口和承口没有对中，看上去像一轮"半月"	个
4	脱节	TJ	管道接口的插口和承口没有充分插紧，或因沉降造成脱开，相邻接口看上去像一轮"满月"	个
5	渗漏	SL	地下水通过渗漏的管道或有缺陷的接口进入检查井或管内	个或 m
6	腐蚀	FS	管道内壁受到有害物质的侵蚀或磨损	m
7	胶圈脱落	JQ	橡胶圈、沥青、水泥等接口材料进入管道	个
8	支管暗接	ZAJ	支管未通过检查井直接接入管道	个
9	管线侵入	QR	外来管线戳破管壁穿入管内	个

（4）管道功能性缺陷的名称、代码和定义见表 7-26 的规定。

管道功能性缺陷的名称、代码和定义　　　　　　　　　表 7-26

序号	缺陷名称	代码	定义	计量单位
1	沉积	CJ	有机物或泥沙沉淀在管底，减少了管道的过水断面	m
2	结垢	JG	铁或石灰质的沉积物及油脂沉积或附着在管道内壁，减少了管道的过水断面	个（环向）或 m（纵向）
3	障碍物	ZW	管道内的杂物，如砖石、树枝、遗弃的工具等	个
4	树根	SG	包括单根或束状的树根侵入管道，减少了过水断面	个
5	洼水	WS	管道沉降形成水洼，无法采用重力排除	m
6	坝头	BT	砖墙等封堵材料残留在管道内	个
7	浮渣	FZ	管道或检查井内有机物发酵后聚集在水面的漂浮物。浮渣需记入检查记录，但不列入计分项目	m

（5）管道特殊构造的名称、代码和定义见表 7-27 的规定。

管道特殊构造的名称、代码和定义　　　　　　　　　表 7-27

序号	缺陷名称	代码	定义
1	修复	XF	检测前已修复的管道
2	变径	BJ	两座检查井之间有两种不同管径相的管道接

（6）维修分为局部修理、整体修理和辅助修理，根据管道实际情况采取相应的维修方式，详见表 7-28，排水管道非开挖修理方法的适用范围。

排水管道非开挖修理方法的适用范围　　　　　　　　　　表 7-28

序号	修理方法		小型管	中型管	大型管以上	适用管材
1	局部修理	嵌补法	—	✓	✓	钢筋混凝土管渠
2		套环法	—	✓	✓	所有
3		局部内衬法	✓	✓	✓	所有
4	整体修理	现场固化内衬	✓	✓	✓	所有
5		螺旋管内衬	✓	✓	✓	所有
6		短管及管片内衬	—	✓	✓	钢筋混凝土管渠
7		拉管内衬	✓	✓	—	所有
8		涂层内衬	—	—	✓	钢筋混凝土管渠
9	辅助修理	地基加固处理技术（土体注浆法）	✓	✓	✓	所有

（7）局部修理后的过水面积不应小于原管的 75%，整体修理后的过水面积不应小于原管的 85%；

（8）管道的非开挖修复或更新应设计符合以下原则：

1）满足管道的承载负荷要求；

2）管道流量应达到该管道原有设计流量；

3）满足管道所在地疏通技术对管道要求；

4）同一管段的点状修复超过 3 处的，宜采用整体修复。

（9）管道修复工艺应根据现场条件、管道损坏情况及其各修复方法的使用条件选择。部分修复更新工艺适用范围和使用条件可参照表 7-29。

部分修复更新工艺的适用范围和使用条件　　　　　　　　　　表 7-29

序号	修复更新方法		旧管道内径（mm）	内衬管材质	内衬管 SDR	是否需要工作坑	是否需要注浆	修复弯曲管道能力	可修复旧管道截面形状
1	穿插法		100～1000	PE、PVC、玻璃钢等	根据要求设计	需要	根据设计要求	直管	圆形
2	原位固化法		翻转法：100～2700 拉入法：100～2400	聚酯纤维，聚酯树脂，环氧树脂，乙烯基酯	根据要求设计，但不得大于 100	不需要	不需要	90°弯管	圆形、蛋形、矩形或三角形等
3	碎（裂）管法 1		75～1000	HDPE	SDR11，SDR17.6，SDR26	需要	不需要	直管	圆形
4	折叠内衬法	工厂折叠	100～1200	HDPE	17.6≤SDR≤42	不需要或小量开挖	不需要	15°弯管	圆形
5		现场折叠	100～1200	HDPE	17.6≤SDR≤42	需要	不需要	15°弯管	圆形

序号	修复更新方法	旧管道内径（mm）	内衬管材质	内衬管 SDR	是否需要工作坑	是否需要注浆	修复弯曲管道能力	可修复旧管道截面形状
6	缩径内衬法	75～1200	HDPE	根据要求设计	需要	不需要	15°弯管	圆形
7	机械制螺旋缠绕法 2	150～3000	PVC 型材	根据要求设计	不需要	根据设计要求	15°弯管	圆形、矩形、马蹄形等
8	管片拼装法 2	800～3000	PVC 型材、填充材料	根据要求设计	不需要	需要	15°弯管	圆形、矩形、马蹄形等
9	不锈钢发泡卷筒法	150～1350	不锈钢和聚氨酯	—	不需要	不需要	—	圆形
10	点状 CIPP 法	50～1500	玻璃纤维与聚酯，环氧树脂，硅酸盐树脂	根据要求设计	不需要	不需要	—	圆形、蛋形、矩形或三角形等

注 1：碎（裂）管法是唯一可进行管道扩容的非开挖管道更新技术；

注 2：螺旋缠绕法和管片拼接法不宜用于修复有内压的管道。

（10）局部或接口缺陷可采用局部修理；

（11）对管道内部严重腐蚀、裂缝、多处接口渗漏等结构遭到多处损坏的管道，应采用整体修理；

（12）强度已削弱的管道，在选择整体修理时应采用自立内衬管强度进行设计；

（13）排水管道检查井内部发生破裂、渗漏等缺陷时，应采用嵌补法、现场固化内衬、涂层内衬等方法修理。

7.3.9　热力管道的运行维护

根据《城市地下综合管廊运行维护及安全技术标准（征求意见稿）》、《城市综合管廊运营管理技术标准（征求意见稿）》、《城镇供热系统运行维护技术规程》CJJ/T 88、《热力管道完好要求和检查评定方法》SJ/T 31445、《城镇供热系统抢修技术规程》CJJ 203，在热力管线的运维工作中，管廊运维公司主要负责热力管线的日常巡检，对热力管线的运行情况进行一般性目视辅助巡检，将管线的异常情况报告给热力公司；热力管线的专业检查项目，由专业的管线巡检人员在管廊巡检人员的陪同下一起进行巡检，管线的故障定位、维修检查等工作由管线公司负责，管廊运维公司负责协调工作，对管廊内开展的相关工作提供保障。

7.3.9.1　热力管线巡检方案

（1）热力管道运行期间巡检应每月不少于 2 次，非运行期巡检应每月不少于 1 次。蒸汽管道运行期巡检应每周不少于 1 次，当供热管网新投入使用或运行参数变化较大时，应增加巡检频次；

（2）进行巡检的工作人员，应符合现行行业标准《压力管道安全管理人员和操作人员考核大纲》TSG D6001 和《压力管道安全技术监察规程—工业管道》TSG D0001 的相关规定；

（3）热力网运行检查时不得少于两人，一人检查一人监护；

（4）管廊运维公司对热力管道进行一般性目视辅助巡检主要包括下列内容：

1）管道无泄漏；

2）活动支架应无失稳、失垮，固定支架应无变形；

3）阀门应无跑冒滴漏现象；

4）疏水器排水应正常；

5）管道保温层应无剥落、裂缝；

6）廊内其他管线应无影响热力管线安全运行和操作的因素。

（5）热力公司管线巡检人员对热力管线进行的专业检查项目，由管线巡检人员使用专业检测设备按照《城镇供热系统运行维护技术规程》CJJ/T 88、《城市综合管廊运营管理技术标准（征求意见稿）》中的相关项目进行；

（6）当被检查的环境温度超过 40℃时，应采取安全降温措施。

7.3.9.2　热力管线运维方案

（1）热力管道运行压力、温度、输送量应小于等于管道设计运行压力、温度和输送量；

（2）热力管道宜结合综合管廊空间条件采用自然补偿方式进行管道补偿，减少补偿器的使用；

（3）应根据管道设计应力计算对转角、弯头、分支等应力集中释放处的管道、支架或设备进行监测；

（4）热力管道更新改造完毕或停止运行后重新启用时，应专门对综合管廊内设备、管道、阀门及相关配套附属设施进行全面检查，确认正常后方可启用；

（5）当管道发生泄漏时，应根据发生泄漏管道的实际情况，确定抢修方案。抢修作业应符合《城镇供热系统抢修技术规程》CJJ 203 的有关规定。蒸汽管道泄漏抢修不宜采用不停热抢修方式；

（6）热力管道的疏水、排气、排水应符合综合管廊的运行管理要求；

（7）热力管道检测与控制装置宜采用可在线检测与控制的产品；

（8）热力管道的运行维护及安全管理还应符合《城镇供热系统运行维护技术规程》CJJ/T 88 的有关规定。

7.3.9.3　热力管线故障处理流程

根据《城市地下综合管廊运行维护及安全技术标准（征求意见稿）》、《城市综合管廊运营管理技术标准（征求意见稿）》、《城镇供热系统抢修技术规程》CJJ 203、《热力管道完好要求和检查评定方法》SJ/T 31445，细化热力管线故障后的处理流程。管廊运维公司负责报警数据的确认和通知相关单位，负责将管廊的人财物损失降到最低，现场抢修工作的协调；热力公司负责对热力管线进行抢修。

具体处理流程详细介绍如下，作为管廊实际运维工作的参考，其中实际热力管线的抢修流程以热力公司的处理流程为准。

1. 传感器报警后（廊内温度报警/集水坑内水温报警/集水坑液位报警），管廊运维公司工作流程

（1）监控中心根据报警信息，确认是有热力管线泄漏，还是传感器误报警，确认热力管线泄漏的位置；

（2）如果确认热力管线故障，需要确认管廊内温度是否超标，若温度超标应立即启动风机，对廊内进行通风，确认廊内积水情况，需要的情况下增加水泵排水；

（3）根据现场情况和热力公司协调是否需要切断管道传输，通知公安、医疗部门赶赴现场协同处理热力管道泄漏；

（4）确认热力管道泄漏区域是否有人员，开展伤员营救，将人员紧急转移到安全区域，设置安全警戒区和警示标志；

（5）将管廊热力管道泄漏情况通告上级管理部门；

（6）通知热力公司组织专业人员到达管廊开展抢修工作。

2. 热力公司维修人员到达后抢修工作流程

（1）根据现场情况，确定是否停热及抢修方案；

（2）供热管理部门应根据抢修作业需要的停热时间和影响范围，向主管部门汇报，并应对需要停热的用户做好宣传解释工作；

（3）抢修人员持证上岗，进入抢修施工现场前应穿戴相应的劳动防护用品；

（4）抢修人员到达事故现场后，必须立即设置安全警戒区和警示标志，并应采取防护措施；

（5）抢修过程中应采取防止次生灾害的措施；

（6）抢修人员进入故障现场前需确认廊内温湿度满足施工要求，危险气体浓度满足要求，在作业工程中实时监测环境参数，当环境参数不符合施工条件时应立即停止作业；

（7）不停热抢修应分析温度和压力因素对抢修作业的影响，必要时应采取降温降压措施，并应做好停热抢修的准备工作；

（8）当管道出现泄漏时，可临时对管道漏点处采用抱卡或焊接管箍封等方法进行带压封堵，然后根据情况进行处理；

（9）当管道排气阀及泄水阀出现泄漏时，可临时对漏点采用抱卡或焊接大口径钢管短节进行带压封堵，然后根据情况进行处理；

（10）未发生结构性损坏的补偿器发生泄漏时，抢修作业应符合下列规定：

1）填料式补偿器发生泄漏时，可采用拧紧压紧螺栓进行处理，当因盘根缺失导致泄漏时，可采取专用的堵漏挡环、压兰进行处理；

2）柔性填料套筒发生泄漏时，可通过加料嘴注入柔性填料进行处理；

3）外压波纹管补偿器发生泄漏时，可采用波纹管专用的堵漏密封压兰进行处理。

（11）停热抢修应根据发生泄漏管线的实际情况，确定供热管网应急停热方案；

（12）环境温度低于 0℃，长时间停热抢修时应对供热管网采取防冻措施；

（13）停热抢修前应关闭漏电影响范围内的全部阀门，并应对故障范围内的管线与其他正常运行管线进行解列；

（14）停热时应沿供热管线介质流动方向依照主干线、支线、户线的顺序依次关闭阀门，在同一位置，应先关闭供水（汽）阀门，后关闭回水（凝结水）阀门；

（15）停热后应根据抢修方案进行泄压、泄水，泄水操作应先打开放水阀，压力降至常压后打开放气阀；

（16）抽水过程应符合：

1）应设专人监护，机泵操作人员不得远离岗位；

2）应采取导流、防止烫伤措施；

3）冬季抽水时应采取防止路面结冰的措施。

（17）管道和设备修复、更新应符合下列规定：

1）更换管道和设备时，应采取措施消除管道切割后由于降温而引起的管道变形影响；

2）应对管道的新旧保温结合处进行保温修补，并应对保温接口进行气密性试验，试验压力为 20kPa；

3）轴向补偿器安装时，补偿器与管道应保持同轴，补偿器安装方向应与管道介质流向一致，补偿量应符合安装管段的补偿要求。

（18）抢修完成后应及时组织恢复供热，恢复供热应根据指令控制充水或送汽速度。

7.3.10　通信管线的运行维护

根据《城市地下综合管廊运行维护及安全技术标准（征求意见稿）》、《城市综合管廊运营管理技术标准（征求意见稿）》、《通信线路工程设计规范》YD 5102、《电力系统光纤通信运行管理规程》DL/T 547，在通信管线的运维工作中，管廊运维公司主要负责通信管线的日常巡检，对给水管线的运行情况进行一般性目视辅助巡检，将管线的异常情况报告给通信公司；通信管线的专业检查项目，由专业的通信管线巡检人员在管廊巡检人员的陪同下一起进行巡检，管线的故障定位、维修检查等工作由管线公司负责，管廊运维公司负责协调工作，对管廊内开展的相关工作提供保障。

7.3.10.1　通信管线巡检方案

（1）线路及设备日常巡查应每月不少于 1 次，遇综合管廊内部施工、洪涝、地震、火灾等情况时应增加巡查频次；

（2）管廊运维公司对通信管线进行一般性目视辅助巡检，主要包括下列内容：

1）光缆走线应合理并排列整齐，线缆固定设施无脱落和丢失，线缆无严重下沉和倾斜、折裂；

2）周围环境对线缆运行有无影响；

3）线缆有无损毁迹象，光缆外护层不应有腐蚀、损坏；

4）光缆托架、托板应保持完好，配属装置完整有效；

5）线缆的附属设备是否牢固，有无丢失缺损等情况；

6）光缆安全标志和光缆标识应醒目，不应破损、丢失；

7）光缆接续盒应密封、无受损，且应与光缆结合良好；

8）定期清除光缆上的污垢及杂物。

（3）通信公司管线巡检人员对通信管线进行的专业检查项目，由管线巡检人员使用专业检测设备按照《电力系统光纤通信运行管理规程》DL/T 547、《城市综合管廊运营管理技术标准（征求意见稿）》中的相关项目进行。

7.3.10.2　通信管线运维方案

（1）管廊运维公司应与线路运行维护部门和光缆运行维护责任单位建立定期联系沟通制度和光缆故障处理快速响应机制。

（2）应编制线缆测修计划，周期性整理、测修通信线缆，根据日常维护及测试结果，进行系统维护或更换，使其符合规定标准。

（3）还应对重要用户、专线及重要通信期间加强维护。

（4）综合管廊内通信线缆的运行维护及安全管理应符合现行行业标准《通信线路工程设计规范》YD 5102 和《电力系统光纤通信运行管理规程》DL/T 547 的有关规定。

7.3.10.3　通信管线故障处理流程

根据《城市地下综合管廊运行维护及安全技术标准（征求意见稿）》、《城市综合管廊运营管理技术标准（征求意见稿）》、《电力系统光纤通信运行管理规程》DL/T 547，细化通信管线故障后的处理流程。管廊运维公司负责报警数据的确认和通知相关单位，负责将管廊的人财物损失降到最低，现场抢修工作的协调；通信公司负责对通信管线进行抢修。

具体处理流程详细介绍如下，作为管廊实际运维工作的参考，其中实际通信管线的抢修流程以通信公司的处理流程为准。

1. 通信管线发生故障后，管廊运维公司工作流程

（1）监控中心根据报警信息（管廊内温度报警/火灾报警/水位报警），和通信公司协调确认通信管线的状态是否正常；

（2）根据现场情况和通信公司协调组织专业人员到达管廊开展抢修工作，通知公安、消防、医疗部门赶赴现场协同处理；

（3）将管廊通信管线故障情况通告上级管理部门。

2. 通信公司维修人员到达后抢修工作流程

（1）确认故障现场环境条件满足施工条件的情况下，进入故障现场，分析引起光缆线路故障的原因，主要可分为四类：

1）外力因素引发的线路故障；

2）自然灾害造成的线路故障，例如火灾、洪水、电击等；

3）管线自身原因造成的线路故障，包括自然断纤，或是环境温度过低导致接头盒内进水结冰，光缆护套纵向收缩，对光纤施加压力产生微弯使衰减增大或光纤中断，或是温度过高，容易使光缆护套及其他保护材料损坏影响光纤特性；

4）人为因素引发的线路故障，例如技术人员在维修、安装和其他活动中引起的人为故障，或是有人蓄意破坏。

（2）光缆线路故障一般分为三类：光缆全断、部分束管中断、单束管中的部分光纤中断；

（3）根据故障现象，使用专业测试设备进行测试，分析故障可能原因，并进行故障点定位，光缆故障现象与原因分析见表7-30。

光缆故障现象与原因分析 表 7-30

故障现象	故障的可能原因
1根或几根光纤原接续点损耗增大、断纤	原接头盒内发生问题
1根或几根光纤衰减曲线出现台阶	光缆受机械力扭伤，部分光纤受力但尚未断开
原接续点衰减台阶水平拉长	在原接续点附近出现断纤故障
光纤全部阻断	光缆受外力影响挖断、炸断或塌方拉断

（4）故障处理原则：先抢通，后修复；先核心，后边缘；先本端，后对端；先网内，后网外，分故障等级进行处理。当两个以上的故障同时发生时，对重大故障予以优先处理。线路障碍未排除之前，查修不得中止。当电缆发生障碍时应以"尽快地恢复通信"为主要目的，对于重要用户必须采取适当的措施，先恢复通信；

（5）根据不同的线路类型，有侧重地进行修复：

1）同路由有光缆可代通的全阻故障。光纤维护人员应该在第一时间按照应急预案，用其他良好的纤芯代通阻断光纤上的业务，然后再尽快修复故障光纤；

2）没有光纤可代通的全阻故障，按照应急预案实施抢代通或障碍点的直接修复进行，抢代通或修复时应遵循"先重要电路、后次要电路"的原则；

3）光缆出现非全阻，有剩余光纤可用。用空余纤芯或同路由其他光缆代通故障纤芯上的业务。如果故障纤芯较多，空余纤芯不够，又没有其他同路由光缆，可牺牲次要电路代通重要电路，然后采用不中断电路的方法对故障纤芯进行修复；

4）光缆出现非全阻，无剩余光纤或同路由光缆。如果阻断的光纤开设的是重要电路，应用其他非重要电路光纤代通阻断光纤，用不中断割接的方法对故障纤芯进行紧急修复；

5）传输质量不稳定，系统时好时坏。如果有可代通的空余纤芯或其他同路由光缆，可将该光纤上的业务调到其他光纤。查明传输质量下降的原因，有针对性地进行处理；

（6）光缆故障修复流程，光缆线路障碍是指由于光缆在用光纤中的1根或以上的光纤中断或光纤性能发生变化而影响正常通信的事故。

1）由于光缆线路原因造成传输质量不良，由客户同意继续使用的，不作为光缆线路障碍，但应积极设法使传输质量恢复到正常水平；

2）主用系统发生障碍，由备用系统倒通或备用系统发生障碍，虽未影响通信，但也应积极查找原因，拟定修复方案报客户批准后实施。线路障碍的实际次数、历时及修复措施均应详细记录，作为分析和改进维护工作的依据；

3) 光缆线路障碍分为一般障碍、逾期障碍、全阻障碍和重大障碍；

4) 障碍抢通时间（海缆和水线除外）不超过以下时限的为一般障碍：抢通带业务纤芯 12 芯以下不超过 6h；24 芯以下不超过 12h，24 芯以上不超过 24h；

5) 超过一般障碍所规定时限的为逾限障碍；

6) 全阻障碍：光缆线路全阻是指光缆的纤芯全部中断或光纤性能发生变化而备用纤芯的倒通时间超过 10min 的障碍。同一光缆线路中备用系统的倒通时间，或利用备用光纤调通 1 个及以上在用系统的时间在 10min 以内不作为全阻障碍；

7) 重大障碍：在执行重要通信任务期间发生全阻障碍影响重要通信任务，并造成严重后果的为重大障碍；

8) 当光缆线路发生障碍时，传输设备维护部门或相关维护责任人应在 30min 内努力设法调通备用光纤（如是无人值守机房，从维护人员达到该机房开始计时），同时在 30min 内判明障碍线路的段落，通知有关光缆线路维护人员出查，通知有关中继站的维护人员下站配合查修，应同时上报客户。查找电缆障碍时，应先测定全部障碍线对并确定障碍的性质。然后根据线序的分布情况及配线表分析障碍段落，再用仪器测试、直接观察、充气检查电缆护套等方法确定障碍点。一般不得使用缩短障碍区间而大量拆接头或开天窗的方法确定障碍点；

9) 排除故障时，应遵循"先一级、二级、后本地网等"和"先抢通、后修复"的原则，任何情况下，用最快的方法抢通高速率的传输系统，然后再尽快修复。线路障碍未排除之前，查修不得中止；

10) 障碍一旦排除并经严格测试合格后，还应立即对线路的传输质量进行验证，并尽快恢复通信；

11) 障碍点芯线的绝缘物烧伤或芯线变色过多或过长时，应采取改接一段电缆。如果个别线对不良时，可以只改接部分芯线。电缆浸水后，在没有更好的办法之前，浸水段落应予以更换；

12) 障碍排除后应认真做好障碍查修记录。重大障碍排除后的三个工作日内将障碍及处理详情书面上报客户；

13) 障碍排除后，维护单位应及时组织相关人员对障碍的原因进行分析，整理技术资料，总结经验教训，提出改进措施；

14) 在发生个别光纤断裂且由备用光纤调通时，应尽可能采用不中断电路的修复方法；

15) 为保证尽快排除障碍，供维护用的各种业务联络工具应随时保持畅通、良好；

16) 处理障碍中所介入或更换的光缆，其长度一般应不小于 200m，且尽可能采用同一厂家、同一型号的光缆。障碍处理后和迁改后光缆的弯曲半径应不小于 15 倍缆径；

17) 光缆线路发生障碍，临时抢通后系统恢复正常，至最终按要求完全恢复。在临时抢通到正式恢复的倒换中，不应造成再次中断；

18）不能因为修理障碍而产生新的反接、差接、交接、地气等障碍。同时在接续、封合以及建筑或安装上都要符合规格要求，更不得降低绝缘电阻，必须经测量室测好后才能封合；

19）各维护单位应该根据维护规程和客户要求制定本单位的光缆线路障碍抢修流程；

20）当电缆发生障碍时应以"尽快地恢复通话"为原则，对于重要用户必须采取适当的措施，先恢复通话。同时发生几种障碍时，应先抢修重要的和影响较多用户的电缆。

（7）光缆的割接按照割接流程实施。

7.4　管廊运维信息管理

7.4.1　档案资料管理

为了做好综合管廊运维管理，需对相关档案资料进行管理工作，充分发挥档案资料在管廊运维管理中的重要作用，根据有关法律法规的规定，结合管廊运维的基本情况，提出以下办法。

（1）综合管廊的技术档案管理应符合《城建档案业务管理规范》CJJ/T 158 的有关规定；

（2）综合管廊运维管理单位应建立完备的技术档案管理制度，包括技术档案的收集、整理、鉴定、统计、归档、保管、借阅、检查、销毁等规定和工作流程。综合管廊技术档案应包括下列内容：

1）相关技术规范、标准和操作规程；

2）综合管廊本体及附属设施设备台账；

3）综合管廊及入廊管线的竣工资料；

4）运行维护及安全管理数据、记录日档资料、应急处置及分析报告；

5）其他必要资料。

（3）综合管廊运维管理单位应设专门部门及专人负责管理；

（4）综合管廊运维管理单位应定期对技术档案进行核对维护，保持技术档案完整和准确；

（5）综合管廊技术档案管理宜采用计算机技术实施动态管理，并纳入综合管廊统一管理平台；

（6）综合管廊技术档案的存放地应有防火、防潮、防虫鼠、防霉、防蛀、防盗等有效措施；

（7）电子技术档案管理应符合《建设电子文件与电子档案管理规范》CJJ/T 117 和《建设电子档案元数据标准》CJJ/T 187 的有关规定；

（8）综合管廊档案资料管理应符合国家安全、保密要求；

（9）入廊管线的管理单位应在管线敷设、迁移、变更、废弃完成后3个月内向综合管廊档案管理部门归档。

7.4.2 运行数据管理

（1）综合管廊运行相关数据类型应包含BIM数据、GIS数据、管线数据、运维数据、监控存储数据、安全监测数据等；

（2）综合管廊统一管理平台可对入廊管线信息进行集中统一管理，及时将入廊管线规划、普查、竣工测量资料及入廊管线的具体信息输入系统，并实行动态管理；

（3）综合管廊宜建立运行数据库，具备扩展和异构数据兼容功能。内容应完整、准确、规范，并应建立统一的命名规则、分类编码和标识编码体系；

（4）综合管廊运行数据管理应建立有效的数据备份和恢复机制，数据的保密和安全管理应符合相关标准要求；

（5）视频数据存储时间宜不少于30天，传感器监控数据宜永久保存。

第8章 综合管廊安全维护与应急机制

8.1 综合管廊的安全维护

综合管廊是一个密闭的空间，包含多种包括燃气管道在内的重要的市政管线，且其能源运输量大，一旦发生事故，将会造成巨大的财产损失和不良的社会影响。管廊的安全维护是发挥其社会效益与经济利益的根本保障，合理的安全维护措施对预防和降低事故具有显著的效果。

安全维护主要是指在管廊运维工作中与安全相关的维护工作，业务范围涉及环境和设备安全、人员安全，安全维护的工作内容主要包括：环境与设备监控、入廊人员监控、防入侵监控等方面。本节另附管廊运维常用表单模板（附录A），作为管廊运维工作的实用手册。

8.1.1 环境与设备安全维护

环境监控需要实现对廊内各个舱段的环境参数的全天候监测，将实时监控信息通过数据采集装置及时地传输到监控中心的综合监控平台，分析并预测环境参数的变化趋势，提前进行预判，多系统联动实现廊内环境主动安全控制，全自动异常处理流程管理。具体环境参数包括：环境温湿度、管廊集水坑液位、氧气浓度、硫化氢浓度、甲烷浓度、廊体结构沉降。

设备监控需要实时监测各设备的运行状态，通过分析设备运行参数，了解设备工作状态，实现对故障设备的实时告警，提示工作人员及时处理。具体包括：通风系统设备、排水系统设备、供电系统设备、照明系统设备、配套的采集、控制设备。

可以根据运行要求对这些设备的运行发出相应的指令进行动态调整。

8.1.2 入廊人员安全维护

针对进入管廊的人员，需要制定监控措施，保障管廊安全、人员安全。

（1）根据人员的不同岗位的工作内容，划分权限等级，设置门禁权限、设备操作权限、运维平台使用权限等，没有相应权限的人员禁止进入管廊和操作相关设备，保证运维工作的安全；

（2）使用高精度人员定位系统，对进入管廊的人员实现高精度定位，并自动记录入廊人员运动轨迹；视频监控系统可以实时自动跟踪人员拍摄，获取前方视频资料，保证入廊人员安全；

（3）在管廊内部设置电子围栏，禁止没有权限的人员进入该区域内对设备进行操作，防止危害管廊运维安全；

（4）视频监控系统实时对视频资料进行智能分析，自动识别视频中的人员、分析人员行为和停留时间，根据系统预设值对违规行为进行报警，保证管廊运维的安全和人员安全。

8.1.3　综合管廊防入侵要求

管廊的运维工作最重要的就是要保障廊内管线的运维安全，管廊以一个相对密闭的环境运行，需要对一些通道进出口进行监控，严防非法人员进入管廊。防入侵系统主要有以下要求：

（1）对管廊的人员出入口、通风口建立防入侵系统，例如红外双鉴防入侵系统、光纤防入侵系统等，同时针对这些通道配置视频监控系统，严防非法人员从这些通道进入管廊；

（2）使用成熟的防入侵设备，漏报率为 0，误报率较低，系统具有较好的实用性；

（3）按照人员权限设置门禁系统，防止没有权限的人员进入管廊；

（4）当发生报警时，运维平台系统界面应弹出报警，并自动调出所在防区的摄像头实时图像。

有关综合管廊防入侵系统的详细配置与硬件安装说明，在本书第 13.2 节将进行详细的叙述。

8.2　综合管廊应急运维

管廊应急运维重点在于事故发生前的预防和控制以及事故发生后的处置。尽管某些紧急事件过去从未发生过，对城市地下管廊采取应急措施并进行人员疏散至关重要。为规范综合管廊运维工作中生产安全事故的应急管理和应急响应程序，预防和减少事故，及时有效地组织实施应急救援工作，提高生产安全事故应急处置能力，最大限度地减少人员伤亡和财产损失，保护生态环境，维护人民群众的生命安全和社会稳定，应建立完善的管廊应急运维机制。

8.2.1　应急运维的原则

应急运维方案是管廊运维公司安全生产的重要组成部分，做好应急运维方案，可以使管廊运维公司加强对生产安全事故的防范，及时做好安全事故发生后的救援处置工作，最大限度地减少事故损失和防止事故扩大。在管廊应急运维方案的制定和执行过程中，需要注意以下原则。

1. 以人为本，科学管理，安全第一

把保障人民群众的生命安全和身体健康、最大限度地预防和减少安全生产事故造成的人员伤亡当作首要任务。在事故未发生时充分做好预防工作；在事故发生后，立即营救受伤人员，组织撤离或采取其他措施，保护危险区域内的其他人员。充分发挥人的主观能动性，发挥专家、专业救援力量和人民群众的作用；实行科学民主决策，采取科学的管理方法，采用先进的检测、监测手段、救援装备和技术，迅速控制事态，消除危害后果。

2. 统一领导，分级负责

在公司领导和公司安全委员会的统一领导和组织协调下，相关部门按照各自职责和权限，负责生产安全事故的应急救援管理和应急救援处置工作。各部门要认真履行安全生产责任主体的职责，建立安全生产应急预案和应急救援机制。

3. 快速反应，协同应对

应加强应急处理队伍建设，建立联动协调制度，充分动员、发挥管廊运维公司各部门的作用，依靠区住房和城乡建设局、区安全生产委员会的力量，形成统一指挥、反应灵敏、功能齐全、协调有序、运转高效的应急管理机制。

4. 属地为主，分级响应

在生产安全事故发生后，事故单位，必须做出"第一反应"，果断迅速地采取应对措施，组织应急救援队伍。先期到达的应急救援队伍，要抓住时机，迅速有效地实施先期处置，全力控制事态发展，切断事故灾害链，防止次生、衍生和耦合事故（事件）发生。同时，应立即向上级部门报告事故情况。上级部门迅速对事故做出判断，决定应急响应行动。

5. 依靠科学，依法处置

充分发挥专家作用，进行科学决策。采用先进的救援装备和技术，增强应急救援能力。依法规范应急救援工作，确保应急预案的科学性、权威性和可操作性。

6. 预防为主，平战结合

贯彻落实"安全第一，预防为主，综合治理"的方针，一是通过安全管理和安全技术等手段实现本质安全，尽可能防止事故发生；二是在假定事故必然发生的情况下，通过预先采取的预防措施，达到降低或减少灾害的影响。为此，平时要做好预防、预测、预警和预报工作，搞好预案的演练，使应急组织体系的各机构、各部门明确各自职责及运行程序，使各专业救援组织熟悉应急救援的基本技术、方法和技巧，掌握自救和互救的知识，提高应急响应系统的整体救援能力。

8.2.2　应急运维的业务范围

针对管廊内的一些突发情况，需要提前做好应急运维的管理工作，当发生突发情况时，可以按照应急运维方案执行，保证管廊的运维工作有条不紊。管廊应急运维的业务范围主要包括：

（1）在组织机构中设置专门负责安全生产的部门，管理管廊的应急运维；

（2）应根据综合管廊所属区域、结构形式、入廊管线情况、内外部工程建设影响等，对可能影响综合管廊运行安全的危险源进行调查和风险评估工作；

（3）应依据国家相关法律法规、技术标准及综合管廊本体、附属设施、入廊管线的运行特点，建立应急管理体系；

（4）应建立包含运维管理单位、入廊管线单位和相关行政主管单位相协同的安全管理与应急处置联动机制；

（5）综合管廊运行维护及安全管理相关单位应根据以下可能发生的事故制定应急预案：

1）管线事故；

2）火灾事故；

3）人为破坏；

4）洪水倒灌；

5）对综合管廊产生较大影响的地质灾害或地震；

6）廊内人员受伤、中毒、触电等事故；

7）其他事故：

一旦发生以上事故，应当做出快速应急反应，实施，抢救措施，尽力将损失降到最低限度，减少对环境造成的污染、对人员造成的伤害和对财产造成的损失。最大限度地控制局面，减少国家和企业的经济损失和人员伤亡，保证人员和物品的安全；

（6）应急预案编制应符合《生产经营单位生产安全事故应急预案编制导则》GB/T 29639 的规定，包括综合应急预案、专项应急预案、现场处置方案；

（7）应基于信息技术、人工智能建立包含预警、响应、预案管理等的智能化应急管理系统；

（8）对应急运维相关资源文件进行管理和维护，包括应急专家库、应急流程、应急预案等；

（9）应定期组织预案的培训和演练，每年不少于 1 次，应急演练宜由综合管廊运维管理牵头单位组织；应定期开展预案的修订，一般 1 年修订 1 次，并根据管线入廊情况和周边环境变化等需要应进行不定期修订、完善；

（10）应建立完善的应急保障机制，确保包括通信与信息保障、应急队伍保障、物资装备保障及其他各项保障到位；

（11）综合管廊运行维护及安全管理过程中遇紧急情况时，应立即启动应急响应程序，及时处置；应急处置结束后，按应急预案做好秩序恢复、损害评估等善后工作。

8.2.3　应急运维处理流程

8.2.3.1　应急事故分级

根据《生产安全事故报告和调查处理条例》，事故划分为特别重大事故、重大事故、较大事故和一般事故 4 个等级。

（1）特别重大事故，是指一次造成 30 人以上死亡，或者 100 人以上重伤，或者 1 亿元以上直接经济损失的事故；

（2）重大事故，是指一次造成 10 人以上 30 人以下死亡，或者 50 人以上 100 人以下重伤，或者 5000 万元以上 1 亿元以下直接经济损失的事故；

（3）较大事故，是指一次造成 3 人以上 10 人以下死亡，或者 10 人以上 50 人以下重伤，或者 1000 万元以上 5000 万元以下直接经济损失的事故；

（4）一般事故，是指一次造成 3 人以下死亡，或者 3 人以上 10 人以下重伤，或者 300 万元以上 1000 万元以下直接经济损失的事故。

8.2.3.2　应急响应程序

根据事故危害程度、影响范围和控制事态的能力，按照分级负责的原则，制定以下应急响应程序。

（1）一般级别事故的响应

管廊运维公司主要负责人立即到场，协调相关管线单位、医疗消防等相关方面力量，迅速开展抢险救援工作，及时向当地住房和城乡建设局和安全委员会相关部门报告。

事故属地住房和城乡建设局和安全委员会相关部门负责人立即赶赴现场，组织协调相关方面力量和资源开展协调处置工作，及时跟踪动态信息，并将处置进展情况及时续报政府部门。在处置过程中，配合宣传部门做好新闻宣传和媒体应对工作。

在事故处置过程中，管廊运维公司安全处随时收集汇总动态信息，并及时将有关情况报公司领导、地方住房和城乡建设局以及安委会。

（2）较大级别事故的响应

在一般事故响应的基础上，管廊运维公司、住房和城乡建设局、安全委员会立即向市应急办报告。

事故属地住房和城乡建设局和安全委员会相关部门负责人，陪同政府领导立即赶赴现场，组织协调相关方面力量和资源开展处置工作。及时跟踪动态信息，并将处置进展情况及时续报市政府相关部门。在事故处置过程中，配合宣传部门做好新闻宣传和媒体应对工作。

应急救援指挥部总指挥及指挥部成员单位立即赶赴现场，指导、督促事故属地住房和城乡建设局开展处置工作，全力营救伤亡人员，防止事态扩大，避免次生衍生事故发生。安全委员会及时汇总整理相关信息，并及时报市应急办。

（3）重大事故的响应

在较大级别事故响应的基础上，市应急办立即向省应急办报告，应急处置行动按当地《重特大生产安全事故灾难应急预案》执行。

事故所在地区住房和城乡建设局和安全委员会主要负责人在政府的领导下，第一时间到达现场，在指挥部相关人员到达现场前，立即组织协调相关方面力量开展先期救援工作，并随时将救援进展情况报告指挥部办公室。同时，为市指挥部领导到达现场开展救援处置做好各项后勤准备工作。市指挥部领导到达现场后，配合做好处置相关工作。

市指挥部总指挥及相关成员单位负责人立即赶到现场。根据需要成立现场指挥部，组织协调相关方面力量开展处置工作，全力营救伤亡人员、维护现场秩序，防止事态扩大，避免次生衍生灾害发生。市应急办协助指挥部领导组织协调处置工作，及时汇总整理动态信息报省应急办。在处置过程中，市指挥部会同省新闻宣传部门，随时做好新闻宣传和媒体应对工作，适时组织媒体接待，正确引导社会舆论。

（4）特别重大事故的响应

在重大级别事故响应的基础上，省应急办立即向国家应急指挥机构报告，应急处置行动按《国家生产安全事故灾难应急预案》执行。

事故所在市住房和城乡建设局和市安全委员会主要负责人在省政府的领导下，第一时间到达现场，在指挥部相关人员到达现场前，立即组织协调相关方面力量开展先期救援工作，并随时将救援进展情况报告指挥部办公室。同时，为省指挥部领导到达现场开展救援处置做好各项后勤准备工作。省指挥部领导到达现场后，配合做好处置相关工作。

省指挥部总指挥及相关成员单位负责人立即赶到现场。根据需要成立现场指挥部，组织协调相关方面力量开展处置工作，全力营救伤亡人员、维护现场秩序，防止事态扩大，避免次生衍生灾害发生。省应急办协助指挥部领导组织协调处置工作，及时汇总整理动态信息报省应急办。在处置过程中，省指挥部会同国家新闻宣传部门，随时做好新闻宣传和媒体应对工作，适时组织媒体接待，正确引导社会舆论。

（5）应急响应流程

进入应急状态时，根据事故发展态势和先期处置情况，应急救援各成员单位根据职责分工开展应急处置，应急响应通用流程图见图 8-1。

8.2.3.3　应急处置措施

在综合管廊运维中，常见事故包括管线事故、坍塌事故、火灾事故、洪水倒灌事故、地质灾害或地震应急事故、触电事故、急性职业中毒、机械伤害事故、高空坠落事故、中毒事故、物体击打事故、卫生防疫事故以及其他突发事故。为了保障综合管廊运维安全，应针对每一项事故，制定应急处置措施，降低损失。

1. 管线事故应急处置措施

（1）管线事故预防措施

1）做好日常巡检工作，认真记录巡检过程中的数据和现象，有异常情况要及时上报管理部门；

2）管廊运维公司与相关管线公司做好沟通工作，对管线公司提供的异常数据及时到现场确认；管廊运维中发现的管线异常问题要及时和管线公司沟通处理；

3）采取必要的信息化环境监测手段，辅助监测管线的运行状态。

（2）管线事故应急措施

1）发生管线事故，管廊运维公司在管线公司的带领下，协助管线公司开展相关工作，并及时上报上级管理部门；

2）及时疏散人员，避免对人员造成伤害；

3）按照应急预案处理，防止破损管线对其他管线产生影响，引发次生、衍生、耦合

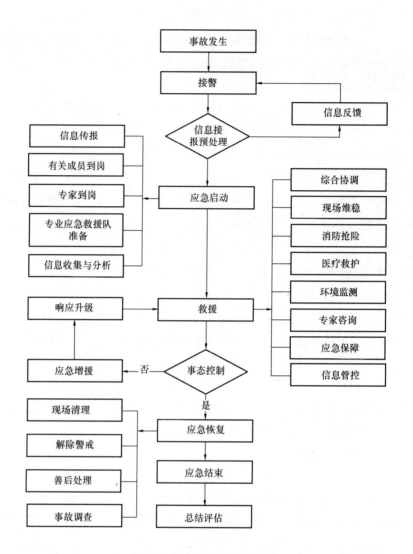

图 8-1　应急响应通用流程图

事故；

4）管线发生事故后及时开启环境控制设备，保障管廊环境安全。例如，供水管道破损，要及时开启水泵；燃气管道漏气，要开启风机保证通风；

5）管线的具体处置，由管线公司按照相关标准进行处理。

2. 坍塌事故应急处置措施

当发生坍塌事故后，抢救重点是集现场的人力、物力、设备尽快把压在人上面的土方、构件搬离，受伤者抬出来并立即抢救。

如伤员发生休克，应先处理休克。处于休克状态的伤员要让其安静、保暖、平卧、少动，并将下肢抬高约 20°，尽快送医院进行抢救治疗。遇呼吸、心跳停止者，应立即进行人工呼吸，胸外心脏按压。

出现颅脑损伤，必须维持呼吸道通畅。昏迷者应平卧，面部转向一侧，以防舌根下坠或分泌物、呕吐物吸入，发生喉阻塞。有骨折者，应初步固定后再搬运。遇有凹陷骨折，严重的颅骶骨及严重的脑损伤症状出现，创伤处用消毒的纱布或清洁布等覆盖伤口，用绷带或布条包扎后，及时送就近有条件的医院治疗。

发现脊椎受伤者，创伤处用消毒的纱布或清洁布等覆盖伤口，用绷带或布条包扎后，搬运时，将伤者平卧放在帆布担架或硬板上，以免受伤的脊椎移位、断裂造成截瘫或致死亡。抢救脊椎受伤者，搬运过程，严禁只抬伤者的两肩与两腿或单肩脊运。

发现伤者手足骨折，不要盲目搬运伤者。应在骨折部位用夹板把受伤位置临时固定，使断端不再移位或刺伤肌肉、神经或血管。固定方法：以固定骨折处上、下关节为原则，可就地取材，用木板、竹头等。无材料的情况下，上肢可固定在身侧、下肢与腱侧下肢缚在一起。

遇有创伤性出血的伤员，应迅速包扎止血，使伤员保持在头低脚高的卧位，并注意保暖。

一般伤口小的止血法：先用生理盐水（0.9%NaCl 溶液）冲洗伤口，涂上红药水，然后盖上消毒纱布，用绷带较紧地包扎。

加压包扎止血法：用纱布、棉花等作软垫，放在伤口上再包扎，来增强压力而达到止血目的。

止血带止血法：选择弹性好的橡皮管、橡皮带或三角巾、毛巾、带状布条等，上肢出血结扎在上臂 1/2 处（靠近心脏位置），下肢出血者扎在大腿上 1/3 处（靠近心脏位置）。结扎时，在止血带与皮肤之间垫上消毒纱布棉垫。每隔 25～40min 放松一次，每次放松 0.5～1min。

3. 火灾事故应急处置措施

综合管廊内存在的潜在火源主要是电力电缆因电火花、静电、短路、电热效应等引起的。另一种火源是可燃物质，如泄漏的燃气、污水管外溢的沼气等可燃气体，容易在封闭狭小的综合管廊内聚集，造成火灾隐患。

施工现场由于施工作业人员多，可燃物多，电气设备多，动火作业多，员工消防安全意识不高，极易发生火灾事故，为此加强施工现场防火管理，强化对员工消防安全教育，提高员工的消防安全意识，落实各项防火措施，是减少施工现场火灾事故的有效途径和方法。

（1）火灾事故预防措施

1）严格执行《消防法》、《机关、团体、企业、事业单位消防安全管理规定》、《工作场所安全使用化学危险物品规定》、《易燃易爆化学危险物品消防安全监督管理办法》等国家、部、省、市消防安全管理法规；

2）必须严格执行相关防火管理制度；

3）落实项目现场各级消防安全责任制，组建、培训义务消防队，加强对员工上岗前消防安全教育，提高员工的消防安全意识；

4）施工现场动火作业，必须办理动火审批手续，落实动火作业"八不、四要、一清

理"的防火措施,方准动火;

5)施工现场存放易燃易爆化学危险物品,必须经公司保卫部门审批同意后方准存放,严格控制存放数量,并落实消防安全措施;

6)按规定配备消防器材,消防与施工同步;

7)电线、电器设备的架设安装要符合技术规范,并由持有电工证的电工架设和安装,严禁乱拉乱接电线;

8)可燃杂物要及时清理,消防通道要保持畅通无阻;

9)施工现场要设立吸烟区,禁止在吸烟区外随处流动吸烟和乱丢烟头。

(2)火灾事故应急措施

1)施工现场万一发生火灾事故,火灾发现人应立即示警和通知项目现场负责人,并立即使用施工现场配备的消防器材扑灭初起之火,项目现场负责人接到报警后,要立即组织项目义务消防队进行灭火,并安排人中疏散,转移贵重财物到安全地方,拨 119 电话报警、接警,同时通知公司领导;

2)在灭火时要根据燃烧物质、燃烧特点、火场的具体情况,正确使用消防器材:

A. 施工现场发生火灾,绝大多数都是由于电焊作业或遗留火种引燃竹木等固体可燃物而引起的,对于这类火灾,可用冷却灭火方法,将水或泡沫灭火剂或干粉灭火剂(ABC 型)直接喷射在燃烧着的物体上,使燃烧物的温度降低至燃点以下或与空气隔绝,使燃烧中断,达到灭火的效果;

B. 如遇电器设备火灾,应立即关闭电源,用窒息灭火法,用不导电的灭火剂,如二氧化碳灭火器、干粉灭火器(ABC 型或 BC 型均可)等,直接喷射在燃烧着的电器设备上,阻止与空气接触,中断燃烧,达到灭火的效果;

C. 如遇油类火灾,同样可用窒息灭火方法,用泡沫灭火器、二氧化碳灭火器、干粉灭火器等,直接喷身在燃烧着的物体上,阻止与空气接触,中断燃烧,达到灭火的效果。严禁用水扑救;

D. 如焊渣引燃贵重仪器设备、档案、文档,可用窒息灭火方法用二氧化碳等气体灭火器直接喷射在燃烧物上,或用毛毡、衣服、干麻袋等覆盖,中断燃烧,达到灭火的效果,严禁用水、泡沫灭火器,干粉灭火器等进行扑救;

3)扑救火灾爆炸事故,应遵循如下原则:从上向下、从外向内,从上风处向下风处;

4)当事故现场火灾危及到人身安全且已经造成烧伤的,应直接把伤者隔离火源并把火扑灭,轻度烧伤者应立即包扎处理,中、重度烧伤者须及时送医院治疗,并进行医学观察。

4. 洪水倒灌应急处置措施

(1)洪水倒灌预防措施

1)当洪水水位达到警戒水位时,应急领导小组立即做好防汛准备,组织防洪抢险人员待命。对现场进行巡查,调集部分抢险物资以防局部出现险情;

2)当洪水水位达到危险水位时,应急领导小组立即调动人员设备,将现场的物资、人员、设备撤离至安全地带。停止一切现场施工,保证安全度汛;

3）当洪水水位达到超标水位时，应急领导小组立即进入抗洪抢险的工作中，保证综合管廊人员和财产的安全；

（2）洪水倒灌事故应急措施

1）现场发生暴雨洪水时，应急领导小组人员马上赶到现场指挥人员救援抢险；

2）立即撤离管廊内运维人员及危险区域人员到达安全区域避险，同时通知各部位水泵立即展开抽水工作，尽量减少洪点倒灌和水淹事故造成的损失；

3）排水过程中要切断电源、保持通风，加强对有害气体的检测；

4）切断与抢险无关的所有电源，保证现场所有的排水供电；

5）用沙袋将管廊入口封堵，防止洪水倒灌；

6）发生人员伤亡时，当事人应向事故现场就近的医院、120 报告，请求支援。

5. 地质灾害或地震应急处置措施

（1）地质灾害或地震预防措施

1）风险监测

管廊运维公司安全技术部门应密切监测地震地质等灾害风险，落实风险预控措施。风险监测的方法和信息收集包括以下渠道：

A. 在地震地质等灾害多发期，应密切注意政府相关部门发布的地震地质等灾害预报，定期对处于地震带和地质多发区的管廊加强巡检力度，掌握相关情况，制定并实施防震减灾措施，发现异常及时上报公司安全技术部门及各职能部门；

B. 利用防灾减灾信息系统，及早获得各级地震地质监测台网和群测点监测到的地震地质等灾害微观前兆信息和宏观异常现象，密切观察地震地质灾害的发展趋势，加强对所属综合管廊设施设备的巡查，采取有效的减灾措施，防范突发地震地质等灾害对电网造成破坏，发现异常及时上报公司安全技术部门及各职能部门；

C. 公司安全技术部门、各职能部门应与政府有关部门建立相应的地震地质及次生、衍生灾害监测预报预警联动机制，实现相关灾情、险情等信息的实时共享；

D. 各单位发现、获得重大地震地质等灾害风险信息后，应及时分别向公司应急办公室及各职能部门上报。

2）预警分级

根据地震地质等灾害的级别以及灾害对综合管廊可能造成的损坏程度，将地震地质等灾害预警状态分为四级：一级、二级、三级和四级，依次用红色、橙色、黄色和蓝色标示，一级为最高级别。

3）预警行动

A. 发布地震地质等灾害一、二、三、四级级预警信息后安全技术部和有关职能部门收集相关信息，密切关注事态发展，开展突发事件预测分析，及时向公司应急领导小组报告；

B. 安全技术部做好成立地震地质等灾害处置领导小组及办公室的准备工作；

C. 必要时启动应急值班；

D. 有关职能部门根据职责分工协调组织应急抢修和医疗救护队伍、应急物资、应急电源、交通运输等准备工作，做好异常情况处置和应急信息披露准备；

E. 应急队伍和相关人员进入待命状态，调集所需应急电源和应急物资，做好异常情况处置准备工作，必要时做好人员疏散或撤离准备工作；

F. 对公司员工开展地震、地质灾害判断、应急处置常识的普及、提高职工应急自救、互救能力。

（2）地质灾害或地震应急措施

破坏性地震发生后，公司应立即启动应急预案，调集抢险队伍、应急物资、开展抢险救灾工作。

1）人员疏散、救治

A. 迅速将人员撤离至安全区域，立即清点人数，统计人员伤亡和失踪情况；

B. 在确保救援人员安全的前提下，营救被困人员、伤亡人员；

C. 人员伤亡立即联系医疗单位救治；

D. 寻找、落实供疏散人员临时居住的简易建筑，采购卫生的食品和饮用水，保障疏散人员的基本生活。

2）生产设备、物资应急处置

A. 公司应迅速通过相关运行数据，初步判断管道受损情况，如已经出现管道压力快速下降等管道受损甚至断裂症状，应立即停运相应管道。迅速组织力量详细检查管道受损情况；

B. 组织力量加强对重要物资、档案存放等相关区域进行保卫和管制。有条件时进行挖掘、整理、转移；

C. 严密监视单位管辖区域，根据发生的次生灾害突发事件采取进一步对策；

D. 发生火灾，应及时报警，并组织力量疏散、抢救人员。在保证人员安全的情况下，转移重要物资，并采取有效措施扑灭火灾或阻止火势扩大；

E. 已经发生或可能发生危险化学品、易燃易爆物品泄露，在保证人员安全的情况下，应立即采取隔离措施，防止泄露扩大。如泄露无法隔离，应立即采取封闭现场和疏散人员等紧急处理措施，并加强监视，控制防止灾害扩展；

F. 地震引发水灾、洪水，造成公司管辖区域进水、被淹时，应立即组织力量疏散抢救人员。在保证人员安全的情况下转移重要物资。

（3）受损廊体的应急处理

1）对受损管廊进行初步评估，确定危险程度；

2）管廊廊体受损，如受损不严重，可以继续使用的，应对廊体受损处进行加固处理，确保人员安全；如果管廊受损严重，应立即切断廊内管线，避免对管线造成损害，产生次生、衍生、耦合事故，并上报上级管理部门，组织对廊体进行修复，并在保证人员安全的情况下，转移重要资料、档案、物资等；

3）管廊运维公司设法与上级管理部门保持通讯的畅通，及时汇报最新情况。当灾情超出公司的应急抢险能力时，应立即请求上级管理部门给予支援。

6. 触电事故应急处置措施

（1）触电事故预防措施

1）施工现场临时用电须编制专项施工方案，并经验收合格后使用。施工期间按照公司标准化要求定期检查；

2）电工持特种工作证上岗，严格按安全操作规程进行作业；

3）施工现场严禁乱拉乱接电线，非电工不得进行电气作业；

4）电气设备和线路的绝缘必须良好，裸露的带电导体应安装于不易勿动的位置，否则必须设置安装遮拦和明显的警示标志；

5）施工现场用电设备实行"一机、一闸、一漏、一箱"，三级漏电保护；

6）用电设备的金属外壳，必须按规定采取保护性接地或接零的措施；

7）地下室照明均采用 36V 低压电；

8）发生大量蒸汽、气体、粉尘的工作场所，要使用密闭式电气设备；

9）施工现场每天由电工对用电情况进行维护和安全用电检查及时发现和排除隐患，确保安全用电。

（2）触电事故应急措施

1）触电者的抢救

应尽快使触电者脱离电源。人触电后，可能由于疼痛或失去知觉（昏迷）等原因而紧抓导电体，不能自行摆脱电源。这时，应使触电者尽快脱离电源，切断通过人体的电流。据电压等不同，应采用不同的办法：

A. 低压触电解脱法

（A）附近有开关，应尽快断开电源。

（B）离电源开关较远，不能立即断开时，救护人可以使用干燥的绝缘物品（如干燥的衣服、手套、绳子、木棒、竹竿或其他不导电物体）作为工具，使触电者与电源分开。

（C）如果触电者因抽筋紧握导电物时，可以使用干燥的木柄斧头、木把锄头或胶柄钢丝钳等绝缘工具砍断带电导体；

（D）用上述方法解救时，救护人员宜站在干燥的木板、绝缘垫上或穿绝缘鞋进行抢救，而且宜用一只手进行操作，防止自己触电。此外，还要注意防止断电后触电人从高处坠落。

B. 高压触电解救法

（A）立即通知有关部门停电；

（B）戴上绝缘手套，穿上绝缘鞋靴，用相应电压等级的绝缘工具断开开关；

（C）对症施救，当触电者脱离电源后，应争分夺秒紧急救护，在送医院抢救的途中还应根据下列不同情况采用不同的救护方法；

（D）如果触电者伤势不重，神志尚清醒，但有些心慌、四肢发麻、全身无力或者触电过程中曾一度昏迷。应使触电者安静休息，严密观察，并尽快送医院治疗；

（E）如果触电者伤势较重，已失去知觉，但心脏跳动和呼吸尚存的。应使触电者舒适、安静地下卧，保持空气流通，并迅速送医院治疗，在送院途中要随时注意观察，如发现触电者呼吸停止，应立即进行人工呼吸抢救工作；

（F）如果触电者伤势特别严重，呼吸、脉搏、心脏跳动都停止，出现假死现象，应立即采用人工呼吸法和胸外心脏压挤法进行紧急救护。否则触电人将失去得到救治的可能。在医生未到现场救护之前或将伤者送医院的途中也不可中断人工呼吸。

C. 常用的两种触电急救方法

（A）口对口人工呼吸法，人工呼吸法是触电急救有效的科学方法，对于尚有心跳而呼吸停止或不正常的触电者宜用此法，施行人工呼吸前，应迅速将触电者身上妨碍呼吸的衣服领口、紧身衣服、裤带等解开，并将口腔内的食物、假牙、血块、黏液等取出，使呼吸道通畅，救护人员一手将伤者下颌托起，使其头尽量后仰，另一只手捏住伤者的鼻孔，深吸一口气，对伤者的口用力吹气，然后立即离开伤者口，同时松开捏鼻孔的手。吹气力量要适中，次数以每分钟 16～18 次为宜；

（B）胸外心脏按压法，对于尚有心跳而呼吸不正常的触电者宜用此法，将触电者仰卧在地上或硬板床上，救护人员跪或站于触电者一侧，面对触电者，将右手掌置于触电者胸内下段及剑突部，左手置于右手之上，以上身的重量用力把胸骨下段向后压向脊柱，随后将手腕放松，每分钟挤压 60～80 次；

（C）如果触电者呼吸和心跳都停止，上述两方法须同时进行，只有一人救护时，可以先吸气 2～3 次，再挤压 10～15 次，交替进行。并适当提高挤压和吹气的速度。若有两人救护，则一个侧跪作人工呼吸，另一人跨跪作胸外心脏按压。

2）现场应急措施

A）消除不安全因素，将出事的电源开关拉掉，防止事故扩大，避免更大的人身伤害及财产损失；

B）注意保护现场，因抢救触电者和防止事故扩大，需要移动现场物件时，应做出标志、拍照、详细记录和绘制事故现场图；

C）事故发生后应急小组在抢救触电者、保护事故现场的同时，立即报公司领导，项目部按规定向上级有关部门报告；

D）项目部得知事故发生后，应立即赶赴事故现场，开展上述应急措施，注意检查事故现场是否处于安全状态，防止事故的扩大；

E）配合公司有关部门开展事故调查工作。

7. 急性职业中毒应急处置措施

（1）职业中毒事件应急处理的保障

1）职业中毒事件应急处理应遵循"预防为主"的原则，加强职业中毒事件应急处理的组织建设，组织开展职业中毒时间的监测和预警工作，加大对职业中毒事件应急处理队伍建设和技术保障，建立健全项目部统一的职业中毒事件预防控制体系，保证职业中毒事件应急处理工作的顺利开展；

2）项目部加强对有毒有害作业场所的日常监督、监测，及时发现职业中毒事件隐患，采取相应防护措施。在可能突然泄漏大量有毒物品或者易造成急性职业中毒的作业场所，要设置机械通风设施；职业中毒危害防护设备、应急救援设施、通风装置要处于正常运行状态。项目部各级成员根据本预案要求，严格履行职责，实行责任制。对履行职责不力，造成工作损失的要追究有关当事人的责任；

3）项目部要对施工人员广泛开展突发公共卫生事件应急知识的普及教育，宣传卫生科普知识，指导工人以科学的行为和方式对待突发公共卫生事件。

（2）职业中毒事件预防及现场控制

1）人员组织。应急处理小组应视突发事件实情，及时组织足够人员，进行合理分工，明确各人（小组）职责；

2）赶赴事发地。应急事件处理小组应安排专人及时通知相关人员按要求到达事发地各自岗位，迅速展开工作；

3）资金保证：项目部应编制重大事故突发事件应急处理措施费用预算，建立突发事件应急处理资金使用辅助账；

4）车辆调度：一旦出现突发事件，项目部可请求公司综合办公室直接调度车辆，当内部车辆不够或不能及时，应及时组织外租和外借；

5）医务室与急救箱：项目部配备急救箱，并配备必备急救药品。配备应以简单和适用为原则，保证现场急救的基本需要，并可根据不同情况予以增减，定期检查补充，确保随时可供急救，必要情况下可直接拨打 120。

（3）急性中毒抢救措施

不论是轻度还是严重中毒人员，不论是自救还是互救、外来救护工作，均应设法尽快使中毒人员脱离中毒现场、中毒物源，排除吸收的和未吸收的毒物。

根据中毒的不同途径，采取以下相应措施：

1）皮肤污染、外表接触毒物：如在施工现场接触油漆、涂料、沥青、外掺剂、添加剂、化学制品等有毒物品中毒时，应脱去污染的衣物并用大量的微温水清洗污染的皮肤、头发以及指甲等，对不溶于水的毒物用适宜的溶剂进行清洗；

2）吸入毒物（有毒的气体）：如进入污水舱、燃气舱等地方施工；环境中有毒有害气体及氧焊割作业、乙炔气中的磷化氢、硫化氢、煤气（一氧化碳）泄漏；二氧化碳过量；油漆、涂料、保温、粘结等施工时；苯气体等作业产生的有毒有害的气体的吸入造成中毒时。应立即帮助中毒人员脱离现场，在抢救和救治时应加强通风及吸氧；

3）食入毒物：如误食发芽的土豆、未熟扁豆等动植物毒素及变质食物、混凝土添加剂中的亚硝酸钠、硫酸钠等和酒精中毒，对一般神志清者应设法催吐：喝温水 300～500mL，用压舌板等刺激咽喉壁或舌根部以催吐，如此反复，直到吐出物为清亮物体为止。对催吐无效或神志不清者，则可给予洗胃，洗胃一般宜在送医院后进行。

8. 机械伤害事故应急处置措施

（1）机械伤害事故预防措施

1）投入使用的机械设备必须完好，安全防护措施齐全，大型设备有生产许可证、出厂合格证；

2）作业人员经过培训上岗，特种作业人员持特种作业证上岗；

3）机械设备安装后应按规定办理安装验收手续，报上级部门检测，经检测合格后才能使用；

4）作业人员必须佩戴好劳动保护用品，严格按说明书及安全操作规程进行操作；

5）对机械设备的维护、保养、必须在停机状态下进行；

6）加强对机械设备的维修保养，保持机械设备处于良好的技术状态，各种安全防护设施齐全可靠。

（2）机械伤害事故应急措施

1）遇有创伤性出血的伤员，应迅速包扎止血，使伤员保持头低脚高的卧位，并注意保暖。正确的现场止血处理措施：一般伤口小的止血，先用生理盐水冲洗伤口，涂上红汞水，然后盖上消毒纱布，用绷带较紧的包扎，来增强压力而达到止血。止血带止血，选择弹性好的橡皮管，橡皮带或三角巾、毛巾，带状布条等，上肢出血结扎在上臂上 1/2 处（靠近心脏位置）。下肢出血结扎在大脚上 1/3 处，结扎时，在止血带与皮肤之间垫上消毒纱布棉垫，每隔 25～40min 放松一次，每次放松 0.5～1min；

2）动用最快的交通工具或其他措施，及时把伤者送往邻近医院抢救，运送途中应尽量减少颠簸，同时密切注意伤者的呼吸、脉搏、血压及伤口的情况；

3）消除不安全因素，如机械处于危险状态，应立即采用措施进行稳定，防止事故扩大，避免更大的人身伤害及财产损失；

4）在不影响安全的前提下，切断机构的电源；

5）注意保护现场，因抢救伤员和防止事故扩大，需要移动现场物件时，应做出标志，拍照，详细记录和绘制事故现场图；

6）事故发生后项目现场的抢救伤员，保护现场的同时，应立即向公司领导、项目部报告；

7）项目部得知事故发生后，应立即赶赴事故现场，落实上述应急措施，注意检查事故现场是否处于安全状态，防止事故的扩大，并按规定向上级有关部门报告；

8）配合公司有关部门开展事故调查工作。

9. 高空坠落应急处置措施

（1）高空坠落事故预防措施

1）高处作业的安全规定和技术措施以及所需的料具，必须列入该项工程的施工组织设计；

2）单项工程施工负责人应对工程的高处作业安全技术负责并建立相应的责任制；

3）施工前，应逐级进行安全技术教育及交底。并落实所有的安全技术措施和劳动防护用品，未经落实不得进行施工；

4）高处作业中的安全标志、工具、仪表、电气设施和各种设备，必须在施工前加以检查，确认其完好，方能投入使用；

5）从事高处作业人员必须定期（一般一年一次）进行身体检查，凡患有高血压病、心脏病、贫血病、癫痫病、四肢有残缺以及其他不适于高处作业者不得从事高处作业；

6）高处作业人员衣着要灵便。禁止赤脚、穿硬底鞋、高跟鞋、带钉易滑鞋、拖鞋及赤臂裸身从事高处作业；

7）酒后严禁高处作业；

8）高处作业人员必须按规定正确使用合格的安全帽、安全带、安全网等防护用品，并定期进行检查认定；

9）高处作业应配置对讲机或规定旗语、哨音作为上下联系信号，并有专人负责。禁止多人乱喊，以免误操作发生事故；

10）高处作业场所所有可能坠落的物体，应一律给予固定或拆除。所有对象均应安放平稳并不得妨碍装卸和通行。工具使用后应随手放入工具袋内。传递工具、零件、材料时，禁止抛掷。拆卸下来的对象及余料、废料，应及时清理运走。作业通道、工作平台或登高工具，应随时清理干净；

11）遇有六级（含六级）以上强风、浓雾等恶劣天气，不得进行露天悬空和攀登从事高处作业。不得已需要进行雨天高处作业时，必须有可靠的防范措施。

12）高处作业安全设施，如受到台风暴雨袭击后，应逐一进行检查。如发生松动、变形、损坏、脱落、漏雨、漏电等不安全现象时，应立即修复完善。有严重危险的，应立即拆除，并重新设置；

13）所以安全防护设施和安全标志等不得损坏或擅自移动和拆除，如因作业需要拆除、移动安全防护设施和安全标志时，必须经现场施工负责人同意并采取措施后，方可拆除。事后应及时恢复；

14）在白天或夜间施工的高处作业场所，必须要有足够的照明，如光线较差时，应加强照明，并有足够的光照度；

15）施工中，对高处作业的安全技术、设施发现有缺陷或隐患时，必须立即报告，及时解决。危及人身安全时，必须立即停止作业。

（2）现场急救措施

1）现场急救概念

现场急救是应用急救知识和最简单的急救技术进行现场初级救生，最大限度地稳定伤病员的伤、病情，减少并发症，维持伤病员的最基本的生命体征。现场急救是否及时和正确，关系到伤病员生命和伤害的结果；

现场急救工作，还为下一步全面治疗救治做必要处理和准备。不少严重工伤和疾病，只有现场先进行正确的急救，及时做好伤病员转送医院的工作，途中给予必须的监护，并将伤病情，以及现场救治的经过，反映给接诊医生，保持急救的连续性，才可望提高一些危重伤员的生存率。伤病员才有生命的希望。如果坐等救护车或直接把伤病员送入医院，则会由于浪费了最关键的抢救时间，而使伤病员的生命丧失。

2）急救步骤

急救是对伤病员提供紧急的监护和救治，给伤病员以最大生存机会，急救一定要遵循以下四个急救步骤：

A. 调查事故现场，调查时要确保对你，伤病员或其他人无任何危险，迅速使伤病员脱离危险场所，尤其在施工现场，更是如此；

B. 初步检查伤病员，判断其神志、气管、呼吸循环是否有问题，必要时立即进行现场急救和监护，使伤病员保持呼吸道畅通，视情况采取有效的止血、防止休克、包扎伤口、固定、保存好断离的器官或组织、预防感染、止疼等措施；

C. 同步呼救。在施救的同时，另派人拨通 120，通知救护人员和车辆，并继续进行施救，一直要坚持到救护人员或其他施救者到达现场接替为止。此时还应反映伤病员的伤病情和简单的救治过程；

D. 如果没有发现危及伤病员的体征，可作第二次检查，以免遗漏其他的损伤、骨折和病变。这样有利于现场施行必要的急救和稳定病情，降低并发症和伤残率；

（3）施工现场事故急救处理办法

1）止血

A. 压迫止血法：先抬高伤肢，然后用消毒纱布或棉垫覆盖在伤口表面，在现场可用清洁的手帕、毛巾或其他棉织品代替，再用绷带或布条加压包扎止血；

B. 指压动脉出血近心端止血法：按出血部位分别采用指压面动脉、颈总动脉、锁骨下动脉、股动脉、胫前后动脉止血法。该方法简便、迅速有效，但不持久。

2）包扎、固定

创伤处用消毒的敷料或清洁的医用纱布覆盖，再用绷带或布条包扎。在肢体骨折时，又可借助绷带包扎夹板来固定受伤部位上下两个关节，减少损伤，减少疼痛，预防休克；

3）搬运

经现场止血、包扎、固定后的伤员，应尽快正确的搬运送医院。

A. 在搬运严重创伤伴有大出血或已休克的伤员时，要平卧运送伤员，头部可放置冰袋，路途中要尽量避免震荡；

B. 在搬运高处坠落伤员时，若有脊椎损伤可能，一定要使伤员平卧在硬板上搬运，切忌只抬伤员的两肩与两腿或单肩背运伤员。否则将造成严重的后果、甚至死亡。

10. 其他突发事故应急处置措施

事故发生后，事故现场应急专业组人员应立即开展工作，及时发出报警信号，互相帮助，积极组织自救；在事故现场及存在危险物资的重大危险源内外，采取紧急救援措施，特别是突发事件发生初期能采取的各种紧急措施，如紧急断电、组织撤离、救助伤员、现场保护等；迅速向项目经理报告，必要时向相邻可依托力量求教，事故现场内外人员应积极参加援救。

现场指挥组全面负责事故的控制、处理工作。应急领导小组组长在接到报警后，应立即赶赴事故现场，不能及时赶赴事故现场的，必须委派一名项目部安全领导小组成员或事故现场管理人员，及时启动应急系统，控制事态发展。

各应急专业组人员，要接受应急领导小组的统一指挥，应根据事故特点，立即按照各自岗位职责采取措施，开展工作。

项目部安全领导小组接到报告后，应立即向上级安全领导小组报告。对发生的工伤、损失较大的重大机械设备事故，必须及时向公司安全委员会报告，报告内容包括发生事故的单位、时间、地点、伤者人数、姓名、性别、年龄、受伤程度、事故简要过程和发生事故的原因。不得以任何借口隐瞒不报、谎报、拖报，随时接受上级安全领导机构的指令。

项目部安全领导小组，应根据事故程度确定，工程施工的停运，对危险源现场实施交通管制，并提防相应事故造成的伤害；根据事故现场的报告，立即判断是否需要应急服务机构帮助，确需应急服务机构的帮助时，应立即与应急服务机构和相邻可依托力量求救，同时在应急服务机构到来前，做好救援准备工作，如：道路疏通、现场无关人员撤离、提供必要的照明等。在应急服务机构到来后，积极作好配合工作。

事后，项目部安全领导小组，要及时组织恢复受事故影响区域的正常秩序，根据有关规定及上级指令，确定是否恢复生产，同时要积极配合上级安全领导小组及政府安全监督管理部门进行事故调查及处理工作。

8.2.3.4　应急结束

当事态得到有效控制，危险得以消除时，由项目经理下达终止应急令。终止应急令由安全部专人用扩声喇叭传达至应急救援现场，终止应急救援。当终止应急救援后，事故现场仍然存在可能的不明隐患时，现场警戒不予解除，直至经技术部门技术鉴定确认无不明显隐患后，告知当地派出所所长，由派出所所长下令解除现场警戒。警戒解除后，由应急救援队伍负责恢复现场。主要清理临时设施、救援过程中产生的废弃物、恢复现场办公生活基本功能等。由职工工会负责组织被疏散人员的回撤和安置。

紧急事故处理结束后，事故发生所在单位的负责人应在 24h 内填写《应急准备和响应报告书》，一式两份，自留一份，报公司项目管理部一份；发生轻伤事故应填写《工伤事故登记表》；发生重伤、死亡事故填写《企业职工重伤、死亡事故调查统计快报表》；发生职业病危害事故应填写《职业病危害事故报告书》，各类报表一式两份，自留一份，报公司安全部一份，严格执行事故快报制度。

8.2.4　后期处置

为规范综合管廊常见事故的应急处置措施管理，提高处理常见事故能力，在管廊事故发生后，能迅速有效、有序的实施应急救援，保障工作人员或外来入廊人员生命安全，减少损失，管廊运维公司应制定后期处置措施。

8.2.4.1　善后处置

生产安全事故的善后处置工作，应由有关部门、单位负责组织实施，事发单位及其主管部门配合。善后处置主要包括人员安置、补偿，征用物资补偿，灾后重建，污染物收集、清理与处理等事项。善后处置责任部门、单位应当尽快消除事故影响，妥善安置和慰问受害人员及受影响群众，做好事故伤亡人员家属的安抚工作；依据法律政策负责遇难者及其家属的善后处理及受伤人员的医疗救助等，保证社会稳定，尽快恢复正常生产生活秩序。

8.2.4.2　事故调查

事故发生后，事故调查应严格按照《生产安全事故报告和调查处理条例》执行，立刻组成调查小组，详细调查事故基本情况、事故发生经过及抢险情况、事故原因分析及性质认定，整理相关报告上报相关管理部门并存档。

（1）有关部门接到事故报告后，应迅速赶到事故现场，帮助处理，并要检查现场防护情况，进行全面、细致的调查，和现场拍照工作，绘制事故现场图，作好记录；同时要及早对事故当事人、在场人员和有关人员进行调查，收集当事人和有关人员的陈述和证言，了解事故的生产情况，发生事故和发现事故的情况以及事故抢救的情况；

（2）发生事故，要坚持事故"四不放过"的原则做好事故调查、分析、处理工作；

（3）按事故严重程度的分类、分级负责组织调查。发生轻伤事故及险肇事故，由管廊运营机构负责调查；发生重伤、死亡事故后，管廊运营机构和项目公司要立即组织与该事故无直接关系的主要领导组成安全、技术、工会等有关部门参加的事故调查组，并负责填写"职工死亡、重伤事故调查报告书"，按规定上报上级有关部门；

（4）事故调查，要分清责任事故、非责任事故、破坏事故。责任事故是指因有关人员的过失而造成的事故。非责任事故是指由于自然界的因素造成不可抗拒的事故，或在未知领域的技术问题。破坏事故是指为达到一定目的而蓄意制造的事故；

（5）事故调查应围绕技术原因（即不安全状态）、人为原因（即不安全行为）、管理原因（即管理缺陷）三个方面来查找、分析事故原因，并要逐步应用故障树法、鱼刺图法等安全技术分析法分析事故；

（6）所有事故现场调查记录、绘图、照片、事故调查的证言和会议记录材料以及技术鉴定和试验报告、职工伤亡事故登记表、职工死亡、重伤事故调查报告书、医疗鉴定等材料都要归入事故档案。

8.2.4.3　总结分析

生产安全事故善后处置工作结束后，综合管廊运维公司开展应急处置评估工作，对先期处置情况、应急响应情况、指挥救援情况、应急处置措施执行情况、现场管理和信息发布情况等开展评估工作，总结和吸取应急处置经验教训，提出改进应急工作的建议，于应急终止后 20 个工作日内，完成应急处置总结报告，报送市安全委员会办公室。市安全委员会办公室组织有关部门分析、研究，提出改进应急处置工作的意见，报告市政府。

8.2.5　信息报告与管理

8.2.5.1　信息报告

（1）管廊运维公司应建立覆盖全管廊范围的应急信息网络，包括固定电话、手机、手机 APP 等畅通信息渠道，确保应急信息传输通畅；

（2）管廊运维公司在收集、整理、报送安全突发事故信息时，要始终贯穿预测预警、应急处置、善后恢复的全过程，对重要情况及突发事故信息，应立即向区住房和城乡建设局和区安全委员会报告，紧急情况时可在第一时间电话报告，2h 内再报送文字信息。

8.2.5.2　新闻报道

（1）运维管廊突发安全事故的新闻宣传报道工作，应严格按照市关于突发公共事件新闻报道的有关规定开展工作；

（2）一般、较大安全突发事故新闻报道，由属地区政府会同市安全委员会开展工作。重大以上安全突发事故，在市应急办的组织协调下，由市应急救援指挥部会同省新闻宣传部门开展工作，及时、准确报道事故信息，正确引导社会舆论；

（3）应急救援指挥部对重大安全事故灾难和应急响应的信息实行统一、快速、有序、规范管理，并以应急领导小组或项目安全生产领导小组办公室名义实施信息发布；

（4）信息发布要遵循及时、主动、客观、准确、规范原则进行，并严格审查发布程序。

8.2.6　应急保障

为了有效预防、及时控制以及消除管廊突发事故的危害，保障工作人员与入廊人员生命安全，维护正常的管廊运维，必须要有一套完整、科学、有力的预警和应急机制。能够在最短的时间内配齐人员、物资，将危害减少到最低程度。因此必须做到平时库存物资的充足完好，在应急处理突发公共卫生事件时才能使后勤保障和物资供应准时到位。

8.2.6.1　应急队伍保障

管廊运维公司安全技术部门负责全管廊区域的生产安全事故应急救援力量的统一规划、布局，一方面做好管廊运维人员的应急救援培训和演练，使运维人员熟悉应急情况的紧急处置措施和处理流程；另一方面做好和外面相关机构的协调交流，包括公安、消防、医疗、环保等管理部门做好沟通，多交流经验，以及和危险化学品、水、电、油、气等工程抢险救援队的合作交流。

8.2.6.2　应急物资装备保障

管廊运维公司物资设备部负责对应急物资装备的综合管理，掌握全管廊区域应急救援物资装备信息，与其他单位建立物资调剂供应的渠道，以便需要时迅速调入应急物资，必要时可向上级安全生产管理部门提出应急物资调用申请。

遇到紧急情况全员工应特事特办，急事急办，全员积极地投身到紧急情况的处理中，各种设备、车辆、器材、物资等应统一调遣，各类人员必须坚决无条件服从组长或副组长的命令和安排，不得拖延、推诿、阻碍紧急情况的处理。

应急装备、物资清单见表 8-1。

应急装备、物资清单

表 8-1

序号	名称	器材
1	交通工具	项目部及现场车辆
2	消防应急器材	灭火器、消防箱、消防栓、沙袋
3	防触电应急器材	绝缘棒、绝缘鞋、绝缘手套
4	防高处坠落、物体击打应急器材	安全帽、安全带、安全网
5	急救药物及器材	中暑药品、外伤绑扎药物、担架、药箱、纱布、小剪刀等
6	防汛器材	编织袋、铁锹、抽水泵、雨衣雨靴、装载机、挖掘机

应急物资统一由物资设备部进行采购。应急设备、物资、器材必须定期检测和维护；遇到紧急情况全体员工特事特办，急事急办，全员积极地投身到紧急情况的处理中，各种设备、车辆、器材、物资等应统一调遣，各类人员必须坚决无条件服从组长或副组长安排，不得拖延、推诿、阻碍紧急情况的处理。

8.2.6.3　技术储备保障

管廊运维公司在上级安全生产管理部门的领导下，组织成立综合管廊生产安全事故专家组，建立应急资源信息数据库，细化应急预案、应急流程等，并做好应急演练，为突发事件的应急处理建立扎实的技术储备。

8.2.6.4　通信与信息保障

管廊运维公司负责组织建立和完善全管廊区域的生产安全事故应急指挥信息系统，保障应急通信畅通，管廊监控中心设置 24h 值班电话，所有人员手机 24h 开机。应急救援现场通过手机、固定电话、对讲机等通信手段，保持通信畅通。

8.2.6.5　资金保障

生产安全事故应急救援费用、善后处理费用和损失赔偿费用首先由事故责任单位承担，事故责任单位暂时无力承担的，由当地有关部门协调解决。管廊运维公司财务部必须保证充足的应急救援备用金，以备紧急事件发生时，有足够的现金存留用于开展应急救援工作。

第9章 综合管廊运维标准处理程序

管廊的运行状态分为正常状态、异常状态、报警状态、应急状态，细化管廊每一种状态下的标准处理程序对于规范运维工作有着关键的作用。本章参考当前实行的有关规范和标准（见附录F），对于管廊运维标准处理程序（SOP）进行规范与说明，本章中所提及的综合管廊运维信息平台，在本书第14章进行叙述。

9.1 日 常 保 洁

根据《城市地下综合管廊运行维护及安全技术标准（征求意见稿）》、《城市综合管廊运营管理技术标准》等综合管廊运维标准确定管廊保洁工作项目，以下结合物业公司保洁服务标准确认管廊保洁项目的保洁方式和质量检查标准，从综合管廊实际运维工作角度出发，梳理管廊保洁工作的标准处理程序。

管廊日常保洁SOP流程图见图9-1，具体流程与相关要求如下：

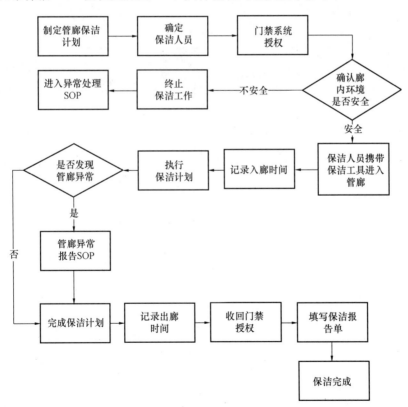

图 9-1 管廊日常保洁 SOP

（1）根据管廊日常保洁工作内容制定保洁计划，包括管廊本体、附属设施、监控中心的保洁，管廊日常保洁工作项目见表 9-1。廊内的日常保洁计划按照逐舱进行保洁的顺序，如果已经完成保洁计划的制定，则按照保洁计划执行；

（2）指定保洁组，保洁组每次一般由 1～2 人组成，需要确定本次保洁的人员组成；

（3）给本组准备进行管廊保洁的人员进行门禁系统授权；

（4）需要进入管廊时，应先通过管廊运维信息平台确认廊体内环境安全、各传感器没有报警，主要参数包括氧气、甲烷和硫化氢浓度正常，温、湿度正常，电力管线没有异常高温，如果入廊前发现廊内环境可能对人体造成伤害，则终止入廊，并进入相关的异常标准处理程序；

（5）保洁人员携带保洁工具进入管廊；

（6）入廊后门禁系统自动记录入廊时间；

（7）保洁人员对管廊进行保洁，如果在管廊保洁过程中，发现管廊异常，则执行异常报告 SOP；

（8）保洁完成；

（9）门禁系统自动记录离开管廊时间；

（10）门禁系统回收权限；

（11）保洁人员填写保洁报告单，并在管廊运维信息平台中更新本次保洁工作内容；

（12）管廊保洁流程完成。

管廊日常保洁工作项目 表 9-1

序号	清洁项目		日常保洁 每日	定期作业 每周	每月	每季度	质量检查标准
1	管廊内部	地面		清扫			无水渍、尘渍、痰渍、杂物、纸屑、烟蒂，保持光洁
2		墙面		清洁除尘 除蜘蛛网			无尘、无渍、无蜘蛛网
3		排水沟、集水坑		清除水面垃圾		每季度进行清理、疏通检查，每半年清淤一次	水面无垃圾，淤泥少，排水通畅
4		爬梯、护栏、支（桥）架		外表面擦拭 1 次			无尘、无渍
5		附属设施		外表面擦拭 1 次			无尘、无渍
6		通风口		清抹 1 次			无尘、无渍

序号	清洁项目		日常保洁	定期作业			质量检查标准
			每日	每周	每月	每季度	
7	地面设施	人员出入口		清扫1次，维护保洁			无杂物、积水、无明显污渍
8		投料口					
9		通风口					
10	监控中心	地面	瓷砖地面清扫1次（地毯吸尘1次）			地毯清洗1次	无尘、无纸屑、无渍、保持光洁明亮
11		墙面		清掸1次			无尘渍、无渍
12		门窗		擦拭1次			干净、无尘土、玻璃清洁、透明
13		办公台、文件柜等	清抹1次				无尘、无纸屑、无渍、摆放整齐
14		灯饰			除尘、擦拭1次		无渍、无尘、无蜘蛛网
15		空调			清洁1次		无蛛网、无尘
16		垃圾桶	擦拭1次				无渍、无痰渍
17	其他	垃圾清运	将清理出的垃圾运至垃圾清理点				管廊和监控中心无积存垃圾，垃圾桶内垃圾不超过容积的2/3

9.2　日常/临时巡检

根据《城市地下综合管廊运行维护及安全技术标准（征求意见稿）》、《城市综合管廊运营管理技术标准》等综合管廊运维标准确定管廊巡检工作项目，梳理管廊巡检项目的巡检方式和处理方法，从综合管廊实际运维工作角度出发，梳理管廊巡检工作的标准处理程序。

管廊日常/临时巡检SOP如图9-2所示。

（1）根据廊体、附属设施、管线的巡检内容，制定管廊日常巡检计划，或根据管廊运维状况制定临时巡检计划，具体检查项目和处理方法见表9-2～表9-5，日常巡检按照逐舱进行巡检的顺序，每次在一个舱内的巡检内容包括廊体、附属设施、管线（辅助性目视巡检），临时巡检根据管廊运维状况而定，巡检方式和内容参照日常巡检计划，如果已经完成巡检计划的制定，则按照巡检计划执行；

（2）指定管廊巡检组，管廊巡检一般由1～2人进行，需要确定本次巡检的人员组成；

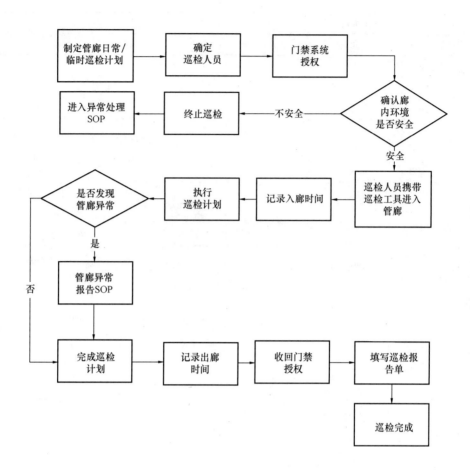

图 9-2　管廊日常/临时巡检 SOP

（3）给本组准备进行管廊巡检的人员进行门禁系统授权；

（4）入廊前通过管廊运维信息平台确认廊体内环境安全、各传感器没有报警，主要包括氧气、甲烷和硫化氢浓度正常，温、湿度正常，电力管线没有异常高温，如果入廊前发现内环境可能对人体造成伤害，则终止入廊，并进入相关的异常标准处理程序；

（5）巡检人员携带需要的巡检工具进入管廊；

（6）入廊后门禁系统自动记录入廊时间；

（7）巡检人员对管廊进行巡检，按照巡检计划中的巡检内容开展巡检工作；如果在廊体巡检过程中，发现管廊异常，则执行廊体异常报告 SOP；

（8）巡检完成；

（9）门禁系统自动记录离开管廊时间；

（10）门禁系统回收权限；

（11）巡检人员填写巡检报告单，并在综合管廊智慧管理平台中更新本次巡检情况；

（12）巡检流程完成。

<table>
<tr><td colspan="4" align="center">管廊本体日常巡检工作项目</td><td>表 9-2</td></tr>
</table>

序号	项目		检查内容及处理方法	检查周期
1	管廊内部	综合管廊主体舱室	目测混凝土表面是否有明显缺陷（碎裂、缺损、裂缝、渗漏水等），使用尺子测量缺陷的尺寸，详细记录缺陷信息，报备异常信息，由维修人员按照异常处理 SOP 进行修复	每周 1 次
2		变形缝、沉降缝	目测变形缝、沉降缝是否有填塞物脱落（预制）、压溃、错台、渗漏水，使用尺子测量填塞物脱落的尺寸，详细记录问题信息，报备异常信息，由维修人员按照异常处理 SOP 进行修复	每周 1 次
3		螺栓孔、注浆孔	目测螺栓孔、注浆孔填塞物脱落、渗漏水情况，使用尺子测量填塞物脱落的尺寸，详细记录渗漏水情况，报备异常信息，由维修人员按照异常处理 SOP 进行修复	每周 1 次
4		排水沟、集水坑、横截沟、边沟	使用工具测试排水沟、集水坑、横截沟、边沟等沟槽内是否有淤积堵塞，记录淤积情况，报备异常信息，由维修人员按照异常处理 SOP 进行修复	每周 1 次
5		各出入口、通风口、水泵结合器井等	目测各出入口、通风口、水泵结合器井等状态是否正常，是否有明显缺陷，详细记录缺陷信息，报备异常信息，由维修人员按照异常处理 SOP 进行修复	每周 1 次
6		装饰层	目测装饰层表面是否完好，是否有缺损、变形、压条翘起、污垢等，详细记录问题信息，报备异常信息，由维修人员按照异常处理 SOP 进行修复	每周 1 次
7		爬梯、护栏	目测爬梯、护栏等是否有锈蚀、掉漆、弯曲、断裂、脱焊、破损、松动等，详细记录问题信息，报备异常信息，由维修人员按照异常处理 SOP 进行修复	每周 1 次
8		管线引进入（出）口	目测管线引进入（出）口是否有变形、缺损、腐蚀、渗漏等，详细记录问题信息，报备异常信息，由维修人员按照异常处理 SOP 进行修复	每周 1 次
9		管线支撑系统	目测支（桥）架是否有锈蚀、掉漆、弯曲、断裂、脱焊、破损等，支墩是否有变形、缺损、裂缝、腐蚀等，详细记录问题信息，报备异常信息，由维修人员按照异常处理 SOP 进行修复	每周 1 次
10				
11		施工作业区	目测、询问施工情况及安全防护措施等是否符合相关要求，详细记录问题信息，报备异常信息，上报管理部门协调解决	每周 1 次
12	地面设施	人员出入口	目测人员出入口、雨污水检查井口、逃生口、投料口表观是否有变形、缺损、堵塞、污浊、覆盖异物，防盗设施是否完好、有无异常进入特征，井口设施是否影响交通，已打开井口是否有防护及警示措施，详细记录问题信息，报备异常信息，由维修人员按照异常处理 SOP 进行修复，或由管理部门协调解决	每周 1 次
13		雨污水检查井口		每周 1 次
14		逃生口、投料口		每周 1 次
15		进（排）风口	目测进（排）风口外观是否有变形、缺损、堵塞、覆盖异物，通道是否通畅，有无异常进入特征，格栅等金属构配件是否安装牢固、有无受损、锈蚀，详细记录问题信息，报备异常信息，由维修人员按照异常处理 SOP 进行修复	每周 1 次
16		井盖	目测井盖是否被占压，有无破损、遗失，详细记录问题信息，报备异常信息，由维修人员按照异常处理 SOP 进行修复	每周 1 次

续表

序号	项目		检查内容及处理方法	检查周期
17	保护区周边环境	施工作业情况	目测、问询周边是否有临近的深基坑、地铁等地下工程施工，未经批准不得在管廊 100m 范围内进行爆破、地下顶管、打桩等危害管廊安全的施工作业，一经发现必须及时制止，并上报管理部	每周 1 次
18		交通情况	目测、问询管廊顶部是否有非常规重载车辆持续经过，一经发现必须及时制止，并上报管理部	每周 1 次
19		建筑及道路情况	目测、问询周边建筑是否有大规模沉降变形，路面是否发现持续裂缝，路面设施是否完好，各井口应处于关闭状态，打开的井口应确认是否得到控制中心许可，并已做好完善的防护及警示措施，有异常情况应立刻上报管理部	每周 1 次
20		监控中心	目测主体结构是否有沉降变形、缺损、裂缝、渗漏、露筋等；门窗及装饰层是否有变形、污浊、损伤及松动等，详细记录问题信息，报备异常信息，由维修人员按照异常处理 SOP 进行修复	每周 1 次

管廊本体定期巡检工作项　　　　　　　　　　　　　　　　表 9-3

序号	项目		检查内容及处理方法	检查周期
1	构筑物	混凝土管段	目测混凝土管段是否有缺损、裂缝、腐蚀、渗漏、露筋，使用激光雷达等设备监测混凝土构筑物是否有位移、变形，详细记录问题信息，报备异常信息，由维修人员按照异常处理 SOP 进行修复和加固	每半年 1 次
2		监控中心	目测监控中心是否有缺损、裂缝、渗漏，使用沉降监测设备监测监控中心是否有沉降变形，详细记录问题信息，报备异常信息，由维修人员按照异常处理 SOP 进行修复和加固	每年 1 次
3	附属设施	排水设施	目测沟槽内是否有淤积、观察金属管道是否畅通，目测管道腐蚀情况、观察盖板是否翘起、碎裂、有响声，详细记录问题信息，报备异常信息，由维修人员按照异常处理 SOP 进行修复和加固	每季度 1 次
4			目测排水设施是否有变形、缺损、裂缝、渗漏等状况，详细记录问题信息，报备异常信息，由维修人员按照异常处理 SOP 进行修复。	每年 1 次
5		装饰层	目测装饰层表面是否完好，是否有缺损、变形、压条翘起，结点是否牢固，详细记录问题信息，报备异常信息，由维修人员按照异常处理 SOP 进行修复	每年 1 次
6		通风口、投料口、防火门	目测通风口、投料口、防火门结构是否完好、是否有变形、损伤，通道是否通畅，金属构件是否安装牢固，有无锈蚀，防火门是否安装牢固，详细记录问题信息，报备异常信息，由维修人员按照异常处理 SOP 进行修复	每季度 1 次
7		桥（支）架	检查桥（支）架安装是否牢固，是否有松动、脱落，目测金属件是否有锈蚀，详细记录问题信息，报备异常信息，由维修人员按照异常处理 SOP 进行修复	每季度 1 次

序号	项目		检查内容及处理方法	检查周期
8	管线引入及地面设施	管线引入	观察防水措施是否有效，有无渗漏，详细记录问题信息，报备异常信息，由维修人员按照异常处理SOP进行修复	每季度1次
9		工作井	目测工作井结构是否受损，井内配件是否安装牢固、有无锈蚀，井内线缆排列是否有序，详细记录问题信息，报备异常信息，由维修人员按照异常处理SOP进行修复	每年1次
10		地面井口设施	观察工作井井内有否有积水与杂物，详细记录检查情况，报备保洁人员处理。	每季度1次
11			目测井盖及井沿是否受损，检查钢格栅等构配件是否安装牢固、有无受损，检查防盗盖板门是否安装牢固，详细记录问题信息，报备异常信息，由维修人员按照异常处理SOP进行修复	每年1次
12	沉降检测		使用静力水准仪等设备测量管廊沉降	新建综合管廊每半年1次，连续观测2年后频率为每年1次，有异常情况应增加检测频次
13	渗漏检测		使用水位仪测量管廊渗漏水值	每季度1次
14	混凝土碳化检测		使用试剂法测试混凝土碳化情况	每2年1次

附属设施巡检工作项目　　　　　　　　　　表9-4

序号	消防系统项目	检查内容及处理方法	周期
1	防火分离	观察防火门有无脱落，歪斜，防火封堵有无破损，详细记录问题信息，报备异常信息，由维修人员按照异常处理SOP进行修复	每日1次
2	干粉灭火系统	观察灭火控制器工作状态、灭火剂存储装置外观、紧急启/停按钮、警报器、喷嘴外观、防护区状况是否正常，详细记录问题信息，报备异常信息，由维修人员按照异常处理SOP进行修复	每日1次
3	细水雾灭火系统	观察灭火控制器工作状态，储气瓶和储水瓶（或储水罐）外观，工作环境，高压泵组、稳压泵外观及工作状态，末端试水装置压力值（闭式系统），紧急启/停按钮、释放指示灯、报警器、喷头、分区控制阀等组件外观，防护区状况是否正常，详细记录问题信息，报备异常信息，由维修人员按照异常处理SOP进行修复	每日1次
4	防排烟系统	观察防火阀外观及工作状态，挡烟垂壁及控制装置外观及工作状况是否正常，详细记录问题信息，报备异常信息，由维修人员按照异常处理SOP进行修复	每日1次

续表

序号	消防系统项目	检查内容及处理方法	周期
5	灭火器	观察灭火器外观、数量、压力表、维修指示、设置位置状况是否正常，详细记录问题信息，报备异常信息，由维修人员按照异常处理SOP进行修复	每日1次
6	消防专用电话	观察消防电话主机外观、工作状况，分机外观，电话插孔外观是否正常，详细记录问题信息，报备异常信息，由维修人员按照异常处理SOP进行修复	每日1次
7	应急广播系统	观察扬声器外观是否正常，详细记录问题信息，报备异常信息，由维修人员按照异常处理SOP进行修复	每日1次
序号	通风系统项目	检查内容及处理方法	周期
1	风口、风管系统	观察固定部件有无脱落，歪斜，风口、风管外观有无破损、锈蚀，风口处有无异物堵塞、通风是否通畅，详细记录问题信息，报备异常信息，由维修人员按照异常处理SOP进行修复	每月1次
2	风机系统	观察风机运转声音有无异响，风机运行有无异动，详细记录问题信息，报备异常信息，由维修人员按照异常处理SOP进行修复	每月1次
3	空调系统	检查内、外机表面是否整洁，固定件是否有松动移位，制冷制热效果是否达到要求，详细记录问题信息，报备异常信息，由维修人员按照异常处理SOP进行修复	每月1次
序号	供电系统项目	检查内容及处理方法	周期
1	变压器	观察变压器温度指示计值，温度是否在规定范围内，观察判断变压器运行时有无振动、异响及气味，详细记录问题信息，报备异常信息，由维修人员按照异常处理SOP进行修复	每周1次
2	高压配电柜	观察判断高压配电柜运行时有无异响及气味，观察高压配电柜屏面指示灯的工作状态，判断屏面指示灯、带电显示器及分、合闸指示器是否正常，详细记录问题信息，报备异常信息，由维修人员按照异常处理SOP进行修复	每周1次
3	直流屏	观察判断直流电源装置上的信号灯、报警装置是否正常	每周1次
4	低压配电柜	观察判断低压配电柜运行时有无异响及气味，观察柜面电流表、电压表值，判断运行时三相负荷是否平衡、三相电压是否相同，并做好记录，详细记录问题信息，报备异常信息，由维修人员按照异常处理SOP进行修复	每周1次
5	电容补偿柜	观察判断电容补偿柜运行时有无异响及气味，观察柜面电流表、功率因素表值，判断三相电流是否平衡，功率因素读数是否在允许值内，并做好记录，详细记录问题信息，报备异常信息，由维修人员按照异常处理SOP进行修复	每周1次
6	供电线缆和桥架	观察判断桥架有无脱落，外露电缆的外皮是否完整，支撑是否牢固，详细记录问题信息，报备异常信息，由维修人员按照异常处理SOP进行修复	每周1次

续表

序号	照明系统项目		检查内容及处理方法	周期
1	正常照明灯具		观察判断灯具防护罩有无破损，灯具固定是否牢固，灯具运行状态是否正常，详细记录问题信息，报备异常信息，由维修人员按照异常处理 SOP 进行修复	每月 1 次
2	应急照明灯具		观察判断灯具防护罩有无破损，灯具固定是否牢固，详细记录问题信息，报备异常信息，由维修人员按照异常处理 SOP 进行修复	每月 1 次
序号	给水排水系统项目		检查内容及处理方法	周期
1	集水坑		观察判断集水坑水位是否正常，有无杂物，详细记录问题信息，报备异常信息，由维修人员按照异常处理 SOP 进行修复	每月 1 次
2	管道、阀门		观察判断钢管、管件外表是否有锈蚀，钢管、管件是否有泄漏、裂缝及变形，防腐层是否有损坏，管道接口静密封是否泄漏，查看支、吊架是否有明显松动和损坏，查看阀门处是否有垃圾及油污，详细记录问题信息，报备异常信息，由维修人员按照异常处理 SOP 进行修复	每月 1 次
3	水泵		查看潜水泵潜水深度，检查水泵负荷开关、控制箱外观是否破坏及异常，查看连接软管是否松动或破损，水泵运行时听有无异响，观察有无异常，详细记录问题信息，报备异常信息，由维修人员按照异常处理 SOP 进行修复	每月 1 次
4	水位仪		观察判断水位仪外观检查是否损坏，观察安装是否稳固，信号反馈是否正常，观察接线是否正常，详细记录问题信息，报备异常信息，由维修人员按照异常处理 SOP 进行修复	每月 1 次
序号	监控报警系统项目		检查内容及处理方法	周期
1	监控中心机房	用房环境	观察仪表，查看房间温度、湿度情况，确认房间照明、卫生情况是否满足要求，详细记录问题信息，报备异常信息，由维修人员按照异常处理 SOP 进行设备修复或由保洁人员进行保洁	每周 1 次
2		用房空调系统	观察判断空调系统制冷运行、排水情况是否正常，详细记录问题信息，报备异常信息，由维修人员按照异常处理 SOP 进行设备修复或由保洁人员进行保洁	每周 1 次
3		日常值班	观察设备工作指示灯状态，检查机房内各类设备的外观和工作状态，并形成巡检日志，详细记录问题信息，报备异常信息，由维修人员按照异常处理 SOP 进行设备修复	每周 1 次
4		监控与报警	观察管廊综合监控系统工作状态，判读设备运行状态和管廊内环境参数，详细记录问题信息，报备异常信息，由维修人员按照异常处理 SOP 进行设备修复	每周 1 次
5		门禁	进行门禁系统功能测试，门禁功能是否正常，详细记录问题信息，报备异常信息，由维修人员按照异常处理 SOP 进行设备修复	每周 1 次

序号	监控报警系统项目		检查内容及处理方法	周期
6	监控中心机房	UPS电源检查	观察 UPS 显示控制操作面板,确认液晶显示面板上的各项图形显示单元都处于正常运行状态,所有运行参数都处于正常值范围内,判断交流、直流供电是否稳定可靠,UPS 电源是否符合机房设备供电要求,容量和工作时间满足系统应用需求,电气特性是否满足机房设备的技术要求,详细记录问题信息,报备异常信息,由维修人员按照异常处理 SOP 进行设备修复	每周1次
7		网络安全	查看运行日志,判断防火墙、入侵检测、病毒防治等安全措施是否可靠,检查是否有外来入侵事件发生,网络安全策略是否有效,详细记录问题信息,报备异常信息,由维修人员按照异常处理 SOP 进行修复	每周1次
8		计算机、工作站、打印机、服务器、大屏幕显示系统	观察计算机、工作站、打印机、服务器运行状态指示灯,查看服务器操作系统运行日志,检查外观及工作状态,详细记录问题信息,报备异常信息,由维修人员按照异常处理 SOP 进行修复	每周1次
9		数据存储设备	观察存储设备运行指示灯,查看运行日志,检查设备工作情况及剩余容量,详细记录问题信息,报备异常信息,由维修人员按照异常处理 SOP 进行修复	每周1次
10		消防灭火器材	观察灭火器压力表是否在正常范围,检查消防栓是否能正常使用,检查灭火器,消防栓等,详细记录问题信息,报备异常信息,由维修人员按照异常处理 SOP 进行修复	每周1次
11		线缆、接插件	检查线缆、接插件连接情况,详细记录问题信息,报备异常信息,由维修人员按照异常处理 SOP 进行修复	每周1次
12	环境与设备监控系统	温湿度传感器、有害气体探测器、可燃气体探测器等传感设备	观察设备外观及工作状态,检查表显示数据与上位系统数据是否一致,环境参数是否在正常范围内,如果发现设备报警,需及时上报监控中心进行协调处理;如果发现设备故障,需详细记录问题信息,报备异常信息,由维修人员按照异常处理 SOP 进行修复	每周1次
13		通风系统、排水系统、供配电系统、照明系统等的监控设备	检查各监控设备的外观及工作状态,详细记录问题信息,报备异常信息,由维修人员按照异常处理 SOP 进行修复	每周1次
14		ACU箱	查看箱体外观是否锈蚀、变形,检查 PLC 系统及外围控制电器元件的运行状态,详细记录问题信息,报备异常信息,由维修人员按照异常处理 SOP 进行修复	每周1次
15		线缆、接插件	检查线缆、接插件连接情况,详细记录问题信息,报备异常信息,由维修人员按照异常处理 SOP 进行修复	每周1次
16		软件系统	查看软件运行状态或运行日志,问询使用人员软件是否运行正常,详细记录问题信息,报备异常信息,由维修人员按照异常处理 SOP 进行修复	每周1次

序号	监控报警系统项目		检查内容及处理方法	周期
17	安全防范系统	入侵检测设备	检查入侵检测是否已正常开启，检查报警设备工作状态是否正常，详细记录问题信息，报备异常信息，由维修人员按照异常处理 SOP 进行修复	每周 1 次
18		控制设备	检查画面质量是否清晰、切换功能是否正常、是否有积灰、设备工作是否正常，详细记录问题信息，报备异常信息，由维修人员按照异常处理 SOP 进行修复	每周 1 次
19		摄像机	检查画面质量是否清晰、录像和变焦是否正常、插接件连接是否良好，详细记录问题信息，报备异常信息，由维修人员按照异常处理 SOP 进行修复	每周 1 次
20		光纤传输设备	检查确认光纤是否连接良好，详细记录问题信息，报备异常信息，由维修人员按照异常处理 SOP 进行修复	每周 1 次
21		电子井盖	检查开/关状态是否正常，井盖状态监测是否正常，详细记录问题信息，报备异常信息，由维修人员按照异常处理 SOP 进行修复	每周 1 次
22		门禁	检查门禁功能是否正常，详细记录问题信息，报备异常信息，由维修人员按照异常处理 SOP 进行修复	每周 1 次
23		线缆、接插件	检查线缆、接插件连接情况，详细记录问题信息，报备异常信息，由维修人员按照异常处理 SOP 进行修复	每周 1 次
24	火灾自动报警系统	火灾自动报警系统	检查火灾探测器、手动报警按钮外观及运行状态，火灾报警控制器、火灾显示盘运行状况，消防联动控制器外观及运行状况，火灾报警装置外观，系统接地装置外观，详细记录问题信息，报备异常信息，由维修人员按照异常处理 SOP 进行修复	每周 1 次
25		可燃气体报警系统	检查可燃气体探测器外观及工作状态，报警主机的外观及运行状态，详细记录问题信息，报备异常信息，由维修人员按照异常处理 SOP 进行修复	每周 1 次
26				
27		电气火灾监控系统	检查电气火灾监控探测器的外观及工作状态，报警主机外观及工作状态，详细记录问题信息，报备异常信息，由维修人员按照异常处理 SOP 进行修复	每周 1 次
28				每周 1 次
29	通信系统	通话设备	检查通话设备外观及运行状态，测试通话质量与稳定性，详细记录问题信息，报备异常信息，由维修人员按照异常处理 SOP 进行修复	每周 1 次
30		性能和功能	查看设备运行状态指示灯，确认设备运行情况是否正常，详细记录问题信息，报备异常信息，由维修人员按照异常处理 SOP 进行修复	每周 1 次
31		网络安全	检查设备告警显示、网络安全管理日志、运行日志，确认网络安全状态，详细记录问题信息，报备异常信息，由维修人员按照异常处理 SOP 进行修复	每周 1 次
32		无线信号	检查测试无线信号发射器工作是否正常，详细记录问题信息，报备异常信息，由维修人员按照异常处理 SOP 进行修复	每周 1 次

序号	监控报警系统项目		检查内容及处理方法	周期
33	通信系统	无线设备、手持终端	检查测试信号强度、连接灵敏度，详细记录问题信息，报备异常信息，由维修人员按照异常处理 SOP 进行修复	每周 1 次
34		交换机	查看交换机运行日志，检查交换机的 VLAN 表和端口流量，确认交换机状态，详细记录问题信息，报备异常信息，由维修人员按照异常处理 SOP 进行修复	每周 1 次
35		线缆、插接件	检查线缆、插接件连接情况，详细记录问题信息，报备异常信息，由维修人员按照异常处理 SOP 进行修复	每周 1 次
36	预警与报警系统	报警系统	检查系统当前是否有报警信息，查询系统历史报警信息；在系统不处于报警状态的情况下，通过运维平台更改环境设备参数超出传感器阈值范围，测试报警系统工作是否正常，详细记录问题信息，报备异常信息，由相关人员进行问题排查，设备的修复等	每周 1 次
37		预警系统	通过运维平台观察，系统预警信息显示是否正常；当系统发出短期预警信息的时候，应第一时间确认相关的报警参数、设备状态、现场情况，提前做好相关处理措施的准备，如果发生报警，按照处理流程处理并记录，如果最终预警取消，做好情况记录	每周 1 次
38	地理信息系统	地理信息系统使用以及传感器显示的功能	检查地理信息系统是否使用正常，是否可以在地理信息系统中显示传感器的位置和数据，并进行设备控制，详细记录问题信息，报备异常信息，由相关人员进行问题排查，设备的修复等	每周 1 次
39	建筑信息模型系统	BIM 系统使用以及传感器显示的功能	检查 BIM 系统是否使用正常，是否可以在 BIM 系统中读取传感器的数据并对设备进行控制，详细记录问题信息，报备异常信息，由相关人员进行问题排查，设备的修复等	每周 1 次
40	运维管理系统	人员定位	检查人员定位是否准确，查询人员的运动轨迹，是否会根据人员权限触发报警等，详细记录问题信息，报备异常信息，由相关人员进行问题排查，设备的修复等	每周 1 次
41	统一管理平台	报警信息	查看系统历史记录，核查信息报警、联动、处理及记录情况，报备异常信息，由相关人员进行问题排查，设备的修复等	每周 1 次
42		平台检测数据	检查平台检测数据传输的准确性及延迟情况，核对现场仪表读数与监测值，报备异常信息，由相关人员进行问题排查，设备的修复等	每周 1 次
43		系统状况	查看系统工作日志，巡查防火墙运行情况，报备异常信息，由相关人员进行问题排查，设备的修复等	每周 1 次

序号	标识系统项目	检查内容及处理方法	周期
1	简介牌	检查各标识是否清洁、是否有损坏、安装是否牢固、位置是否端正、运行是否正常，详细记录问题信息，报备异常信息，由维修人员按照异常处理 SOP 进行设备修复	每月 1 次
2	管线标志铭牌		每月 1 次
3	设备铭牌		每月 1 次
4	警告标识		每月 1 次
5	设施标识		每月 1 次
6	里程桩号		每月 1 次

管线巡检工作项目 表 9-5

序号	燃气管线项目	检查内容及处理方法	周期
1	燃气异味	正常状态下，燃气管道舱内无燃气异味，便携式甲烷气体检测报警装置无报警，如果有异味或发生报警，应立即通过监控中心联系燃气公司共同定位问题，并根据廊内燃气浓度打开通风设备，控制廊内燃气浓度	每两周 1 次
2	管道支架及附件	目测防腐涂层应完好，支架固定应牢靠，跨越管段结构稳定，构配件无缺损，明管无锈蚀，详细记录问题信息，报备异常信息，由维修人员按照异常处理 SOP 进行修复	每两周 1 次
3	管道	目测管道温度补偿措施、管道穿墙保护功能正常，详细记录问题信息，向部门领导报备异常信息，由燃气公司维修人员进行修复	每两周 1 次
4	管道阀门	目测管道阀门应无泄漏、损坏，详细记录问题信息，向部门领导报备异常信息，由燃气公司维修人员进行修复	每两周 1 次
5	管道附件及标志	目测管道附件及标志，不得丢失或损坏，详细记录问题信息，报备异常信息，由维修人员按照异常处理 SOP 进行修复	每两周 1 次
序号	电力管线项目	检查内容及处理方法	周期
1	电缆本体	目测电缆本体有无破损，电缆铭牌是否完好，相色标志是否齐全、清晰，详细记录问题信息，向部门领导报备异常信息，由电网公司维修人员进行修复	每 45 天 1 次
2	电缆外护套	目测电缆外护套与支架、金属构件处有无磨损、锈蚀、老化、放电现象，衬垫是否脱落，详细记录问题信息，向部门领导报备异常信息，由电网公司维修人员进行修复	每 45 天 1 次
3	电缆及接头	目测电缆及接头位置是否固定正常，电缆及接头上的防火涂料、防火带是否完好，详细记录问题信息，向部门领导报备异常信息，由电网公司维修人员进行修复	每 45 天 1 次
4	电缆温度	巡检人员配有手持测温设备，监测电力管线温度，详细记录电缆温度，向部门领导报备异常信息，和电网公司确认电缆温度	每 45 天 1 次
5	支吊架、接地扁钢	目测支吊架、接地扁钢是否锈蚀，与电气连接点有无松动、锈蚀，详细记录问题信息，报备异常信息，由维修人员进行修复	每 45 天 1 次
6	线路标识	目测路面是否正常，线路标识是否完整无缺等，详细记录问题信息，报备异常信息，由维修人员进行修复	每 45 天 1 次
7	电缆终端	目测电缆终端表面有无放电、污秽现象，终端密封是否完好，终端绝缘管材有无开裂，套管及支撑绝缘子有无损伤，详细记录问题信息，向部门领导报备异常信息，由电网公司维修人员进行修复	每 45 天 1 次
8	电气连接点	目测电气连接点固定件有无松动、锈蚀，引出线连接点有无发热现象，详细记录问题信息，向部门领导报备异常信息，由电网公司维修人员进行修复	每 45 天 1 次

续表

序号	电力管线项目	检查内容及处理方法	周期
9	中间接头	使用手持测温设备测量中间接头是否过热，目测中间接头是否渗胶或漏油，中间接头外观是否正常，摆放是否合理，两端电缆是否平直，详细记录问题信息，向部门领导报备异常信息，由电网公司维修人员进行修复	每 45 天 1 次
10	接地线	目测接地线是否良好，连接处是否紧固可靠，使用手持测温设备测量有无发热或放电现象，详细记录问题信息，向部门领导报备异常信息，由电网公司维修人员进行修复	每 45 天 1 次
11	电缆出线部位	目测电缆出线部位是否有渗漏、破损、腐蚀等情况，防火分隔封堵是否严密完好，详细记录问题信息，向部门领导报备异常信息，由维修人员进行修复	每 45 天 1 次
12	电缆终端处的避雷器	目测电缆终端处的避雷器，检查套管是否完好，表面有无放电痕迹，检查泄漏电流监测仪数值是否正常，并按规定记录放电计数器动作次数，详细记录问题信息，向部门领导报备异常信息，由电网公司维修人员进行修复	每 45 天 1 次
13	短路检查	通过短路电流后，目测护层过电压限制器有无烧熔现象，交叉互联箱、接地箱内连接排接触是否良好，详细记录问题信息，向部门领导报备异常信息，由电网公司维修人员进行修复	每 45 天 1 次
14	其他管线影响	目测电力管线有无受到同舱其他市政管线的影响，详细记录问题信息，向部门领导报备异常信息，协调解决问题	每 45 天 1 次
序号	给水管线项目	检查内容及处理方法	周期
1	管道外观	目测管道外观是否明显损坏，管道接口外观是否有漏水，详细记录问题信息，向部门领导报备异常信息，由自来水公司维修人员进行修复	每周 1 次
2	阀门	目测阀门外观是否明显损坏，详细记录问题信息，向部门领导报备异常信息，由自来水公司维修人员进行修复	每周 1 次
3	伸缩节	目测伸缩节外观是否漏水，详细记录问题信息，向部门领导报备异常信息，由自来水公司维修人员进行修复	每周 1 次
4	橡胶垫	目测橡胶垫是否老化，详细记录问题信息，向部门领导报备异常信息，由自来水公司维修人员进行修复	每周 1 次
5	支吊架	目测支吊架外观是否锈蚀，详细记录问题信息，报备异常信息，由维修人员进行修复	每周 1 次
6	锚固件	目测锚固件外观是否明显损坏，详细记录问题信息，报备异常信息，由维修人员进行修复	每周 1 次
7	管线标识	目测管线上标识是否清晰，无灰尘，无锈蚀，详细记录问题信息，报备异常信息，由维修人员进行修复	每周 1 次
8	保温层	目测管道保温是否损坏，管道保温层连接口是否开裂，详细记录问题信息，向部门领导报备异常信息，由自来水公司维修人员进行修复	每周 1 次

序号	排水管线项目	检查内容及处理方法	周期
1	管道外观	目测管道外观是否明显损坏，管道接口外观是否有漏水，详细记录问题信息，向部门领导报备异常信息，由排水公司维修人员进行修复	每周1次
2	橡胶垫	目测橡胶垫是否老化，详细记录问题信息，向部门领导报备异常信息，由排水公司维修人员进行修复	每周1次
3	支吊架	目测支吊架外观是否锈蚀，详细记录问题信息，向部门领导报备异常信息，由排水公司维修人员进行修复	每周1次
4	锚固件	目测锚固件外观是否明显损坏，锚固件防腐层是否正常，详细记录问题信息，向部门领导报备异常信息，由排水公司维修人员进行修复	每周1次
5	管线标识	目测管线上标识是否清晰，无灰尘，无锈蚀，详细记录问题信息，报备异常信息，由维修人员进行修复	每周1次
序号	热力管线项目	检查内容及处理方法	周期
1	环境温度	使用测温设备测试廊内环境温度不超过40℃，如果超过40℃应及时开启通风设备进行降温，并进行详细记录	热力管道运行期间巡检应每月不少于2次，非运行期巡检应每月不少于1次。蒸汽管道运行期巡检应每周不少于1次
2	泄漏	目测管道有无泄漏，详细记录问题信息，向部门领导报备异常信息，由热力公司维修人员进行修复	
3	活动支架	目测活动支架应无失稳、失垮，固定支架应无变形，详细记录问题信息，报备异常信息，由维修人员进行修复	
4	阀门	目测阀门应无跑冒滴漏现象，详细记录问题信息，向部门领导报备异常信息，由热力公司维修人员进行修复	
5	疏水器	目测疏水器排水应正常，详细记录问题信息，向部门领导报备异常信息，由热力公司维修人员进行修复	
6	保温层	目测管道保温层应无剥落、裂缝，详细记录问题信息，向部门领导报备异常信息，由热力公司维修人员进行修复	
7	其他管线影响	目测廊内其他管线应无影响热力管线安全运行和操作的因素，详细记录问题信息，向部门领导报备异常信息，协调解决问题	
序号	通信管线项目	检查内容及处理方法	周期
1	线缆固定设施	目测光缆走线应合理并排列整齐，线缆固定设施无脱落和丢失，线缆无严重下沉和倾斜、折裂，光缆托架、托板应保持完好，配属装置完整有效，详细记录问题信息，向部门领导报备异常信息，由通信公司维修人员进行修复	每月1次
2	周围环境影响	目测周围环境对线缆运行有无影响，详细记录问题信息，向部门领导报备异常信息，协调解决问题	每月1次
3	管线外观	目测线缆外观有无污垢，线缆有无损毁迹象，光缆外护层不应有腐蚀、损坏，详细记录问题信息，向部门领导报备异常信息，由通信公司维修人员进行修复	每月1次
4	附属设备	目测线缆的附属设备是否牢固，有无丢失缺损等情况，详细记录问题信息，报备异常信息，由维修人员进行修复	每月1次

序号	通信管线项目	检查内容及处理方法	周期
5	标识	目测光缆安全标志和光缆标识应醒目，不应破损、丢失，详细记录问题信息，报备异常信息，由维修人员进行修复	每月 1 次
6	光缆接续盒	目测光缆接续盒应密封、无受损，且应与光缆结合良好，详细记录问题信息，向部门领导报备异常信息，由通信公司维修人员进行修复	每月 1 次

9.3　异　常　报　告

根据《城市地下综合管廊运行维护及安全技术标准（征求意见稿)》、《城市综合管廊运营管理技术标准》等综合管廊运维标准，从综合管廊实际运维工作角度出发，梳理管廊运维工作中异常情况报告的标准处理程序。

9.3.1　廊体和附属设施异常报告

廊体或附属设施异常报告 SOP 如下所示。

（1）发现廊体或附属设施异常；

（2）确认是否需要紧急处理：

如果需要紧急处理，联系监控中心，确认紧急处理程序；

（3）检查异常附近是否有异常编号贴纸：

如果有异常编号贴纸，则判断异常问题是否在 5 日内处理完毕，如果没有，在运维信息系统中挂起对应的异常报告，通知维修人员加急维修；

（4）如果异常编号贴纸不存在，则查看综合管廊智慧管理平台中是否有该异常登记；

如果有，则补打异常编号贴纸，将异常编号贴纸贴在管廊异常点；

如果没有，在运维信息系统中新建异常报告，包括异常位置、异常内容、异常照片，生成异常工单，打印带有异常编号的贴纸并贴在异常点附近。

廊体或附属设施异常报告 SOP 如图 9-3 所示。

9.3.2　管线异常报告

管线异常报告 SOP 如下所示。

（1）发现管线异常；

（2）根据是否有管线泄漏、高温、失火等情况，开启风机、水泵或消防设施进行环境控制；

（3）确认是否需要按应急程序处理，如果需要紧急处理，联系监控中心，通知管线公司等相关单位，启动应急预案；

（4）检查附近是否有异常编号贴纸。如果有异常编号贴纸，确认是否超过 5 日未处

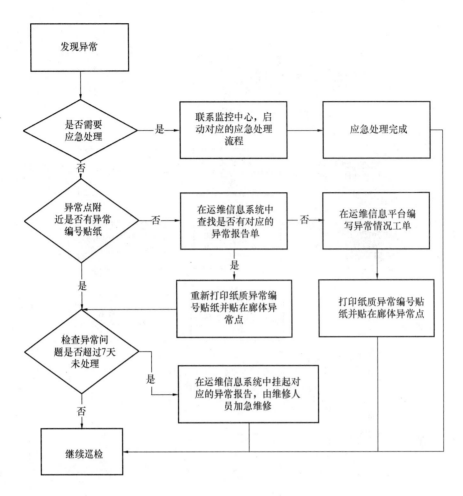

图 9-3　廊体或附属设施异常报告 SOP

理，如果超过 5 日未处理，则执行挂起异常报告，通知维修人员加急维修；

（5）如果没有异常编号贴纸，在综合管廊智慧管理平台中检查是否为已知异常。如果是已知异常，则执行已知异常报告 SOP；

（6）在综合管廊智慧管理平台中增加机电设备异常报告；

（7）在运维管理系统中填写异常位置；

（8）在运维管理系统中选择异常类型；

（9）在运维管理系统中登记异常照片；

（10）运维管理系统自动生成异常工单；

（11）打印带有异常编号的贴纸；

（12）将异常编号贴纸贴于异常发生位置附近。

管线异常报告 SOP 流程图如图 9-4 所示。

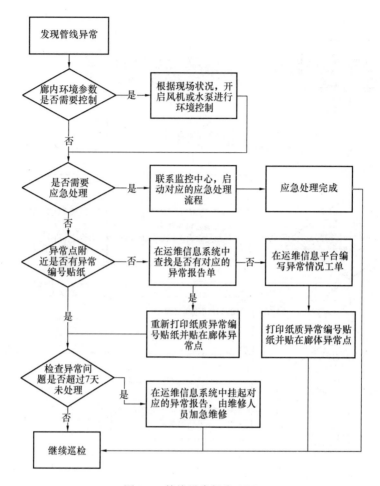

图 9-4 管线异常报告 SOP

9.4 应 急 处 理

根据《城市地下综合管廊运行维护及安全技术标准（征求意见稿）》、《城市综合管廊运营管理技术标准》等综合管廊运维标准，对廊内环境设备传感器报警后，经确认无法通过廊内设备控制的紧急情况，需要启动相关应急处理 SOP 的事项，以及突发的自然灾害、人员伤亡情况，根据相关内容，梳理管廊运维公司在应急情况下的标准处理程序。

SOP 的主要内容需要涵盖：事故分级、响应程序、分项目的应急处置措施、后期处置。

9.4.1 管线事故应急处理

管线事故应急处理 SOP 如图 9-5 所示。

（1）运维人员根据传感器报警信息，判断事故现场情况；

（2）确认事故现场人员伤亡情况和经济损失情况，确认事故等级；

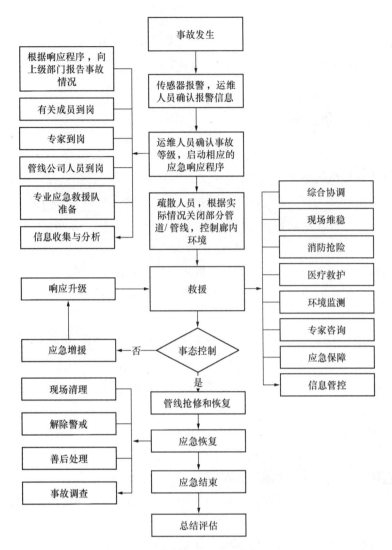

图 9-5 管线事故应急处理 SOP

（3）根据事故等级，启动相应的应急响应程序，通知相关管理部门、管线单位，到达事故现场协商处理事故；

（4）紧急疏散事故现场人员，设置安全警戒区和警示标志，维护事故现场的秩序，和管线单位协商，根据实际情况关闭部分管线、管道，根据现场情况开启风机和水泵控制廊内环境；

（5）组织医疗救护、公安消防、环境保护等救援人员协调开展救援工作，将伤员转移到安全区域进行救治；

（6）待事故现场环境安全后，管廊运维公司人员陪同管线单位人员进入管廊，对管线进行抢修，抢修过程中注意实时监测廊内环境参数，确保满足施工条件，有需要动火作业的，需要办理动火作业手续；

（7）管线抢修完成后进行检查，确认管廊、管线具备重新运行条件后，按照程序启动管线；

（8）应急恢复，包括清理现场、解除警戒、善后处理、事故调查等；

（9）应急结束后，进行总结评估，总结和吸取应急处置经验教训，提出改进应急工作的建议。

9.4.2　坍塌事故应急处理

坍塌事故应急处理 SOP 如下所示。

（1）运维人员确认坍塌事故信息；

（2）确认事故现场人员伤亡情况和经济损失情况，确认事故等级；

（3）根据事故等级，启动相应的应急响应程序，通知相关管理部门人员到达事故现场协商处理事故；

（4）紧急疏散事故现场人员，设置安全警戒区和警示标志，维护事故现场的秩序，和管线单位协商，根据实际情况关闭部分管线、管道，根据现场情况开启风机和水泵控制廊内环境；

（5）组织医疗救护、公安等救援人员协调开展救援工作，将伤员转移到安全区域进行救治；

（6）待事故现场环境安全后，管廊运维公司人员陪同管廊建设单位人员进入管廊，对坍塌位置进行抢修；

（7）抢修完成后进行检查，确认管廊、管线具备重新运行条件后，按照程序启动管线；

（8）应急恢复，包括清理现场、解除警戒、善后处理、事故调查等；

（9）应急结束后，进行总结评估，总结和吸取应急处置经验教训，提出改进应急工作的建议。

坍塌事故应急处理 SOP 流程图如图 9-6 所示。

9.4.3　火灾事故应急处理

火灾事故应急处理 SOP 如下所示。

（1）运维人员根据火灾报警器报警信息，判断事故现场情况；

（2）确认事故现场人员伤亡情况和经济损失情况，确认事故等级；

（3）根据事故等级，启动相应的应急响应程序，通知相关管理部门、管线单位，到达事故现场协商处理事故；

（4）紧急疏散事故现场人员，设置安全警戒区和警示标志，维护事故现场的秩序，和管线单位协商，根据实际情况关闭部分管线、管道，确认事故现场消防设备已开始工作；

（5）组织医疗救护、公安消防、环境保护等救援人员协调开展救援工作，将伤员转移到安全区域进行救治；

（6）待火灾被扑灭后，管廊运维公司人员陪同管线单位人员进入管廊，对管线、附属

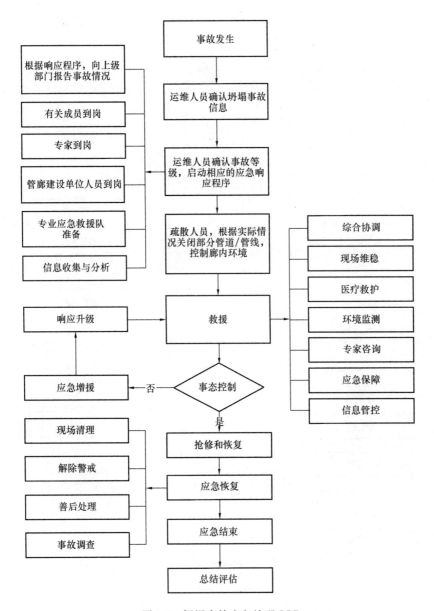

图 9-6　坍塌事故应急处理 SOP

设施、廊体进行状态确认，需要维修的安排人员进行维修，维修过程中注意实时监测廊内环境参数，确保满足施工条件，有需要动火作业的，需要办理动火作业手续；

（7）维修完成后进行检查，确认管廊、管线具备重新运行条件后，按照程序启动管线；

（8）应急恢复，包括清理现场、解除警戒、善后处理、事故调查等；

（9）应急结束后，进行总结评估，总结和吸取应急处置经验教训，提出改进应急工作的建议。

火灾事故应急处理 SOP 流程图如图 9-7 所示。

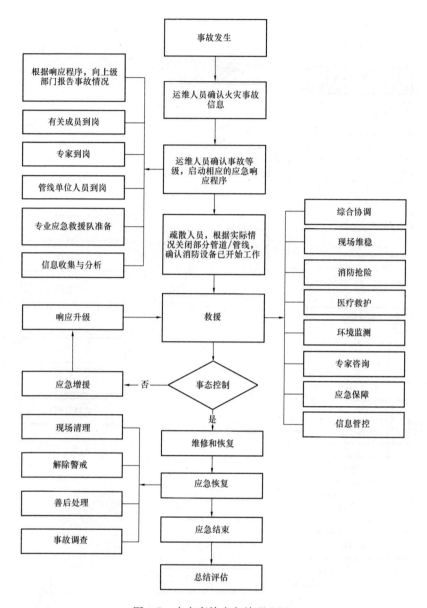

图 9-7　火灾事故应急处理 SOP

9.4.4　洪水倒灌应急处理

洪水倒灌应急处理 SOP 如下。

（1）运维人员确认管廊洪水倒灌信息，判断事故现场情况；

（2）确认事故现场人员伤亡情况和经济损失情况，确认事故等级；

（3）根据事故等级，启动相应的应急响应程序，通知相关管理部门、管线单位，到达事故现场协商处理事故；

（4）紧急疏散事故现场人员，设置安全警戒区和警示标志，维护事故现场的秩序，和管线单位协商，根据实际情况关闭部分管线、管道；

（5）根据现场情况开启水泵控制廊内水位，水泵不够用的增加大功率水泵抽水，尽量减少洪点倒灌和水淹事故造成的损失；

（6）排水过程中要切断电源、保持通风，加强对有害气体的检测；

（7）切断与抢险无关的所有电源，保证现场所有的排水供电；

（8）沙袋将管廊入口封堵，防止洪水倒灌；

（9）组织医疗救护、公安消防、环境保护等救援人员协调开展救援工作，将伤员转移到安全区域进行救治；

（10）待事故现场环境安全后，管廊运维公司人员陪同管线单位人员进入管廊，对管线进行抢修，抢修过程中注意实时监测廊内环境参数，确保满足施工条件，有需要动火作业的，需要办理动火作业手续；

（11）管线抢修完成后进行检查，确认管廊、管线具备重新运行条件后，按照程序启动管线；

（12）应急恢复，包括清理现场、解除警戒、善后处理、事故调查等；

（13）应急结束后，进行总结评估，总结和吸取应急处置经验教训，提出改进应急工作的建议。

洪水倒灌应急处理 SOP 流程图如图 9-8 所示。

9.4.5 地质灾害或地震应急处理

地质灾害或地震应急处理 SOP 如下所示。

（1）运维人员了解防灾减灾信息系统信息、政府相关部门发布的地震地质等灾害信息，确定事故现场情况；

（2）确认事故现场人员伤亡情况和经济损失情况，确认事故等级；

（3）根据事故等级，启动相应的应急响应程序，通知相关管理部门、管线单位，到达事故现场协商处理事故；

（4）紧急疏散事故现场人员，设置安全警戒区和警示标志，维护事故现场的秩序，和管线单位协商，根据实际情况关闭部分管线、管道，根据现场情况开启风机和水泵控制廊内环境；

（5）组织医疗救护、公安消防、环境保护等救援人员协调开展救援工作，将伤员转移到安全区域进行救治；

（6）组织力量加强对重要物资、档案存放等相关区域进行保卫和管制；

（7）严密监视单位管辖区域，根据发生的次生灾害突发事件采取进一步对策；

（8）待灾害结束，确认事故现场环境安全后，管廊运维公司人员陪同管廊建设单位人员、管线公司人员进入管廊，对受损管廊进行初步评估，确定危险程度，根据实际情况对廊体进行加固，对管道/管线进行维修，对附属设施进行维修，并在保证人员安全的情况下，转移重要资料、档案、物资等；

（9）维修完成后进行检查，确认管廊、管线具备重新运行条件后，按照程序启动管线；

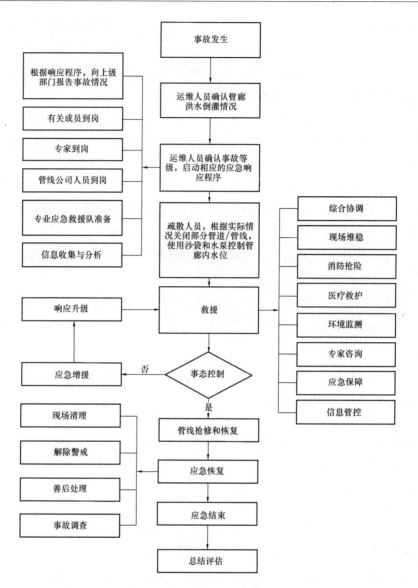

图 9-8　洪水倒灌应急处理 SOP

（10）应急恢复，包括清理现场、解除警戒、善后处理、事故调查等；

（11）应急结束后，进行总结评估，总结和吸取应急处置经验教训，提出改进应急工作的建议。

地质灾害或地震应急处理 SOP 流程图如图 9-9 所示。

9.4.6　其他事故应急处理

触电事故、应急职业中毒、机械伤害事故、高空坠落、中毒、物体打击、卫生防疫等突发事故的应急处理 SOP 类似，以下内容为此类事故的通用 SOP。

（1）运维人员了解事故现场信息，确认事故现场人员伤亡情况和经济损失情况，确认事故等级；

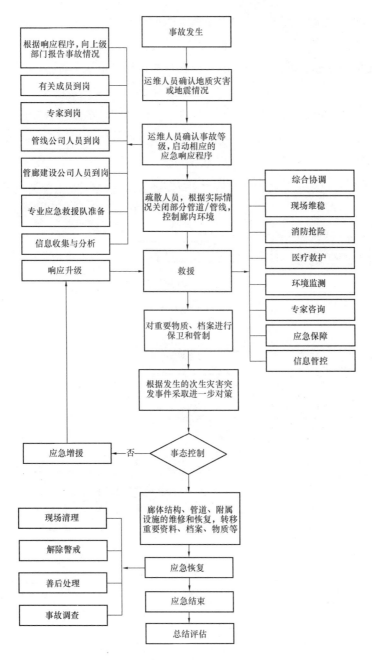

图 9-9　地质灾害或地震应急处理 SOP

（2）根据事故等级，启动相应的应急响应程序，通知相关管理部门、管线单位，到达事故现场协商处理事故；

（3）紧急疏散事故现场人员，设置安全警戒区和警示标志，维护事故现场的秩序；

（4）根据应急处置措施，救治受伤员工，确保人员安全；

（5）组织医疗救护、公安、环境保护等救援人员协调开展救援工作，将伤员转移到安全区域进行救治；

（6）待事故现场环境安全后，管廊运维公司人员陪同管线单位人员进入管廊，确认管

线状态,对管线进行维修,维修过程中注意实时监测廊内环境参数,确保满足施工条件,有需要动火作业的,需要办理动火作业手续;

(7) 管线抢修完成后进行检查,确认管廊、管线具备重新运行条件后,按照程序启动管线;

(8) 应急恢复,包括清理现场、解除警戒、善后处理、事故调查等;

(9) 应急结束后,进行总结评估,分析事故原因,总结和吸取应急处置经验教训,提出改进应急工作的建议。

其他事故应急处理 SOP 流程图如图 9-10 所示。

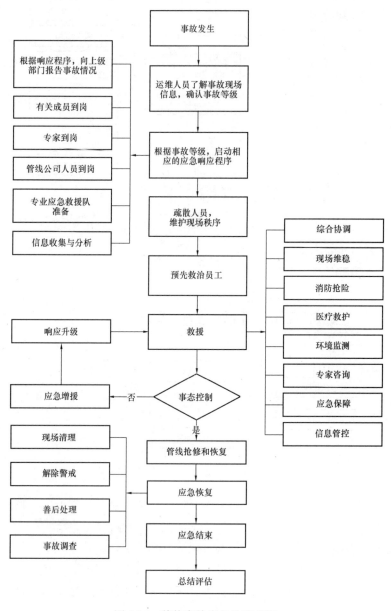

图 9-10 其他事故应急处理 SOP

9.5　异　常　处　理

根据《城市地下综合管廊运行维护及安全技术标准（征求意见稿）》、《城市综合管廊运营管理技术标准》等综合管廊运维标准，从综合管廊实际运维工作角度出发，梳理管廊运维工作中设备设施的异常问题标准处理程序。

9.5.1　异常勘察

管廊出现异常报告后，需要对异常进行勘察，确认问题定位，制定处理措施等，勘察SOP 如下所示：

（1）确认需要勘察的异常；

（2）根据异常问题组织勘察工作组，其中管线故障需要管线单位参与；

（3）对勘察工作组进行门禁授权；

（4）入廊前通过管廊运维信息平台确认廊体内环境安全、各传感器没有报警，主要包括氧气、甲烷和硫化氢浓度正常，温湿度正常，电力管线没有异常高温，如果入廊前发现内环境可能对人体造成伤害，则终止入廊，并进入相关的异常标准处理程序；

（5）携带勘察工具进入管廊，门禁系统自动记录勘察工作组入廊时间；

（6）进行异常勘察；

（7）确认异常是否需要处理。

如果异常不需要处理，分为两种情况，对于不需要进行处理也不会随着时间的推移变得更加严重的问题，和巡检人员确认后，摘除异常编号贴纸即可，并进行详细记录备案；对于暂时不需要处理的微小问题，但是随着时间的推移未来可能会发展到需要维修的问题，和巡检人员确认后，粘贴"已勘察"贴纸在异常编号贴纸下方，进行详细记录，包括问题的详细描述，并拍照留存（便于未来比对），确定暂时不需要处理的有效时限（原则上不超过三个月，未来根据实际情况可以延长），未来巡检过程中需要留意问题的发展，必要时组织进行维修；

（8）确认需要维修的问题，如果可以进行现场处理，则立即进行处理，处理完成后，将异常编号标签摘除，在运维信息系统里更新异常问题状态；如果不能进行现场处理，则打印"待维修"贴纸，贴于异常编号下方；

（9）完成现场勘查；

（10）门禁系统自动记录出廊时间；

（11）收回门禁权限；

（12）填写勘查报告单；

（13）完成勘察。

管廊异常勘察 SOP 流程图如图 9-11 所示。

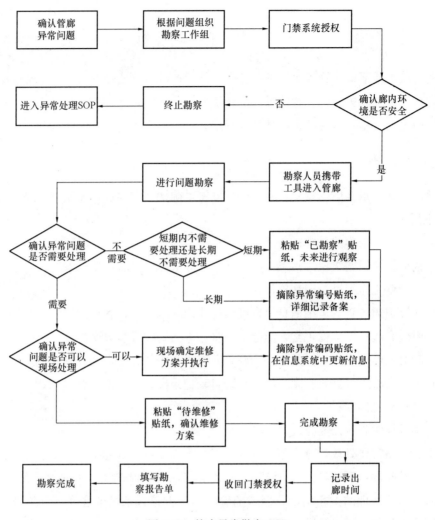

图 9-11　管廊异常勘察 SOP

9.5.2　异常处理

根据管廊本体、附属设施、管线以及地表设施的异常问题勘察情况和处理方案，进行异常问题处理。

管廊异常处理 SOP 如下所示。

（1）确认需要处理的异常问题；

（2）根据实际情况和组织分工，按照专业组织异常处理工作组，管廊本体和附属设施的异常问题由管廊运维公司负责，管线的异常问题由管线公司负责，管廊运维公司人员全程陪同；

（3）根据勘察报告，制定异常处理方案，包括参加的部门、岗位人员、配套的工具、材料、施工的条件与步骤等，廊内动火作业或用电作业，作业人员需要经过管廊运维管理部门确认管廊环境、设备的各项参数正常、满足作业要求，办理相关手续，在熟悉管廊内部设备、环境、逃生通道的运维人员陪同下进行作业；

（4）审批处理方法；

（5）在监控中心的统一调度指挥下开展作业，划出作业区并设置护栏和警示标志，施工全过程注意监控施工环境，保证环境条件满足施工作业要求，施工过程注意避免对廊内其他管线或设备造成损害；

（6）施工作业完成，打扫作业现场，保持廊内环境整洁；

（7）摘除异常编号贴纸，在管理信息系统中更新异常问题处理结果；

（8）编写异常处理报告单，将处理结果上报相关领导；

（9）完成处理。

管廊异常问题处理 SOP 流程图如图 9-12 所示。

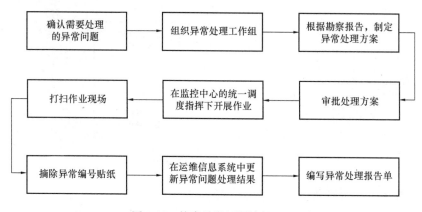

图 9-12 管廊异常问题处理 SOP

9.6 报 警 处 理

当智慧管廊各类传感器出现报警时，需要对报警的情况进行相应的处理，报警处理 SOP 组成如图 9-13 所示。

9.6.1 气体传感器报警处理

气体传感器报警处理 SOP 如下所示：

（1）确认气体传感器开始报警；

（2）查看传感器过去 4h 数据；

（3）确认数据是否为逐渐变化偏离典型值；

若为突变，则初步断定是传感器异常，确认廊内环境安全后，则派巡检机器人或巡检人员到现场勘查传感器；

（4）是渐变数据，则检查同舱同类传感器数据是否偏离典型值；

否，则初步断定是传感器异常，确认廊内环境安全，则派巡检机器人或巡检人员到现场勘查传感器；

（5）如果同舱同类传感器也出现数据偏离，则判断为环境异常；

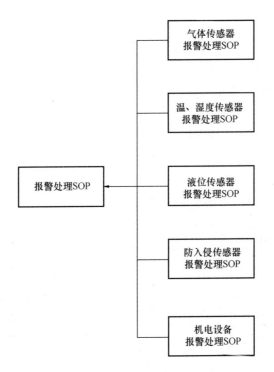

图 9-13　报警处理 SOP

（6）检查风机是否启动；

如果风机未启动，执行手动启动风机，如果风机未能启动，则派巡检机器人或巡检人员达到现场对风机进行异常勘察；

（7）如果通风设备启动，则继续检查是否持续偏离典型值；

（8）如果持续偏离典型值，则执行紧急情况处理 SOP；

（9）如果状态受控，派巡检机器人或巡检人员达到现场确认情况，并持续监测报警位置的气体浓度。

气体传感器报警处理 SOP 流程图如图 9-14 所示。

9.6.2　温湿度传感器报警处理

温湿度传感器报警处理 SOP 如下所示：

（1）确认温湿度传感器开始报警；

（2）查看传感器过去 4h 数据；

（3）确认数据是否为逐渐变化偏离典型值；

否，若为突变，则初步断定是传感器异常，确认廊内环境安全后，则派巡检机器人或巡检人员到现场勘查传感器；

（4）是渐变数据，则检查同舱同类传感器数据是否偏离典型值

否，则初步断定是传感器异常，确认廊内环境安全，则派巡检机器人或巡检人员到现场勘查传感器；

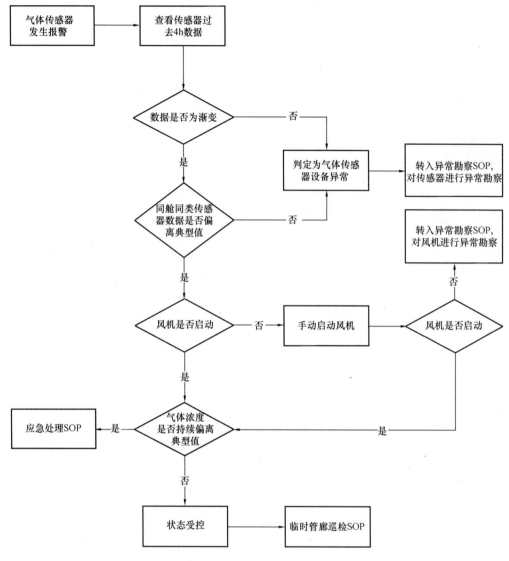

图 9-14　气体传感器报警处理 SOP

（5）如果舱传感器也出现数据偏离，则判断环境异常；

（6）确认是否为火灾

是，则启动火灾应急处理 SOP；

（7）检查管廊外环境温湿度是否优于管廊内部环境；

否，持续监测管廊内外温湿度，当管廊外部温湿度环境优于管廊内部温湿度环境时进行通风；

（8）检查是否启动通风

未启动通风，执行手动启动通风设备，如果通风设备未能启动，确认廊内环境安全，则派巡检机器人或巡检人员到现场勘查传感器；

（9）如果通风设备启动，则继续检查廊内温湿度是否持续偏离典型值；

（10）如果持续偏离典型值，则执行紧急情况处理 SOP；

（11）如果状态受控，派巡检机器人或巡检人员达到现场确认情况，并持续监测报警位置的温湿度。

温湿度传感器报警处理 SOP 流程图如图 9-15 所示。

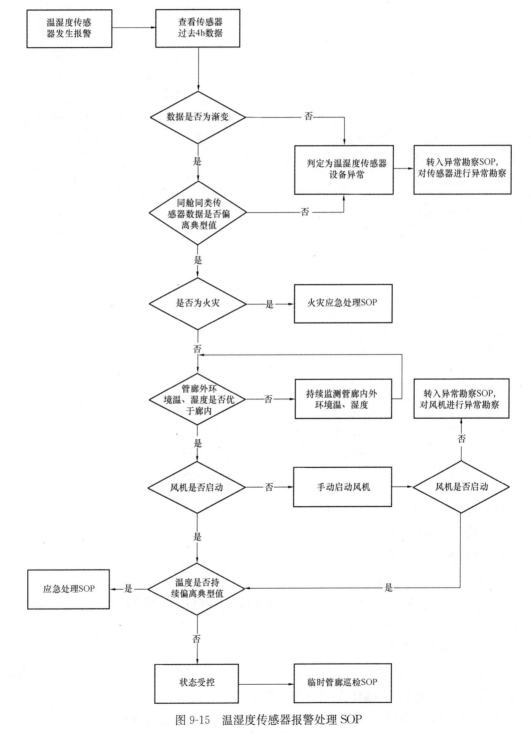

图 9-15　温湿度传感器报警处理 SOP

9.6.3　液位传感器报警处理

液位传感器报警处理 SOP 如下所示：

（1）确认液位传感器开始报警；

（2）查看传感器过去 4h 数据；

（3）确认数据是否为逐渐变化偏离典型值；

否，若为突变，则初步断定是传感器异常，确认廊内环境安全后，则派巡检机器人或巡检人员到现场勘查传感器；

（4）是渐变数据，则检查同舱同类传感器数据是否偏离典型值

否，则初步断定是传感器异常，确认廊内环境安全，则派巡检机器人或巡检人员到现场勘查传感器；

（5）如果同舱传感器也出现数据偏离，则判断液位异常；

（6）检查是否启动水泵

未启动水泵，执行手动启动水泵，如果水泵未能启动，确认廊内环境安全，则派巡检机器人或巡检人员到现场勘查水泵；

（7）如果水泵启动，则继续检查是否持续偏离典型值；

（8）如果持续偏离典型值，则执行紧急情况处理 SOP；

（9）如果状态受控，派巡检机器人或巡检人员达到现场确认情况，并持续监测报警位置的温湿度。

液位传感器报警处理 SOP 流程图如图 9-16 所示。

9.6.4　防入侵传感器报警处理

防入侵传感器报警处理 SOP 如下。

（1）确认防入侵传感器开始报警；

（2）查看传感器所在区域监控视频；

（3）确认是否为入侵；

否，初步判断为虚警，如果仍然持续报警，确认廊内环境安全，则派巡检机器人或巡检人员到现场勘查防入侵传感器，如果没有再发生报警，加强对该区域附近的监控力度，必要时派安保人员到现场确认；

（4）确认发生入侵后，广播警告入侵者，并派安保人员制止入侵，必要时联系公安机关处理。

防入侵传感器报警处理 SOP 流程图如图 9-17 所示。

9.6.5　机电设备报警处理

机电设备报警处理 SOP 如下：

（1）确认机电设备开始报警；

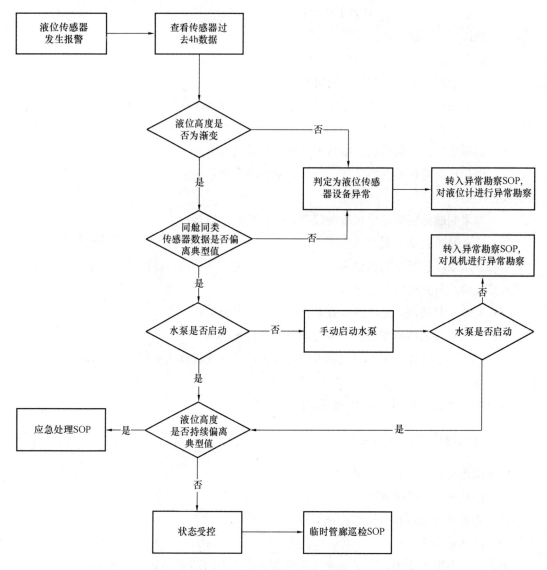

图 9-16　液位传感器报警处理 SOP

（2）尝试手动远程控制设备；

（3）确认是否可控：

1）否，进行机电设备异常勘察 SOP；

2）是，重启 ACU，确认是否继续报警。

（4）继续报警，进行机电设备异常勘察 SOP。

机电设备报警处理 SOP 流程图如图 9-18 所示。

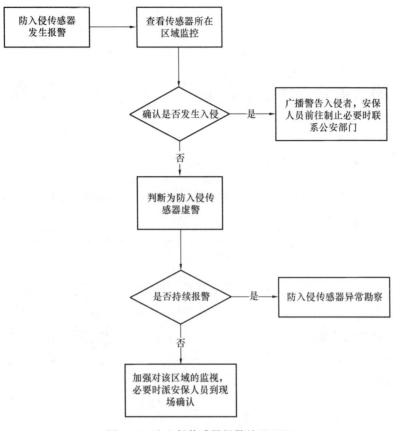

图 9-17　防入侵传感器报警处理 SOP

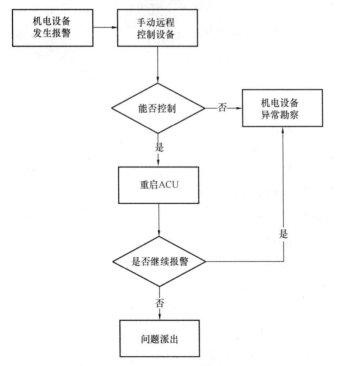

图 9-18　机电设备报警处理 SOP

第10章 综合管廊运维的反馈与跟踪

10.1 管廊运维反馈跟踪机制与体系

反馈与跟踪是综合管廊运维中的重要环节。管廊运维的反馈与跟踪包括对某项运维工作或某阶段运维工作的总结与汇报，通过对总结报告进行分析、研究，肯定成绩，找出问题，得出经验教训，摸索管廊运维的最佳方法，并用于指导管廊运维下一阶段的工作。

总结报告是管廊运维反馈与跟踪的重要依据。撰写总结报告的目的不单纯是汇报工作内容与进度，各岗位负责人在填写总结报告过程中，需要系统而有逻辑地对工作内容及问题进行梳理，从而反映管廊运维实际情况，并进行反思和自我纠偏。作为管廊运维公司，积极推进管廊运维反馈与跟踪，认真整理和分析总结报告，便于跟踪管廊运维管理状态，及时反馈工作情况并进行数据存档。

10.1.1 管廊运维反馈与跟踪机制

管廊反馈与跟踪的结果是管廊运维相关决策的重要依据，做好管廊运维反馈与跟踪有利于分析管廊运维情况，更有利于各部门做好沟通调整工作。结合总结报告，对管廊运维出现的问题进行有针对性的调整，构建管廊运维反馈与跟踪机制是非常必要的。

1. 反馈与跟踪的职责机构

综合管廊运维反馈与跟踪涉及运维公司的每一个部门及每一位工作人员，各部门下辖人员是综合管廊运维的基层人员，掌握着管廊运维最基础、原始、直接的资料，主要负责基本的运维工作反馈；各部门领导人员负责本部门运维工作的正常开展与日常跟踪，需总结本部门各岗位的反馈情况，编制部门总结报告上交经理层；经理层负责对管廊整体运维情况的把握与整改，及时修整或改进管廊运维方案。

2. 反馈与跟踪的内容

管廊运维反馈与跟踪的内容主要包括管廊运维情况、管理现状、巡检记录、维修保养记录、监控记录、应急演练以及安全生产事故，各部门及工作人员以总结报告的形式反馈。相关领导对总结报告进行反馈之后，需对反馈后的情况进行跟踪，主要跟踪内容包括反馈工作开展情况，对存在问题的整改情况等。

3. 反馈与跟踪的方式方法

各部门领导通过对下辖各岗位总结报告的内容进行及时整理与分析，如发现问题，立即采取措施并进行指导工作。对各岗位工作人员提出的问题反馈后，及时跟踪问题解决情况，并做好相应记录。各部门领导对各自部门的整体总结与记录应定期上交经理层，经理层对各部门总结报告进行相应评估，组织各种会议协商问题解决措施，提升管廊运维方案质量与实用性。

10.1.2　管廊运维反馈与跟踪文件体系

文件体系是管廊运维反馈与跟踪的载体。总结报告是管廊运维与跟踪文件体系中一种简单明了、直接有效的形式。不同的责任部门或工作岗位都需定期提交总结报告，以保障管廊运维安全、稳定运行。管廊运维工作岗位可划分为业务岗位和管理岗位，对应的岗位需要编写管廊运维总结报告、管廊管理总结报告，便于上级领导了解业务进展情况和管理情况。

针对重点工作岗位和重点工作事项，为便于部门管理，需要编写专项总结报告，主要包括管廊巡检总结报告、设备维修保养总结报告、管廊监控总结报告、应急演练总结报告、安全生产事故处置总结报告。

各总结报告的责任分工和编制周期详见管廊公司总结报告责任分工（表 10-1）。

管廊公司总结报告责任分工　　　　　　　　　表 10-1

序号	报告名称	责任部门	编写周期	备注
1	管廊运维总结报告	运维监控部	日报、周报、月报、季报、半年报、年报	报告里涉及其他部门工作情况的，由相关部门提供运维工作数据
2	管廊管理总结报告	综合管理部	周报、月报、季报、半年报、年报	
3	管廊巡检总结报告	运维监控部	日报、周报、月报、季报、半年报、年报	
4	设备维修保养总结报告	安全技术部	周报、月报、季报、半年报、年报	
5	管廊监控总结报告	运维监控部	日报、周报、月报、季报、半年报、年报	
6	应急演练总结报告	安全技术部	年报	
7	安全生产事故处置总结报告	安全技术部	根据实际情况	

10.2　管廊运维总结报告

运维监控部作为管廊运维工作的主管部门，负责本报告的编写，包括日报、周报、月报、季报、半年报、年报。

报告主要内容包括：

（1）管廊运维情况概览；

（2）管廊运维计划完成情况；

（3）管廊工单情况；

（4）管廊报警信息汇总；

（5）管廊预警信息汇总；

（6）信息共享平台信息汇总；

（7）管廊环境设备状态汇总；

（8）管廊保洁工作汇总；

（9）管廊巡检工作汇总；

（10）设备维修工作汇总；

（11）运维监控工作汇总。

下面以日报为例详细介绍报告的主要内容，其他周期的总结报告参照编写。

10.2.1 运维情况概览

本节内容重点说明管廊运维的总体状态，包括当天主管领导以及各班组执勤人员，当日主要工作内容，入廊人员数量，运维计划以及工单的完成情况，报警、预警信息，信息共享数据以及主要问题，便于领导把握当天管廊运行的整体情况。

具体报告内容参见今日运维情况概览（表10-2）。

今日运维情况概览 表 10-2

20__年__月__日星期__，管廊健康指数为__%。
今日管廊运维主管领导：_____。
今日各班组当班人员：中心机房组_____，巡检组_____，信息安全技术组_____，消防设施组_____，土建组_____，强弱电维修组_____，机电维修组_____。
本日主要工作包括_____（入廊巡检、廊内保洁、设备检修等），入廊人数合计__人次，所有人员安全，未发生安全生产事故。本日运维计划完成率为__%，运维工单完成率为__%，新增工单__条。
发生报警__次，具体信息为_____，处理结果为_____，后续需要采取的措施是_____，现已恢复正常。
发生预警__次，具体信息为_____，经现场确认后，处理结果为_____，不影响管廊正常运行。
今日信息共享平台收到__部门管理意见__条，具体信息为_____，后续由_____部门负责落实；收到管线报警信息__条，具体信息为_____，经与管线公司沟通确认，处理措施为_____；信息共享平台推送信息__条，具体信息为_____，推送给了____部门以及____管线公司。
今日管廊运维管理问题是_____，后续请相关人员注意。

10.2.2 运维计划完成情况

管廊运维工作按照运维计划开展，本节内容重点针对当天有运维计划的部门，说明当天工作计划的执行情况，包括监控中心、巡检组、机电组、保洁组。

具体报告内容参见今日运维计划完成情况（表10-3）。

	今日运维计划完成情况	表 10-3

<table>
<tr><td>今日管廊运维工作按照运维计划开展，各项运维计划均已完成。今日运维工作主要包括：
（1）监控中心完成全天 24h 的监控运维工作，组织协调其他班组开展各项工作；
（2）巡检组完成__舱__防火段、__舱__防火段的巡检工作；
（3）机电维修组完成__舱__防火段__设备的保养工作；
（4）保洁组完成__舱__防火段的保洁工作。</td></tr>
</table>

10.2.3　工单情况

管廊本体及设备的维修维护工作需要根据工单的时间要求合理安排，本节内容重点说明今日完成的工单工作，监督各部门按期完成工单工作，防止出现工单逾期未完成的情况。

具体报告内容参见今日工单完成情况（表 10-4）。

	今日工单完成情况	表 10-4

今日完成工单__项，新增工作__项，目前所有工单均按期完成，无工单逾期未完成情况。今日工单具体情况如下。
（1）土建组完成__舱__防火段廊体结构防水修复工作，工单编号___；
（2）机电维修组完成__舱__防火段__设备的维修工作，工单编号___；
（3）强弱电维修组完成__舱__防火段__设备的维修工作，工单编号___。
今日新增工单信息：

今日新增工单信息

序号	工单编号	工单概要	完成期限
1.			
2.			
3.			
4.			

10.2.4　管廊报警信息汇总

如果当日发生报警，需要说明相关的报警信息、处置方式、处置结果、数据统计结果等信息，便于领导了解相关处理细节，制定报警事件的后续管理方案。

具体报告内容参见今日管廊报警信息汇总（表 10-5）。

	今日管廊报警信息汇总	表 10-5

今日报警信息：
__舱__防火段湿度过高。
20__年__月__日__时__分__秒，系统报警显示__舱__防火段湿度过高，监控中心第一时间查看了现场传感器数据，数据结果见图 10-1，湿度报警时刻数据，系统判断廊外湿度为__%RH，低于廊内湿度，自动启动风机，同时监控中心判断廊内环境状态可以进入管廊后，派出巡检人员到现场确认情况，风机开启__分钟后，廊内湿度恢复正常，见图 10-2。

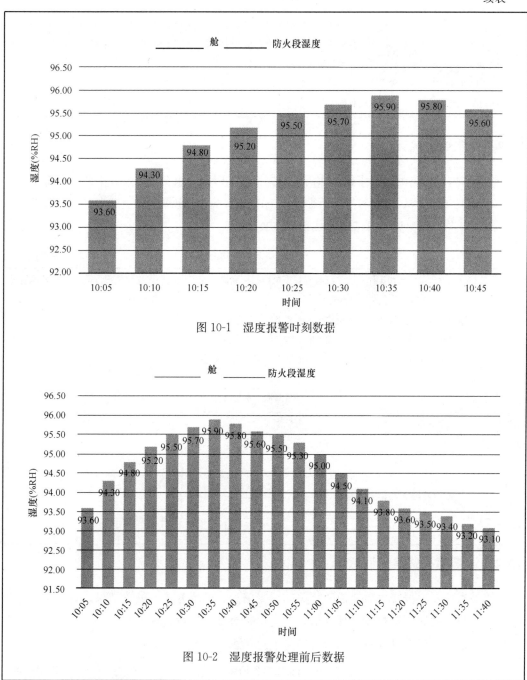

图 10-1　湿度报警时刻数据

图 10-2　湿度报警处理前后数据

10.2.5　管廊预警信息汇总

　　如果当日发生预警，需要说明相关的预警信息、处置方式、处置结果、数据统计结果等信息，便于领导了解相关处理细节，了解管廊近期的环境状态。

　　具体报告内容参见今日管廊预警信息汇总（表 10-6）。

今日管廊预警信息汇总 表 10-6

今日预警信息：

__舱__防火段氧气浓度下降预警。

20__年__月__日__时__分__秒，系统报警显示__舱__防火段氧气浓度下降并触发预警，监控中心第一时间查看了现场传感器数据，数据结果见图 10-3，监控中心远程启动管廊内风机进行通风，通风__分钟后，廊内氧气浓度预警解除。监控中心判断廊内环境状态可以进入管廊后，派出巡检人员到现场确认情况，廊内氧气浓度正常，详见图 10-4。

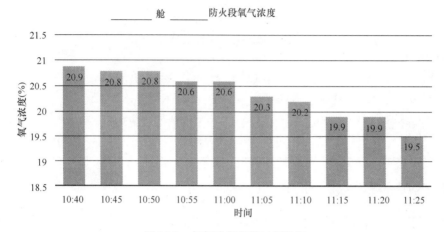

图 10-3 氧气浓度预警时刻数据

图 10-4 氧气浓度预警处理前后数据

10.2.6 信息共享平台信息汇总

信息共享平台用于管廊运营公司与上级管理部门、管线公司间的信息沟通。本节内容需要整理汇总当天信息共享平台的内容，便于领导了解与外单位的业务沟通情况。

具体报告内容参见今日信息共享平台信息汇总表 10-7。

今日信息共享平台信息汇总　　　　　　　　　　　表 10-7

1. 接收到管理部门信息

20＿＿年＿月＿日＿时＿分，在共享信息平台收到＿管理部门信息：

（1）针对＿＿＿＿＿＿情况，经研究决定，建议参照＿＿＿标准执行；

（2）针对＿＿＿＿＿＿问题，请与＿＿＿部门协调处理。

2. 接收到管线公司信息

20＿＿年＿月＿日＿时＿分，在共享信息平台收到＿管线公司信息：

我公司位于＿舱＿防火段的＿＿＿管线，于＿时＿分＿秒发生报警，具体信息为＿＿＿＿＿＿＿＿＿＿，我公司

已完成＿＿＿＿操作，请贵公司启动＿＿＿设备，配合我公司维修人员完成管线抢修。

3. 推送信息

20＿＿年＿月＿日＿时＿分，在共享信息平台推送给＿管理部门、＿管线公司信息：

（1）我公司位于＿舱＿防火段的＿＿＿设备，于＿时＿分＿秒发生报警，具体信息为＿＿＿＿＿＿＿＿＿＿，我

公司已启动＿＿＿设备，完成操作，请贵公司确认相关管线监测数据是否受到影响。

（2）＿时＿分＿秒，我公司位于＿舱＿防火段的＿＿＿设备报警信息已经消除，环境参数恢复正常。

10.2.7　管廊环境设备状态汇总

本节对管廊内当天的环境设备运行数据进行汇总，便于领导了解管廊内环境、设备的运行参数是否正常，数值范围。

具体报告内容参见今日管廊环境设备状态汇总（表 10-8）。

今日管廊环境设备状态汇总　　　　　　　　　　表 10-8

1. 温度：今日管廊温度为＿℃～＿℃，符合要求，各舱段的温度曲线图如图 10-5～图 10-8。

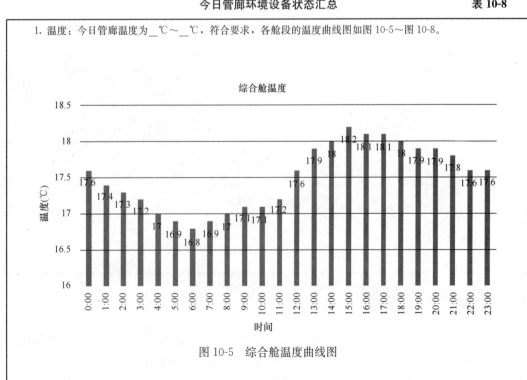

图 10-5　综合舱温度曲线图

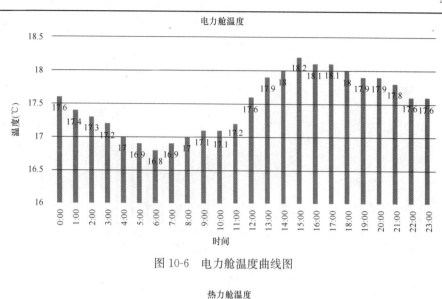

图 10-6　电力舱温度曲线图

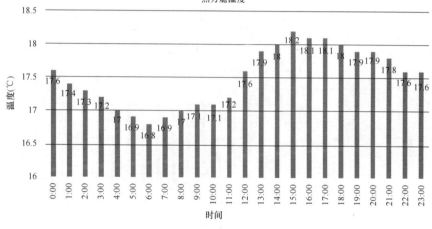

图 10-7　热力舱温度曲线图

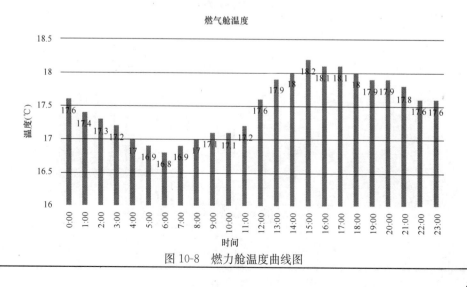

图 10-8　燃力舱温度曲线图

2. 湿度：今日管廊湿度为__％RH～__％RH，符合要求，各舱段的湿度曲线图如图10-9～图10-12。

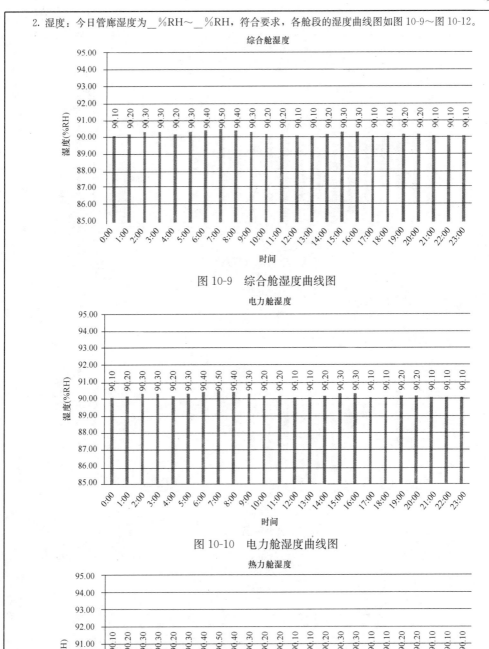

图 10-9　综合舱湿度曲线图

图 10-10　电力舱湿度曲线图

图 10-11　热力舱湿度曲线图

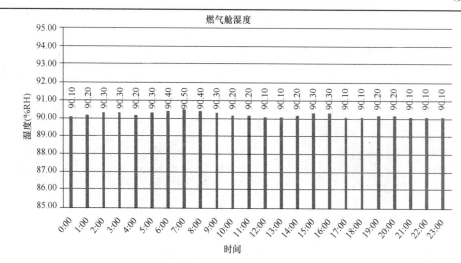

图 10-12　燃气舱湿度曲线图

3. 氧气浓度：今日管廊氧气浓度为＿％ Vol ～＿％ Vol，符合要求，分舱段的氧气浓度曲线图如下。

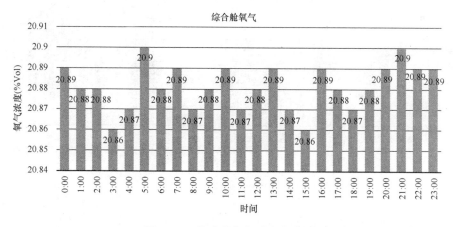

图 10-13　综合舱氧气浓度曲线图

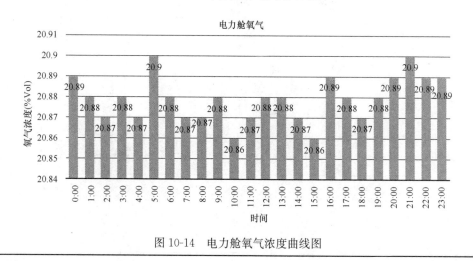

图 10-14　电力舱氧气浓度曲线图

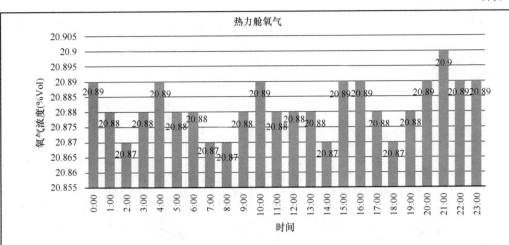

图 10-15　热力舱氧气浓度曲线图

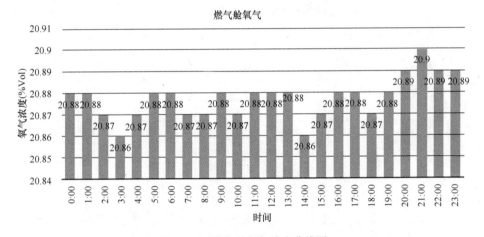

图 10-16　燃气舱氧气浓度曲线图

4. 甲烷浓度：今日燃气舱甲烷浓度为＿％ Vol ～＿％ Vol，符合要求，甲烷浓度曲线图如图 10-17。

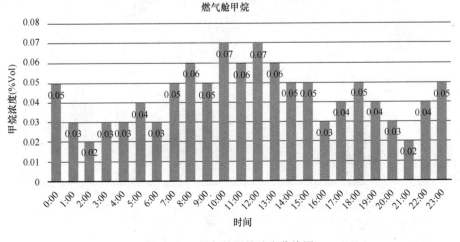

图 10-17　燃气舱甲烷浓度曲线图

5. 硫化氢浓度：今日燃气舱硫化氢浓度为＿mg/m³～＿mg/m³，符合要求，硫化氢浓度曲线图如图 10-18。

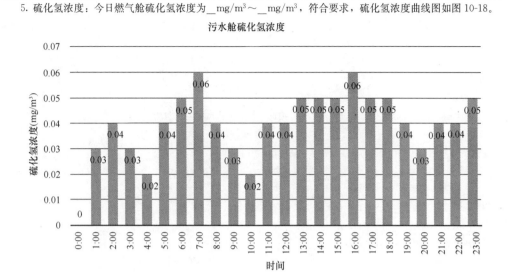

图 10-18　污水舱硫化氢浓度曲线图

6. 液位：今日管廊集水坑液位为＿mm～＿mm，符合要求，液位曲线如图 10-19。

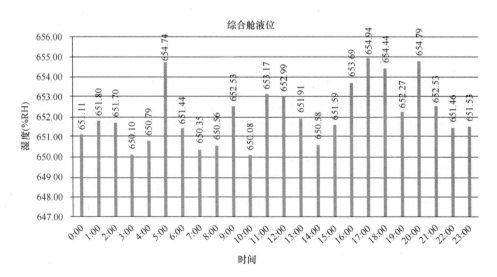

图 10-19　综合舱液位曲线图

7. 风机状态：

今日风机共有＿台正常工作，＿台异常，＿台损坏，正常工作风机占总数的＿％。异常/损坏问题已申请设备维修工单。

各舱段按照既定通风策略进行通风，具体情况如下：

(1) ＿舱通风标准为＿次/h，今日共通风＿次，合计＿h；

(2) ＿舱通风标准为＿次/h，今日共通风＿次，合计＿h；

(3) ＿舱通风标准为＿次/h，今日共通风＿次，合计＿h；

(4) ＿舱通风标准为＿次/h，今日共通风＿次，合计＿h。

报警或预警后临时通风信息如下：

（1）__舱__防火段湿度报警临时通风，通风开始时间为__时__分__秒，通风结束时间为__时__分__秒，风机运行时间合计__时__分__秒；

（2）__舱__防火段氧气浓度预警临时通风，通风开始时间为__时__分__秒，通风结束时间为__时__分__秒，风机运行时间合计__时__分__秒。

8. 水泵状态：

今日水泵共有__台正常工作，__台异常，__台损坏，正常工作风机占总数的__%。异常/损坏问题已申请设备维修工单。

各舱段按照既定集水坑液位高度进行排水，具体情况如下：

（1）__舱液位高度为__m～__m，今日共排水__次；

（2）__舱液位高度为__m～__m，今日共排水__次；

（3）__舱液位高度为__m～__m，今日共排水__次；

（4）__舱液位高度为__m～__m，今日共排水__次。

报警或预警后临时排水信息如下：

（1）__舱__防火段液位报警临时排水，排水开始时间为__时__分__秒，排水结束时间为__时__分__秒，水泵运行时间合计__时__分__秒；

（2）__舱__防火段集水坑液位预警临时排水，排水开始时间为__时__分__秒，排水结束时间为__时__分__秒，水泵运行时间合计__时__分__秒。

10.2.8　保洁工作汇总

本节重点说明保洁组按照运维工作计划进行的具体保洁内容。

具体报告内容参见今日保洁工作汇总（表10-9）。

今日保洁工作汇总　　　　　　　　　　　　　　　　　　　　　　　表 10-9

20__年__月__日，保洁组对__舱__防火段、监控中心按照保洁标准进行保洁，按时按量完成保洁工作。

具体内容包括：

（1）＿＿＿＿＿＿＿＿＿＿＿＿＿＿＿＿＿＿＿＿＿＿＿＿＿＿＿＿＿＿＿＿＿；

（2）＿＿＿＿＿＿＿＿＿＿＿＿＿＿＿＿＿＿＿＿＿＿＿＿＿＿＿＿＿＿＿＿＿；

（3）＿＿＿＿＿＿＿＿＿＿＿＿＿＿＿＿＿＿＿＿＿＿＿＿＿＿＿＿＿＿＿＿＿。

10.2.9　管廊巡检工作汇总

本节重点说明巡检组在按照运维工作计划进行的巡检工作中，发现的异常问题。

具体报告内容参见管廊巡检工作汇总（表10-10）。

管廊巡检工作汇总　　　　　　　　　　　　　　　　　　　　　　　表 10-10

今日管廊巡检工作按照巡检计划展开，巡检工作完成率__%，巡检过程中发现如下问题。

（1）__舱__防火段廊体结构存在____问题，__（是/否）影响管廊正常运行，处理结果为_____，已下发工单，工单号为____，待审批结束后由土建组组织维修；

（2）__舱__防火段附属设施____设备存在____问题，__（是/否）影响管廊正常运行，处理结果为_____，已下发工单，工单号为__，待审批结束后由____组组织维修；

（3）管廊保护区在_____位置存在___问题，__（是/否）影响管廊正常运行，处理结果为_____，已通知对方单位并上报管理部门，保持继续监测。

10.2.10　设备维修保养工作汇总

本节重点说明各维修组按照工单进行的维修保养工作，便于领导了解管廊内设备维修保养情况。

具体报告内容参见设备维修保养工作汇总（表 10-11）。

设备维修保养工作汇总　　　　　　　　　　　　　　　表 10-11

今日共处理设备维修工单__个，涉及__台设备，全部完成维修，未有设备维修工单逾期未完成情况。具体信息如下。 （1）工单号_____，__舱__防火段__设备，由___班组到现场进行维修，故障现象为_____，经检测，定位故障原因为_____，采取_____维修措施后，设备__（是/否）恢复正常工作，后续工作：_____； （2）工单号_____，__舱__防火段__设备，由___班组到现场进行维修，故障现象为_____，经检测，定位故障原因为_____，采取维修措施后，设备__（是/否）恢复正常工作，后续工作：_____。

10.2.11　运维监控工作汇总

本节重点说明监控中心在管廊运维工作中，对人员、设备、环境、工作协调等方面的工作内容。

具体报告内容参见设备维修保养工作汇总（表 10-12）。

设备维修保养工作汇总　　　　　　　　　　　　　　　表 10-12

今日监控中心完成 24h 管廊监控与管理，未发生运维事故，管廊运维状态正常。 今日工作情况汇总： （1）入廊人员监控管理：入廊人员均佩戴安全设备，经人员定位系统数据分析，所有入廊人员运动范围均在各自权限范围内； （2）廊内设备：除申报维修的设备外，均工作正常； （3）廊内环境：除本书附录 C 中所述报警、预警信息外，廊内环境参数正常； （4）信息共享：收到共享信息__条，发出共享信息__条。

10.3　管廊管理部门总结报告

管廊运营公司管理部门的工作情况，也会影响到管廊日常运维工作的开展。本节对管理部门与运维工作相关的内容进行汇总，便于领导监督各管理部门的工作状态，督促各管理部门围绕实际业务需求开展工作。

综合管理部作为主管部门，负责本报告的编写，包括周报、月报、季报、半年报、年报。

下面以周报为例详细介绍报告的主要内容，其他周期的总结报告参照编写。具体报告内容参见管廊管理部门总结报告（表10-13）。

管廊管理部门总结报告 表 10-13

---

1. 物资设备部

(1) 物资设备部根据对廊内设备的数据统计，__设备的备品数量还有__台，需要进行采购，已发起设备物资采购申请，表单号为_____；

(2) 设备采购工作，已完成验收、仓储，满足设备的备品备件要求。

2. 安全技术部

(1) 安全技术部完成了管廊应急预案等文件的修订；

(2) 完成了维修班组的劳动竞赛，进一步提升了设备维修人员的技能；

(3) 与热力公司沟通了入廊管线的维护办法；

(4) 完成了本年度应急演练方案的编写。

3. 运维监控部

(1) 运维监控部落实了__管理部门对管廊运维监控工作的指导意见，在后续工作中注意_____；

(2) 与电力公司协商了联络机制，后续在信息共享平台加强对____信息的共享。

4. 计划财务部

计划财务部完成了本年度大中修预算编写。

5. 综合管理部

(1) 综合管理部完成了本月各部门绩效考核汇总；

(2) 完成了公司运维管理制度的更新。

10.4 专项总结报告

主要包括管廊巡检总结报告、设备维修保养总结报告、管廊监控总结报告、应急演练总结报告、安全生产事故处置总结报告。

10.4.1 管廊巡检总结报告

管廊巡检是管廊日常运维工作中的重要内容，运维监控部巡检组需要根据运维计划定时定量开展每天的巡检工作，确保工作无漏项，结果有记录。

运维监控部作为主管部门，负责本报告的编写，包括日报、周报、月报、季报、半年报、年报。需要详细记录每个周期内的巡检工作项目、完成情况、异常问题及处理情况等。

下面以日报为例详细介绍报告的主要内容，其他周期的总结报告参照编写。具体报告内容参见管廊巡检总结报告（表10-14）。

管廊巡检总结报告　　　　　　　　　　　　　　　　表 10-14

__年__月__日，运维监控部巡检组依照巡检计划开展工作，巡检人员为_____，本日巡检工作完成率__%。

本日的巡检计划是：

(1)____舱__防火段的____（日常、定期、特殊）巡检，具体巡检项目包括：_____；

(2)____舱__防火段的____（日常、定期、特殊）巡检，具体巡检项目包括：_____。

共发现异常___项，均已发起相关维修工单。

具体巡检结果如下：

(1)巡检员_____在___时___分～__时___分完成____舱__防火段的巡检，廊内异常状态包括_____

_____，__（是/否）影响管廊正常运行，处理结果为_____，已下发工单，工单号为___，待审批

结束后由_____部门维修；舱室内其他设备状态正常；

(2)巡检员_____在___时___分～__时___分完成管廊保护区的巡检，异常状态包括_____，

__（是/否）影响管廊正常运行，处理结果为_____，已通知对方单位并上报管理部门，保持继续监测。

10.4.2　设备维修保养总结报告

设备维修保养情况直接关系到管廊运行安全和运维成本控制。安全技术部各维修组需要根据维修工单及时完成设备的维修保养工作，确保工单闭环，设备维修保养无逾期。

安全技术部作为主管部门，负责本报告的编写，包括周报、月报、季报、半年报、年报。需要详细记录每个周期内的设备维修保养工单信息、完成情况、备品备件领用申请等。

下面以周报为例详细介绍报告的主要内容，其他周期的总结报告参照编写。具体报告内容参见设备维修保养总结报告（表 10-15）。

设备维修保养总结报告　　　　　　　　　　　　　　　　表 10-15

__年__月__日，安全技术部依照设备维修工单开展工作，维修人员为_____，共完成工单__个，涉及__台设备，全部完成维修，没有设备维修工单逾期未完成情况。

本日的完成的工单包括：

(1)工单号_____，截至日期_____。具体信息：____舱__防火段的____设备出现了_____异常，由___班组到现场进行维修，故障现象为_____，经检测，定位故障原因为_____，采取_____维修措施后，设备__（是/否）恢复正常工作，后续工作：_____；

(2)工单号_____，截至日期_____。具体信息：____舱__防火段的____设备出现了_____异常，由___班组到现场进行维修，故障现象为_____，经检测，定位故障原因为_____，采取_____维修措施后，设备__（是/否）恢复正常工作，后续工作：_____；

(3)填写了_____物资设备的领用申请，工单号_____。

10.4.3　管廊监控总结报告

管廊监控工作为其他管廊日常运维工作的开展提供基础数据和协调管理。运维监控部中心机房组需要根据管廊运维管理制度做好监控工作，协助其他班组开展工作。

运维监控部作为主管部门，负责本报告的编写，包括日报、周报、月报、季报、半年报、年报。需要详细记录每个周期内的管廊监控信息、异常情况、入廊人员信息、对外协调信息等。

下面以日报为例详细介绍报告的主要内容，其他周期的总结报告参照编写。具体报告内容参见管廊监控总结报告（表10-16）。

管廊监控总结报告 表 10-16

__年__月__日，运维监控部中心机房组按照管廊运维管理制度开展管廊的监控管理工作，工作执行三班倒，工作人员为_____，监控中心完成24h管廊监控与管理，未发生运维事故，管廊运维状态正常。 　（1）第一班值班人员为_____，值班时间为_____，值班期间，监控系统运行状态_____（正常/异常），（如异常）存在问题为_____，经_____部门____人员维修后，现_____（已/未）恢复正常，后续需采取____措施；系统各类运行指标参数正常，异常指标为_____，采取_____措施已恢复正常；监控系统内_____（有/无）发生灾害，（如有）已联系_____部门解决； 　（2）第二班值班人员为_____，值班时间为_____，值班期间，监控系统运行状态_____（正常/异常），（如异常）存在问题为_____，经_____部门____人员维修后，现_____（已/未）恢复正常，后续需采取____措施；系统各类运行指标参数正常，异常指标为_____，采取_____措施已恢复正常；监控系统内_____（有/无）发生灾害，（如有）已联系_____部门解决。 　今日重点工作汇总： 　（1）____时____分～____时____分，_____管理部门领导检查指导工作，运维监控部负责向领导介绍管廊运维的整体情况，并陪同领导入廊检查； 　（2）____时____分～____时____分，_____公司协调人员来访，运维监控部负责接待工作，了解用户需求，已形成总结报告，递交公司领导。 　今日日常工作汇总： 　（1）入廊人员监控管理：入廊人员均佩戴安全设备，经人员定位系统数据分析，所有入廊人员运动范围均在各自权限范围内； 　（2）廊内设备：除申报维修的设备外，均工作正常； 　（3）廊内环境：发生报警____次，具体信息如下： 　1）____舱__防火段湿度过高 　20__年__月__日__时__分__秒，系统报警显示__舱__防火段湿度过高，监控中心第一时间查看了现场传感器数据，数据结果见图10-20，系统判断廊外湿度为__%RH，低于廊内湿度，自动启动风机，同时监控中心判断廊内环境状态可以进入管廊后，派出巡检人员到现场确认情况，风机开启__分钟后，廊内湿度恢复正常，见图10-21。 　2）____舱__防火段温度过高 　…… 　信息共享：收到共享信息__条，发出共享信息__条，详细信息如下： 　（1）接收到管理部门信息 　20__年__月__日__时__分，在共享信息平台收到__管理部门信息： 　1）针对_____情况，经领导研究决定，建议参照____标准执行； 　2）针对_____问题，请与____部门协调处理。 　（2）接收到管线公司信息 　20__年__月__日__时__分，在共享信息平台收到__管线公司信息：

续表

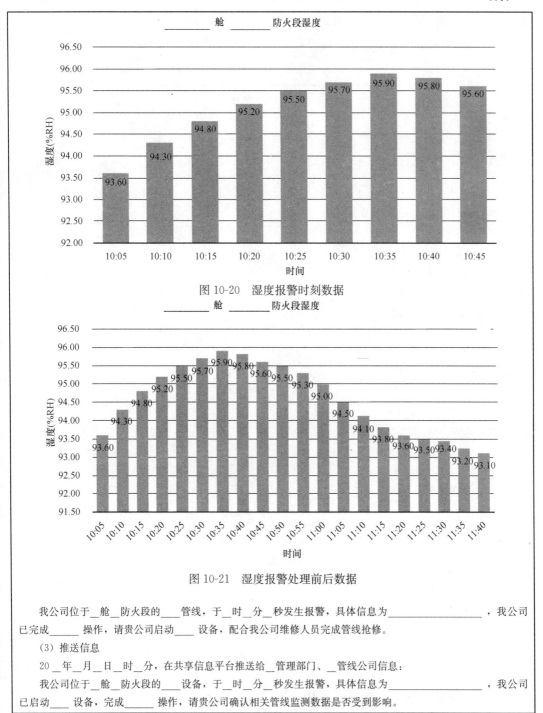

图 10-20　湿度报警时刻数据

图 10-21　湿度报警处理前后数据

我公司位于__舱__防火段的____管线，于_时_分_秒发生报警，具体信息为_____，我公司已完成_____操作，请贵公司启动____设备，配合我公司维修人员完成管线抢修。

（3）推送信息

20__年_月_日_时_分，在共享信息平台推送给__管理部门、__管线公司信息：

我公司位于__舱__防火段的____设备，于_时_分_秒发生报警，具体信息为_____，我公司已启动____设备，完成_____操作，请贵公司确认相关管线监测数据是否受到影响。

10.4.4　应急演练总结报告

安全技术部每年按照管廊应急预案编写本年度的应急演练方案，组织相关部门、公司人员开展应急演练工作。

安全技术部作为主管部门，负责本报告的编写，需要详细记录应急演练项目、各单位职责分工、各项目完成过程及结果、后续注意事项及改进建议等。

下面给出应急演练总结报告的内容框架，参见应急演练总结报告（表 10-17）。

应急演练总结报告 **表 10-17**

应急演练总结报告

1. 概述

　　__年__月__日，安全技术部依照《20____年应急演练方案》组织__公司、__公司等进行了应急演练。本文对应急演练完成情况进行总结。

2. 参考文件

(1) 国务院令第 493 号《生产安全事故报告和调查处理条例》；

(2) 国办发〔2013〕101 号《突发事件应急预案管理办法》；

(3) ……

3. 应急演练的原则

(1) 以人为本，科学管理，安全第一；

(2) 统一领导，分级负责；

(3) 快速反应，协同应对；

(4) 属地为主，分级响应；

(5) 依靠科学，依法处置；

(6) 预防为主，平战结合。

4. 应急演练项目

(1) __舱__防火段发生火灾；

(2) __舱__防火段__管线发生事故；

(3) ……

5. 应急演练注意事项

6. 参演单位职责分工

(1) 管理部门；

(2) 管廊运营公司；

(3) 管线公司；

(4) 公安消防。

7. 详细应急演练过程

8. 应急演练结果及问题

9. 应急演练总结评估

10. 后续工作改进建议

10.4.5　安全生产事故处置总结报告

当发生对管廊运营公司工作人员、管廊本体结构造成损害，威胁人员生命安全、影响管廊结构稳定的安全生产事故后，管廊运营公司各部门需要在公司领导的统一指挥下，协同工作，抢救遇险人员，维护管廊安全，在事故处置结束后，由安全技术部负责编写安全生产事故处置总结报告。

报告需要详细说明事故发生的原因、经过、管廊运营公司的响应过程、事故处置结果、损失分析、经验教训等内容。

下面给出安全事故处置总结报告的内容框架，参见安全生产事故处置总结报告（表10-18）。

安全生产事故处置总结报告 表 10-18

安全生产事故处置总结报告
1. 概述 __年__月__日___时___分，___市___综合管廊项目发生了_____ 安全事故。 管廊运营公司全体员工第一时间响应，在公司领导的统一指挥下进行抢救工作，在上级管理部门的指导下、在公安消防部门的协助下，与___时___分完成了事故处置工作。 本文对安全生产事故处置过程和结果进行总结。 2. 参考文件 （1）国务院令第 493 号《生产安全事故报告和调查处理条例》； （2）国办发〔2013〕101 号《突发事件应急预案管理办法》； （3）…… 3. 安全生产事故原因分析 4. 安全生产事故分级 5. 应急响应程序 6. 管廊运营公司各部门响应情况 7. 上级管理部门和各单位响应情况 8. 应急抢险过程 9. 事故处置结果及评估 10. 损失分析 11. 经验教训

第4篇 信息化运维篇

综合管廊作为解决城市地下管网问题的有效方式，代表了城市基础设施发展的全新模式。然而，由于综合管廊包含管线繁多，分布范围广泛，附属设施众多，使用人工方法或简单自动化方法很难实现对管廊日常运维的有效管理，结合智慧化的信息通信技术（ICT）是进行综合管廊运维管理的重要发展方向。

"智慧化运维管理"是指能实现精准定位、运行服务保障、监测预警减灾、日常物业管理、应急处置等功能的集成化管理模式。为了加强综合管廊的管线监控能力、提高运维管理水平、保障城市地下管线安全运行，我们根据综合管廊的实际运营维护需求，结合先进的信息通信技术、物联网技术、传感器技术和计算机软件技术设计了综合管廊智慧化运维系统。本系统能辅助建立安全、高效、合理可行的智能运维管理模式，可为综合管廊的运维管理提供完整可靠的技术支持和系统解决方案。

系统科学地运用 ICT 技术对综合管廊进行管理，是新时代管廊运维管理下的必然趋势。结合传感器、大数据技术进行决策分析和管理运维工作，革新信息化、自动化、智能化的管理模式和技术，必将在城市地下综合管廊运维阶段起到关键性的作用。

本部分完整阐述了综合管廊智慧化运维系统的设计背景、设计原则与功能说明，并详细说明构建综合管廊智慧化运维管理信息平台的功能与技术要求，可作为结合 ICT 技术发展"智慧管廊"的实用参考手册。

第 11 章　综合管廊运维与 ICT 技术

11.1　管廊运维的 ICT 研究现状

国内外关于综合管廊的相关研究，大多集中于综合管廊的可行性分析、规划、设计以及建设，关于综合管廊运维方面的研究，大多集中于运营模型的探索。对于可应用的综合管廊运维管理系统，叶铁构建了数据采集与设备控制层、传输层、云平台以及应用层四层架构设计以实现管廊运营阶段的数据化、智能化；郑丰收等通过综合应用物联网技术、三维地理信息技术、大数据技术等，结合"玻璃地球"的概念，实现城市地下管线监、控、管一体化管理；Sinha 和 Fieguth 提出了用于扫描地下管道图像的图像分割和分类算法，基于该算法的图像系统能够对地下管道图像中的管道裂缝、孔洞、侧面、节点和坍塌面进行监视，方便工作人员进行判断并维修；王超等基于"顶层设计理念"，对综合管廊信息管理提出"政府＋企业＋社会"三位一体管理模式，优化综合管廊的信息化管理。

总体而言，当前与综合管廊运维管理相关的文献与研究，大部分的仅针对运营模式或某一项技术的应用，没有结合管廊智慧化运维管理经验提出的系统性解决方案。以下我们将根据现有资料对管廊运维的 ICT 储备与面临的挑战进行分析。

11.2　管廊运维的 ICT 技术储备

1. 物联网技术

物联网（Internet of Things，IOT）技术的原理是利用传感器、执行器、射频识别（Radio Frequency Identification，RFID）、二维码、全球定位系统、激光扫描器、移动终端等信息传感设备对物体进行信息采集和获取；依托各种通信网络随时随地进行可靠的信息交互和共享；利用各种智能计算技术，对海量的感知数据和信息进行分析处理，实现智能化决策控制。

将 IOT 技术应用于市政设施和地下管线智能监控的相关研究近年来逐渐增加，主要集中在利用光纤温度传感系统、CCTV 图像监控系统，以及利用分布式光纤传感器等各类先进传感器技术检测管线的损害和在土壤中的位移，为综合管廊运营维护实时采集信息。

2. 可视化技术

传统的地下管辖管理系统大多为二维系统，不能生动地表现具有三维特征的客观实体，管理人员难以理解管线的空间拓扑关系，这显然不能满足智慧化运维对于管廊内部信息可视化、信息化的要求，在此背景之下，GIS 系统和 BIM 系统作为信息可视化管理工具，都能建立空间信息数据模型并应用于综合管廊建设或运维工作中。例如利用 GIS 和遥感数据的集成，可以实现管线最优敷设路径的选取；在 GIS 中集成管线的集合信息、人口密度以及相关安全事故等信息，可以实现周边建筑物、构筑物以及周边管线等的安全风险管理。相比于 GIS 技术，BIM 技术更多应用于建筑内部的精细化建模，能够应用于项目的全生命周期中，随着 BIM 技术的发展成熟，BIM 相关的研究、应用也从房屋建筑领域逐渐延伸至基础设施领域，如地铁站运维管理、基础设施灾害管理、数据中心运维管理等。

尽管 GIS 和 BIM 具有相似的使用功能，且都可以应用于综合管廊的运维管理之中，但 BIM 更适合用于综合管廊的内部管理，GIS 则主要用于处理大尺度范围的工作，在实际运维管理需求以及相关技术水平不断提高的过程中，BIM 必然将与 GIS 深度融合，发挥各自优势。

另外，在 BIM 技术逐渐推动建筑供给端（设计环节）走向行业变革的过程中，虚拟现实技术（VR）技术与 BIM 的结合，可以在 BIM 的三维模型基础上，加强其可视性和具象性。通过使用位置跟踪器、数据手套、动作捕捉系统、数据头盔等，为管廊运维人员构建虚拟的空间环境，对管廊的日常运维事项或突发事件进行模拟，使人员无需进入管廊内部就可以体验到真实的管廊运行场景，方便领导参观，并可用于运维人员的业务培训与安全教育。

3. 管理平台技术

地下管线有复杂的管理体系，传统意义上不同管理平台针对其各自管控的管线进行设计，普遍存在"信息孤岛"的现象。在运维管理的商业化软件市场上，全球市场占有量第一的是 Archibus，其在空间、能耗、资产管理等方面都有非常好的应用，但主要采用基于平面数据的运维管理模式，与先进的可视化技术结合仍有一定的困难。有部分研究为了将 BIM 与 GIS 融合应用于城市设施的应用管理中，基于互联网协作形式，对运维管理平台进行二次开发，建立城市信息模型。另外，还有一部分自主研发的平台，这些平台往往具有较好的适用性，但由于综合管廊运维的领域研究与实践经验较少，目前也没有出现较为完整的解决方案。总体而言，在管理平台技术方面，目前还没有完全适用于综合管廊智慧运维的平台。

11.3　管廊运维的 ICT 应用关键点

在 ICT 与综合管廊运维相结合的实际应用方面，主要存在以下三个关键点：

1. 物联网传感与监控设备集成

目前 IOT 主要集中于对管廊环境以及管线信息数据的实时采集和获取，但主要针对某一类管线或某一类指标进行监控。对多个 IOT 监控系统进行整合，并有机地对整合数据进行数据监控、挖掘并结合综合管廊管理实际进行自动化决策和应急处理，是 IOT 实际应用中的重点和难点。需要通过智能监控系统和统一的运维平台进行集成，整合各类传感器和设备收集的信息，才能将 IOT 应用于综合管廊的自动化监控管理，这是物联网及其相关技术的应用难点和重点。

2. 可视化技术的集成应用

在可视化技术方面，已经有多项研究分析了将 BIM 与 GIS 数据有效集成的路径及益处，尽管相关研究已经充分论证了 BIM、VR 和 GIS 技术的集成运用能够为综合管廊运维的可视化、宏观以及微观管理功能的结合提供基础，但在实际应用中仍然存在很多问题，如集成后数据丢失、可视化效果不好、无法进行空间数据分析等。为了实现更加理想的运维管理效果，则需进一步研究建立集成过程中不同模型之间模型精细度的映射算法、映射规则以及语义映射表等内容，并对各类数据标准进行适当定义。

3. 信息集成与大数据分析

为了整合多个子系统，包括 GIS、BIM、环境与设备监控系统、安全防范系统、通信系统、预警与报警系统、视频监控系统、人员监控系统以及更先进的机器人巡检系统，搭建统一的综合管廊智慧运维平台是必要而关键的。在进行设备与信息集成的过程中，一方面要解决各类数据交互操作性的问题；另一方面由于传统数据处理工具对不同来源且结构复杂、数量巨大的数据进行分析和决策支持非常困难，需要采用新的技术才能实现各类数据源的数据挖掘和分析。

另外，搭建智慧化运维平台时要综合考虑平台的易用性、便捷性，如何结合"云平台"技术，使企业专注于自身的核心业务，如何确保信息的安全和准确，保护数据隐私，保证针对综合管廊安全运营的数据挖掘和智能决策有效可行，都是大数据实际应用中需要认真考量的因素。

11.4　智慧化运维系统的重要性

综合管廊的运维周期相对建设周期较长，一旦管廊发生事故，对城市的生产生活影响很大，给国计民生带来不可估量的损失，所以需要选取智能化的运维方式，采用主动安全技术和提高运维效率的措施，实现综合管廊的数字运维、安全运维和高效运维。近几十年，信息技术已经得到了长足的发展，但由于传统建筑行业与信息技术领域存在行业壁垒，ICT 技术在传统的建筑和管廊建设领域并没有得到充分的实际应用，目前没有形成一套较完整、成熟的智慧化运维管理体系。本书意在抛砖引玉，通过对前沿技术的全面了解、主动探索、充分验证，引导管廊行业充分重视 ICT 技术在管廊建设、运维、管理中的重要性。

针对现状，本书作者总结各方专家学者的经验，结合自身对 ICT 技术多年的开发应用经验和对综合管廊运维管理业务的理解，对综合管廊智慧化运维的各个组成系统和实际需求进行分析，设计并开发出综合管廊智慧化运维系统。该系统面向综合管廊运维的全生命周期，结合完整的管廊管理运维体系架构并具有完善的 ICT 技术集成能力。

第12章 智慧化运维系统配置与设计

本书中所提及的运维系统是指综合管廊运维过程中需要使用的弱电系统，具体包括附属设施中的传感器、报警器、监控系统等弱电设备，交换机、服务器等数据传输存储与分析设备，运维管理平台，以及监控中心配套的弱电设备。

智慧化的运维系统，是指在传统的基础弱电系统配置下，结合先进物联网技术，运用运维管理平台软件进行管理的系统，通过制定多系统联动策略实行多系统的联合控制，从而提高管廊的运维效率；通过大数据分析技术加强对管廊运维数据的分析处理能力，科学指导管廊运维工作，延长管廊大中修时间，降低管廊运维成本；通过人工智能分析技术，科学把握管廊运行态势，及早控制可能发生的报警情况，提供管廊运维的主动安全。

12.1 管廊基础运维系统配置

根据《城市综合管廊工程技术规范》GB 50838、《城市地下综合管廊运行维护及安全技术标准（征求意见稿）》的要求，综合管廊的运维平台和弱电系统包括以下 8 个系统，如表 12-1 所示。这 8 个系统是国家标准的强制要求，系统需求分析中超出这 8 个系统的内容，将在下一节进行介绍。

综合管廊弱电系统国标要求 表 12-1

序号	系统名称	系统介绍	对应的管廊运维内容
1	环境与设备监控系统	选用高等级设备，支持环境设备的主动安全控制，支持多系统联动	通过监控中心和配套手机 APP 可以了解管廊内环境和设备运行状态，一方面可以确认管线的工作环境，另一方面可以在巡检人员进入管廊前确认廊内环境安全。当廊内环境参数超出阈值范围的时候，可以自动或手动开启风机或水泵，快速控制廊内环境
2	视频监控系统	高稳定高可靠的视频拍摄和存储系统	对全管廊范围和重点监控部位进行视频监控，可以确保廊内设备、管线、巡检人员的安全，防范非法入侵
3	红外双鉴防入侵系统	高稳定高可靠的红外双鉴防入侵系统，具较高的探测与防误报性能	对人员出入口、通风口的非法入侵行为进行监控报警，保证管廊安全
4	人员管理系统	对管廊管理、运维等人员信息的管理以及权限分配	管廊物业管理的重要组成部分
5	工单管理系统	支持权限管理，支持手机 APP 查看	管廊维修、巡检任务的下发和记录

续表

序号	系统名称	系统介绍	对应的管廊运维内容
6	运维计划管理系统	根据管廊运维项目和人员安排,自动规划运维计划,运维计划一键下发,可以通过手机 APP 查看计划安排	辅助号管廊运维公司快速高效编制管廊运维计划,提高管廊运维效率
7	管廊资产管理系统	对管廊内的设备、设备生产厂商、舱体区域、管廊建设档案等进行管理,包括台账管理、流动资产管理、档案管理等	辅助管廊运维公司进行设备物资管理
8	GIS 支撑系统	提供空间地理信息功能服务,为各业务应用提供基于二三维场景的设施可视化管理等功能支撑,并维护数据库,支持与环境与设备监控系统、视频系统、人员定位系统、消防系统、资产管理系统等联动	将管廊信息和地理信息系统结合,便于管廊日常运维和应急抢险工作的开展

12.2　管廊基础弱电系统结构

在《城市综合管廊工程技术规范》GB 50838 等相关设计规范发布之前,我国综合管廊内弱电系统采用简单的系统集成方式,各系统有单独的网络、控制设备,需要配备多台计算机、管理软件对各系统设备分别进行管理,传统管廊弱电系统拓扑结构图详见图12-1。

使用类似的传统弱电系统进行管廊运维有明显的问题:

(1)虽然通过设置设备参数阈值的方式实现了对设备的自动控制,但是设备的控制还不够智能,需要通过多系统联动提高设备控制效率;

(2)对管廊运行数据的统计和分析较为简单,要进一步从数据中提取出有价值的信息指导管廊运维;

(3)管廊运维管理效果过度依赖运维人员素质,需要对运维人员工作情况进行准确的监督;需要根据设备的健康状况进行精确维护;需要制定符合国家标准的运维计划管理系统;

(4)需要进一步规范与外单位相关的业务办理流程、建立多单位沟通机制和信息共享平台,提高信息共享效率。

为了实现智慧化的运维管理,必须升级传统弱电系统的拓扑结构,并结合智能化的运维管理软件,设计智慧化的弱电系统结构。

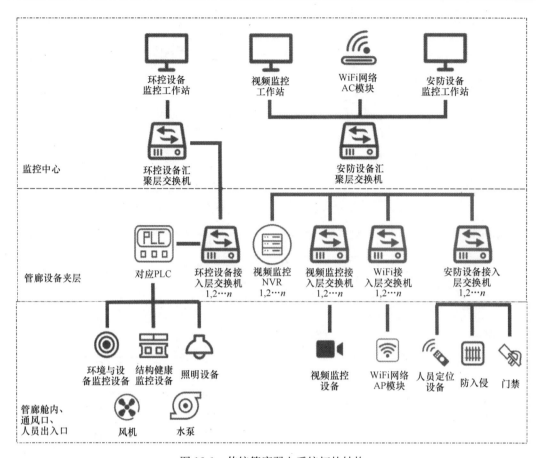

图 12-1　传统管廊弱电系统拓扑结构

12.3　管廊智慧化运维系统配置

由于综合管廊相关国家标准的制定时间较早，因此对综合管廊建设的智能化程度要求较低。随着物联网技术的发展，以及多个城市的综合管廊建设工程的完工，大量新技术在综合管廊建设中找到了应用的场景，大大丰富了综合管廊弱电系统建设的技术功能，使综合管廊的运维变得更加安全和高效。笔者紧跟相关弱电系统技术发展，不断丰富技术储备，在国家标准的基础上全方位扩展了对综合管廊弱电系统的配置，充分考虑综合管廊运维智慧化和安全化。

笔者在国家标准的基础上，对综合管廊弱电系统进行了升级，具体的系统介绍和技术亮点详见表 12-2。

综合管廊弱电系统新增内容　　　　　　　　　　　　　　　　　　表 12-2

	系统配置	系统介绍	对应的管廊运维内容和亮点介绍
实时监控	视频分析系统	针对视频异常进行智能分析和报警	对进入管廊的人员进行视频分析，包括识别人员、人员行为、建立电子围栏，实现跟随人员拍摄，一方面可以保证巡检维修人员的安全，另一方面可以防范非法入侵、破坏等行为

续表

系统配置		系统介绍	对应的管廊运维内容和亮点介绍
实时监控	感温光纤系统	管廊全空间范围的高精度温度测量和定位	实现管廊全区域的高精度温度测量和定位，有效防范火灾等
	压力管道防爆系统	实时监测管道压力状况，防止压力过大	对管道运行状态进行监测，保障管廊运维安全
	电子井盖系统	电子监控井盖开启状态，有井盖防盗功能，具有机械助力的井盖开启功能，可用于应急情况下的人员逃生通道	井盖的安全管理，应急情况下的人员逃生
	消防监测系统	实时获取消防系统信息	当发生火灾时，环境设备控制系统的控制权交由消防系统控制，分等级、分权限对廊内环境进行控制
	绿色节能系统	智能控制设备工作时间和功率，降低50%能耗	管廊运维中，电费在总经费中占比较大，该系统可以有效降低管廊运维电费
	结构健康监控系统	使用静力水准仪进行结构竖直方向上形变测量，使用激光雷达进行廊体定期测绘	监测管廊体沉降，可以提供高精度数据，为管廊廊体维护提供有效支撑
	机器人巡检系统	智能的无人巡检及自动生成巡检报告	可以实现全自动无人话管廊巡检，并自动生成巡检报告
数据分析	历史大数据分析系统	对管廊内传感器采集的数据进行分析、归类，提供仪表分析、灵活报表分析、透视分析、地图分析等多种方式	对管廊各项历史数据进行统计分析，帮助运维公司、业主更直观的了解管廊的历史状态
	自动报表系统	自动生成日报，周报、月报、季报、半年报、年报等分析报告	根据管廊运维数据，自动生成相应时间段的运维总结报告
	人工智能预警系统	对管廊内的报警数据进行分析、归类，并通过训练深度学习神经网络，实现异常情况智能预警功能	在管廊内环境、设备还没有触发报警的时候可以预测再过多长时间会发生报警，可以帮助运维人员提早进行相应的处理，保证管廊运维的安全
	运维报警分析决策辅助系统	可以帮助运维管理团队为应对管廊运维过程中的突发情况做出决策提供帮助，包括提供应急地图、应急预案、应急专家库、应急物资、危险源、应急流程、事故分析、数据统计等功能	帮助运维团队更加科学、高效的处理报警、应急事故，提高应急事件的处置效率
运维管理	运维人员入廊管理系统	可配置流程的入廊管理系统	运维人员出入管廊的审批流程，运维人员进出管廊有记录
	故障演练系统	在实时数据中注入故障数据，可以考察管廊安全系统的运作情况，并可以提升管廊管理人员面对故障的处理能力	管廊运维公司定期组织应急演练，使用该系统，可以真实模拟管廊内的各种故障，并且降低故障演练的成本
	历史事件管理系统	支持按照条件搜索历史报警数据及处理过程	通过查找类似条件的历史事件，可以有效指导管廊日常巡检、维修、故障排查等
	人员定位系统	定位精度优于30cm，GIS地图中实时显示管廊内人员位置和轨迹，支持多系统联动	使用高精度的人员定位系统，一方面可以和多系统联动，保证人员所在区域的环境安全，另一方面，便于应急事故下的人员搜寻，从多方面确保入廊人员的安全

系统配置		系统介绍	对应的管廊运维内容和亮点介绍
运维管理	管廊人员通讯系统	通过移动端 APP 实现管廊运维人员日常工作的通信	便于管廊运维公司人员的日常办公需求,使用内部通信系统,有助于保护管廊运行信息的安全
协作管理	入廊规划系统	根据管廊长度、舱数等条件,对相关物资进入管廊的投料口进行规划	帮助管廊运维公司和管线公司协调管线入廊事宜
协作管理	入廊空间计算系统	管线入廊空间辅助计算	帮助管廊运维公司和管线公司协调管线入廊事宜
协作管理	入廊管线费用计算系统	管线入廊费用的自动计算	帮助管廊运维公司和管线公司协调管线入廊事宜
协作管理	运维费用计算系统	输入管廊长度、防火段数量、舱数,自动计算管廊运维费用	帮助管廊运维公司把控运维成本,根据分项成本计算结果,可以有针对性地制定成本控制方法,最终帮助公司将运维成本控制在预算范围内
协作管理	管廊物有所值绩效考核系统	定性与定量绩效考核	管廊运维公司的考核结果直接与财政拨付的维护费用挂钩,公司员工的考核结果直接与个人绩效工资挂钩,确保公司运维工作可以达到管廊运维目标
协作管理	权属单位入廊与运维管理系统	权属单位管线入廊申请流程,权属单位人员入廊维护管理流程	管线单位入廊作业、维护申请流程,确保所有人员的进出、工作内容都有记录
综合管廊智慧管理平台控制面板	BIM 支撑系统	对 BIM 模型分舱分区展示,在 BIM 场景中能实时显示当前管廊中各传感器的值,并实现对设备的控制	在运维平台中直观展示管廊内部结构和相关设备状态,并进行控制,增加管廊运维工作的展示性
综合管廊智慧管理平台控制面板	云系统监控	将磁盘用量、CPU 用量、内存用量、负载均衡情况等等进行显示	帮助把握管廊运维平台的工作状态
综合管廊智慧管理平台控制面板	系统配置	对运维平台进行配置,查看系统操作日志	对管廊运维平台进行设置
独立模块	大屏实时决策支持系统	建立大屏显示系统,支持不同主题显示,支持运维团队在大屏查看实时运维图像和数据,对运维决策提供互动支持	提高管廊运维的展示效果,提供多种数据的展示,既方便领导参观,又便于日常管理运维
独立模块	手机 APP	手机 APP 包含环境监控、视频监控、大数据分析、防入侵监控、人工巡检、设备维护等功能模块	集成大多数管廊运维平台的功能,便于工作人员使用
独立模块	管廊 VR 系统	用于模拟能体验管廊的真实场景与功能,参观体验效果好	不进入地下管廊就可以体验真实的管廊内部场景,提供多种应急事态处置链模式,方便领导参观体验使用

12.4　管廊智慧化运维系统结构

为了在统一的管理平台上对管廊内所有设备运行参数进行监测分析和控制管理,管廊智慧化运维系统的各部分必须有统一的弱电设备拓扑结构。优化后的弱电系统拓扑结构详见图 12-2。通过将各舱室的弱电设备连接到建立千兆光纤环网，让监控中心能够使用万兆核心交换机和服务器集群进行统一的管理和控制，从而实现廊内弱电设备的统一控制管理。针对传统弱电系统的缺点，智慧化运维弱电系统具有以下技术优势。

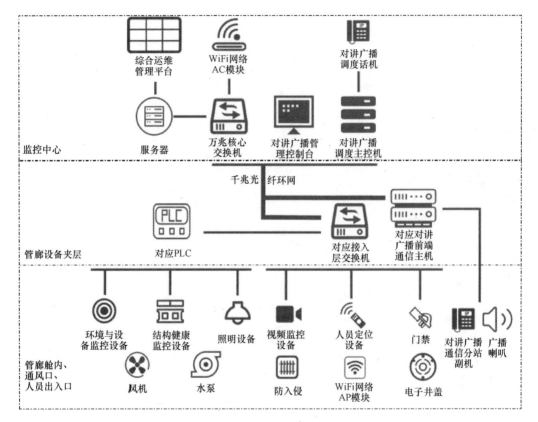

图 12-2　智慧化运维系统弱电设备拓扑结构

（1）建立管廊物联网，所有设备数据统一接入管理信息平台，基于所有设备的运行数据和多系统联动策略，统一对设备进行控制，可以实现复杂的多系统联动，使管廊的运维管理更加高效；

（2）建立管廊数据分析中心，使用大数据和人工智能技术对管廊数据进行分析归纳，准确了解管廊运行态势，精确指导设备维护保养；

（3）结合高精度人员定位系统对人员进行精确监管，以避免人员怠工；基于设备运行数据和日常维护信息提供精准的设备健康数据用于设备维护管理；提供运维项目和周期符合国家标准的运维计划管理系统；

（4）对各业务（包括与外单位相关的）制定标准审批流程，促进业务处理流程的标准化。运维管理系统设计了外单位的访问接口，以便于多单位的信息共享和业务协调办理。

12.5　管廊智慧化运维系统设计

优化设计弱电系统拓扑结构以及对系统需求进行分析之后，需要将弱电设备和运维管理软件结合起来，实现系统的各项功能，完成管廊运维管理的日常工作，对整个系统模型进行架构与模型设计。综合管廊智慧化运维系统通过物联网技术、数据分析技术，结合运维管理软件，实现软硬件一体化架构。

1. 系统的架构设计

系统采用虚拟云高可靠性架构，包括物理层、基础架构服务、平台服务和软件应用服务四部分，详见图 12-3。

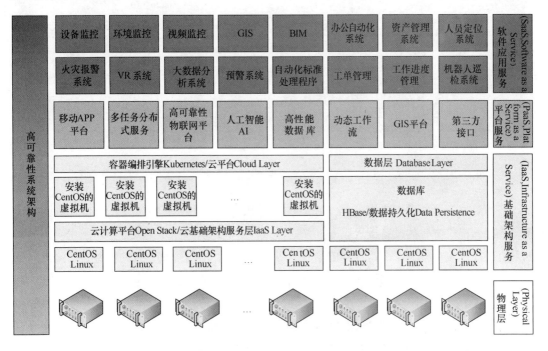

图 12-3　综合管廊智慧化运维系统架构

（1）在物理层，布设可以共享的服务器资源；

（2）在基础架构服务层，使用 Linux 操作系统，在物理层基础上搭建虚拟云平台，实现对物理层服务器硬件资源的共享及冗余；

（3）在平台服务层，构建对应用软件提供多种服务的平台功能，如 GIS（地理信息系统），BIM 等；

（4）在软件应用服务层，针对管廊运维管理需求开发各项功能软件。

通过采用高可靠性（HA）系统架构，可以实现服务器冗余运行，最高支持损失 1/3 服务器资源仍保证系统正常运行；通过分布式冗余存储技术，在多块硬盘同时损坏时，仍可以保证数据不丢失；同时，使用基于虚拟化技术的云计算架构，将硬件资源转化为便于切分的资源池，使用虚拟引擎动态调配硬件资源，使系统软件可以根据实际运行需求在不同的硬件上运行，实现一部分硬件故障并不会影响系统运行效果，实现硬件故障隔离，大幅提升系统和应用的可用性。

2. 系统的模型设计

系统由智慧管廊智能物联网平台、智慧管廊数据中心以及智慧管廊控制中心三部分组成，详见图 12-4。

智慧化物联网平台		数据中心		智慧化控制中心		
温湿度传感器 结构变形粒测仪 液位传感器 氧气传感器	统一数据采集服务接口	GDComMsg中间件	实时计算服务集群	**实时监控** 环境与设备监控系统 结构健康监控系统 视频监控系统 视频分析系统 防入侵监视系统 机器人巡检系统 消防监测系统 绿色节能系统	**运维管理** 人员定位系统 管廊人员通讯系统 运维计划管理系统 工单管理系统 运维人员入廊管理系统 人员管理系统 管廊资产管理系统 故障演练系统 历史事件管理系统	**协作管理** 入廊规划系统 入廊空间计算系统 入廊管线费用计算系统 运维费用计算系统 管廊物有所值绩效考核系统 权属单位入廊与运维管理系统
硫化氢传感器 甲烷传感器 风机		GDComDB数据中心				
水泵 门禁 各类控制开关						
摄像头 其他数据2 ……	结构化数据接口	实时数据		**数据分析** 历史大数据分析系统 自动报表系统 人工智能预警系统 运维报警分析决策辅助系统	**SUMS系统控制面板** BIM支撑系统 GIS支撑系统 云系统监控 系统配置	**独立模块** 大屏实时决策支持系统 手机APP 管廊VR系统
感知层	接入层	数据层	数据处理层	应用层		

图 12-4 综合管廊智慧化运维系统组成框图

智慧管廊智能物联网平台是整个系统的底层核心服务，向下可为接入综合管廊的各设备、传感器提供统一的设备接入服务，并提供多种通信终端产品及接入方案，采用统一的数据采集及控制接口模型，支持各种工业通信协议；向上为应用提供一致的设备访问接口。

智慧管廊数据中心采用 Hadoop 开源平台和关系型数据库平台建立，系统 Hadoop 用于存储设备状态数据以及非结构化数据，关系型数据库用于存储设备信息、运维信息等结构化数据，数据中心需要提供设备数据存储和分发、视频数据存储及查询、历史数据分析、实时数据分析等基本服务。智慧管廊综合管理运维信息平台操作界面见图 12-5。

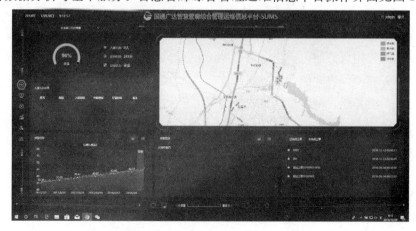

图 12-5 智慧管廊综合管理运维信息平台操作界面

智慧化控制中心包括以下六个模块，全方位覆盖管廊日常运维的各个方面。有关智慧化控制中心的各模块功能组成具体如下。

（1）实时监控模块

实时监控模块包括环境与设备监控系统（图 12-6）、结构健康监控系统（图 12-7）、视频监控系统、防入侵监视系统（图 12-8）、机器人巡检系统（图 12-9）、消防监测系统、绿色节能系统（图 12-10）等。

图 12-6　环境与设备监控系统

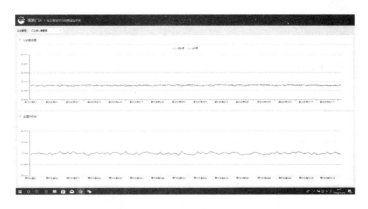

图 12-7　结构健康监控系统

图 12-8　防入侵监视系统

图 12-9　机器人巡检系统

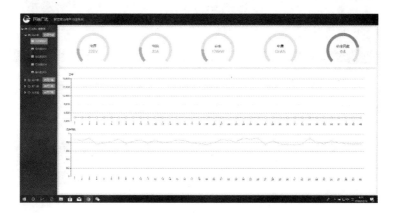

图 12-10　绿色节能系统

（2）运维管理模块

运维管理模块包括人员定位系统（如图 12-11）、管廊人员通信系统（图 12-12）、运维计划管理系统（图 12-13）、工单管理系统、运维人员入廊管理系统、人员管理系统（图 12-14）、管廊资产管理系统（图 12-15）、故障演练系统（图 12-16）、历史事件管理系统等。

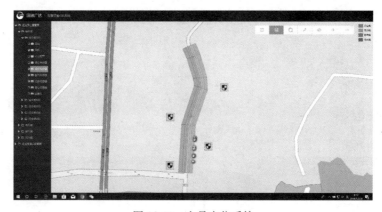

图 12-11　人员定位系统

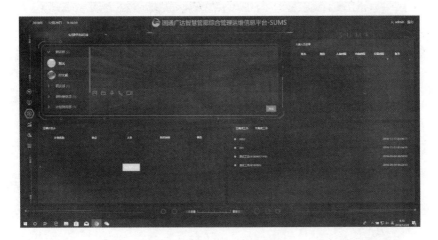

图 12-12　管廊人员通信系统

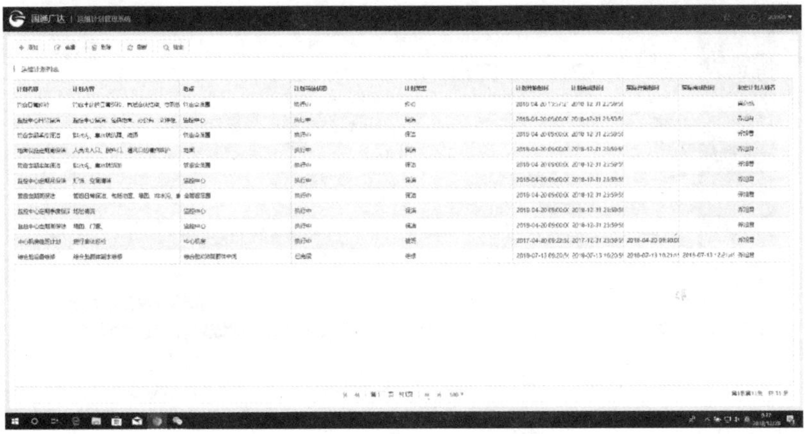

图 12-13　运维计划管理系统

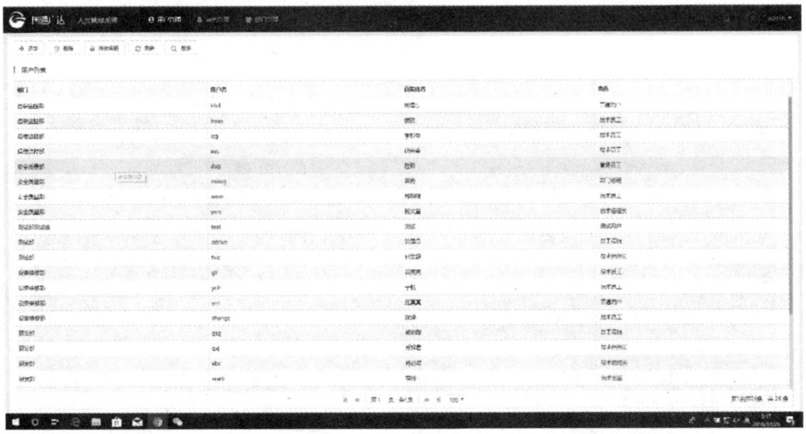

图 12-14　人员管理系统

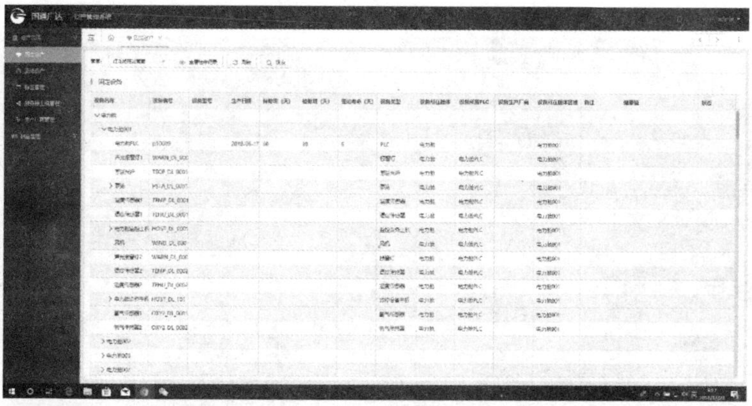

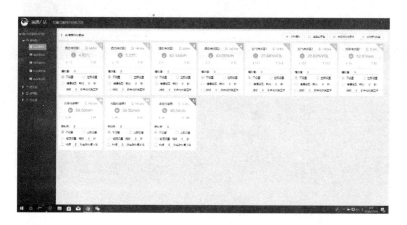

图 12-15　管廊资产管理系统

图 12-16　故障演练系统

（3）协作管理模块

协作管理模块包括入廊规划系统、入廊空间计算系统、入廊管线费用计算系统、运维费用计算系统、管廊物有所值绩效考核系统、权属单位入廊与运维管理系统等。协作管理模块界面如图 12-17。

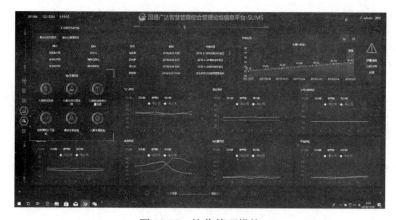

图 12-17　协作管理模块

（4）数据分析模块

数据分析模块包括历史大数据分析系统（图 12-18）、自动报表系统、人工智能预警系统（图 12-19）、运维报警分析决策辅助系统等。

图 12-18　历史大数据分析系统

图 12-19　人工智能预警系统

（5）系统控制面板

系统控制面板包括 BIM 支撑系统（图 12-20）、GIS 支撑系统（图 12-21）、云系统监控、系统配置等。

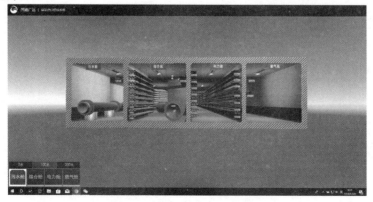

图 12-20　BIM 支撑系统

图 12-21　GIS 支撑系统

（6）独立模块

独立模块包括大屏实时决策支持系统、手机 APP（图 12-22）、管廊 VR 系统（图12-23）等。

以上模块均由智慧管廊综合管理运维信息平台（SUMS）统一提供，各模块均通过运维平台统一入口点进入，各模块间数据互相融合，在智慧管廊综合管理运维信息平台管理下可互相联动。

图 12-22　手机 APP 系统截图示例（一）

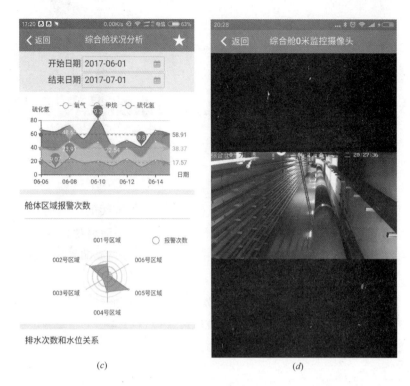

(c)　　　　　　　　　　　　(d)

图 12-22　手机 APP 系统截图示例（二）

图 12-23　管廊 VR 系统

第13章 智慧化运维应用系统组成与功能

13.1 环境与设备监控系统

环境与设备监控系统的主要功能包括：采集管廊内各区间的环境信息，如温度、湿度、氧含量、有害气体含量等，并根据环境信息，自动或手动启动相应的环境控制设备（如排水泵、排风机、照明设备等）。由于地下管廊湿度高，需要配置除湿机，为廊内设备正常工作提供良好的湿度环境。

环控设备、配电设备的运行状态信号、故障信息、电量信号等相关信号亦由各区域控制器 ACU 采集，环境与设备监控系统能为管廊内各设备提供一个安全、可靠、稳定、高效的运行环境，并达到节能和环保的相关管理要求。

13.1.1 设备配置

环境与设备监控子系统不单独组建网络，通过通信系统网络接入监控中心核心交换机，在监控中心由智慧管廊综合运维信息平台系统深度集成。

系统网络采用分层分布式结构，管廊每个防火分区设置一个设备夹层，设备夹层内设置 1 套区域控制器 ACU（ACU 系统），ACU 通过接入层交换机接入监控中心核心交换机。

现场检测仪表，各监控设备的状态、控制信号等由屏蔽电缆通过 I/O 模块或总线通信模块接入本系统，由 ACU 实现各种相关的逻辑控制关系等控制功能。

本系统的每一台控制设备具有自诊断功能，维修简便，当系统中有故障时能及时准确地报警，当上位机系统发生故障时，系统设备能降级使用。整体上，系统具有开放性、可靠性、先进性和可拓展性强等特点，并具有实时高速可靠的检测整个管廊内的各种状态，以及检测和预告事故、灾情的能力。

区域控制器 ACU（ACU 系统）主要采集和控制参量包括：

（1）各区段温湿度信号、氧气检测信号、甲烷检测信号、硫化氢检测信号；

（2）各出入口防入侵探测器；

（3）各区段集水坑液位计信号；

（4）各区段照明、风机、排水泵等机电设备的控制及状态信号；

（5）根据控制参量的具体数量，选择合适规模的 ACU 系统；

（6）综合管廊每个防火分区设一个设备夹层，每个设备夹层设置 1 套区域控制器 ACU（ACU 系统）。

13.1.2　设计原则

环境与设备监控子系统的设计原则包括：方便运维管理、便于扩展、节约投资。在系统设计中需要考虑以下因素：

（1）系统配置在满足系统要求的前提下，充分考虑设备的性价比，以便节约工程投资，降低运维管理维修费用；

（2）环境与设备监控子系统和火灾报警子系统分开设置，独立成系统。对于风机等公用设备，在正常情况下由环境与设备监控子系统进行监控；发生火灾时，由火灾报警子系统向环境与设备监控子系统发火灾模式指令，环境与设备监控子系统在火灾模式时放弃控制权限，由消防系统接管控制权限，直到警报解除；

（3）系统设备需要满足管廊使用环境要求，能够稳定、可靠地工作，具有防尘、防腐蚀、防潮、防霉、防震、抗电磁干扰和静电干扰等能力，采用工业级标准通用产品；

（4）系统需要具有抗电磁干扰能力，满足国家相关的标准和规范要求；

（5）系统需要采用标准通信接口，采用标准的、开放的通信协议；

（6）人机界面语言为简体中文、操作性方便的人机界面；

（7）环境与设备监控子系统硬件和软件的设计充分考虑系统的可靠性、可维护性、可扩展性、通用性和先进性，并具备故障诊断、在线修改的功能，离线编辑功能；

（8）环境与设备监控子系统需要具有先进性、开放性和可靠性。系统应选用高精度、成熟、可靠的正规、长寿命的定型产品，保证在 10 年内不被淘汰。或者采用同类型产品代替，且不需要改变其他相关设备的硬件和软件，保证设备的兼容性。

13.1.3　ACU 设计

区域控制器 ACU（ACU 系统）的设计需要满足以下条件：

1. 系统总体设计

（1）系统所有模块建议采用经过特殊涂敷处理，具有防潮、防酸、抗腐蚀功能，以应对管廊恶劣生存环境；

（2）ACU 系统模块全部采用模块化结构设计，包括 CPU 模块、电源模块、通讯模块，I/O 模块等部件且所有模块与 CPU 为同一系列产品；

（3）PLC 采用独立的 CPU 架构的控制系统，且 PLC 应为同等档次，即控制系统 I/O（DI/DO/AI）模块、通信模块、特殊模块等均应与 CPU 模块安装在本地机架的金属底板上实现，应为同一系列的产品。需预留实际使用量 20% 左右的备用模块空间；

（4）系统所有监控设备的检测及控制信号都直接接入 ACU 机架或扩展机架的 I/O 模块、通信接口模块，ACU 系统不推荐使用远程 I/O；

（5）系统能够应具有先进性、开放性和可靠性，所选用的硬件设备应全部为合格、成熟、可靠的正规、定型产品。保证所提供的产品，在 10 年内不被淘汰或可以用同类型产品代替，并保证设备的兼容性；

（6）每个底板应具有过电流和过电压保护；

（7）ACU 建议支持系统自诊断功能，可以监视到每一个模块的运行状态。

2. CPU 单元

（1）CPU 带 RS-232C 端口，对于每个串行通信口，具备自定义协议的通讯功能－协议宏功能（Protocol Macro），能与非 PLC 设备公司产品进行数据交换，便于和现场智能仪表相连；

（2）RS232/RS485/RJ45 通讯接口支持主从模式动态切换，容易与第三方设备或总线形成连接，减少布线；

（3）支持自由口编程，非标协议可以通过编程实现，能与其他厂商的产品进行数据通信；

（4）具备与其他厂商的现场总线通信兼容的功能；

（5）具有自诊断功能：CPU 故障、I/O 校验错误、上位机链接出错、存储器故障等；

（6）控制系统所有模块（包括：CPU、电源、I/O、智能化模块、扩展通讯模块、以太网模块）支持带电热插拔功能，确保现场维护的可靠性，以降低误操作带来的损失和缩短更换模块的时间，实现不停机维修；

（7）用户应用程序、系统参数等数据能够以文件的形式存放于 CPU 内存中；

（8）运行环境温度：$-40\sim+70℃$；

（9）运行环境湿度 $5\%\sim95\%$RH，无结露。

3. 数字量输入模块

（1）输入点数不超过 80 路，工作电压 24VDC；

（2）输入模块对于每个输入都要有状态指示；

（3）模块地址由组态软件分配，不需硬件跳线。

4. 数字量输出模块

（1）工作电压 24VDC；

（2）输出模块对于每个输出都要有状态指示；

（3）模块地址由组态软件分配，不需硬件跳线；

（4）开关量输出具有光电隔离功能并要求外配（机柜内）中间继电器输出的方式。在故障时候，输出点应断开。

5. 模拟量输入模块

（1）支持 $4\sim20$mA，$0\sim5$VDC，$0\sim10$VDC，$-10\sim10$VDC 等多种测量范围；

（2）具有模拟量输入开路检测功能；

（3）具有模拟量输入过载保护功能；

（4）其他功能：断线检测，峰值保持、平均值功能、定标功能等。

6. 24V 开关电源模块

（1）具有过热保护、电流保护、过电压保护功能；

（2）输入电压范围：AC220V（AC185$\sim$264V）；

（3）频率：50Hz/60Hz；

（4）过电压保护：切断型，输入重新接通复位；

（5）过热保护：电源内部温度异常时输出切断。

7. ACU 控制柜

（1）为防止破坏，所有设备为防尘、防水、防潮、阻燃设计，能承受管廊的恶劣环境、电磁干扰，静电干扰，具有良好的屏蔽功能；

（2）控制柜的尺寸、ACU 的布置和端子的布置按标准规格来制造，要求全线统一考虑，采用标准化布置，并根据提供 I/O 点数的要求提供控制柜内布线及设备的布置图；

（3）ACU 控制柜的高度和颜色按照项目实际空间情况及需求进行设计。柜体钢板的厚度应不小于 2mm，立柱钢板的厚度应不小于 2.5mm。要求采用高强度的型材框架；

（4）控制柜的防护要求 IP54，应具有良好的通风散热能力；

（5）在控制柜内要求配置除 ACU 的模块之外，还包括相关附件如：DC24V 电源、电源开关（采用双极开关，电源开关与 I/O 模块一一对应配置，输出模块包括输出中间继电器的供电）、端子排和中间继电器等，应采用常见品牌的产品，并配备电源工作指示灯、门控照明灯、门锁、电源插座等，以方便系统维护。柜内相关附件应满足下列要求：

1）电源开关、端子排和中间继电器及 ACU 底板的插槽要求有 20％的余量；

2）要求提供控制柜的表面处理方式；

3）ACU 柜需考虑光纤尾纤、光纤尾纤连接盒的安装位置。

13.1.4 传感器设备要求

传感器是一种检测装置，是获取信息的主要手段和途径。它通过感受管廊内被测量的信息，如温湿度、氧气、有害气体等，并将感受到的信息，按一定规律变换成为电信号或其他所需形式的信息输出，以满足信息的传输、处理、存储、显示、记录和控制等要求。综合管廊内常见的传感器包括温湿度传感器、O_2 传感器、CH_4 传感器、H_2S 传感器、液位传感器、感温光纤等。根据《城市综合管廊工程技术规范》GB 50838、《城镇综合管廊监控与报警系统工程技术标准》GB/T 51274 的规定，综合管廊各舱传感器部署要求见表 13-1。

综合管廊各舱传感器部署要求　　　　　　　　　　　　　　表 13-1

序号	传感器名称	部署舱段	部署位置要求	备注
1	温湿度传感器	所有舱段	距舱室地坪 1.6～1.8m 的位置	仪表设置间距不宜大于 200m，且每一通风区间内应至少设置一套
2	O_2 传感器	所有舱段	距舱室地坪 1.6～1.8m 的位置	

续表

序号	传感器名称	部署舱段	部署位置要求	备注
3	CH₄传感器	污水舱、燃气舱	距舱室顶部不超过 0.3m 的位置	在舱室每一通风区间内人员出入口和通风回风口气流经过处
4	H₂S传感器	污水舱	在距舱室地坪 0.3～0.6m 的位置	
5	液位传感器	所有舱段	集水坑处应设置用于启停泵控制及报警液位测量的水位检测装置；排水区间地势最低处应设置危险水位检测装置	
6	感温光纤	含热力管线的舱室	舱室顶部	

另外，各类现场检测仪表的安装应有避免凝露、碰撞等影响的防护措施。为满足应用场景，所选传感器必须保证具备在管廊应用场景长期稳定工作的能力，需要考虑包括但不限于极端温湿度、盐雾等状况，防护等级不应低于 IP65，在防爆舱所选全部设备起码满足隔爆型产品规格。

13.1.5　ACU 系统软件功能

区域控制器（ACU 系统）软件应具备以下 6 个方面的功能，以实现系统的有效运转。

13.1.5.1　数据采集功能

1. 设备数据采集显示功能

操作员通过移动端界面可以直观地看到设备当前的工作状态，还可看到风回路、水回路的动态效果。通过鼠标的单击可以弹出设备属性框，看到具体的设备属性信息和完成基本操作。

2. 故障报警功能

实时、可靠的报警功能可以使用户快速区分和辨别故障，减少系统的故障时间。系统支持模拟量越限报警、开关量报警和设备报警三种类型的报警。

13.1.5.2　设备控制

管廊的被控对象是风机、水泵等各种机电设备。ACU 实时采集温度、湿度、氧气含量、硫化氢气体、集水坑液位等仪表检测数据，对风机和排水泵实现启停、状态监测、联动等操作，实现智能调节管廊环境工作。

1. 控制模式

管廊内的机电设备（风机，水泵等）具有三种控制模式：现场手动模式、远程手动模式和自动模式。设备就地控制箱设有现场/远程转换开关，实现上述控制方式的转换：

（1）"现场"操作模式：

通过就地控制箱启停设备，优先先级最高。

（2）"远程"操作模式：

在移动端 APP 或者智慧管廊管理系统中，手动操作实现设备启/停。

（3）"自动"操作模式：

1）远程模式下智慧管廊管理系统由根据现场设备的状态，自动控制机电设备的启/停。

2）每个区间内的监控设备通过现场总线或者硬接线与 ACU 柜相连进行通讯和信息传输。

2. 风机控制

综合管廊设立正常、火灾、故障等通风运行模式。

通风监控分正常和异常（如火灾、事故）两种运维工况；在异常情况的规模得到控制后，系统能迅速恢复正常的营运环境。

（1）正常运维工况

排风机设备就地操作、排风机的温度或时间表自动控制、监控系统遥控三级，风机状态信号反馈至监控系统。

1）现场手动操作

A. 操作盒：在防火分区各出入口设置专用按钮盒对排风机手动操作；

B. 急停按钮：每台风机电机进线端盒设主回路隔离开关（急停按钮），检修时便于安全隔离电源；

C. 现场操作具有最高权限。

2）远程手动操作：

在移动端 APP 或者智慧管廊管理系统中，手动控制风机启/停。

3）自动控制：

A. 环境控制模式：根据温度、湿度、氧气含量、有毒气体浓度等环境变量实时检测值，预设置固定指标，控制风机启停。如环境参数达到一定范围时，监控系统报警并自动启动对应区域排风机，强制换气；

B. 时间表模式：不考虑环境变量的具体情况，按时间段预编制和控制风机启停。

（2）异常工况

当管廊内发生火灾时，控制系统提供紧急运行模式。根据火灾报警信息自动进入到预先设置的火灾联动运行模式，自动发送启/停信号至排风机控制回路，实现排风机的火灾联动；并实时监视风机的运行情况。

1）排水泵控制

排水泵就地设置专用控制箱进行控制。设水位自动控制、现场手动操作、远程手动操作，最高/低水位报警信号、排水泵状态信号反馈监控系统。

2）集水坑设置液位检测仪

A. 现场手动操作

（A）控制箱：集水池旁设置水泵控制箱，对排水泵手动操作；

（B）现场手动操作具有最高权限。

B. 远程手动操作

在移动端 APP 或者智慧管廊管理系统中，手动启/停排水泵。

C. 自动控制

根据集水坑液位等环境变量，当集水池水位超高限时，监控系统报警并自动启动区域排水泵；当集水池水位超低限时，监控系统报警并自动停止区域排水泵。

3. 照明控制

综合管廊内设一般照明和事故应急照明。一般照明由防火分区配电控制箱供电和控制，事故应急照明由应急配电控制箱供电和控制。

一般照明设自动控制、现场手动操作、远程手动操作，照明状态信号反馈监控系统。

（1）现场手动操作

1）操作盒：防火分区各出入口、投料口设置专用按钮盒，照明手动操作；

2）现场操作具有最高权限。

（2）远程手动操作

在移动端 APP 或者智慧管廊管理系统中，手动启/停区域照明。

（3）自动控制

根据人员所在位置，自动启/停区域照明。

13.1.5.3　显示功能

1. 分区域显示设备状态

平面图分防火分区、分路段显示。选择不同的防火分区或路段按钮，显示相应区域平面图。

系统图分系统显示，选择不同的系统按钮，显示各系统图：如电力监控系统图、通风系统图、给水排水系统图。

2. 趋势图显示

系统可显示模拟量数据的实时趋势和历史趋势。趋势实际上是一个实时和历史数据的无缝组合。当显示一个实时趋势时，可以通过点击翻滚按钮或拖拉时间指针查看历史数据。在 ACU 中对模拟量信号进行线性化处理，将测量值转换成工程量。

（1）控制方式显示

系统每个监控界面都能显示系统或设备的当前控制权，以体现控制优先级。

（2）统计显示

为了设备维护的需要，系统通过 ACU 对主要设备的信息进行统计。

1）底层设备监视功能

系统可对所有机电设备进行监视和控制，在监控中心工作站上触发报警信息对操作人员进行提示。

2）模式运行显示

系统的人机界面上显示模式的实际运行状态。

13.1.5.4　调节功能

智慧管廊管理运维系统和 ACU 均能够根据所检测的环境参数自动判断管廊当前环境信息，根据检测参数采用科学的算法和实用的控制策略，对通风系统风机转速进行调节。

13.1.5.5　参数存储

ACU 现场控制策略等相关参数由操作站进行设置，经确认后下载到 ACU 中，这些参数全部存储于 ACU 中，因此，ACU 能够脱离智慧管廊管理运维系统独立运行。

13.1.5.6　统计功能

在 ACU 控制器中进行设备累计运行时间、设备故障累计次数等信息的统计，并将统计结果上传给监控中心智慧管廊管理运维系统。

13.1.6　ACU 系统整体性能

ACU 系统整体性能，包括但不限于下列要求：

（1）控制响应时间不大于 1s（控制响应时间为监控中心智慧管廊管理运维系统发出命令到弱电间 ACU 输出动作的时间）。

（2）信息响应时间不大于 1s（信息响应时间为弱电间 ACU 系统输入模块接受状态信号到监控中心智慧管廊管理运维系统正常显示的时间）。

（3）要求对系统的响应时间进行核算。

（4）系统整体实现的精度要求模拟量的显示精度不低于 1 级（在合理的显示范围或仪表的量程内），温度的分辨率不低于 0.5℃。

（5）系统主要单台设备平均无故障时间：MTBF＞50 万 h，提供对系统的 MTBF 进行核算并给出计算方法和过程的依据；

（6）系统故障恢复时间：MTTR＜30min，提供对系统的 MTTR 进行核算并给出计算方法和过程的依据；

（7）系统不能因单点设备故障，影响整个系统的正常运转；

（8）当电源供应中断后，再恢复运作时，ACU 及网络通信设备能自动重新启动，并在 120s 内恢复正常运行；

（9）当接收到由火灾报警系统发出的火灾报警信号后，相关的控制命令在 1s 内控制相关的消防模式进行联动，并返回信息；

（10）系统具有抗电磁干扰能力，满足相关的标准和规范要求；

（11）系统可抵抗无线电频率为 150kHz 至 30MHz 中的接触性干扰且满足国家相关的标准和规范要求；

（12）开放性：网络必须符合完全开放的、符合国际公认的网络标准协议。如 IEC61158、IEEE802.3、10BaseT、100BaseTX 等；

（13）实时性：网络必须具备高度实时性，网络的刷新时间、I/O 数据的传送时间必须是有保证的；

（14）信息传输服务：控制层设备应提供方便的接入端口，无论从任何一点接入，都应方便地支持编程上传/下载、系统诊断和数据采集功能，且不需要复杂的编程或特殊的软硬件支持，同时不影响实时信息传输性能。

13.2　安　防　系　统

主要由视频监控、光纤防入侵、红外双鉴防入侵、自动井盖系统等组成。以下根据综合管廊的实际应用情况进行说明。

13.2.1　视频监控系统

13.2.1.1　系统概述

综合管廊视频监控系统可为监控中心值班人员提供有关综合管廊的安全、防火、救灾以及内部设施运行等方面的视觉信息，满足监控区域的有效覆盖、显示的图像清晰、视频联动报警功能等要求。系统应采用 1080P 高清网络摄像机，选用适用于管廊温湿度、照度环境的，匹配管廊视频监控焦段需求的摄像头，并要满足室外设备的防护等级。

13.2.1.2　系统组成

视频监控系统由监控摄像机、深度学习算法服务器集群（属于监控中心）、存储（共用监控中心存储）、视频综合管理平台（与智慧管廊综合运维信息平台集成）等组成。系统采用网络信号传输方式，共用通信网络，实现统一的视频信号存储、显示和远程调用等功能。统一的视频管理平台具有以下功能：支持监视信号的实时多模式显示、视频图像行为分析、集中存储管理、网络实时预览、图像处理、日志管理、用户和权限管理、设备维护；支持前端任意图像的轮巡和分组切换等控制；同时可以实现统一的数字化视频存储、显示和远程图像调用等功能。视频监控系统组成及网络拓扑如图 13-1 所示。

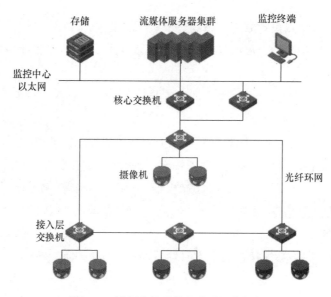

图 13-1　视频监控系统组成及网络拓扑

13.2.1.3　主要功能

1. 视频监控浏览

系统在管廊内设备集中安装处、人员出入口、设备夹层、变配电间和监控中心等场所设置摄像机；综合管廊内沿线每个防火分区内应至少设置一台摄像机，不分防火分区的舱室，摄像机设置间距原则上不大于 100m，确保重要区域监控无盲区，并且系统可以保证全天候监控图像的质量，使监控中心值班人员能对现场的各个重要区域情况了如指掌。

（1）支持单画面和多种多画面模式的实时图像浏览；支持 4/9/16/25/36 等等分屏浏览方式，同时支持 N+1 方式浏览；

（2）支持每幅画面的手动或自动轮巡，轮巡间隔可设置；

（3）支持监控点摄像机的远程控制实现镜头的左右、上下转动，视野的拉近拉远等；

（4）支持对前端监控图像进行字幕集中设置和时间显示，方便检察室了解监控现场；

（5）系统提供图像抓拍功能，监控中心可随时根据需要抓拍监控图像。

2. 录像存储和回放

实现对监控现场视频等进行实时存储，存储设备具备全部摄像机 30 天 24 小时高清视频（1080P）不间断录像存储能力。

（1）实现对监控现场视频等进行实时存储。数据保存在监控中心；

（2）能够实现多种方式的录像：手动选择录像、定时录像或报警联动录像；

（3）录像文件的检索可按名称、录像方式、时间段等进行检索；

（4）支持录像文件的本地回放和远程点播；

（5）系统具备完善的日志功能，可对所有的操作、控制、报警等信息进行保存，日志文件支持导出。

3. 用户管理功能

用户管理继承自智慧管廊综合运维信息平台。提供用户及用户组的添加、删除以及用户信息的修改并支持超级管理员、用户管理员和操作员三种用户。

4. 认证管理

认证管理继承自智慧管廊综合运维信息平台，可实现用户登录信息的认证和登录用户的授权。

5. 权限管理

权限管理继承自智慧管廊综合运维信息平台。采用用户分级管理机制实现用户权限的授予和取消并针对不同用户分配不同的系统操作和设备管理权限。

6. 设备管理

设备管理提供设备的添加、删除以及设备信息的修改，可根据设备的名称、类型等参数进行设备搜索。它支持设备权限的设置和修改以及设备软件的远程升级功能。

7. 网络管理

网络管理提供系统配置管理、系统性能管理、告警管理、安全管理和日志管理，并提供状态监测、系统备份及数据恢复功能。

13.2.1.4　设备要求

摄像头关键参数包括焦段、分辨率、最低照度、是否支持红外、编码格式、视频码流等指标。从类型上，主要划分为枪式摄像机和球形摄像机：

一般来讲，枪式摄像机的监控位置比较固定，只能正对某监控位置，监控方位比较有限。一般内置红外灯板，从而可以达到夜视的需求。相对于球形摄像机来说，一般在成本上有一定优势。需要注意在燃气舱和其他有防爆要求的位置，应当按照相关要求选择有防爆性能的摄像机。另外管廊内环境复杂、空气潮湿、时有凝露现象发生，摄像头的防护等级应该根据实际情况进行考虑。

球形摄像机一般在稳定性和操控性上比枪式摄像机要好，可以通过远程控制实现水平和垂直转动，也可以进行变焦和光圈调整，相对来说球机的监控范围对于固定不动的枪机要大很多，一般都以做到360°旋转，可以对于较大的区域实施监控。

另外，对于某种摄像机，涉及选择不同镜头焦距的，应根据管廊的高度、宽度和摄像机的覆盖范围要求，综合计算其监控视场角安装位置。对于有变焦能力的摄像头，即参考产品的相关说明进行型号选择。关于镜头的选择，可以参考以下镜头规格列表（表13-2）进行考量。

镜头规格参考列表　　　　　　　　　　　　　　　表13-2

序号	镜头规格	监控视场角	推荐监控距离
1	2.8mm（半球）	约98.5°	3m左右
2	4mm	约79°	6m左右
3	6mm	约49°	10m左右
4	8mm	约40°	20m左右
5	12mm	约23°	30m左右
6	16mm	约19.2°	50m左右
7	25mm	约12.4°	80m左右

其中监控视场角是指以镜头为顶点，摄像机可以拍摄到的最大角度，视场角的大小决定了镜头的视野范围，视场角越大，视野就越大，而超出视场角的物体则不会被收入摄像机的镜头中。一般来说，焦距越大，可视距离越远，视场角越小；焦距越小，可视距离越近，视场角越大。

13.2.1.5　安装说明

视频监控系统在综合管廊内设备集中安装处、人员出入口、变配电间、监控中心等其他重点防护区域设置网络摄像机，同时在综合管廊天然气舱设置防爆枪式摄像机进行有效的视频监视。综合管廊中各舱内每隔100m设置1台摄像机对本分区内综合情况进行视频监视，同时在人员出入口、通风口、电缆接头井及接头、管廊交汇处等重点区域各设置1个摄像机进行监视。各防火分区内摄像机通过CAT5e网线或光纤接入至本防火分区内接入层交换机，通过通信网络，将视频数据存储至监控中心的存储设备中，管理人员通过深度学习算法服务器集群及视频管理平台进行视频监控管理工作。

监控摄像头的安装位置和类型应按照管廊内实际情况与防火段长度进行规划，在燃气舱，主干管廊的防爆舱等位置，需要选用有防爆等级的监控摄像设备；在非防爆仓，需要在设备夹层与通风口的位置部署摄像头；另外在非防爆仓的舱体中，每个防火段的两端需要各部署一个球形摄像头。摄像头的安装位置如图 13-2 所示。

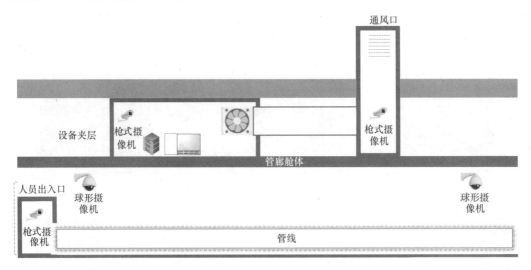

图 13-2　摄像头安装位置示意

13.2.2　光纤防入侵系统

13.2.2.1　系统概述

综合管廊与地面交汇的出入口是管廊防护能力最薄弱的环节，易遭受人为或意外破坏，加之管廊出口较多，安全防护压力较大，将其作为重点防护目标，是管廊安全运行至关重要的基础保障。

图 13-3　地下管廊通出口及围栏布设形式

防入侵系统采用可靠、高效的振动光纤传感系统作为地下管廊出口安全监测手段。系统以普通光缆作为传感单元，能够实时探测人为入侵或突发破坏产生的振动信号，利用系统内置的智能分析与识别算法，自动分析无效和有效信号特征，锁定入侵信号，排除无效干扰振动信号，准确识别有效入侵或破坏行为，为地下管廊出口提供可靠的防范保障。

光纤周界报警系统可以有效地探测非法入侵，在任意环境气候可靠应对各类突发状况。一旦有警情发生，系统可以第一时间将报警信号传送到控制中心，并联动现场的摄像机、广播和照明等设备多方位地对现场情况实现监控和处理。

13. 2. 2. 2　系统组成

光纤振动传感系统包括监控主机、振动光缆、引导光缆、分割包等附件。本系统中采用光缆作为前端探测传感信号的探测单元，并进行信号的传输，利用分割包隔离从而划分防区。由于光缆具有耐高温、抗腐蚀、防雷击、使用寿命长、不受电磁场影响，也不产生电磁场等特性，因此采用光纤作为前端探测单元，可以大大提高报警系统的稳定性、安全性、高靠性。图 13-4 为分割包地埋安装示意图。

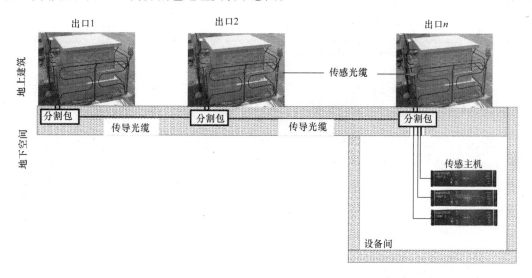

图 13-4　分割包地埋安装示意图

13. 2. 2. 3　功能要求

防入侵系统将配合门禁子系统、视频监控子系统、广播子系统、声光报警子系统等共同构成管廊出口安全防护系统。系统建成后，将达到如下效果：

（1）所设计的防入侵监测系统，其设备功能应完善、齐全，对常见外界干扰因素，如刮风下雨等能通过硬件设备探测并分析处理，以保证整个系统的先进性和低误报率；

（2）防入侵进出系统能进对有效入侵事件进行实时判别，并与现场广播系统或声光报警系统实现联动；

（3）所有出口的防入侵监测系统通过网络交换机联网，实时上传现场报警信息，支持扩展视频联动控制功能；

（4）防入侵监测系统及子系统所属设备的选型及安装应便于日常的管理和维护。

13. 2. 3　红外双鉴系统

红外双鉴防入侵系统可以在不法分子或不明生物入侵管廊时发出警报，协助人员担任防入侵、防盗等警戒工作。

防入侵系统通常使用微波探测。微波探测应用的原理是多普勒效应，即在微波段，当以一种频率发送时，发射出去的微波遇到固定物体时，反射回来的微波频率不变，即

$f_发 = f_收$，探测器不会发出报警信号。当发射出去的微波遇到移动物体时，反射回来的微波频率就会发生变化，即 $f_发 \neq f_收$，此时微波探测器将发出报警信号。然而微波入侵探测器的探测距离范围需要适当调节，如果调节不当，微波信号就会穿透装有许多窗户的墙壁而导致误报。

为了克服单一技术探测器的缺陷，通常将 2 种不同技术原理的探测器整合在一起，只有当 2 种探测技术的传感器都探测到人体移动时才报警的探测器称为双鉴探测器。市面上常见的双鉴探测器以微波＋被动红外居多，另外还有两个被动红外感应元也可以叫双鉴探测器。红外双鉴探测器如图 13-5 所示。

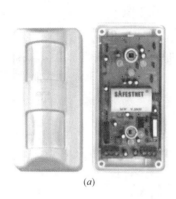 

(a)　　　　　　　　　　　　*(b)*

图 13-5　红外双鉴探测器

(*a*) 双红外被动感应元；(*b*) 微波＋被动红外双鉴探测

13.2.4　自动井盖系统

13.2.4.1　方案类型

1. 液压井盖

与普通井盖相比较，液压井盖与座圈通过传动装置连接为一体，外部无法破坏，座圈与基础浇筑为一体，不存在移位的可能。井盖的开启是通过油缸的动作实现的，只有油缸下腔通入高压液压油，上腔回油才能开启井盖，下腔回油，上腔接高压液压油，才能关闭井盖，操作通过专用设备实现。因此，液压井盖的防盗防入侵性能远高出普通井盖。此外，液压井盖的开启关闭状态由传感器传送到控制中心，控制中心可以通过有线和无线的方式对井盖开启关闭实时进行监控。

2. 助力井盖

另外在综合管廊中间层，助力井盖与电动井盖的技术特性也有其相应的优势，比如助力井盖为准机械机构，靠人力可以从内部或者外部轻松开启和关闭，耐火烧性能优异，可以用于综合管廊中间层，在紧急条件下方便人员出入。

3. 电动井盖

电动井盖使用电机减速机结构进行开启和关闭，可以实现远程控制，通过设备驱动，防入侵性能较好，适用于承载能力要求低、井盖重量比较小的情况。

13.2.4.2 性能指标要求

1. 承载能力

针对综合管廊的井盖目前尚无明确国家标准，参考《检查井盖》GB/T 23858。井盖承载能力分为 A15、B125、C250、D400。使用条件如下：第一组最低可选用 A15 级别，用于绿化带、人行道禁止机动车同行区域；第二组最低可选用 B125 级别，人行道、非机动车道、小车停车场以及地下停车场；第三组最低可选用 C250 级别，住宅小区背街小巷、仅有新轻型机动车或小车行驶的区域，道路两边路缘石开始 0.5m 以内；第四组最低可选用 D400 级别，城市主路、公路、高等级公路、高速公路等区域。因目前国内综合管廊逃生口绝大部分位于绿化带及人行道，推荐承载等级 B125 级别。

2. 密封性能

综合管廊逃生口内设备间有强电及弱电控制机柜及其他机电设备，因此对密封性能有较高要求。目前国内设计院设计指标均为 10kPa，即 1m 水头保持不泄漏，液压井盖的密封性能跟产品的结构设计、加工工艺有直接的关系。采用平移翻转结构、精密机械加工密封表面的液压井盖产品有着极佳的密封性能。

3. 控制方式

综合管廊作为机电系统工程，对于液压井盖有多种控制要求，既可以远程强制开启或关闭井盖，监控井盖的开闭状态，也可以现场授权遥控开启并关闭；既可以在管廊内部开启、关闭井盖，也可以在管廊外部开启、关闭井盖；既可以有电情况下操作开启、关闭井盖；也可在断电应急情况下开启、关闭井盖。

4. 逃生时间

综合管廊逃生井盖最重要的功能就是"逃生"，而逃生最重要的参数就是管廊火灾断电状态下井盖的开启时间。目前采用手动油泵手动开启井盖，受人的功率限制最快也要 25s。采用储能装置手动应急开启可以做到 3s 之内。

5. 消防要求

综合管廊逃生井盖应具备火灾应急情况下人员逃生后从井口外部可以快速关闭井盖，阻断新风的功能。因逃生井盖采用液压开启方式，在正常情况下管廊外部可以使用移动液压泵站开启或者关闭井盖。而火灾应急情况下人员不可能携带移动液压泵站逃生。因此必须采用其他方式从外部关闭井盖，阻断新风，满足消防要求。

6. 防侵入性、耐腐蚀、耐久性、可靠性

综合管廊作为民生工程百年大计，设计寿命非常长，对逃生井盖使用寿命有着较高要求。对作为逃生设备的液压井盖的可靠性有着极高要求，管廊的使用条件较为恶劣，对于井盖的耐腐蚀性、防破坏性能也有着较高要求。液压井盖开启方式为设备开启，无设备时无法开启。因此防侵入性极好，采用内置式铰链结构平移翻转开启的液压井盖，因无外露铰链，所以耐腐蚀性、防破坏性能更好。

7. 安全防护功能

综合管廊逃生井盖在正常使用情况下应具备安全保护功能。人员出入井口时，设备处

于保护状态。只能单向开启，无法关闭。以防止夹伤工作人员；应急逃生系统应具备自检功能，当失能时会将报警信号反馈至控制中心。

8. 燃气舱防爆要求

综合管廊燃气舱对于逃生井盖有着特殊要求。逃生井盖除满足上述技术要求外，还应满足可燃气体条件下的防爆要求，所有电气控制设备应满足 EXdIIbt4 防爆等级要求。

13.3　机器人巡检系统

管廊智能巡检机器人巡检系统（以下简称机器人巡检系统）是集多传感器融合技术、电磁兼容技术、导航及路径规划技术、机器视觉、安防技术、海量信息传输与处理技术于一体的复杂系统。

13.3.1　系统组成

系统主要由机器人本体（包括运动小车、导航模块、避障模块和通信模块）、多参量检测平台（包括可见光摄像、红外测温、温湿度检测、甲烷和氧气浓度检测）、通信子系统、后台子系统和电气附件组成，如图 13-6 所示。

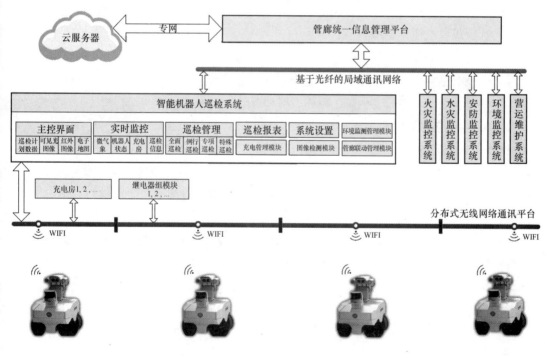

图 13-6　管廊智能机器人巡检系统组成

13.3.2　机器人系统功能

机器人巡检系统应满足包括信息交换、本体自检、接地等 7 个方面的功能。

13. 3. 2. 1　信息交换与通信网络功能

（1）机器人本体能与后台子系统进行双向信息交互，信息交互内容包括检测数据和机器人本体状态数据；

（2）网络拓扑符合实际工程需求，接入管廊运维公司无线网络；

（3）机器人巡检系统具备通信告警功能，在通信中断、接收的报文内容异常等情况下，展示告警信息；

（4）机器人巡检系统满足管廊系统有关信息安全的标准或文件要求。

13. 3. 2. 2　机器人本体自检

机器人具备自检功能，自检内容包括电源、驱动、通信和检测设备等部件的工作状态，发生异常时就地指示，并能上传故障信息。

13. 3. 2. 3　巡检功能

（1）机器人巡检系统支持全自主和手动巡检模式；

（2）全自主模式包括例巡和特巡两种方式。例巡方式下，系统根据预先设定的巡检内容、时间、周期等参数信息，自主启动并完成巡视任务；特巡方式由操作人员选定巡视内容并手动启动巡视，机器人可自主完成巡检任务；

（3）巡检内容包括：

1）电缆本体（包括三相对比和绝对温升）、电缆接头和接地点的温度检测；

2）管道或者电缆外观检测；

3）相关表计的读取和识别；

4）环境温湿度以及甲烷和氧气浓度的测量；

5）隧道重点区域渗漏、水位、廊体裂缝和沉降的检测。

13. 3. 2. 4　多参量检测平台

机器人系统配备可见光摄像机、红外热成像仪等检测设备，并能将所采集的视频、巡检图片等信息上传至监控后台。系统标配可见光摄像机、红外热成像仪、气敏传感器（甲烷和氧气浓度监测）、温湿度传感器、烟雾传感器等设备。检测平台要能够对以下三个方面实现检测并报警：

（1）通过可见光摄像识别管道或电缆破损，监测设备外观，识别管廊渗漏、水位、廊体裂缝和沉降；

（2）通过红外摄像对电缆本体（包括三相对比和绝对温升）、电缆接头和接地点的温度检测，并提出预警或报警；

（3）对管廊内甲烷浓度氧气浓度进行监测，对于超标超和超限的情况进行预警和报警。

13. 3. 2. 5　报警功能

（1）具备设备检测数据的分析报警功能；

（2）报警发生时，立即发出报警信息，并伴有声光提示，并能人工退出/恢复；

（3）报警信号能远传。

13.3.2.6　控制功能

机器人能正确接收后台的控制指令，实现行走运动、升降运动等功能，并正确反馈状态信息；能正确检测机器人本体的报警信息，并可靠上报。

13.3.3　机器人系统性能指标

本节对机器人系统的结构及外观、性能指标要求、软件系统功能要求以及电磁兼容性做出规定，具体内容如下：

13.3.3.1　结构及外观

（1）外壳表面有保护涂层或防腐设计，外表光洁、均匀；

（2）外壳采取必要的防静电及防电磁场干扰措施；

（3）外壳和电器部件的外壳均不带电；

（4）内部电气线路排列整齐、固定牢靠、走向合理，便于安装、维护，并用醒目的颜色和标志加以区分；

（5）机器人整体重量不超过 80kg（含电池）。

13.3.3.2　性能指标

1. 电源适应性

智能机器人供电方式稳定、可靠，推荐供电方式为 24V/40Ah 磷酸铁锂电池，电压满足安全电压要求，最高充电电压不超过 29.0V，并能适应下列条件：

（1）允许幅值偏差：$-20\%\sim+20\%$；

（2）允许纹波系数：5%。

2. 运动性能

（1）基本功能：具备按照预先设定路线和巡检点自主行走的功能，具有按照预先设定路线和巡检点自主停靠的功能；

（2）自主导航可设置内容：可设置预设点位置、运动速度和自主行走路线；

（3）导航定位方式：导航方式满足技术先进、施工方便、扩展性强等特点；

（4）自主导航定位误差：重复导航定位精度 3～5cm；

（5）最小制动距离：在 1m/s 的运动速度下，制动距离不大于 0.5m；

（6）防碰撞功能：机器人具有障碍物检测功能，在行走过程中如遇到障碍物及时停止或绕行，障碍物移除后能恢复行走；

（7）越障功能：机器人具备越障能力，最小越障高度为 6cm；

（8）涉水深度：具备涉水功能，最小涉水深度为 100mm；

（9）爬坡能力：具备爬坡能力，爬坡能力不小于 20°；

（10）防跌落功能、防碰撞功能：最小防止跌落高度为 10cm。增加电子防撞开关；

（11）转弯半径：最小转弯直径不大于其本身长度的 2 倍；

（12）巡航时间：电池供电一次充电续航能力不小于 5h，续航时间内，机器人稳定、可靠工作；

（13）云台性能：水平范围内，具备俯仰和水平两个旋转自由度：垂直范围 $0°\sim+90°$，水平范围 $+180°\sim-180°$；垂直范围内，机器人云台视场范围内始终不受本体任何部位遮挡影响。

3. 自主充电功能

机器人具有自主充电功能，电池电量不足时能够自动返回到无线充电桩的位置，自主完成充电。

4. 对讲与喊话

巡检系统具备双向语音传输功能。

5. 巡检方式设置和切换

巡检系统包括全自主巡检及人工遥控巡检两种功能，全自主巡检又包括例巡和特巡两种方式。全自主巡检与人工遥控巡检可自由无缝切换，具体功能如下：

（1）例巡与人工遥控巡检切换。支持例行巡检与人工遥控巡检自由无缝切换，切换过程中，智能机器人巡检系统的巡检状态和巡检姿态不发生明显变化；

（2）特巡与人工遥控巡检切换。支持特巡与人工遥控巡检切换，切换过程中，智能机器人巡检系统的巡检状态和巡检姿态不发生明显变化；

（3）机器人在接收到特巡任务命令时，立即停止正在执行的巡检任务，自动寻找最短路径，以最短时间到达巡检点进行巡检；

（4）不论智能机器人巡检系统处于何种工作状态，只要操作人员通过本地监控站或遥控手柄上的特定功能键（按钮）启动一键返航功能，智能机器人就能中止当前任务，按预先设定的安全策略返回；

（5）不论智能机器人巡检系统处于何种工作状态，只要信号出现中断，智能机器人巡检系统就能按预先设定的安全策略返回；

（6）巡检数据能自动形成巡检报告。

6. 自检功能

整机自检项目至少包含：遥控遥测信号，电池模块、驱动模块、检测设备。以上任一部件（模块）故障，均能在本地监控后台（或）手柄上以明显的声（光）进行报警提示，并能上传故障信息。根据报警提示，能直接确定故障的部件（或模块）。

7. 本体报警

机器人本体故障报警，包括：电池电源、驱动模块、检测设备、遥控遥测信号。报警方式包括声、光、代码，报警位置包括机体和后台，并自动生成记录。

8. 通讯性能

（1）工业级无线通信系统，具备漫游切换功能，切换平均时间低于 50ms；

（2）通信速率大于 20MPs；

（3）高安全性和高抗干扰性。

9. 巡检作业设备性能

（1）可见光检测设备性能

1）上传视频分辨率不小于高清 1080P；

2）最小光学变焦倍数 30 倍。

（2）红外检测设备性能

1）红外检测设备成像分辨率不低于 320×240；

2）红外影像为伪彩显示；

3）可显示影像中温度最高点位置及温度值；

4）具有热图数据。

10. 防护性能

主控模块防护等级满足《外壳防护等级（IP 代码）》GB/T 4208 中规定的 IP54 的要求。

11. 可靠性

（1）机器人巡检系统的平均无故障工作时间不小于 3000h；

（2）测温精度控制在±2℃或±2％；在排除光线、拍摄角度等影响因素外，仪表读取数据准确率不低于 95％。

13.3.3.3　软件系统功能

（1）系统提供采集、存储巡检机器人传输的实时可见光和红外视频的功能，并支持视频的播放、停止、抓图、录像、全屏显示等功能；

（2）可向机器人本体下达巡检任务，实时记录并监控终端上显示智能巡检机器人的工作状态、巡检路线等信息。对执行完成的任务可回放和导出；

（3）系统提供采集、存储巡检机器人传输的红外热图功能，并能够从红外热图中提取温度信息；

（4）系统提供显示、存储巡检机器人相关信息的功能，具体包括：机器人驱动模块信息、电源模块信息、自检信息等；

（5）系统提供事项显示功能，事项根据报警级别、事项来源等分类显示，同时系统提供历史事项查询功能；

（6）系统能将巡检任务中采集到的可见光图像、红外图像、设备位置状态、温湿度、氧气浓度、甲烷浓度等信息存储在巡检数据库中，能够按照巡检时间、巡检任务、设备类型、设备名称等过滤条件查询巡检数据；

（7）系统提供自动生成设备缺陷报表、巡检任务报表等功能，并提供历史曲线展示功能，所有报表具有查询、打印等功能，报表可按照设备名称展示所有相关巡检信息；

（8）机器人后台要按照人工巡视路径展示巡检设备及巡检结果，每台设备巡检结果的多张照片要统一归集于每台设备目录下；

（9）用户在系统终端上进行巡检操作和数据录入操作的等待时间不超过 1s。

（10）系统日常操作的响应时间不超过 2s；

（11）系统软件人机界面友好、操作方便，信息显示清晰直观；

（12）本地监控后台系统能与管控系统进行数据交换，向系统上传巡视及缺陷记录。

13.3.3.4　电磁兼容

1. 静电放电抗扰度

机器人能承受《电磁兼容　试验和测量技术　静电放电抗扰度试验》GB/T 17626.2 第 5 章规定的严酷等级为 4 级的静电放电抗扰度试验。

2. 射频电磁场辐射抗扰度

机器人能承受《电磁兼容　试验和测量技术　射频电磁场辐射抗扰度试验》GB/T 17626.3 第 5 章规定的严酷等级为 2 级的射频电磁场辐射抗扰度试验。

3. 工频磁场抗扰度

机器人能承受《电磁兼容　试验和测量技术　工频磁场抗扰度试验》GB/T 17626.8 第 5 章规定的严酷等级为 4 级的工频磁场抗扰度试验。

13.3.4　机器人系统参考设计方案

本节为机器人系统提供了参考设计方案，包括相应检测平台、软件系统。

13.3.4.1　机器人设计

1. 方案设计

机器人小车的示意图如图 13-7 所示，机器人小车主要具有以下特点：

图 13-7　机器人小车示意图

（1）安装维护方便，只需要拆掉上盖即可对内部零件进行更换或者检查；

（2）运行速度快，最快可达 1m/s，适用于较长巡航路径的工作环境；

（3）选用免维护的零部件，整体免维护周期长；

（4）可同时搭载多种传感器，功能扩展性强；

（5）内置 T4 级防爆充电电池和无线 AP 模块，无需有线供电和有线通讯。

2. 定位系统设计

定位的方法：主要通过 3D 激光雷达和惯导系统做导航定位，UWB 提供辅助，在特定场合提供机器人的粗略定位，然后根据 3D 激光计算机器人在地图中的精确位置。

重复定位精度：3～5cm。

3. 安全系统设计

（1）机器人前后安装防撞开关，当机器人防撞护栏撞到物体时，自动断开电机的电源，使得机器人停止行驶，确保安全；

（2）机器人安装防跌落传感器，防止跌落类似于线缆沟的坑洞（沿用现有方案）；

（3）在驱动电机部分集成刹车系统或优化软件由机器人本体轮胎转动不同角度实现刹车效果；

（4）安装超声波防撞传感器。

13.3.4.2　检测平台设计方案

1. 可见光摄像和红外摄像

检测平台主要搭载可见光摄像机、红外热像仪等检测设备，可根据应用场合所需选择搭配不同的检测仪器。搭载平台搭载的可见光摄像机和红外热像仪均采用机芯式，大大减小整体的体积和重量。

如图 13-8 所示，安装可见光摄像机、红外热像仪和补光灯，用于测温、图像识别、图像监控和低照度的场合。

2. 气敏传感器

（1）氧气传感器：KB-501-O2，带 RS485 通信；

（2）可燃气体传感器：KB-501-CH4，带 RS485 通信。

3. 温湿度传感器

采用独立板载温湿度一体传感器 HDC1080。

图 13-8　机器人系统可见光摄像和
红外摄像示意图

4. 超声波避障传感器

采用 4 通道收发分离一体超声波测距模块，2 路 4 探头，型号 F40-16TR4C。

5. 语音对讲系统

（1）拾音器：F50NX. TRADIO 含 AMP211 电源适配器；

（2）扬声器：高保真扬声器。

6. 主控系统

（1）四个驱动电机和四个转向电机分别采用集成式方案，即一个集成驱动器控制 4 路电机；

（2）电源系统具备 12V 和 24V 两路输出，增加滤波、防止电源启动过电压冲击造成电气部件损坏，具备完善的可靠性保护设计；

（3）控制系统采用实时操作系统，提高系统实时处理多任务的能力，满足实时性要求；预留一路串口、4 路输入、4 路输出接口。

7. 充电系统：

机器人系统采用无线充电。

（1）无接触充电，工效高，寿命长，可实现充电时间碎片化；

（2）通过设定控制算法实现迅速反应，自动充停，实现无人化管理；

（3）具备过温保护、过载保护、短路保护、反接保护、电池过放后激活充电（预充电）等多重保护功能；

（4）具有充电距离感应检测功能，提高充电效率；

（5）IP54 级别防护。

13.3.4.3　软件系统设计方案

上位应用软件系统采用分层的模块化结构，基于 Windows 7/Server 2008 操作系统和 .Net Framework 4.0 运行平台；采用纯面向对象的编程语言 C♯ 进行托管代码编程；以面向对象的内存实时数据库和大型商用关系型数据库相结合。通过多线程进行耗时任务的后台处理，避免阻塞用户的界面操作。

软件系统的体系结构共分为 4 层，分别为数据层、功能层、逻辑层和表示层，如图 13-9 所示。各模块基于接口编程，广泛应用设计模式，降低模块间的耦合，系统架构清晰，功能扩展方便。

软件系统功能包括实时数据查询、历史数据查询、趋势查询、报表、告警管理、系统设置等模块，软件系统具备通过自带的红外探头扫描测温，包括线缆接头、线缆本体和接地箱的测温；通过自带的可见光摄像头，检查电气外观，包括线缆破损等。机器人后台服务器提供 B/S 服务，支持局域网内任意终端通过权限认证接入浏览或控制。

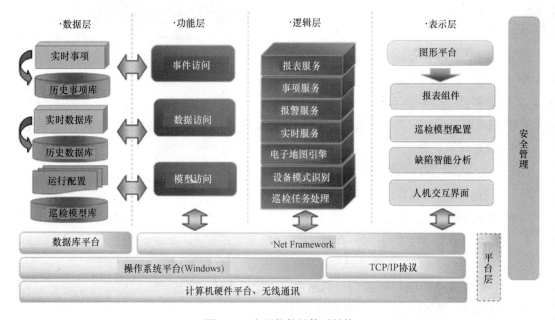

图 13-9　应用软件的体系结构

软件界面展示如图 13-10～图 13-12 所示。

13.3.5　关键技术

1. 高频率 3D 激光点云数据处理

管廊环境不具备结构特性等特点，要对激光点云预处理，提高算法的实时性与有效性。

2. 基于迭代最近点 ICP 算法进行相邻两时刻点云匹配

采用基于扩展高斯图像的快速配准求得两帧点云的变换，得到的机器人位姿估计，因而进一步在该位姿粗估计附近进行基于高斯分布的撒点，实现粒子更新。

➤ 全面巡检

➤ 例行巡检

➤ 特殊巡检

➤ 自定义任务

➤ 任务展示

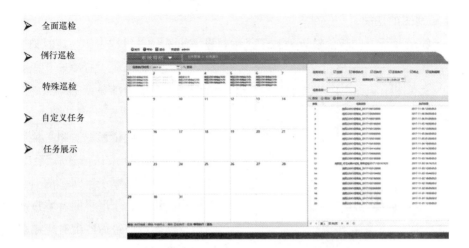

图 13-10　软件界面展示（一）

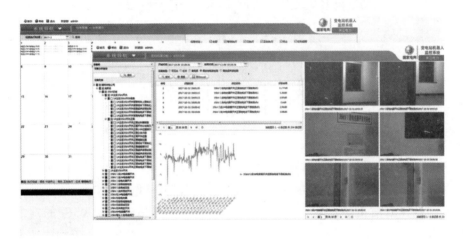

图 13-11　软件界面展示（二）

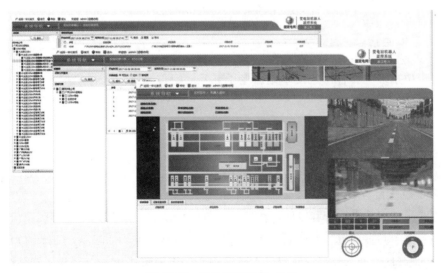

图 13-12　软件界面展示（三）

3. 全局地图的匹配

对每个粒子赋予不同权值以评估粒子优劣，进一步选择最优粒子作为该时刻机器人位置估计，并将该粒子所带局部地图加入全局地图，完成地图更新。

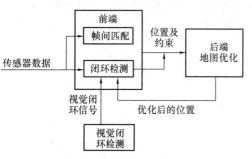

图 13-13　改善激光 SLAM 总体思路

4. 粒子滤波

选择粒子所带局部地图与全局地图的重叠区域进行栅格化，然后基于 PCA 等算法对每个栅格赋予空间、散射、水平线性、垂直线性、水平平面、垂直平面 6 个结构特性属性，最后匹配对应栅格，并将匹配度作为粒子的重要性权值。

通过增加视觉辅助定位系统来改善激光 SLAM 的稳定可靠性，其总体思路如图 13-13 所示。

13.4　人员定位系统

13.4.1　概述

通过在地下管廊部署定位基站建立高精度无线定位系统，配合运维人员佩戴标签的方式，实现对运维人员的实时高精度定位。从而为视频、照明等系统联动提供高精度的入廊人员位置信息。当前市场上主要的定位方式包括以下几种：基于 WiFi 的定位、基于 RFID 的定位、基于蓝牙/ZigBee 的定位以及基于 UWB 的人员定位，不同的技术方案在成本以及定位精度方面存在较大的差别，本书以精度最高的基于 UWB 技术实现的精准定位方案为例介绍人员定位系统的应用场景以及应用模式。

13.4.2　系统组成

人员定位系统主要包括定位基站、电子标签、定位软件、人员定位系统服务软件等组成。

13.4.3　系统功能要求

人员定位系统的功能要求如下：

1. 实时位置定位

当管廊运维人员进入管廊以后，在任何时刻任意位置，定位基站都可以感应到信号，并上传到监控中心服务器，经过软件处理，得出各具体信息（如：人员 ID，位置，具体时间），同时可把它动态显示（实时）在监控中心的大屏幕或电脑上，并作好备份，使管理人员可随时了解管廊运维人员的状态。

2. 突发情况报警

一旦管廊发生突发情况，管廊运维人员可通过按下所携带的定位标签上的定位按钮发出 SOS 警报，同时，监控室的动态显示界面会立即触发报警事件并进行记录。

3. 电子围栏划定

在施工现场如果存在一些危险区域等部分人员不能进入的区域，可以进行电子围栏划定，在给相关人员进行权限划分以后，拥有权限的人员进入不会报警，没有权限的人员进入会在后台发出闯入报警，同时也可以选择给闯入人员进行提醒报警。

4. 紧急人员搜救

当突发情况发生时，定位系统将保留人员的最后活动位置，为精确紧急搜救提供重要参考，进行现场人员搜救。

13.5　监控运维中心

监控运维中心是综合管廊的控制中心，本质上即管廊的中心机房。包含数据服务器、历史数据服务、Web 服务器、视频服务器等，采用 1000/10000Mbit/s 以太网。数据服务器采用多机热备系统，控制中心设备由双回路电源供电。数据中心用于对综合管廊各子系统的数据进行实时采集及处理。

13.5.1　系统组成

综合管廊智能监控平台设于监控中心中央控制室，主要硬件包括 Web 应用服务器、Web 数据库服务器、GIS 服务器、专业应用服务器、业务数据库（关系数据库）服务器、实时/历史数据服务器、数据交换服务器、备份服务器、深度学习算法服务器、存储、信息安全设备、网络设备、工作站、大屏、打印机等。

13.5.2　系统设备要求

13.5.2.1　服务器

系统服务器应服务器采用高性能、高速度和高可靠性的国际知名品牌主流企业级服务器。服务器应基于硬件虚拟化平台构造的双机容错系统，具备无扰切换技术（零时间停顿），切换过程独立于客户机系统及应用。

主机系统需要具有很强的容错性。除了对单机的可靠性进行要求外，使用双机热备份技术，在主机出现故障时则由备份主机接管所有的用，接管过程自动进行，无须人工干预。主机系统要求具有 SMP 的体系结构。

服务器配置需支持主流版本的 Windows 和 Linux 操作系统。系统应具有高度可靠性、开放性，支持主流网络协议包括 TCP/IP、SNMP、NFS 等在内的多种网络协议。符合 C2 级安全标准，提供完善的操作系统监控、报警和故障处理。并且每个服务器配备足够的内存、内部硬盘等，以满足性能要求。冗余配置的服务器应具备双机热备的功能，热切换稳定、有效、快速，同时不影响系统的正常运作。所有组件均采用冗余配置。系统可靠性设计达到 99.999％以上。

服务器为机架式结构，安装于机柜内，原则上主备服务器组在一个柜内，同一机柜内的服务器，共用显示器。服务器（含软件）提供工程期间及质保期内原厂全免费保修服务，并支持中文内码。

13.5.2.2　深度学习算法服务器

深度学习是近几年热度非常高的计算应用方向，其目的在于建立模拟人脑进行分析学习的神经网络，模仿人脑的机制来解析数据。深度学习依据其庞大的网络结构、参数等配合大数据，利用其学习能强等特点，对于分析处理图像，音频和文字等信息具有重大意义。

深度学习算法的应用关键在于使用 GPU 进行加速。相较于 CPU，GPU 用于深度学习算法的计算效率可以高出几十倍，GPU 由大量的运算单元组成，并行计算能力远高于CPU，通常来说 GPU 拥有比普通内存位宽更大，频率更高的专用显存，适合处理大规模数据的并行计算。在管廊监控运维中心中，深度学习算法服务器主要用于进行监控视频转码、转存、分析等工作，根据技术要求，一般需要使用 GPU 完成此类运算。

13.5.2.3　存储

系统考虑需要保存 30 天高清监控视频数据及长期管廊运维数据，需要建立易于拓展的大规模分布式存储，首次建设可用容量需超过 2PB。在解决存储问题的技术路线上，有以下三种比较成熟的解决方案：储存服务器方案、IP-SAN 方案、云存储方案供参考：

1. 储存服务器方案

该方案中采用的存储服务器为大容量的通用服务器，亦即在通用服务器的基础上把硬盘容量做大，另使用 RAID 卡做数据冗余的方式保证安全。存储服务器是开放平台，通过在服务器上安装软件实现数据的存储与管理，存储服务器同时承担了管理与存储两个角色。其网络拓扑结构如图 13-14 所示。

该方案部署成本较低，且可通过添加软件模块实现安防监控的所有所需功能。比较适合多点部署的项目，大型的监控项目可以就近存储区域视频文件，节省带宽。但由于存储服务器是在通用服务器的基础上把存储容量做大变种而来的，任何部件的大量增加都会给服务器带来安全隐患，这是该方案较明显的缺点之一；二者，因为存储服务器是一个开放平台，安装的软件模块过多会给系统安全带来不利的影响；另外，在数据量很大时，存储服务器的管理也会成为难点问题。最后，在此方案中，各存储服务器较为独立，缺乏数据的整体安全方案，如果一台服务器宕机，那么这台服务器上的数据短时间内很难快速恢复。管理及部署相对复杂，存储服务器与前端摄像机存在一一对应关系，机器出现故障则由该机器管理的部分摄像机无法进行数据存储。

整体而言，存储服务器方案适合那种数据量较小的情形，可以快速的部署，并实现所有的软件功能。但对于数据量较大的情形，服务器管理及数据的安全就成为一种挑战。

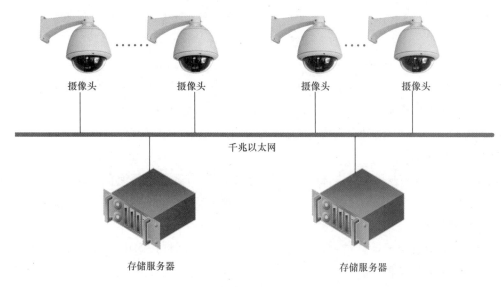

图 13-14　存储服务器方案拓扑结构

2. IP-SAN（Storage Area Network）方案

　　IP-SAN 方案采用通用服务器做管理，专业存储存放数据的方式可以实现管理与数据的分离。在前端的管理服务器上安装软件后，不需要额外的硬件设备。IP-SAN 透过网络映射存储空间到前端的管理服务器，且设备本身采用嵌入式系统，不容许客户在设备上面增加任何软件，从而更加稳定、安全。IP-SAN 本身嵌入的管理软件，使客户只需打开 IE，输入管理 IP 就能管理和监控设备，对整个系统的管理维护成本更低。容量扩展方面，只需在 IP-SAN 设备后面增加扩展柜就能很方便地扩展存储容量。IP-SAN 方案的拓扑结构如图 13-15 所示。

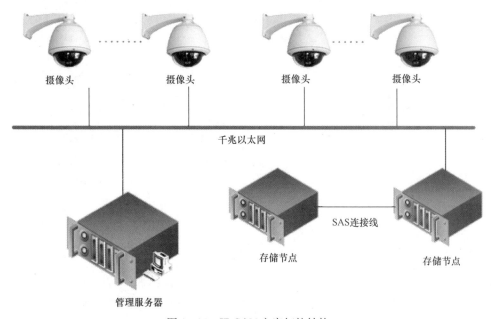

图 13-15　IP-SAN 方案拓扑结构

IP-SAN 方案具有以下几点优势：管理与存储分离，功能的单一可以保障系统的稳定性；专业的存储设备拥有更多的数据安全措施，如指定数据热备、预先数据迁移、数组复原、错误处理等；更方便且安全的扩容方式，只需在存储后端添加扩展柜即可完成扩容；更便捷的管理，可通过网页的形式对存储系统进行管理、监控；适用于绝大多数集中式视频监控存储情形。但需要注意以下两点，一是此方案的部署成本相对较高；二是数据容量到达 PB 级以后，对网络带宽的要求较高，所有的数据全部汇聚存储到后端中心，会对网络造成一定的压力。

综上，IP-SAN 方案作为最常用且最为成熟的解决方案适用于绝大多数的情形，因其保证了数据容量、数据安全、管理的便捷。此方案大多数部署在局域网或专网内。

3. 云存储方案

云存储的概念与云计算类似，是指通过集群应用、网格技术或分布式文件系统等功能，将网络中大量各种不同类型的存储设备通过应用软件集合起来协同工作，共同对外提供数据存储和业务访问功能的系统。主要目的是保证数据的安全性，并节约存储空间。云存储对使用者来讲，不是某一个具体的设备，而是指由多个存储设备和服务器所构成的集合体。使用者使用云存储时，并不是在使用某一个存储设备，而是在使用整个云存储系统提供的一种数据访问服务。所以严格来讲，云存储是一种存储服务。云存储方案的拓扑结构如图 13-16 所示。

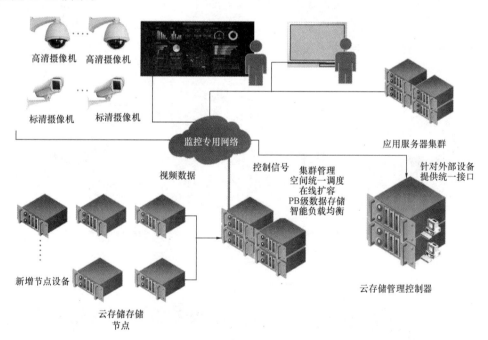

图 13-16　云存储方案拓扑结构

云存储系统主要由两部分组成：管理节点、存储节点。监控数据在管理节点的调控下流向存储节点，系统在创建之初就考虑到了数据安全的问题，用户可以选择将数据和校验数据分别存放在不同的存储服务器上，并可以同时使用多条高速数据通道，消除网络层的单点故障,进一步提高系统的高可用性。这种情况下,即使出现存储服务器宕机、网络中断、磁盘损坏等情况,系统仍然能够保障数据完整性和数据服务的持续运行。

云存储系统的分布式文件系统可以在全局实现数据均衡分布和并发响应,克服了传统 SAN 共享文件系统效率低下的缺陷。云存储系统可以支持动态扩展存储容量,而无需中断应用的运行。用户可以通过配置工具动态添加存储服务器以扩大系统的容量和规模,随着存储服务器数据的增多,整套系统的聚合带宽会线性增长,完全可以满足业务不断发展所产生的容量和性能需求。

云存储作为一种发展中的解决方案在 PB 级数据存储中有着不可忽视的优势:存储管理可以实现自动化和智能化,整合存储资源,提供单一存储空间;数据安全性高,系统的存储节点中分布着备份、校验文件,随时可以进行数据恢复;具有规模效应和可弹性扩展的特点,有利于降低运营成本,避免资源浪费。

云存储的缺点主要在两个方面:一是由于云存储系统中存在着大量的备份、校验文件,对存储空间造成了一定的浪费;二是网络要求高,PB 级的存储方案,所有的视频数据都通过网络传送到后端,由于视频文件都较大,接入多路摄像机时,对网络会造成很大的压力。

13.6　其　他　系　统

13.6.1　消防检测系统

消防检测系统应能够实时获取消防系统信息,当消防系统报警的时候,由消防系统接管设备控制权限。

13.6.2　结构健康监控系统

结构健康监控系统的主要功能包括:采集管廊内各区间的集水坑液位,并根据液位变化,与历史大数据分析系统、人工智能预警系统联动,智能分析廊体沉降信息。

此外,为监测管廊廊体的积压形变等异常,建议使用 LiDAR 等技术手段对廊体进行定期测绘,可以得到管廊结构真实的、高精度的实测数据结果,通过历史数据对比等手段,指导管廊结构健康监测。

13.6.3　绿色节能系统

绿色节能系统是为了在保证系统功能最佳运行效率的前提下,最大限度的降低系统能耗。绿色节能系统应具备以下功能:

(1) 通过控制设备功耗,降低管廊运维能耗;

(2) 与人员定位系统联动,准确控制高亮度照明范围;

(3) 实时监测管廊内用电情况,与预警系统配合可以提前发现设备老化等异常;

(4) 发现风机水泵的最佳效率运行点。

第14章 智慧化管廊运维平台

14.1 智慧化运维平台设计原则

城市综合管廊内部不仅整合了维持城市功能的自来水、燃气、电力、通信管线，而且管廊自身功能使用的供配电、照明、排水等设备繁多，内设管线或自身附属设施出现故障，都将造成沿线城市功能的瘫痪。建设智慧管廊综合管理运维信息平台意义重大，应按照以下几方面考虑其设计。

1. 保障管廊本体安全

通过对综合管廊结构、环境和设备的全方位监测监控，可实时掌握综合管廊的运行状态，对异常状态进行分析、报警和及时处置，保障综合管廊的运行安全和运维人员的人身安全。

2. 保障专业管线安全

综合管理平台与各专业管线配套监控系统连通，并进行有效集成。当专业管线出现问题时，联动控制综合管廊内通风、照明、排水等系统，确保综合管廊和各专业管线的运行安全。

3. 提高管廊运维水平

综合管理平台建立了科学的运维体系，充分利用大数据分析工具，对综合管廊本体以及各专业管线的监测数据进行综合分析和处理，为运维工作提供智能服务，并结合运维人员的日常巡检，实现对综合管廊自身的结构、环境、附属设施监控设备以及对各专业管线的运维。

4. 提高应急响应能力

综合管理平台通过建立完善的应急抢险指挥体系，对应急队伍、应急物资、应急预案进行有效管理。此外，平台还能进行安全隐患排查、应急演练、应急会商、综合研判和应急指挥，提高对应急事件的响应和处理能力。

5. 提高管廊管理水平

综合管理平台建立行政效能体系，对入廊企业信息、综合管廊建设及维修档案、运维人员档案、运维车辆等进行综合管理，并提供查询、统计和分析服务，从而提高综合管廊运维单位的工作效率和管理水平。

14.2　智慧化运维平台作用与定位

平台对管廊运维管理的作用主要体现在以下方面：

（1）基于管廊运维需求设计，支持全面的管廊运维工作，帮助建立合规、高效的管廊运维管理；

（2）便于各位领导快速直观地了解管廊状态，同时可以在事故状态下作为统一协调指挥的平台；

（3）是管廊运维人员日常运维管廊的有力工具，管廊运维的各项工作都可以基于平台软件展开，包括为管廊运维公司工作人员提供数字可视化的操作界面，了解管廊详细的运行状态，开展日常运维工作等；

（4）是智慧管廊的大脑，通过对平台软件进行优化设计，平台软件可以根据网络采集的环境设备数据，自动进行数据分析和思考，可以主动预测廊内环境设备的报警时间，通过多系统联动的方式主动控制廊内环境设备，合理规划管廊运维计划，真正让管廊学会主动思考；

（5）通过使用平台软件，对管廊运维中的各项数据进行分析计算，使用物联网进行多系统联动控制，实现综合管廊的安全运维、高效运维，结合先进的人工智能、大数据分析等技术，实现综合管廊的数字运维、智慧运维。

14.3　智慧化运维平台整体要求

智慧化运维平台的整体要求主要有以下几点：

（1）保证平台软件的先进实用和扩展性。所有支撑系统基于统一的技术平台上设计开发，具备标准的软件体系结构、内部和外部接口，提供多种开发工具接口，支持用户定制能力，便于系统扩展和升级。

（2）保证有足够的可扩展性和互连性，系统的设计和建设应充分考虑系统二次开发的需要，并支持未来可能出现的新业务的需要。

（3）平台软件为可跨平台分布式的中文版。软件平台的应用范围包括两部分，一部分是满足项目系统工程的全部应用程序，另一部分是为了后续项目应用扩展的预留内容，其中包含平台软件设备接入接口及二次应用开发接口。

（4）平台软件与运维系统功能需求相协调，主要功能如图 14-1 平台软件功能划分所示。

14.4　各模块功能要求

按照图 14-1 所示的平台软件功能模块划分，以下分别对于各个模块所包含的功能以

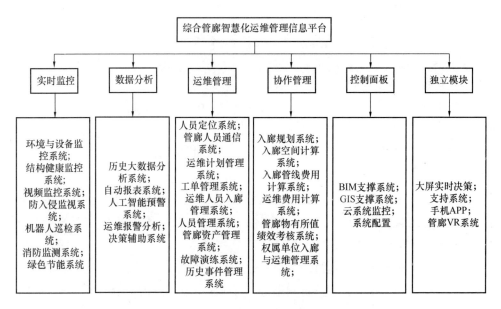

图 14-1 平台软件功能划分

及其相应要求进行说明。

14.4.1 控制面板模块

14.4.1.1 GIS 支撑系统

地理信息系统（GIS）作为综合监控系统的一个子系统，提供空间地理信息功能服务具有相应独立的功能，为各业务应用提供基于二三维场景的设施可视化管理等功能支撑，并维护数据库。

（1）支持全管廊正常/异常状态在 GIS 系统中显示，显示异常发生位置；

（2）支持传感器信息在 GIS 系统中呈现，显示传感器位置；

（3）支持各管廊出入口信息在 GIS 系统中呈现，显示进入口位置；

（4）支持 GIS 系统与视频监控系统联动，显示摄像头位置；

（5）支持 GIS 系统与环境与设备监控系统联动，显示环境与设备监控系统发出系统消息的位置；

（6）支持 GIS 系统与人员定位系统联动，显示人员位置；

（7）支持 GIS 系统与消防系统联动，显示火灾警报位置；

（8）支持 GIS 系统与资产管理系统联动、显示资产位置；

（9）支持数据视图和地图视图的动态切换，提供比例尺，指北针，图例；

（10）支持 GIS 系统模拟训练；

（11）提供追踪分析工具，实现事件的回放和历史路径分析；

（12）支持 GIS 与 BIM 模型切换；

（13）基于 B/S 架构，在浏览器中查看，无须安装客户端。

14.4.1.2　BIM 支撑系统

（1）基于 B/S 架构，在浏览器中展现管廊 BIM 模型；

（2）支持多视角展示，包括第一人称视角和第三人称视角，第一人称视角可以漫游，通过 WSAD 来控制前进、后退、左移、右移，通过鼠标来控制；

（3）在 BIM 场景中能实时显示当前管廊展示段中各传感器的值，针对可控制的设备，点击模型，能显示对应的操作按钮，点击可发送指令给 PLC 进行相应的控制；

（4）有报警提示功能，当所在区域有报警时，可通过红色闪烁场景背景来提示，设备发生故障时，对应的模型可改变颜色（如灰色）来直观展示；

（5）支持与其他系统联动，可在环境监控系统、视频监控系统、防入侵监视系统、GIS 系统中调出指定区域的 BIM 模型。

14.4.1.3　VR 虚拟现实技术

管廊 VR 用于模拟管廊地下实际场景，通过 VR 设备，不进入地下管廊就能体验管廊的真实场景与功能。具体技术要求如下：

（1）VR 场景模型与实际场景为 1∶1；

（2）在 VR 场景中能实时显示传感器的真实数据；

（3）可通过手柄操作对设备进行控制，往 PLC 发送指令；

（4）能够模拟火灾、积水等灾害场景，并能通过手柄控制灭火器进行灭火，控制水泵进行抽水，对灾害情况进行演练；

（5）在 VR 场景中支持瞬移，避免走动时间过长造成眩晕。

14.4.1.4　云系统监控

（1）运维平台通过虚拟层设计，对运维服务器的硬件设备进行复用，保证平台运行的稳定可靠；

（2）将磁盘用量、CPU 用量、内存用量、负载均衡情况等进行显示，可以实时了解运维平台的硬件使用情况；

（3）可以直观了解硬件系统负荷情况，可以指导管廊运维升级硬件等，维护管廊运维平台平稳运行。

14.4.2　实时监控系统

14.4.2.1　环境与设备监控

1. 通用功能

系统应充分考虑综合管廊监控管理系统软件等对开放性、可扩展性、可移植性、易维护性、可靠性和安全性的要求。

（1）心跳功能，系统运行时需定时往 PLC 发送心跳指令，以确定系统在线，拥有控制权限；

（2）与 PLC 通信应支持通用的 TCP/IP、Modbus TCP/IP 等协议；

2. 环境监测

环境监控功能需实现对综合管廊全域环境参数实施全程监控，将实时监控信息通过数据采集装置及时地传输到监控中心的综合监控平台，便于值班人员及时发现现场环境问题，排除环境异常及对警情的及时处理，保证管廊正常运行。监测的主要环境参数有：温度、湿度、水位、氧含量、硫化氢浓度、甲烷浓度。

3. 设备监控

设备监控功能需实现对管廊的通风系统设备、排水系统设备、供电系统设备、照明系统设备以及配套的采集、控制设备状态监控；实现对故障设备的实时告警，提示工作人员及时处理。同时根据运行要求对这些设备的运行发出相应的指令进行动态调整，如远程控制风机的启停、防火分区内照明开关的分合控制等。

设备监控功能要求如下：

（1）实时与 PLC 通信，发送指令控制设备的启停、切换设备的手/自动状态等；

（2）能直观的显示设备状态、发送指令按钮以及按钮状态，正常显示绿色，故障显示灰色，具有启动/停止，亮/灭等状态的设备需要有动画、不同状态等形态的显示，具有手动/自动等状态的设备需要展现当前所处状态；

（3）能查看设备详细信息，如生产厂商、生产日期等；

（4）支持分舱分区进行展示，同时支持按设备类型进行展示。

4. 报警管理

管廊内出现异常情况时，进行报警，并自动根据所设置的标准处理流程进行异常处理。

5. 联动功能

为了提高运维效率，综合监控系统应具有联动功能。例如检修管理功能，可在检修情况下，通过迅速启动环境与设备监控系统通风模式进入检修状态。

综合监控系统汇集各个设备系统的信息，实现各个系统之间与安全无关的信息互通和联动，与安全相关的信息仍依靠底层的系统之间的安全信息通道实现。

14.4.2.2　结构健康监控

使用静力水准仪进行结构竖直方向上形变测量，采用激光 3D 测绘扫描管廊本体的真实结构数据，测量数据与大数据分析系统和人工智能预警系统联动，实时更新管廊的结构数据，并进行准确预测。

1. 静力水准仪监控功能要求

（1）实时与 PLC 通信，采集静力水准仪数据；

（2）能直观的显示静力水准仪数据、报警阈值以及静力水准仪状态，正常显示绿色，故障显示灰色，报警显示红色；

（3）能查看静力水准仪详细信息，显示设备状态，正常显示绿色，故障显示灰色，并能显示指定时间段的历史曲线；

（4）能查看设备详细信息，如生产厂商、生产日期等；

(5) 支持分舱分区进行展示。

2. 激光测绘要求

(1) 平台存储激光雷达廊体定期测绘结果，可以得到管廊结构真实的、高精度的实测数据结果，指导管廊结构健康监测；

(2) 平台将激光测绘结果与静力水准仪测试结果进行比对，经历史大数据分析系统和人工工智能预警系统分析，给出管廊沉降的未来走势，进行预警。

3. 报警管理要求

管廊沉降数据出现异常情况时，进行报警，并自动根据所设置的标准处理流程进行异常处理。

报警管理功能要求如下：

(1) 阈值设置，与 PLC 通信，将报警阈值写入 PLC 中；

(2) 实时显示当前报警，当发生报警时，自动弹出报警界面，显示报警位置、报警设备、报警原因、报警时间、实时曲线、当前采取的措施等。同时系统应发出报警声以提示用户，并在界面上循环滚动报警信息。当有多个报警同时发生时，可切换查看各报警的详细信息；

(3) 支持在报警页面对报警信息进行打印等操作；

(4) 报警应有延时性，即当采集值持续超出阈值一定时间后，比如 2s，才认为是有效报警，避免瞬间超出阈值又低于阈值造成频繁报警的情况发生；

(5) 系统需提供自动处理报警功能，当确定报警发生后，应自动采取相应的处理措施，直到报警解除。处理措施应是可配置的，针对报警的优先级与类型使用不用的报警处理。

14.4.2.3　视频监控

(1) 具备视频全集成的解决方案，支持国内主流摄像头厂商；

(2) 支持单画面和多种多画面模式的实时图像浏览；支持分屏浏览方式，同时支持 N+1 方式浏览；

(3) 使用层级结构展现摄像头设备，支持页面无插件式实时预览视频图像；

(4) 支持每幅画面的手动或自动轮询，轮询间隔可设置；

(5) 支持对前端监控图像进行字幕集中设置和时间显示，方便检察室了解监控现场；

(6) 系统提供图像抓拍功能，监控中心可随时根据需要抓拍监控图像；

(7) 实现对监控现场视频等进行实时存储，具备前端摄像机 30 天 24 小时不间断录像存储能力；

(8) 实现对支持云台控制的设备进行上下左右移动、聚焦画面、画面放大缩小、点间巡航等；

(9) 支持录像文件的本地回放和远程点播；

(10) 系统具备完善的日志功能，可对所有的操作、控制、报警等信息进行保存，日志文件支持导出；

（11）可根据设备的名称、类型等参数进行设备搜索。

14.4.2.4　视频分析

视频监控分析系统用于对采集的视频进行实时分析，当画面出现异常时，及时通知管理人员，视频监控分析系统主要实现以下功能：

（1）支持根据人员定位信息，将有人活动管廊的视频自动投放至前端显示；

（2）实时分析无人员活动的区域，如果出现画面异常（如画面抖动、明暗突变、画面内有非预期的人员进入等），自动将此监控视频投送至前端显示；

（3）支持管廊内所有摄像头高清视频实时分析；

（4）自动将异常情况下的视频数据永久保存。

14.4.2.5　防入侵监控

为防止管廊被外部人员入侵，在通风口、投料口外围架设围栏布置防入侵传感器，在管廊内部设置门禁。软件技术要求如下：

（1）通过 TCP/IP 协议与防入侵硬件进行通信；

（2）可根据现场环境入侵行为模式进行在线学习与识别，降低误报率；

（3）支持基于防入侵硬件系统供应商提供的 SDK 进行二次开发，集成相关功能；

（4）可灵活设定入侵预警持续时间；

（5）基于 GIS 对防区的入侵进行监视，有入侵时，该防区则出现报警提示图标，点击可以查看入侵详情；

（6）当发生入侵行为时，系统界面应弹出报警，调出报警所在防区的摄像头实时图像，同时发出报警声进行提示；

（7）报警响应时间：≤2s。

14.4.2.6　机器人巡检

机器人巡检系统支持全自主和手动巡检模式。

全自主模式包括例巡和特巡两种方式。例巡方式下，系统根据预先设定的巡检内容、时间、周期等参数信息，自主启动并完成巡视任务；特巡方式由操作人员选定巡视内容并手动启动巡视，机器人可自主完成巡检任务。

14.4.2.7　消防系统监测

（1）实时获取消防系统信息，当消防系统报警的时候，由消防系统接管设备控制权限；

（2）支持监测的数据包括：

1）自动报警系统数据：包括感温式火灾报警、感烟式火灾报警、感光式火灾报警；

2）手动报警系统：包括电铃报警、破碎玻璃报警、紧急电话报警。

14.4.2.8　绿色节能功能

（1）通过控制设备功耗，降低管廊运维能耗，达到绿色节能的目标；

（2）根据管廊附属设施的功率和工作时间，自动计算出管廊的用电量；

（3）可以通过绿色节能系统对设备的开关机、功耗进行控制，有效降低管廊功耗；

（4）使用历史大数据分析系统统计管廊附属设施的用电量，指导绿色节能系统对设备的控制；

（5）与人员定位系统联动，准确控制高亮度照明范围，在巡检人员巡检的区域增强照明亮度，保障巡检工作，在没有巡检人员的区域，降低照明亮度，有效降低照明系统功耗；

（6）实时监测管廊内用电情况，与预警系统配合可以提前发现设备老化等异常，及时通知维修人员替换老化设备，降低用电功耗，保障设备性能；

（7）通过统计风机水泵的工作时间、处理效果与用电量之间的关系，可以找到风机水泵的最佳效率运行点，在保证风机换气、水泵排水效果的情况下，把设备功耗降到最低。

14.4.3 运维管理系统

14.4.3.1 运维计划管理

运维计划管理系统包括制定例行巡检任务计划和制定临时维修/巡检任务。

1. 运维公司管理层根据相关标准，制定运维工作规范，指导运维计划管理系统；

2. 运维计划管理系统根据运维工作规范中的工作项目，梳理出日常运维项目，作为运维计划管理系统的工作事项；

3. 运维计划管理系统通过电子化手段，提高运维计划管理效率，提供运维计划全流程服务，包括：

（1）管理人员制定运维计划，包括人员管理、运维事项管理、时间安排、运维工作交接等，便于运维工作的展开；

（2）系统根据管廊运维项目和人员安排，自动生成运维计划；

（3）运维计划制定后需走审批流程，经领导批准后下发工单；

（4）运维公司全员可以通过 PC 端或手机 APP 查看计划安排工单。

14.4.3.2 工单管理

工单管理系统主要用于接收运维计划管理系统的结果，下发工单给相关巡检/维修人员进行处理，为管廊日常工作提供具体的项目和时间安排，并返回工作结果。

（1）支持按时间条件查询工单；

（2）不同权限的人有不同的工单管理权限，与人员管理系统权限分配相结合；

（3）可以列出所有在执行的工单；

（4）在手机端可以查看工单，便于指导巡检人员工作；

（5）工单系统可以显示本次工作的所有项目，并支持工作人员逐项点击确认已完成工作，对未完成项目、已完成项目分开显示，未完成项目显示为黄色，已完成项目显示为绿色，便于工作人员使用；

（6）工单中每一项工作的结果，支持手动输入，或自动和手持巡检仪数据同步，手动输入的项目，结果以手动输入数据结果为准；

（7）执行完成后确认工作完成，确认提交巡检/维修数据，提交审核；

能支持工单流转流程可配置，例如，若在巡检过程中发现设备问题，可以转到运维计划管理系统，提醒管理人员下发设备维修工单。

14.4.3.3　人员管理

人员管理模块用于对管廊管理、运维等人员信息的管理以及权限的分配，具体包括以下功能：

（1）部门管理，用于定义部门组织结构关系，支持层级嵌套，以树型结构展示，支持添加、编辑、删除等基本操作；

（2）菜单管理，用于定义各系统中的功能菜单，支持层级嵌套，以树型结构展示，各菜单下支持定义需要权限控制的操作按钮，供权限设置使用，如是否可以在环境监控系统中控制设备；

（3）角色管理，拥有具体权限的集合，包括角色的新建、编辑、删除等基本操作。需要给角色授予权限，包含菜单的授权以及菜单下的操作按钮的授权。应提供一个超级管理员的角色，拥有所有权限，且不能删除，只能为管廊运维管理权限最高级别的用户使用；

（4）用户管理，用于管理可登录智慧管廊综合管理运维信息平台的人员，一个用户包括用户名、姓名、部门、角色（可多选）等基本信息。用户管理具有添加、删除、修改密码、搜索用户、设置人员门禁权限、自动远程开锁等功能，当有定位信息时，可以将人员定位信息在 GIS 中显示；

（5）日志记录，对用户登录以及操作进行记录，便于后续统计用户登录与操作痕迹。允许超级管理员对日志进行删除。

14.4.3.4　入廊管理

运维人员入廊工作，需要进行审批，留存出入记录，保障管廊运维安全。

系统具有可配置流程的入廊管理系统，在入廊人员提交申请后，经各级领导审批同意后方可进入管廊。典型的申请流程如下：

入廊人员填写入廊申请表 → 启动流程 → 到达入廊管理领导 → 审批通过 → 流程关闭。

14.4.3.5　人员定位

（1）在 GIS 地图中实时显示管廊内人员位置；

（2）点击任意人员标签，可以查看该人员的详细信息，如人员 ID、位置信息等；

（3）支持实时轨迹显示；

（4）支持至少 200 个标签的实时追踪模式；

（5）实时对标签电量进行监视，低电量时进行提示；

（6）具有在线、休眠、离线三种活动状态，能够实时界面显示；

（7）地图定位标记颜色样式可配置；

（8）按姓名、标签 ID、部门多维联想搜索；

（9）支持电子围栏告警，包含按键/剪断/消失等告警类型；

（10）告警事件可 1s 内，在标签端与监控端双重提示；

（11）新告警消息的实时入库存储，包含处理账号，处理时间及处理办法等信息；

（12）告警记录支持按时间、目标人姓名、告警类型、处理办法、处理账号等多维精确查询；

（13）支持多个目标轨迹最高 16 倍速同时回放。

14.4.3.6　人员通信

（1）建立管廊人员通信系统，便于日常工作任务安排、工作协调等；

（2）通过手机 APP 实现管廊运维人员日常工作的通信；

（3）提供管廊运维公司所有人员的联系方式，包括按部门划分的人员通讯表，提供联系人座机、手机、微信、电子邮箱等联系方式；

（4）支持文字、语音、视频的通信方式；

（5）通信系统支持工作任务查看，通过通信系统对员工的工作任务进行安排；

（6）通信内容自动同步到 PC 端运维平台账户，方便存档查询。

14.4.3.7　历史事件管理

管廊运维平台自动记录历史事件，主要包括报警事件、维修、异常问题等。

支持搜索、查看管廊运维数据，支持按照条件搜索历史报警数据及处理过程。具体如下：

（1）支持多种搜索条件，包括时间、报警级别、管廊区域、设备类型及参数范围、相关人员等条件；

（2）历史报警页面分页加载；

（3）通过查询条件类似的历史事件，可以有针对性地指导管廊的运维。

14.4.4　协作管理系统

14.4.4.1　入廊规划

入廊规划系统为管廊的投料口设计提供参考。

输入管廊长度、舱数、防火段数量，然后自动计算出物资进入管廊投料口的设计结果。

14.4.4.2　入廊空间计算

入廊空间计算系统，为管廊各舱段的管线位置设计提供帮助。

选择管线类型和数量，将页面中管廊相关横截面空间标红，然后显示总可用面积、已用面积、剩余面积，帮助合理规划入廊空间。

14.4.4.3　入廊管线费用计算

入廊管线费用计算系统，可以帮助管廊运维公司快速计算管线入廊费用，为和管线公司协调提供帮助。

选择管线类型和数量，然后输入线缆的横截面积，乘以相关系数，直接算出入廊费用。

14.4.4.4 运维费用计算

（1）为管廊运维公司制定管廊运维预算提供帮助，提供管廊运维费用计算的详细项目、公式（典型参考），并可以根据实际情况编辑；

（2）输入管廊长度、防火段数量、舱数，自动计算管廊运维费用；

（3）帮助管廊运维公司梳理运维成本分布，制定降低运维费用的措施。

14.4.4.5 权属单位入廊与运维管理

（1）包括权属单位管线入廊申请流程，权属单位人员入廊维护管理流程；

（2）根据管廊运维公司的职能机构设置，制定完整的审批流程，需要把和开展工作的相关部门领导纳入到审批流程中；

（3）权属单位管线入廊申请流程参考如下：

1）入廊管线公司发起申请流程，提供入廊管线的相关信息，包括入廊管线名称、数量、长度、布置位置；

2）管廊运维公司技术人员确认入廊管线空间布置结果；

3）管廊运维公司财务部门核算管线入廊费用；

4）管廊运维公司业务部门主管领导审批；

5）管廊运维公司总工程师审批；

6）管廊运维公司总经理批准。

（4）权属单位人员入廊维护管理流程参考如下：

1）权属单位维护人员发起申请，填写入廊维护的相关信息，包括维护工作内容，工作时间，陪同人信息；

2）管廊运维公司运维部门班组长审批；

3）管廊运维公司运维部门领导批准。

14.4.4.6 管廊资产管理

资产管理模块用于管理管廊内的设备、设备生产厂商、舱体区域、管廊建设档案等，主要包括台账管理、流动资产管理、档案管理等内容。

14.4.5 数据分析与决策系统

14.4.5.1 人工智能预警

（1）能够对管廊内的报警数据进行分析、归类，并通过训练深度学习神经网络，实现异常情况智能预警功能；

（2）使用递归神经网络算法，训练系统对环境参数、设备性能、廊体结构等数据的趋势预测；

（3）预警结果以图表方式呈现。

14.4.5.2 运维报警分析与决策辅助

通过运维报警分析决策辅助系统，可以帮助运维管理团队应对管廊运维过程中的突发情况并做出决策，其中包括提供应急地图、应急预案、应急专家库、应急物资、危险源、应急流程、事故分析、数据统计等功能，使管廊故障可以快速有效得到解决。

1. 应急调度

可以调出与事故相关的应急预案；可以调配出与事故相关的应急专家；可以第一时间定位事故点及其附近是否有人员存在；可以抽象出应急处置预案；可以实时监控应急设备和流程执行情况；可以对应急流程进行统计和总结；可以对当前管理区域范围内的所有管廊段发生的风险进行统计和排名；可以对事故进行自动诊断。

2. 应急流程管理

管理管廊内出现事故时应急调度的指挥过程；可以自定义编辑应急流程；可以自定义编辑应急设备开启情况；可以自定义事件的联动；可以自定义应急事件与外部市政单位的联动策略；可以自定义应急事件时管廊内基础情况向各市政单位进行推送。

3. 资源文件

可以对应急预案进行管理；可以对应急专家库进行管理；可以对物资库进行管理；可以对危险源进行管理。

4. 事故分析

可以在数据层次对产生的事故进行数据层分析；可以结合应急调度指挥过程对事故的衍生和控制进行分析；可以对事故的处理过程进行评价和监管。

5. 辅助决策

大数据统计分析；可以通过数据分析去修正应急预案；可以通过数据分析去修正应急调度指挥流程；可以根据数据统计自诊断可能发生的应急事故并给予处理建议。

14.4.5.3　故障演练

智慧管廊系统可以切换到故障演练模式，通过故障演练系统在实时数据中注入故障数据，可以考察管廊安全系统的运作情况，也可以提升管廊管理人员面对故障的处理能力，保障在真实故障发生时，管廊安全措施可以正确实施。故障演练系统的主要功能包括：

（1）支持仿真单点故障发生；

（2）支持仿真序列故障发生；

（3）响应管理人员的处置方法，并对该处置方法的正确性进行判读；

（4）支持所有传感器异常的 SOP；

（5）接入预警信号；

（6）增加紧急疏散配套功能。

管理人员首先通过故障脚本编辑模块，设计故障发生的顺序及相应的处置办法，然后进行故障演练，系统记录故障时运维人员的操作方式，并在演练结束后进行评估。通过设计多种故障脚本，可以训练运维人员对故障处理的熟练程度，在真实故障发生时临危不乱，确保故障得以顺利处置。

14.4.5.4　历史大数据分析

（1）大数据分析系统部署于服务器端，基于 B/S 架构，能够对管廊内传感器采集的数据进行分析、归类；

（2）支持各种异构数据源的混合计算，包括：关系数据库、NOSQL 数据库、文本文件、JSON 数据源、Hadoop/Hive、Java 数据源等；

（3）提供仪表分析、灵活报表分析、透视分析、地图分析等多种方式；

（4）报表提供缓存机制，包括模板缓存、结果缓存、分页缓存等多种方式，提升大数据分析性能；

（5）支持系统性能监控，提供大数据分析控制、运行监控功能；

（6）支持 HTML/HTML5，减少流量适应移动互联网应用要求；

（7）支持导出分析结果为 EXCEL、WORD、PPT、TXT、PDF 等文件；

（8）支持基于 HTML5 的可缩放矢量图形统计图，提供但不限于仪表盘、甘特图、雷达图、双轴联合图、饼图、柱图、线图、热力图、地图等各种统计图，提供动态统计图；

（9）图表间应支持联动功能，并可根据页面参数动态过滤展现；

（10）集成第三方可视化组件如 echarts、fusioncharts 等；

（11）支持独立的计算引擎，可将源数据计算和报表展现剥离，复杂计算可以放在数据库和报表展现引擎之外进行；

（12）数据存储支持分段，配合多线程并行机制的读取。数据存储应提供索引机制，提高随机读取性能；

（13）支持计划任务，可定时对采集的数据进行抽取处理，便于统计时增加查询速度，也可定时生成报表等；

（14）具有可扩展性与定制性，可自定义数据集制作仪表分析、报表分析等，可定制页面展现的分析指标与页面布局；

（15）具有对展现页面的权限控制功能，基于角色与用户，针对不同的用户可以展现不同的页面；

（16）提供 SDK，支持二次开发，后期可在大数据分析模块增加有特色的用户自己开发的功能，便于扩展；

（17）产品应为自主研发产品，可以提供产品著作权证书和专利证书。

14.4.5.5　自动报表

（1）自动生成日报、周报、月报、季报、半年报、年报等分析报告；

（2）报告的数据来自管廊巡检人员在工单系统的填报数据，数据需经审核确认；

（3）报告内容主要包括：

1）选定时间范围的管廊总体运行状态；

2）巡检计划的执行情况，其中包括：共执行多少次巡检，未执行多少次巡检，巡检结果正常的次数，巡检过程发现异常的次数；

3）管廊本体、附属设施、管线的运行状态，按附属设施各系统、管线名称、管廊防火段依次说明；

4）报警事项详细信息；

5）异常情况处理结果；

6）设备状态，其中包括：共有多少台设备、目前状态有多少台正常工作、多少台报修、多少台需要更换等；

7）管廊运维状态的预警信息，指导管廊运维。

14.4.6　独立模块

14.4.6.1　大屏实时决策支持系统

为方便运维团队可以在大屏系统上针对各种复杂问题进行协商处理，推演处理措施的效果，管廊运维平台需要建设大屏实时决策支持系统。

（1）建立大屏显示系统，支持不同主题显示，包括运维主题、人员主题、安全主题、应急主题等：

1）运维主题主要查看管廊环境和管廊监测设备的数据指标。在三维查看器中查看管廊的地理分布、查看管廊模型、管廊中的监测设备分布、监测设备监测数据展示。管廊的环境指标监测和报警和设备状态监测；

2）人员主题主要查看管廊管理员和管廊运维人员的位置、轨迹、详细信息。所有人员列表。点击某一个人显示人员用户名、姓名、部门、角色、照片等信息。可以在三维查看器中看到人员在管廊中的位置，支持 200 个人员标。

3）安全主题主要包括三个方面：照明系统状态监测、资产清单监测、门禁与防入侵指标的监测。通过对上述三个方面的监测，可以查看管廊内的人员情况，快速定位入侵人员位置和轨迹，直观管控管廊安装状态；

4）应急主题主要查看故障发生时的应急处理流程和调度指挥预案。多以图文介绍的形式展示应急处理注意事项、应急处理办法、故障排查流程、故障排查经验、调度指挥节点。此外，还会展示一些运维成本和运维效率的分析图表。在三维查看器中既可以定位到故障地点，还可以展示应急指挥预案的效果，模拟查看预案的人员流动情况。

（2）支持运维团队在大屏查看实时运维图像数据，对运维决策提供支持互动：

1）可以在大屏的二维地球和三维地球上，分 PLC/分舱/分状态进行数据筛选，只显示特定的传感器或设备，隐藏其他传感器或设备；

2）可以在大屏的三维地球上进行图层控制，显示某些设备，隐藏其他设备；

3）可以在大屏的二维地球和三维地球上，对人员进行筛选显示，显示人员的简要信息和详细信息；

4）可以对相关措施的效果进行模拟，即模拟在采取相关措施后，根据历史大数据系统和人工智能预警系统的经验，对环境与设备控制效果进行推演，给出措施采取后的环境与设备控制效果预测曲线，辅助运维团队制定决策。

14.4.6.2　手机 APP 功能要求

手机 APP 应包含环境监控、视频监控、大数据分析、防入侵监控、人工巡检、设备维护等功能模块，需要同时支持 Android 与 iOS 两大主流平台。

1. 环境监控

（1）支持实时显示传感器数据；

（2）支持对设备进行控制；

（3）能够通过点击设备与扫一扫二维码查看设备基础信息、实时数据曲线以及历史报警；

（4）支持分舱分区进行展示。

2. 视频监控

（1）支持实时显示摄像头图像，延时不能超过 5s；

（2）支持国内主流摄像头厂商；

（3）支持历史视频回放。

3. 大数据分析

（1）支持对各分析指标的展现；

（2）支持对大数据分析页面的收藏，方便查看用户关注的分析页面；

（3）支持本地历史记录功能，记录访问过的分析页面，便于查看最近关闭的页面。

4. 门禁系统

（1）支持实时显示门禁的开/关等状态；

（2）支持远程开门；

（3）能够通过点击门禁查看人员进出记录；

（4）有入侵时，需要响铃警告，同时以推送消息的形式在手机通知栏显示，点击推送消息，进入门禁系统模块，并调出入侵发生点视频；

（5）当入侵发生时，如果在门禁系统模块，则需自动切入报警处视频，查看实时入侵画面。

5. 防入侵监控

（1）支持基于 GIS 的方式实时监视各防区的入侵状态，点击防区可以查看当前防区的实时视频；

（2）有入侵时，需要支持响铃警告，同时以推送消息的形式在手机通知栏显示，点击推送消息，进入防入侵监控模块，并调出入侵发生点视频；

（3）当入侵发生时，如果在防入侵模块，则需自动切入报警处视频，查看实时入侵画面。

6. 人工巡检

（1）支持基于 GIS 的方式实时查看巡检路线与巡检状态，已巡检过的巡检点在 GIS 中显示为绿色，未巡检过的显示为红色；

（2）支持在 GIS 中实时显示巡检人员的位置，方便查看巡检人员的进度与巡检地点；

（3）能够查看巡检任务，且与 PC 端巡检任务同步，PC 端制定巡检任务后，推送给移动端，巡检人员在移动端查看，可查看未完成与已完成的巡检任务；

（4）巡检签到，巡检人员按照巡检路线到达巡检点目标范围内，可在移动端点击该巡检点进行巡检签到，签到后则该巡检点在 GIS 中显示为绿色；

（5）隐患点上报，当巡检时发现有隐患时，在手机上点击该巡检点，便可进行隐患点上报。支持拍摄相片、语音描述与短视频录制并上传到服务器；

（6）支持巡检轨迹回放，能够按时间查询已完成的巡检任务，点击巡检任务即可查看巡检轨迹。

7. 设备维护

（1）支持分舱分区查看设备列表，点击设备可查看详细信息；

（2）当设备检查发现问题或定期维护时，支持点击设备与扫二维码对设备进行维护上报，支持拍摄相片、语音描述与短视频录制并上传到服务器。

8. 权限管理

移动端所有模块都需要进行权限控制，根据登录用户确定是否可以查看各模块以及模块中的操作权限。

9. 个人设置

支持个人信息查看与修改，包括修改别名、密码等功能。

14.5　软件性能要求

14.5.1　设备状态更新时间

对于集成、互联系统，是指前端处理器从与相关系统的接口接收到数据开始，到显示操作工作站屏幕更新为止的时间。

对于监控中心综合监控系统：

（1）所有数据变化刷新时间：$\leqslant 3s$；

（2）重要数据变化刷新时间：$\leqslant 2s$；

（3）重要报警信息的响应时间：$\leqslant 2s$；

（4）数字量信息更新时间：$\leqslant 2s$；

（5）模拟及脉冲量信息更新时间：$\leqslant 3s$；

（6）操作站上画面刷新时间：$\leqslant 2s$。

14.5.2　现场设备控制时间

现场设备的控制时间包括下列内容：

（1）从操作员发出控制和指令操作开始，到控制和指令操作条件检查返回为止的时间，包括控制和指令传送到前置处理器、进行处理和激活控制点或信息的时间；

（2）中心对现场设备的控制相信息返回时间不大于 4s；

（3）从中心控制命令发出，到现场设备开始动作的时间不大于 2s；

（4）现场设备的控制时间不大于 2s；

（5）当一个控制命令执行出错时，综合监控系统及时作出提示，并且不能影响系统其他功能。

14.5.3　可扩展性

随着管廊运维时间的增加，系统所保存的物联网数据会线性增加，系统需要支持在线存储扩展，并可以在未来 10 年保持扩展能力。

（1）系统至少需要保存 30 日内所有的高清视频数据；

（2）系统需要永久保存从管廊运维开始的所有传感器数据。

附录 A　管廊运维常用表单模板

管廊运维常用表单主要包括管廊运维公司运维表单、多单位协作表单和管廊运维公司管理表单。管廊运维公司运维表单主要用于记录综合管廊本体及附属设施的日常管理情况；多单位协作表单主要用于记录运维公司及各管线单位对入廊管线的设施维护及日常管理情况；管廊运维公司管理表单主要用于记录管廊设备物资的日常管理情况。

A1　管廊运维公司运维表单

管廊运维公司运维表单是管廊运维公司按规定格式就运营维护服务事项的备存记录，包括维护维修计划、项目设施状况、项目设施检查记录、项目设施维修记录等。运维表单主要用于值班人员对故障信息的检查和处理以及工作内容登记，辅助值班人员进行工作登记和故障设备的检查、处理。常用的管廊运维公司运维表单包括运维计划申请表、管廊巡检异常结果记录表、设备维修申请表、设备维修记录表、档案资料借阅登记表、信息系统维护记录表、绩效考核表。

A1.1　运维计划申请表

运维计划申请表用于管廊运维公司相关部门的管理人员申报运维计划，便于上级部门对申报计划的了解和审批。其主要内容包括申请人信息、申请计划的相关内容和流程信息。运维计划申请表如表 A-1 所示。

运维计划申请表 表 A-1

申请人信息
申请人：_____　　申请人所在部门：_____
申请人联系方式：_____　申请人工号：_____
申请内容
运维计划名称： 运维计划类型：（下拉框可选，包括巡检、维修、保洁、值班等） 运维执行班组：_____ 计划起止时间：___年 月 日至___年 月 日 计划执行地点：___管廊___段___舱（或管廊地面）或_____。 内容： 项目1：_____，周期_____，运维人员_____ 项目2：_____，周期_____，运维人员_____

流程信息栏

申请人：		班组长：	
部门领导：			
运维监控部：			
安全技术部：			
物资设备部：			
综合管理部：			
安全总监：		总工程师：	

运维公司的组织结构如图 A-1 所示。

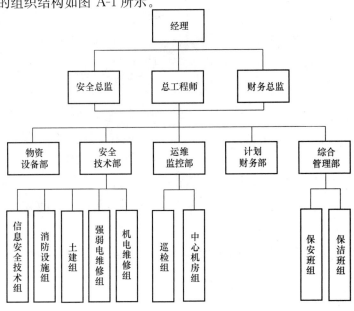

图 A-1   运维公司组织结构图

申请表审批流程如图 A-2 所示。

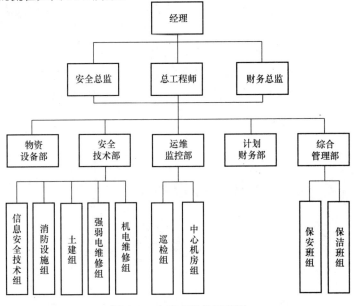

图 A-2   申请表审批流程图

A1. 2 管廊巡检异常结果记录表

管廊巡检异常结果记录表用于巡检人员记录有异常状态的管廊设备设施，确保管廊设备设施能得到有效及时的维护和操作。其主要内容包括巡检内容、频次、状况及存在的问题、处理措施以及完成情况、巡检人员姓名和巡检时间。管廊巡检异常结果记录表的保存期限为一年。管廊巡检异常结果记录表如表 A-2 所示。

管廊巡检异常结果记录表 表 A-2

管廊位置：

序号	巡检内容	频次	状况及存在问题	处理措施	完成情况
1					
2					
3					
4					
5					
6					
7					
8					
9					
10					
11					
12					
13					
14					
15					
16					
17					
18					
19					
20					
备注					

巡检时间：　　年　月　日　　　　　　　　　　　　　　　巡检人：

注：保存期限一年。

A1. 3 设备维修申请表

设备维修申请表用于管廊运维公司相关部门对处于故障状态的设备提出维修申请，确保管廊内所有设备的安全运行。其主要内容包括设备名称、设备编号、申请时间、申请人姓名、申请部门、联系电话、故障处理等级、维修处理方式和具体故障现象等，设备维修申请表需进行归档处理。设备维修申请表如表 A-3 所示。

设备维修申请表 A-3

设备名称		设备编号		申请时间	
申请人		申请部门		联系电话	

故障处理等级：□立刻处理　　□停机处理　　□其他	

维修处理方式	□外委　□自修
故障现象	主管审核：　　责任人：
备注	

注：本申请表需认真填写并进行归档处理。

A1.4　设备维修记录表

设备维修记录表用于工作人员记录对故障管廊设备的维修情况，以便于整理管廊设备故障率、成本核算等。其主要内容包括设备名称、设备型号、维修完毕时间、更换设备名称、更换设备型号/数量、解决方案、维修后状态、维修人姓名和验收人姓名。设备维修记录表如表 A-4 所示。

设备维修记录表 表 A-4

序号	设备名称	设备型号	维修完毕时间	更换设备名称	更换设备型号/数量	解决方案	维修后状态（正常/非正常）	维修人/操作人	验收人
1									
2									
3									
4									
5									
6									
7									
8									
9									
10									
11									
12									
13									

序号	设备名称	设备型号	维修完毕时间	更换设备名称	更换设备型号/数量	解决方案	维修后状态（正常/非正常）	维修人/操作人	验收人
14									
15									
16									
17									
18									
19									
20									

A1.5 档案资料借阅登记表

档案资料借阅登记表用于记录管廊运维档案的借阅情况，以便于资料的查找与留存。其主要内容包括借阅档案或资料名称、档案或资料编号、借阅人姓名、借阅部门、批准人、密级、借阅日期、归还日期和收档人姓名等。档案资料借阅登记表如表 A-5 所示。

档案资料借阅登记表　　　　　　　　　表 A-5

序号	借阅档案、资料名称	档案、资料编号	借阅人	借阅部门	批准人	密级	借阅日期	归还日期	收档人	备注
1										
2										
3										
4										
5										
6										
7										
8										
9										
10										
11										
12										
13										
14										
15										
16										
17										
18										
19										
20										

A1.6　信息系统维护记录表

信息系统维护记录表用于系统维护人员记录对系统的运行情况、数据备份、安全设置、补丁更新、服务优化等项目的维护情况。其主要内容包括维护的系统名称、维护日期、维护人姓名、联系电话、维护内容、设备运行情况、故障描述和故障排除情况等。信息系统维护记录表如表 A-6 所示。

信息系统维护记录表　　　　　　　　　　　　　　　　　　表 A-6

系统名称			维护日期		
维护人			联系电话		
维护内容	运行情况			数据备份	
	安全设置			补丁更新	
	服务优化				
设备运行情况	系统	□正常□异常		磁盘空间	□正常□异常
	电源	□正常□异常		网卡	□正常□异常
故障描述（如有）					
故障排除情况（如有）					
备注					

A1.7　绩效考核表

绩效考核表主要用于对管廊运维情况的考核评定，以便于评价管廊运维公司对管廊管理期间的绩效。其主要内容包括运维目标考核考评评分、组织保证考评得分、管理制度执行情况考评得分、管廊的运行维护考评得分、合计得分、考评部门和考评人员签字。绩效考核表如表 A-7 所示。

绩效考核表　　　　　　　　　　　　　　　　　　表 A-7

考评项目		考评期间运维维护工作 绩效考评要点	考评分值	
			满分值	考评得分
运维目标考核 （15 分）	总体质量目标	做到管廊运维维护过程中无重大事故发生，无重大人员伤亡，管廊总体运行优良	5	
	具体质量目标	确保管廊主体、入廊管线、监控系统及附属系统运行合格率达 100%	5	
	服务质量目标	管廊使用客户（业主）综合满意度调查满意率≥95%	5	

续表

考评项目		考评期间运维维护工作 绩效考评要点	考评分值	
			满分值	考评得分
组织保证 （4分）	组织设置	管廊运维公司按照职能设置多个部门协同开展管廊的运维工作，部门有具体分工，确保各部门分工可以覆盖管廊运维工作的所有内容	2	
		有专门的部门负责管廊的安全生产工作	2	
管理制度 执行情况 （18分）	日常工作管理	建立作业人员着装和劳动保护用品使用规定，工作人员按规定着装，佩戴安全防护用品	1	
		建立并严格执行考勤制度，包括签到和签退，留有考勤记录	1	
		建立管廊作业责任制，责任到人，做到全区域管廊责任范围无遗漏	1	
		建立岗位工作检查制度，做到每日检查，考核检查记录及问题整改记录	1	
		监控中心值班人员要认真处理好当班事宜，并记好值班日志，妥善保管、处置好来文来电、重要来访，严格做到事事有登记，件件有着落	1	
		管廊巡检人员要按照工作计划实施巡检工作，完成工作计划中的所有内容，遇到异常问题及时上报。需要管线公司人员维修管线时，应做好陪同协助工作	1	
		管廊维修人员需要持证上岗，有专业维修证书，根据工单要求完成相应的维修工作，留有维修记录，并将维修结果反馈给管理部门	1	
		制定工作记录制度、问题处理和汇报制度（按照问题的类型、大小分析结果现场决定处理、上报程序人数）、岗位换班交接制度等，对各项制度的制定及落实情况进行监督检查和考核	1	
		建立完善的岗位安全操作规程和作业要求，对进出管廊应进行严格的审批程序，对入廊作业人员严格管理，实名登记并发放作业证，在廊内必须随身佩戴	1	
		对廊内动火作业等特殊工种进行专项审批登记和重点监控	1	
	档案资料管理	综合管廊运维管理单位应建立完备的技术档案管理制度，包括技术档案的收集、整理、鉴定、统计、归档、保管、借阅、检查、销毁等规定和工作流程	1	
		综合管廊运维管理单位应设专门部门及专人负责档案管理	1	

331

考评项目		考评期间运维维护工作 绩效考评要点	考评分值	
			满分值	考评得分
管理制度 执行情况 （18分）	档案资料管理	综合管廊运维管理单位应定期对技术档案进行核对维护，保持技术档案完整和准确	1	
		综合管廊技术档案管理宜采用计算机技术实施动态管理，并纳入综合管廊统一管理平台	1	
	运行数据管理	综合管廊运行相关数据类型应包含 BIM 数据、GIS 数据、管线数据、运维数据、监控存储数据、安全监测数据等	1	
		综合管廊统一管理平台可对入廊管线信息进行集中统一管理，及时将入廊管线规划、普查、竣工测量资料及入廊管线的具体信息输入系统，并实行动态管理	1	
		综合管廊宜建立运行数据库，具备扩展和异构数据兼容功能。内容应完整、准确、规范，并应建立统一的命名规则、分类编码和标识编码体系	1	
		综合管廊运行数据管理应建立有效的数据备份和恢复机制，数据的保密和安全管理应符合相关标准要求	1	
管廊的运行维护 （63分）	综合管廊	土建结构应经常性、周期性地进行保洁维护。管廊地面和排水明廊保洁要求每周至少清扫、擦洗一次，清除掉集水坑内水面垃圾，并保持地面干净无杂物。管廊内壁四周、通风口、内敷设的管线外露面和各种支架以及各个管理室门窗要求每周集中保洁一次，各种排水管道及集水坑要求每季度至少清理、疏通检查一次。集水坑每半年进行一次清淤，淤泥杂物运出管廊外，平时保洁员进行巡查保洁，做到无蜘蛛网、吊灰及灰尘污垢。重大接待参观任务时，根据管廊管理部要求进行全面保洁	1	
	日常保洁	对各种支架、扶手和管线外壁采用湿法保洁时应注意保护各种设施设备的安全，防止污水渗入设施内。可根据实际效果选择确定保洁剂，宜选用中性保洁剂	1	
		严格遵守清扫机械操作规程，既应保证清扫质量，也应避免损伤管廊内部设施。清扫时应采取必要的降尘措施。对于清扫不能去除的污垢，可用保洁剂进行局部处理	1	
		管廊清理出的垃圾和废物应及时清除出管廊，严禁随意倾倒，产生的废水严禁随意排放	1	
		保洁员要求服装统一、干净整洁。保洁工具要求集中放置，且堆放整齐	1	

考评项目		考评期间运维维护工作绩效考评要点	考评分值	
			满分值	考评得分
管廊的运行维护（63分）	管廊本体巡检	廊体日常检查，主要对管廊结构巡视检查，及时发现早期破损、显著病害或其他异常情况，进行维修保养。检查以目测为主，配合简单的检查工具进行，详细记录检查项目的破损类型，估计破损程度范围及养护工作量，关键部位病害附照片，提出相应的管养措施。日常检查要求每周至少一次，检查结果及时填入表格记录	3	
		廊体定期检查采用仪器和量具进行测量，检查结果及时填入表格记录。提出定期检查报告，对管廊的状况、功能和养护状况提出评价和建议。不同部位有不同的检查频率：混凝土结构每季度一次，排水设施每月一次，管廊沉降每季度一次	3	
	管廊本体监测与检测	综合管廊本体日常监测应以结构变形监测为主，竖向位移监测应反映结构不均匀沉降，综合管廊结构变形监测宜采用仪器监测与巡视检查相结合的方式	2	
		遇以下情形时应对相关区域或局部结构进行日常监测： （1）工程设计阶段提出监测要求； （2）水文地质发生较大变化，可能影响结构安全稳定； （3）日常人工观测数据异常或变化速率较大； （4）安全保护区和安全控制区内周边环境存在可能影响结构安全稳定的较大变化； （5）其他影响结构稳定及安全需要监测的情况。并做好监测记录	2	
	管廊本体维护保养	露出地面的人员出入口、逃生口、吊装口、通风口等应保持外观完整、结构完好、功能正常。对管线分支口、支吊架、排水沟集水坑、建筑结构、楼梯爬梯、结构装饰、各类外露金属构件、地面、混凝土结构等按照相关的操作规程进行维护保养，并留有保养记录	2	
		综合管廊设施设备经检测或专项测评确定其运行质量达不到要求或其功能、性能无法满足应用和管理要求，经维修后仍无法达到或满足要求时，应安排设施设备大中修、更新或专项工程。包括制定维修计划、保证措施、按照制定好的维修内容开展工作	2	

考评项目		考评期间运维维护工作 绩效考评要点	考评分值	
			满分值	考评得分
管廊的运行维护 （63分）	附属设施巡检	综合管廊附属设施运行应符合设计要求，并应满足对综合管廊本体及入廊管线的管理需求，附属设施检测及维护宜以系统为单位进行	2	
		附属设施的巡检包括消防系统、通风系统、供电系统、照明系统、给水排水系统、监控报警系统、标识系统等，根据各系统的巡检规范开展工作，并留有巡检记录。巡检中发现异常问题的，及时上报	3	
	安全管理	应建立安全管理组织机构，完善人员配备及保障措施，健全各项安全管理制度，落实安全生产岗位责任制，加强对作业人员安全生产的教育和培训	1	
		综合管廊安全检查应结合日常巡检定期进行，发现安全隐患及时进行妥善处理	1	
		管廊管理要求配备安保人员进行24h值班管理，保安必须对管廊露出地面的各个管线接出口、接入口进行巡逻检查，发现堵塞或设施损坏及时汇报，发现偷盗或人为破坏情况应及时报警，并通知管理人员做好及时抢修	1	
		对人员出入进行严格的安全检查、登记	1	
		制定廊内作业安全管理办法，包括环境安全、人员安全操作安全等内容	1	
		注意廊内消防安全，包括禁止吸烟，严禁携带存放易燃易爆危险化学品	1	
		综合管廊信息存储、交换、传输及信息服务有相关安全保证措施，对涉密资料进行严格管理	1	
	监控中心维护	控制中心的维护包括日常维护及定期维护。日常维护是各子系统发生故障时及时维修。定期维护是整个控制中心定期（每季或每月）对整个系统的运行出现的问题进行维修及保养	2	
	管线运维	定期对入廊管线进行巡检，及时将到期、老化、破损等不符合安全使用条件的管线报告给相关的管线公司，以便进行维修、改造或更新，并对停止运行、封存、报废的管线采取必要的安全防护措施	3	
		对综合管廊内燃气管线、电力管线、给水管线、排水管线、热力管线、通信管线等市政公用管线、管件、随管线建设的支吊架、随管线建设的检测监测装置等制定详细的巡检计划，进行巡检并留有巡检记录。发现异常情况及时上报	3	

续表

考评项目		考评期间运维维护工作绩效考评要点	考评分值	
			满分值	考评得分
管廊的运行维护（63分）	安全运维	安全运维工作主要包括：环境与设备监控、入廊人员监控、防入侵监控，控制综合管廊运维工作中的安全	2	
		对管廊中环境与设备进行监控，确保管廊环境参数正常，设备运行正常，当有异常情况时自动报警	2	
		根据不同岗位的工作内容，划分权限等级，设置门禁权限、设备操作权限、运维平台使用权限等，没有相应权限的人员禁止进入管廊和操作相关设备，保证运维工作的安全。同时，使用人员定位系统、电子围栏、视频智能分析等手段实现对廊内人员的全方位监控	2	
		对管廊的人员出入口、通风口建立防入侵系统，同时针对这些通道配置视频监控系统，严防非法人员从这些通道进入管廊	2	
	应急运维	在安全生产管理部门的管理下，制定应急预案，不同等级事故的应急处理流程，预防和减少事故，及时有效地组织实施应急救援工作，提高生产安全事故应急处置能力，最大限度地减少人员伤亡和财产损失，保护生态环境，维护人民群众的生命安全和社会稳定。应急预案报上级管理部门备案	3	
		对各种可能的应急事故制定应急处置措施，包括但不限于管线事故、坍塌事故、火灾事故、洪水倒灌事故、地质灾害或地震、触电事故等	3	
		规范应急事件处置的完整流程，包括响应程序、处置措施、善后处理、事故调查、总结分析、信息报告与管理等，制定完善的保障措施，为应急事故的处理做好充足的准备	1	
		加强应急运维的宣传、培训和演练，定期组织应急演练，并编写演练总结报告	1	
		与外部单位加强合作交流，为更好地开展应急事故处理打好基础，包括公安、消防、医疗、卫生等部门	1	
	通告机制	对管廊运维信息的通告机制进行设计，保证和各单位的高效沟通	1	
		对外部单位，实行分等级、分权限、分管线数据共享	1	
		有完善的异常事件通知机制，当发生异常事件时，保证信息能快速传递给相关部门	1	

续表

考评项目		考评期间运维维护工作 绩效考评要点	考评分值	
			满分值	考评得分
管廊的运行维护 （63 分）	环境保护	环保工作与经济效益奖金挂钩，奖优罚劣	1	
		加强环保工作宣传，提高环保意识	1	
		严格执行环保规定及管理办法	1	
		建立完善的环境监测体系，制定环境监测计划	1	
合计			100	
考评部门：				
考评人员签认：				

A2　多单位协作表单

多单位协作表单是管廊运维公司、各管线单位以及其他相关单位对管廊协作管理的记录情况，是联系内外、协调左右的重要信息表单，以便于多个单位信息的及时处理。常用的多单位协作表单包括入廊施工安全责任告知书、入廊人员登记表、管线入廊申请表、廊内施工申请表、管线状态告知单、待办事项协商记录表。

A2.1　入廊施工安全责任告知书

入廊施工安全责任告知书用于综合管廊施工作业的安全管理工作，告知施工单位及相关负责人入廊施工的安全规定，划分安全责任，以确保管廊的正常运行以及施工人员的安全。

施工安全责任告知书

编号

为做好综合管廊施工作业的安全管理工作，确保综合管廊内设备、设施及各管线正常运行，制定此施工安全责任告知书。

第一条施工项目

（一）施工内容：

（二）施工地点：

（三）施工期限：

第二条施工单位安全责任

（一）该项目施工负责人为施工单位安全生产责任人，负责该项目施工的日常安全管理工作，配备专职安全员负责监管安全施工作业。

（二）进入综合管廊施工前，必须对所属人员进行安全注意事项交底的安全教育，不得安排未经安全教育的人员进入综合管廊。

（三）进入综合管廊施工前，须到项目公司办理施工申请，提交相关施工方案和设计图纸、相应管线单位的委托证明、所有施工作业人员名单及身份证复印件、特种作业人员的专业资格证书复印件、安全员证复印件等（以上复印件加盖公章）。经审批同意后，到项目公司办理综合管廊临时施工出入证后方可按规定进入综合管廊。

（四）严格遵守安全生产规章制度和综合管廊施工管理规定，自觉接受项目公司的安全监督、管理、指导及纠违执罚，做好安全文明施工作业。

（五）对复杂的和危险性较大的施工项目，应制订单独的安全技术措施，经项目公司审查合格后贯彻实施。

（六）施工单位如需使用综合管廊内设备、设施，或需在综合管廊内动火作业，必须提出申请并经过项目公司的审查同意，且对其安全防护措施有效性负责和承担相应安全责任。

（七）教育和监督所属人员，未经管理公司允许，不得随意进入申请施工作业区域外的场所，不得触摸、启动电器等设备，否则应承担由此引起事故的全部责任。

（八）不得安排未经有关部门培训、考核的无证人员从事特殊工种作业。

（九）发生人身或生产事故的不安全情况，应立即报告项目公司。

（十）对施工项目的安全作业及现场施工作业人员的人身安全负责。

施工单位（盖章）：

负责人签名：

年 月 日

A2.2 入廊人员登记表

入廊人员登记表用于记录入廊人员信息，其主要内容包括入廊日期、入廊人员姓名、所在单位、联系电话、入廊事由、到达离开时间和经办人姓名等。入廊人员登记表如表 A-8 所示。

入廊人员登记表　　　　　　　　　　　表 A-8

序号	日期	姓名	所在单位	联系电话	入廊事由		时间		经办人	备注
							到达	离开		
1										
2										
3										
4										
5										
6										
7										
8										
9										
10										
11										
12										
13										
14										
15										
备注		1. 此表用来登记入廊人员信息　2. 此表存档，用于备查								

A2.3 管线入廊申请表

管线入廊申请表用于管线单位提交新入廊管线的申请，以便于入廊管线的管理和审批。其主要内容包括管线类型、管线规格，材质，数量、管线单位相关信息及意见、建设局相关信息及意见、运营单位相关信息及意见。管线入廊申请表如表 A-9 所示。

管线入廊申请表 表 A-9

管线类型	□电力 □通信 □燃气 □供热 □给水 □雨污 □工业				
管线规格		材质		数量	
管线单位名称			联系电话		
管线单位地址					
管线单位负责人		职务		联系电话	
管线单位意见					签字（章）
建设局名称			联系电话		
建设局地址					
建设局负责人		职务		联系电话	
建设局意见					签字（章）
运营单位名称			联系电话		
运营单位地址					
运营单位负责人		职务		联系电话	
运营单位意见					签字（章）

A2.4 廊内施工申请表

廊内施工申请表用于记录相关单位入廊施工申请信息，以便于入廊施工的管理和审批。其主要内容包括业主单位相关信息、作业单位相关信息、作业区段、要求配合条件、起止时间、电力使用情况、动火情况、主要作业内容、附件和相关单位审批意见。廊内施工申请表如表 A2-3 所示，入廊施工流程图如图 A2-1 所示。

廊内施工申请表   表 A2-3

入廊作业申请单				表格编号	
业主单位			联系电话		
业主单位地址					
业主单位监管人员		职务	联系电话		
作业单位			联系电话		
作业单位地址					
作业单位负责人		职务	联系电话		
作业区段（地段）号		（选择系统分类）			
要求配合条件					
起止时间		年 月 日 时 分至 年 月 日 时 分			
电力使用	□有 □无	动火情况	□有 □无		
主要作业内容					
附件		□1 位置图 □2 平面图 □3 横断面图 □4 工程表 □5 施工方案 □6 作业人员名单 □7 其他（ ）			
管廊运维管理单位	工程部意见	经办人签字（章）			
		负责人签字（章）			
	技术部意见	经办人签字（章）			
		负责人签字（章）			
业主单位监管人员签章	业主单位负责人签章	申请单位章			
运维管理单位确认	（上传附件）				

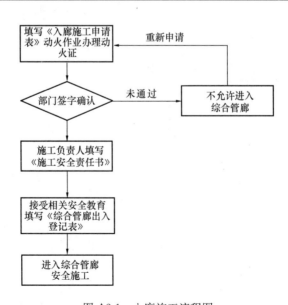

图 A2-1 入廊施工流程图

A2.5 管线状态告知单

管线状态告知单主要用于告知相关管线部门管线的状态，以便于管线部门及时处理和维修管线。其主要内容包括电力管线、通信管线、燃气管线、给水管线、热力管线、排水管线的状态和相关管线公司的反馈信息和管廊运营公司的回复信息等。

日期： 年 月 日 廊内温度： 廊内湿度：

电力管线：

_____（无/有）结露， _____（无/有）锈蚀， _____（无/有）集尘， _____（无/有）破损，线缆表面温度为_____；

管线公司反馈信息_____，管廊运营公司回复信息_____，维修人员名单：_____处理结果为_____。

通信管线：

_____（无/有）结露， _____（无/有）锈蚀， _____（无/有）集尘， _____（无/有）破损；

管线公司反馈信息_____，管廊运营公司回复信息_____，维修人员名单：_____处理结果为_____。

燃气管线：

____（无/有）结露， _____（无/有）锈蚀， _____（无/有）集尘， _____（无/有）破损；

管线公司反馈信息_____，管廊运营公司回复信息_____，维修人员名单：_____处理结果为_____。

给水管线：

_____（无/有）结露， _____（无/有）锈蚀， _____（无/有）集尘， _____（无/有）破损；

管线公司反馈信息_____，管廊运营公司回复信息_____，维修人员名单：_____处理结果为_____。

热力管线：

_____（无/有）结露， _____（无/有）锈蚀， _____（无/有）集尘， _____（无/有）破损；

管线公司反馈信息_____，管廊运营公司回复信息_____，维修人员名单：_____处理结果为_____。

排水管线：

_____（无/有）结露， _____（无/有）锈蚀， _____（无/有）集尘， _____（无/有）破损；

管线公司反馈信息_____，管廊运营公司回复信息_____，维修人员名单：_____处理结果为_____。

A2.6 待办事项协商记录表

待办事项协商记录表用于记录未完成的协作事项内容，以便于事项的及时处理。其主要内容包括事项内容、产生时间、协商意见、主办人、协办人、监督或协调人、紧急程度、计划解决时间、过程记录和结果等。待办事项协商记录表如表 A2-4 所示。

表 A-10

待办事项协商记录表

序号	事项内容	产生时间	协商意见	主办人	协办人	监督、协调人	紧急程度	计划解决时间	过程记录	结果	备注
1											
2											
3											
4											
5											
6											
7											
8											
9											
10											
11											
12											
13											
14											
15											
16											
17											
18											
19											
20											

A3 管廊运维公司管理表单

管廊运维公司管理表单是运维公司用于记录设备物资采购、领用情况,以便于设备物资的管理。常用的管廊运维公司管理表单包括设备物资采购申请表、设备物资领用申请表、设备物资领用登记表。

A3.1 设备物资采购申请表

设备物资采购申请表用于工作人员提交物资采购申请,以便于采购设备物资统计、管理和审批。其主要内容包括填表日期、表单编号、设备名称、数量、单价、型号规格、要求到货时间、申请人、申请部门、金额合计和领导意见等。设备物资采购申请表如表A-11所示。

设备物资采购申请表   表 A-11

填表日期：   年 月 日   表单编号：

序号	设备名称	数量	单价 （市场估价）	型号规格	要求到货 时间	申请人	申请部门
1							
2							
3							
4							
5							
6							
7							
8							
9							
10							
预估所需 金额合计				大写			
领导意见							签字盖章
备注				财务负责人			

A3.2 设备物资领用申请表

设备物资领用申请表用于工作人员提交领用设备物资的申请，以便于物资领用的管理和审批。其主要内容包括领用人姓名、领用部门、领用日期、设备物资领用明细和审批意见。设备物资领用申请表如表 A-12 所示。

设备物资领用申请表   表 A-12

表单标号：＿＿＿＿＿＿

领用人		领用部门		领用日期	
设备物资领用明细					
序号	设备名称	型号规格	数量	用途	备注
1					
2					
3					
4					
5					
6					
7					
8					
9					
10					

申请部门意见

负责人签名：   日期：

综合部意见

负责人签名：   日期：

A3. 3　设备物资领用登记表

设备物资领用登记表用于记录设备物资领用情况，以便于物资的管理。其主要内容包括领用设备名称、型号规格、数量、领用人姓名、领用部门、领用时间和经手人姓名等。设备物资领用登记表如表 A-13 所示。

设备物资领用登记表　　　　　　　　　　　　　　表 A-13

表单标号：_____

序号	设备名称	型号规格	数量	领用人	领用部门	领用时间	经手人	备注
1								
2								
3								
4								
5								
6								
7								
8								
9								
10								
11								
12								
13								
14								
15								
16								
17								
18								
19								
20								

附录 B 综合管廊本体专业检测内容及方法

综合管廊本体专业检测主要检测内容及方法见表 B-1。

综合管廊本体专业检测主要检测内容及方法 表 B-1

序号	检测项目	检测内容	检验方法
	混凝土强度	混凝土抗压强度、混凝土抗拉强度	回弹法、超声回弹综合法、后装拔出法或钻芯法等
2	外观质量与缺陷	蜂窝、麻面、夹渣、孔洞等外观缺陷	目测与尺量
3		裂缝长度、宽度、深度检测	裂缝显微镜或游标卡尺，深度检测可采用超声法或钻取芯样
4		内部缺陷	超声法、冲击反射法等非破损方法，必要时可局部破损法进行验证
5	结构变形	挠度检测	激光测距仪、水准仪或拉线
6		倾斜检测	经纬仪、激光定位仪、三轴定位仪或吊锤
7		不均匀沉降	水准仪
8	混凝土碳化	混凝土碳化深度	试剂法
9	钢筋锈蚀	钢筋锈蚀程度	雷达法或电磁感应法等非破损方法，辅以局部破损方法进行验证
	渗漏水	渗漏水点、渗漏水量	感应式水位计或水尺测量

附录C 综合管廊监控与报警系统 巡检主要内容

监控与报警系统巡检主要内容见表C-1。

监控与报警系统巡检主要内容

表C-1

序号	监控内容/系统	项目	巡检内容	方 法
1	监控中心机房	用房环境	查看温度、湿度、照明、卫生情况	观察仪表
2		用房空调系统	查看制冷运行、排水情况	观察判断
3		日常值班	检查机房内各类设备的外观和工作状态，并形成巡检日志	观察设备工作指示灯状态
4		监控与报警	设备运行状态和管廊内环境参数	观察管廊综合监控系统工作状态
5		门禁	门禁功能是否正常	门禁系统功能测试
6		UPS电源检查	交流、直流供电是否稳定可靠	观察 UPS 显示控制操作面板，确认液晶显示面板上的各项图形显示单元都处于正常运行状态，所有运行参数都处于正常值范围内
7			UPS电源是否符合机房设备供电要求，容量和工作时间满足系统应用需求	
8			电气特性是否满足机房设备的技术要求	
9		网络安全	防火墙、入侵检测、病毒防治等安全措施是否可靠，是否有外来入侵事件发生	查看运行日志
10			网络安全策略是否有效	
11		计算机、工作站、打印机、服务器、大屏幕显示系统	检查外观及工作状态	观察计算机、工作站、打印机、服务器运行状态指示灯，查看服务器操作系统运行日志
12		数据存储设备	检查工作情况及剩余容量	观察存储设备运行指示灯，查看运行日志
13		消防灭火器材	检查灭火器，消防栓等	观察灭火器压力表是否在正常范围，检查消防栓是否能正常使用
14		线缆、接插件	检查连接情况	观察判断

序号	监控内容/系统	项目	巡检内容	方　法
15	环境与设备监控系统	温湿度传感器、有害气体探测器、可燃气体探测器等传感设备	检查外观及工作状态 检查表显数据与上位系统数据是否一致	观察判断
16		通风系统、排水系统、供配电系统、照明系统等的监控设备	检查外观及工作状态	观察判断
17		ACU 箱	查看箱体外观是否锈蚀、变形，检查 PLC 系统及外围控制电器元件的运行状态	观察判断
18		线缆、接插件	检查连接情况	观察判断
19		软件系统	是否运行正常	查看软件运行状态或运行日志
20	安全防范系统	入侵检测设备	入侵检测是否已正常开启	观察，测试
21			报警设备工作状态是否正常	
22		控制设备	画面质量是否清晰、切换功能是否正常、是否有积灰、设备工作是否正常	
23		摄像机	画面质量是否清晰、录像和变焦是否正常、插接件连接是否良好	
24		光纤传输设备	光纤是否连接良好	
25		电子井盖	开/关状态是否正常	
26		门禁	门禁功能是否正常	门禁系统功能测试
27		线缆、接插件	检查连接情况	观察判断
28	火灾自动报警系统	火灾自动报警系统	火灾探测器、手动报警按钮外观及运行状态	观察判断
29			火灾报警控制器、火灾显示盘运行状况	
30			消防联动控制器外观及运行状况	
31			火灾报警装置外观	
32			系统接地装置外观	
33		可燃气体报警系统	可燃气体探测器外观及工作状态	
			报警主机的外观及运行状态	
34		电气火灾监控系统	电气火灾监控探测器的外观及工作状态	
35			报警主机外观及工作状态	

续表

序号	监控内容/系统	项目	巡检内容	方　法
36	通信系统	通话设备	检查外观及运行状态 测试通话质量与稳定性	测试
37		性能和功能	设备运行情况是否正常	查看设备运行状态指示灯
38		网络安全	设备告警显示检查、网络安全管理日志检查	运行日志检查
39		无线信号	无线信号发射器工作是否正常	测试
40		无线设备、手持终端	检查信号强度、连接灵敏度	测试
41		交换机	交换机的 VLAN 表和端口流量	查看交换机运行日志
42		线缆、插接件	检查连接情况	观察判断
43	预警与报警系统	报警系统	更改环境设备参数超出传感器阈值范围，系统是否报警	通过运维平台检测
44		预警系统	系统预警信息显示是否正常	通过运维平台观察
45	地理信息系统	地理信息系统	地理信息系统是否显示正常	测试
46		传感器的位置和数据	传感器的位置和数据是否可以在地理信息系统中显示	测试
47	建筑信息模型系统	BIM 系统	BIM 系统是否显示正常	测试
48		传感器的位置和数据	是否可以在 BIM 系统中读取传感器的数据并对传感器进行控制	测试
49	运维管理系统	人员定位	人员定位是否准确，是否会根据人员权限触发报警	测试巡查轨迹、定位准确性
50	统一管理平台	报警信息	核查信息报警、联动、处理及记录情况	查看历史记录
51		平台检测数据	检查传输的准确性及延迟情况，核对现场仪表读数与监测值	现场查看
52		系统状况	查看系统工作日志，巡查防火墙运行情况	查看系统工作日志

附录 D 渗漏检测方法

（1）计算出每个集水坑内的面积；

（2）在测定时先将集水坑内的水排出，然后记录一个起始值和时间，待每 2h 后重新设定，每测定一数据应重复 3 次以上；

（3）检测仪器可用感应式水位仪或测深水尺，计数精度为±2mm；

（4）检测应在夜间进行，以减少干扰因素；

（5）检测后的渗漏水计算公式：

$$Q = \Sigma\, 24 \times S_i \times h_i \times 10^3 / T_i \times M_i \times N$$

式中 Q——渗漏水量 $[L/(m^2 \cdot d)]$；

S_i——水池面积（m^2）；

h_i——水池检测时间段液位上升量（m）；

T_i——该渗漏水段检测时间（h）；

M_i——分段内综合管廊结构表面积；

N——全综合管廊内分段数。

（6）在综合管廊渗漏水点的检测时应做好普查记录汇总表、注明漏水类别、漏水点具体位置、初始发现时间、是否有复漏点等。

附录 E 综合管廊监控与报警系统维护主要内容

监控与报警系统维护主要内容见表 E-1。

监控与报警系统维护内容

表 E-1

序号	维护保养项目	内容	要 求	方 法
1	监控中心用房	用房环境	房间整洁，温湿度满足使用要求，房间照明设施正常工作	维修异常温湿度仪表；更换老化或损坏的照明设备
2		用房空调系统	空调整洁工作正常	清理空调换热器和过滤网上的积灰；清理空调排水部分的污垢和积聚物；清除通风口杂物，保持通风正常
3		机房内防尘、防静电设施	防尘、防静电设施完好	观察、清洁
4		消防灭火器材	消防灭火器材完好	消防年检
5		UPS 电源	电池的容量、电压正常	观察 UPS 运行参数、用万用表测量电池电压；定期对电池进行充放电，对工作电源电压、电流进行测量，电池故障或容量不足时及时更换
6		设备接地电阻值	接地电阻≤1Ω	使用接地电阻测试仪测试接地电阻
7		抽查计算机系统设备病毒状况，主机系统安全	系统运行稳定，无病毒感染	升级病毒库，记录病毒情况，对已中毒文件进行杀毒、修复，主机系统安全扫描
8		网络安全评估	网络满足运行要求，无系统漏洞	查看防火墙、服务器、工作站及其他设备运行日志，开展安全评估，形成评估报告
9		计算机、工作站、服务器、打印机、大屏幕显示系统	设备整洁，工作正常，外设接口完好，硬盘空间利用率小于70%	清洁、维修理异常工作设备，对损坏的设备及时更换，硬盘空间剩余不足的，进行磁盘整理
10		数据存储设备	设备整洁，工作正常，存储空间满足使用要求	检查、维护，整理存储空间，定期做好数据备份；更换损坏磁盘，根据储存情况进行扩容
11		线缆、接插件	对松动线路进行紧固；更换破损老化线缆及接插件	检查、维护

续表

序号	维护保养项目	内容	要求	方法
12	环境与设备监控系统	温湿度传感器、气体传感器	传感器查看有无损坏、工作状态不正常的及时更换、达到设计寿命的及时更换	观察、校准、与监控系统进行联动测试
13		通风系统、排水系统、供配电系统、照明系统等监控设备	各设备外观完好,工作正常,无报警,发送指令后设备工作正常	修复异常报警问题;矫正传感器和执行器;更换外观损伤及工作状态不正常的设备
14		ACU箱,检测PLC系统及外围控制电器元件的运行状态	PLC系统运行正常,电气元件动作正常	观察判断、与监控系统进行联动测试
15		检测接地电阻	符合工程设计要求	使用接地电阻测试仪测试接地电阻
16	安全防范系统	摄像机变焦功能检查、视距检查	功能正常,损坏设备及时更换	采用管理软件控制、调整摄像头
17		摄像机镜头、设备清洁、调整和除尘	设备整洁无积尘,姿态调整	保洁
18		摄像机安装部位	牢固、无松动,发现问题及时处理	观察、紧固
19		存储识别功能及存储介质维护	空间利用率<80%,备件可用,利用率过高及时更换新的存储	利用系统工具整理存储设备空间
20		监控中心设备录像功能、移动侦测布防功能	功能正常,损坏的及时维修处理	利用视频管理软件进行功能测试
21		监控中心编解码器	指示灯显示正常、工作状态正常	观察判断
22		图像清晰度、灰度	满足视频监控要求	摄像机摄取综合试卡图像并传输至监视器上进行观察判断
23		入侵检测系统工作状态	工作状态正常,及时更换老旧坏的部件	与监控系统进行联动测试
24		电子井盖开关及报警功能、手动开关功能	检查远程控制和手动控制功能均正常	与监控系统联动测试
25		线缆、接插件	对松动线路进行紧固,更换破损老化线缆及接插件	检查、维护

续表

序号	维护保养项目	内容	要 求	方 法
26	火灾自动报警系统	火灾探测器报警功能试验	报警功能正常	采用试验烟气、热源等进行与报警系统进行联动测试
27		手动报警按钮报警功能试验	报警功能正常，并能手动复位	与报警系统联动测试
28		火灾报警控制器功能试验	(1) 火灾报警功能、故障报警功能、自检功能、显示与计时功能应符合《火灾报警控制器》GB 4717 的相关规定；(2) 主备电源切换正常	联动测试
29		火灾显示盘	应符合《火灾显示盘》GB 17429 的要求	观察，测试
30		可燃气体报警控制器功能试验	可燃气体报警功能、故障报警功能、本机自检功能、显示与计时功能应符合《可燃气体报警控制器》GB 16808 的相关规定	联动测试
31	预警与报警系统	传感器/设备报警	环境设备参数超出传感器阈值，触发报警	改变环境参数，触发报警，否则需要排查传感器故障
32		线缆、接插件	线缆、接插件连接紧固	对松动线路进行紧固 更换破损老化线缆及接插件
33	运维管理系统	人员定位	人员定位准确	联动测试，若定位不准确，需要检查定位标签的电量、人员定位基站的状态
34	通信系统	告警性能测试、告警记录和数据统计	满足运行要求	按设备说明书操作
35		网络安全状态分析处理	网络状态安全，发现非法攻击及时处理	查看防火墙运行日志
36		网络安全 IP 地址	IP 地址与登记表中内容相符	核对、检查
37		无线系统的无线系统发射功率和接收灵敏度	符合设计要求	清洁除尘；监控中心与管廊现场配合测试，对松动的馈线系统接头进行加固，对信号异常进行修复

续表

序号	维护保养项目	内容	要　求	方　法
38	通信系统	通话是否正常、清晰	通话正常无间断、语音清晰无杂音	清洁、除尘； 监控中心与管廊现场配合测试，对通话间断、语音不清晰等情况进行修复； 更换手持终端设备老化电池
39		连接线缆、插接件是否牢固、通信过程是否正常	连接牢固、通信正常	对松动线路进行紧固，更换破损老化线缆及接插件
40		设备的风扇、滤网、外观	风扇工作状态正常、滤网外观清洁无积尘	观察、保洁
41	统一管理平台	平台监测数据	平台各数据显示正常	分析和纠正现场仪表读数与监测值偏差
42		报警信息	环境设备参数超出阈值后进行报警	联动测试，对异常信息及时处理
43		系统安全	对非法攻击及时采取防火墙升级、系统修复等措施； 升级杀毒软件病毒库； 分析、安装补丁程序或升级	升级系统安全

附录 F 参考标准文件清单

1. 综合管廊总体标准文件

(1)《城市综合管廊工程技术规范》GB 50838；

(2) 中华人民共和国住房和城乡建设部《城市地下综合管廊运行维护及安全技术标准（征求意见稿）》；

(3) 中国工程建设标准化协会《城市综合管廊运营管理技术标准（征求意见稿）》；

(4)《城市综合管廊运行维护技术规程》T/IBSTAUM 002-2018；

(5)《城市综合管廊维护技术规程》DGTJ 08－2168－2015；

(6)《安全防范工程技术标准》GB 50348；

(7) 国办发〔2013〕101 号，《突发事件应急预案管理办法》；

(8)《密闭空间作业职业危害防护规范》GBZ/T 205；

(9)《城建档案业务管理规范》CJJ/T 158；

(10) 公通字〔2007〕43 号，《信息安全等级保护管理办法》；

(11)《信息安全技术 信息系统安全等级保护实施指南》GB/T 25058；

(12)《信息安全技术 信息系统安全等级保护基本要求》GB/T 22239；

(13)《国家发展改革委、住房和城乡建设部关于城市地下综合管廊实行有偿使用制度的指导意见》（发改价格〔2015〕2754 号）。

2. 管廊本体及附属设施相关标准文件

(1)《城镇综合管廊监控与报警系统工程技术标准》GB/T 51274；

(2)《火灾自动报警系统设计规范》GB 50116；

(3)《建筑设计防火规范》GB 50016；

(4)《建筑消防设施的维护管理》GB 25201；

(5)《建筑消防设施检测技术规程》GA 503；

(6)《工业建筑供暖通风与空气调节设计规范》GB 50019；

(7)《电能质量 供电电压偏差》GB/T 12325；

(8)《电力安全工作规程 电力线路部分》GB 26859；

(9)《电力安全工作规程 发电厂和变电站电气部分》GB 26860；

(10)《电力设备预防性试验规则》DL/T 596；

(11)《建筑照明设计标准》GB 50034；

(12)《爆炸危险环境电力装置设计规范》GB 50058；

(13)《工业企业设计卫生标准》GBZ 1；

（14）《建筑变形测量规范》JGJ 8；

（15）《混凝土结构耐久性修复与防护技术规程》JGJ/T 259；

（16）《地下工程防水技术规范》GB 50108；

（17）《地下工程渗漏治理技术规程》JGJ/T 212；

（18）《建筑设备监控系统工程技术规范》JGJ/T 334；

（19）《电力电缆分布式光纤测温系统技术规范》DL/T 1573；

（20）长城物业，《保洁服务手册》。

3. 管线运维相关标准文件

（1）《城市综合地下管线信息系统技术规范》CJJ/T 269；

（2）《天然气管道运行规范》SY5922；

（3）《城镇燃气设施运行、维护和抢修安全技术规程》CJJ 51；

（4）《电力电缆线路运行规程》Q/GDW512；

（5）《电力电缆及通道检修规程》Q/GDW 11262；

（6）《国家电网公司电缆及通道运维管理规定》（国网（运检/4）307）；

（7）《电缆通道管理规范》（国家电网生〔2010〕637 号）；

（8）《电力安全工作规程》GB 26859；

（9）《城镇供水厂运行、维护及安全技术规程》CJJ 58；

（10）《城镇供水管网运行、维护及安全技术规程》CJJ 207；

（11）《城镇供水管网抢修技术规程》CJJ/T 226；

（12）《城镇排水管渠与泵站运行、维护及安全技术规程》CJJ 68－2016；

（13）《城镇排水管道维护安全技术规程》CJJ 6；

（14）《城镇排水管道非开挖修复更新工程技术规程》CJJ/T 210；

（15）《城镇供热系统安全运行技术规程》CJJ/T 88；

（16）《热力管道完好要求和检查评定方法》SJ/T 31445；

（17）《热力输送系统节能监测》GB/T 15910；

（18）《城镇供热系统抢修技术规程》CJJ 203；

（19）《设备及管道绝热效果的测试与评价》GB/T 8174；

（20）《通信线路工程设计规范》YD5102；

（21）《电力系统光纤通信运行管理规程》DL/T 547－2010；

（22）《压力管道安全管理人员和操作人员考核大纲》TSG D6001；

（23）《压力管道安全技术监察规程—工业管道》TSG D0001。

结 束 语

城市地下综合管廊作为今后城市各类管线布设的绿色发展方式，是对传统管线直埋或架空等粗放方式的根本性变革。纵观国内外的城市发展规划进程，随着城市空间的日益紧张，市民对生活质量要求的提高，建设和规划地下空间是必经之路，综合管廊建设必将成为一项长期国策。

我国近年来经济发展迅速，基础设施建设尤其突出，甚至在国内外享有"基建狂魔"的称号。然而，建设速度的加快和管廊工程雨后春笋般在各个城市的悄然落地，既是机遇，也是挑战。可以说在综合管廊建设发展的新时代中，我们难免遇到也已经遇到了各式各样的问题。在政策的号召下稳定、理智、有全局观地开展管廊建设工程，着眼于民众和城市规划的实际需求，科学而有规范地把握趋势和潮流，才能做管廊建设的"基建大师"。

我国在高铁和公路建设上投入的时间比国外短，但思路和标准已经赶超发达国家走上世界的制高点。我们今天有足够的理由相信，遵循科学规律、市场规律、结合实际地投入到管廊事业中，全新的管廊建设标准和运营管理水平也将由我们去定义和开拓。城市地下综合管廊的新时代已经到来，管廊运营与管理工作在新的形势下已经展开，新的问题正在出现，新的机遇发生不断，新的思路需要共同探讨。

1. 解读新形势

按照国外城市发展的经验和发展规律，我国开始有计划地对地下空间进行规划和利用，这是必然的趋势，城市地下综合管廊的建设在部分地区已经有计划的开展，或正在谋划之中，部分早期投入使用的管廊逐渐进入了运维管理的阶段。新的形势下，讨论建设管廊必要性的阶段正在逐渐过渡为探讨管廊建设方式、运营方式、管理方式的阶段，这是确保管廊工程实现其建设目的的新要求，也是适应发展规律的大势所趋。

运维管理的规范，是新形势下管廊建设能够"稳中求进"的重要前提，相比于传统管线敷设方式、相比于传统的管廊单纯依靠人员进行管理的模式、相比于全部由政府出资的传统建设运维模式，我们面对的形势都是新的。而由于经验的缺乏，在管理和运营上的规范标准尚未健全，建设时代和国情的不同，也决定了照搬国外的成熟经验和方式是行不通的。本书针对适应新形势的运维管理思路进行归纳整理，并提出新形势下对运维方式方法、参考标准的参考意见，目的是为"稳重求进"的管廊发展原则铺垫理论基础，解决现实问题。

2. 明确新问题

在对综合管廊建设运维的新形势深入解读的基础上，本书结合实际情况对于管廊发展中的问题进行了明确。按照管廊工程的不同阶段，以下几点问题尤为突出：整体规划思路是否科学，有没有按照实际需求推行管廊建设工程；是否理解了推广管廊工程的成本与效益，进行决策时有没有进行充分考虑；管线入廊的转变进程中，会遇到哪些阻碍，如何解决；在管理与运营阶段，是否有明确可循的规范标准作为参考；如何结合信息化、智能化技术提升管廊后续运维的整体水平等。这些是我们已经遇到需要明确定义的问题，也是难以避免的障碍，新事物的发展必定遇到新的挑战，回避挑战不能是解决方案，明确这些问题是我们创新道路上新的机遇，要力求在管廊发展浪潮正中和热点时期迎刃而解。

3. 发现新机遇

在综合管廊发展过程中，缺乏经验、缺乏标准是我们在整体层面上面临的困境，各地各工程的管廊规划、建设、运维方法论相对混乱，而这所谓的"乱象"之中，也恰恰蕴含着管廊发展的新机遇。首先，在管廊建设、运维的格局建立之初，我们可以规避国外管廊建设探索时期存在的问题，重新建立新的更科学的、更智慧的方法论和标准体系，少绕弯路；从时间维度上，我们处在信息化、智能化和大数据的全新时代，紧密结合时代发展的优势对于管廊工程的建设和规划进行统筹决策，是得天独厚的优势点；我国不同地区之间的经济发展水平和城市规划需求差异大，面临的情况复杂，在这种现状下总结出有效可行的管廊运营方式与规范必定会更加完善，其兼容性和适应性也更可能作为其他国家和地区参考的样本，这就蕴含着我们推向世界市场的巨大潜力。可以说新的机遇正在等待，新时代下城市地下空间的规划与管理，必将被作为重要命题在我国的发展过程中被更深入地讨论。

4. 探求新思路

基础设施建设进程中离不开创新，城市地下综合管廊的发展必然离不开创新。新的发展思路体现在管廊工程的全生命周期中：管廊规划工作的开展能否更科学可持续，部门协作的方式和机制需要创新；管廊建设与运维的费用分摊和合作体制的构建方面，如何更好地利用社会资源需要创新；在综合管廊的实用功能和广义定位上，如何开拓满足需求的新功能点，革新综合管廊体系的思路需要创新；解决管线单位入廊问题的新模式、有偿使用管廊科学合理的收费方式，需要新的思考；与管廊建设与运营管理有关的规划设计技术、施工技术、抗震技术、探测技术、硬软件技术、管理技术需要新的思路。在稳定建设，保障效益的基础上，探索更广更深、更有远见的管廊发展命题，是新时代城市地下综合管廊工程的未来目标和前途。

参 考 文 献

[1] Canto-Perello, J., & Curiel-Esparza, J. An analysis of utility tunnel viability in urban areas [J]. Civil Engineering System, 2006, 23(1): 11-19.

[2] 蒋凤昌, 周桂香, 徐华, 等. 国内外城市地下综合管廊工程建设现状研究 [J]. 江苏科技信息, 2018(10).

[3] 张大炜. 城市地下综合管廊政企合作运营模式研究 [D]. 天津大学, 2017.

[4] Qiao Y K, Peng F L, Wang Y. Monetary valuation of urban underground space: A critical issue for the decision-making of urban underground space development [J]. Land Use Policy, 2017, 69: 12-24.

[5] 陈倬. PPP 模式助力综合管廊建设: 理论、政策与实践 [J]. 武汉金融, 2017(4): 22-25.

[6] 谭春晓. 我国城市地下管线综合管廊建设前景展望 [J]. 价值工程, 2015(10): 311-312.

[7] 邢丞, 张健. 城市综合管廊特点及设计要点解析 [J]. 科学家, 2016, 4(7): 66-67.

[8] 孙影. 浅谈国外综合管廊发展对我国地下管线建设的启示 [J]. 科技资讯, 2013(22): 228-228.

[9] 于晨龙, 张作慧. 国内外城市地下综合管廊的发展历程及现状 [J]. 建设科技, 2015(17): 49-51.

[10] 杨超. 我国综合管廊的发展现状研究 [J]. 技术与市场, 2016, 23(8): 214-215.

[11] Yang C, Peng F L. Discussion on the Development of Underground Utility Tunnels in China [J]. Procedia Engineering, 2016, 165: 540-548.

[12] Bobylev N, Sterling R. Urban underground space: a growing imperative [J]. Tunnelling Underground Space Technol. 2016, 55: 1-4.

[13] Legrand L, Blanpain O, François Buyle-Bodin. Technical note: Promoting the urban utilities tunnel technique using a decision-making approach [J]. Tunnelling and Underground Space Technology, 2004, 19(1): 79-83.

[14] Curiel-Esparza J & Canto-Perello J. Selecting utilities placement techniques in urban underground engineering [J]. Archives of Civil & Mechanical Engineering, 2013, 13(2): 276-285.

[15] 仲崇军, 谢雷杰. 污水管道入廊设计及运维对策探讨 [J]. 给水排水, 2017, 53(01): 152-155.

[16] 米军, 罗玉林. 城市综合管廊中可"入廊"管线种类分析 [J]. 四川水泥, 2016(12): 314-267.

[17] Canto-Perello J, Curiel-Esparza J, Calvo V. Strategic decision support system for utility tunnel's planning applying A'WOT method [J]. Tunnelling and Underground Space Technology, 2015, S088677981530362X.

[18] 吴栋栋, 邵毅, 景谦平, 等. 北京交通拥堵引起的生态经济价值损失评估 [J]. 生态经济(中文版), 2013(4): 75-79.

[19] 关欣. 综合管廊与传统管线铺设的经济比较——以中关村西区综合管廊为例 [J]. 建筑经济, 2009, (s1): 339-342.

[20] 谢旭轩, 张世秋, 易如, 等. 北京市交通拥堵的社会成本分析 [J]. 中国人口资源与环境, 2011,

21(1)：28-32.

[21] Shigehiro Y，Miyakawa T，Masuda T. Road traffic control based on genetic algorithm for reducing traffic congestion [J]. Electronics & Communications in Japan，2012，95(4)：11-19.

[22] 李琳. 我国城市道路交通拥堵的成本测算及对策研究 [D]. 大连海事大学，2013.

[23] 刘应明等编著. 城市地下综合管廊工程规划与管理 [M]. 北京：中国建筑工业出版社，2016.

[24] Cantoperello J，Curielesparza J. Assessing governance issues of urban utility tunnels [J]. Tunnelling & Underground Space Technology Incorporating Trenchless Technology Research，2013，33(1)：82-87.

[25] Hunt D V L，Nash D，Rogers C D F. Sustainable utility placement via Multi-Utility Tunnels [J]. Tunnelling and Underground Space Technology，2014，39：15-26.

[26] 谭忠盛，陈雪莹，王秀英，黄明利. 城市地下综合管廊建设管理模式及关键技术 [J]. 隧道建，2016，36(10)：1177-1189.

[27] 中华人民共和国财政部. 政府和社会资本合作模式操作指南（试行）. 财金〔2014〕113号 2014.11.29.

[28] Sun F，Liu C，Zhou X. Utilities tunnel's finance design for the process of construction and operation [J]. Tunnelling and Underground Space Technology，2017，69：182-186.

[29] 中华人民共和国财政部. 法国大巴黎地区地下综合管廊建设与管理对宁夏回族自治区的启示 [Z]. 2017.3.16.

[30] 郑立宁，杨超，王建 著. 城市地下综合管廊运维管理 [M]. 北京：中国建筑工业出版社，2017.

[31] 刘杨. 珠海市横琴新区城市地下综合管廊建设运营管理研究 [J]. 城市道桥与防洪，2017(2)：166-169.

[32] 翁霞. 城市地下综合管廊研究及应用——厦门新机场片区地下综合管廊 [J]. 福建建筑，2016(6)：113-116.

[33] 郑怀德. 我国城市地下空间开发利用管理体制改革探讨 [J]. 规划师，2012，28(3)：69-73.

[34] Watanabe I，Ueno S，Koga M，Muramoto K，Abe T，Goto T. Safety and disaster prevention measures for underground space：an analysis of disaster cases [J]. Tunnelling & Underground Space Technology，1992，7(4)：317-324.

[35] 孟肖旭. 地下综合管廊项目费用分摊问题研究 [D]. 青岛理工大学，2016.

[36] 张瑞达，许淑惠，徐荣吉，赛音吉雅. 台湾地区综合管廊经费分摊法规分析 [J]. 山西建筑，2018，44(24)：209-210.

[37] 马祥军. 滕州高铁新区地下综合管廊入廊费和运维费的探讨 [J]. 山东交通科技，2017(4)：75-79.

[38] 崔启明，张宏，韦翔. 城市综合管廊收费定价模式探讨 [J]. 建筑经济，2016，37(9)：11-15.

[39] 郭莹，祝文君，杨军. 市政综合廊道费用—效益分析方法和实例研究 [J]. 地下空间与工程学报，2006，S1：1236-1239.

[40] 邱瑞阳，唐圣钧，叶彬. 综合管廊效益评估与费用分摊标准研究 [J]. 有色冶金设计与研究，2016，02：45-47.

[41] 桂小琴，王望珍，章帅龙. 地下综合管廊建设融资的激励机制设计 [J]. 地下空间与工程学报，2011，04：633-636.

[42] 陈廷. 决策分析［M］. 北京：科学出版社，1987.

[43] 徐向阳，安景文，王银和. 多人合作费用分摊的有效解法及其应用［J］. 系统工程理论与实践，2000，03：116-119＋144.

[44] 赵麦换，徐晨光，黄强，田峰巍，薛小杰. 离差平方法在梯级水库补偿效益和综合水利工程费用分摊中的应用［J］. 水力发电学报，2004，06：1-4.

[45] 张子钰. 城市地下综合管廊定价模型及实证研究［J］. 地下空间与工程学报，2018(14)：299-305.

[46] 钟雷，马东玲，郭海斌. 北京市市政综合管廊建设探讨［J］. 地下空间与工程学报，2006，2(08)：1287-1292.

[47] 蓝枫，王恒栋，王静霞，吴其伟. 城市地下综合管廊：统筹规划协调管理［J］. 城乡建设，2015(06)：4-5.

[48] Chen W T，Chen T T，Lin Y P，Chen lu. Using Factor Analysis to Assess Route Construction Priority for Common Duct Network in Taiwan［J］. Journal of Marine Science and Technology，2008，16(2)：77-89.

[49] 谢非. 建造信息化城市生命线——横琴市政综合管廊 BIM 技术应用［J］. 安装，2015(11)：25-26.

[50] Duan Z，Yovanovich M M，Muzychka Y S. Pressure Drop for Fully Developed Turbulent Flow in Circular and Noncircular Ducts［J］. Journal of Fluids Engineering，2012，134(6)：287-304.

[51] 姜天凌，李芳芳，苏杰，潘艳艳，赵航，刘百韬. BIM 在市政综合管廊设计中的应用［J］. 中国给水排水，2015(12)：65-67.

[52] 郁雷. HUC 组合钢板桩新工艺在某地下综合管廊施工中的应用［J］. 施工技术，2014(17)：33-35.

[53] Moon K S，Kim S K. A Study on the Mechanized Construction for Common Ducts in a Road Tunnel［J］. Journal of the Korean Society of Civil Engineers，2014(6)：1937-1944.

[54] 王军，陈欣盛，李少龙，陈光，潘梁. 地下综合管廊建设及运营现状［J］. 工程与管理学报，2018，35(2)：101-109.

[55] 张俊杰. 城市地下综合管廊运营管理机制探析［J］. 中国市政工程，2018，197(2)：54-57.

[56] 吴海建，李亦唯. 地下综合管廊的运营管理模式研究［J］. 资源节约与环保，2017(2)：28-28.

[57] 叶铁. 南京市江北新区综合管廊二期工程智慧化运营管理平台实施方案［J］. 价值工程，2017(12)：79-83.

[58] 郑丰收，陶为翔，潘良波，孙柏. 城市地下管线智慧化管理平台建设研究［J］. 地下空间与工程，2015(11)：378-382.

[59] Sinha S，Fieguth P. Morphological segmentation and classification of underground pipe images［J］. Machine Vision & Applications，2006，17(1)：21-31.

[60] 王超，孙晓洪，李伟，刘光媛. 基于顶层设计的地下管线信息管理新模式［J］. 地下空间与工程学报，2010(6)：1118-1124.

[61] CNKI. 中国知网［DB/OL］. http：//www. cnki. net/，2016-01-7.（CNKL. CNKI［DB/OL］. http：//www. cnki. net/，2016-01-7.（inChinese））

[62] Homson-Reuters. Web of Science［DB/OL］. Http：//apps. webofknowledge. com，2016-01-7.

[63] Atzori L，Iera A，Morabito G. The Internet of Things：A survey［J］. Computer Networks，2010，54(15)：2787-2805.

[64] 邬贺铨. 物联网的应用与挑战综述 [J]. 重庆邮电大学学报（自然科学版），2010，22（5）：526-531.

[65] 王保云. 物联网技术研究综述[J]. 电子测量与仪器学报，2009，23(12)：1-7.

[66] Miorandi D，Sicari S，Pellegrini F D，Chlamtac I. Internet of things：Vision，applications and research challenges [J]. Ad Hoc Networks，2012，10(7)：1497-1516.

[67] Gubbi J，Buyya R，Marusic S，Palaniswami M. Internet of Things (IoT)：A vision，architectural elements，and future directions [J]. Future Generation Computer Systems，2013，29（7）：1645-1660.

[68] 孙其博，刘杰，黎羴，范春晓，孙娟娟. 物联网：概念、架构与关键技术研究综述[J]. 北京邮电大学学报，2010，33(3)：1-9.

[69] Kang J A，Kim T H，Oh Y S，Choi H. Monitoring Method Using Moving CCTV in Common Duct [J]. 2011，14(4)：1-12.

[70] 陈兴海，丁烈云. 基于物联网和 BIM 的城市生命线运维管理研究 [J]. 中国工程科学，2014，16（10）：89-93.

[71] Ding Q，Shang Y，Wu M. Intelligent pipeline management system，has pipeline integrity management module that establishes leakage alarm system，video monitoring system and three-dimensional geography information GIS system

[72] 赵恩国，贾志永. 物联网在城市管理中的应用和影响研究 [J]. 生态经济（中文版），2014，30（10）：122-126.

[73] Glisic B，Yao Y. Fiber optic method for health assessment of pipelines subjected to earthquake-induced ground movement [J]. Structural Health Monitoring，2012，11(6)：696-711.

[74] Ali S，Qaisar S，Saeed H，Khan M F，Naeem M，Anpalagan A. Network Challenges for Cyber Physical Systems with Tiny Wireless Devices：A Case Study on Reliable Pipeline Condition Monitoring [J]. Sensors，2015，15(4)：7172-7205.

[75] Rajeev P，Kodikara J，Chiu W K，Kuen T. Distributed Optical Fibre Sensors and their Applications in Pipeline Monitoring [J]. Key Engineering Materials，2013，558：424-434.

[76] Kwak P J，Park S H，Choi C H，Lee D L. Safety Monitoring Sensor for Underground Subsidence Risk Assessment Surrounding Water Pipeline [J]. Journal of Sensor and Technology，2015，24(5)：306-310.

[77] Zhao Q，Feng J P，Li T，Lin J. Research on Application of Sensor Monitoring Technology Based on the IOT in the Campus GIS Pipeline System [J]. Applied Mechanics and Materials，2014，4：668-669.

[78] Bao L W，Huang W Q，Fan H Q. Applying the Technology of Internet of Things to Urban Pipeline Gas Metering via Mobile Data Acquisition [J]. Applied Mechanics and Materials，2013，（241-244）：3184-3189.

[79] Ishii H，Kawamura K，Ono T，Megumi H，Kikkawa A. A fire detection system using optical fibres for utility tunnels [J]. Fire Safety Journal，1997，29(2)：87-98.

[80] Chang J R，Lin H S. Preliminary Study on Application of Building Information Modeling to Underground Pipeline Managemen t[J]. Geotechnical Special Publication，2014(249)：69-76.

[81] 李清泉，严勇，杨必胜，花向红. 地下管线的三维可视化研究 [J]. 武汉大学学报：信息科学版，2003，28(3)：277-282.

[82] 谭章禄，吕明，刘浩，靳小波. 城市地下空间安全管理信息化体系及系统实现[J]. 地下空间与工程学报，2015，11(4)：819-825.

[83] Kang T W, Hong C H. A study on software architecture for effective BIM/GIS-based facility management data integration [J]. Automation in Construction, 2015, 54：25-38.

[84] Feldman S C, Pelletier R E, Walser E, Smoot J C. A prototype for pipeline routing using remotely sensed data and geographic information system analysis [J]. Remote Sensing of Environment, 1995, 53(2)：123-131.

[85] Jo Y D, Ahn B J. A method of quantitative risk assessment for transmission pipeline carrying natural gas [J]. Journal of Hazardous Materials, 2005, 123(1-3)：1-12.

[86] Eastman C, Eastman C M, Teicholz P, et al. BIM handbook：A guide to building information modeling for owners, managers, designers, engineers and contractors [M]. Hoboken, New Jersey：John Wiley & Sons, 2011.

[87] Shou W, Wang J, Wang X, Chong H Y. A Comparative Review of Building Information Modelling Implementation in Building and Infrastructure Industries [J]. Archives of Computational Methods in Engineering, 2015, 22(2)：291-308.

[88] Xie X Y, Xie T C. Research for Framework of BIM-Based Platform on Facility Maintenance Management on the Operating Stage in Metro Station [J]. Applied Mechanics and Materials, 2015, 743：702-710.

[89] Wang Q K, Li P, Xiao Y P, Liu Z G. Integration of GIS and BIM in Metro Construction [J]. Applied Mechanics and Materials, 2014, 608-609：698-702.

[90] Oh E H, Lee S, Shin E Y, et al. A Framework of Realtime Infrastructure Disaster Management System based on the Integration of the Building Information Model and the Sensor Information Mode [J]. Joumalof Korean Society of Hard Mitigation, 2012, 12(6)：7-14.

[91] 张林峰，欧阳述嘉，吕俊峰，刘宇，高书辰，侯冬辉，张亚雄，张乐丰，贾涛. BIM 在数据中心基础设施运营管理中的应用 [J]. 信息技术与标准化，2015(11)：34-35.

[92] Nicolle C, Mignard C. Merging BIM and GIS using ontologies application to urban facility management in ACTIVe3D [J]. Computers in Industry, 2014, 65(9)：1276-1290.

[93] 胡振中，彭阳，田佩龙. 基于 BIM 的运维管理研究与应用综述 [J]. 图学学报，2015，36(5)：802-810.

[94] 赵泽生，刘晓丽. 城市地下管线管理中存在的问题及其解决对策 [J]. 城市问题，2013(12)：80-83.

[95] 刘亚民. 地下管线的管理"普查"——访中国城市规划协会地下管线专业委员会秘书长汪正祥 [J]. 现代职业安全，2014(4)：10-13.

[96] Martins H F, Piote D, Tejedor J, et al. Early detetion of pipeline integrity threats using a smart fiter optic surveillance sysem：the PIT STOP prect[A]. // 24th Intemational Conference on Optical Fibre Sensors(OFS), 2015：96347X-1-96347X4.

[97] Sun Z, Wang P, Vuran M C, AI-Rodhaan M A, AI-Dhelaan A M, Akyildiz L F. MISE-PIPE：

Magnetic induction-based wireless sensor networks for underground pipeline monitoring [J]. Ad Hoc Networks, 2011, 9(3): 218-227.

[98] Kwak P J, Park S H, Choi C H, Lee H D, Kang J M, Lee I H. IoT(Internet of Things)-based Underground Risk Assessment System Surrounding Water Pipes in Korea [J]. International Journal of Control & Automation, 2015, 8: 183-190.

[99] Hijazi I, Ehlers M, Zlatanova S, Isikdag U. IFC to CityGML Transformation Framework for Geo-Analysis: A Water Utility Network Case [J]. Otb Research Institute, 2009.

[100] Mohamed E M, Östman A, Ihab H. A Unified Building Model for 3D Urban GIS [J]. ISPRS International Journal of Geo-Information, 2012, 1(2): 120-145.

[101] Liu R, Issa R R A. 3D Visualization of Sub-Surface Pipelines in Connection with the Building Utilities: Integrating GIS and BIM for Facility Management [M]. International Conference on Computing in Civil Engineering, 2012.

[102] Chen F, Deng P, Wan J, Zhang D Q, Vasilakos A V, Rong X H. Data Mining for the Internet of Things: Literature Review and Challenges [J]. International Journal of Distributed Sensor Networks, 2015, (9): 1-14.

[103] Tsai C W, Lai C F, Chiang M C, Yang L T. Data Mining for Internet of Things: A Survey [J]. IEEE Communications Surveys & Tutorials, 2014, 16(1): 77-97.

[104] Berkovich S, Liao D. On clusterization of big data streams [C] // International Conference on Computing for Geospatial Research & Applications. ACM, 2012, 12.

[105] Manyika J, Chui M, Brown B, et al. Big data: The next frontier for innovation, competition, and productivity [R]. USA: Mckinsey Global Institute, 2011.

[106] Boton C, Halin G, Kubicki S, Forgues D. Challenges of Big Data in the Age of Building Information Modeling: A High-Level Conceptual Pipeline[C] // International Conference on Cooperative Design, Visualization and Engineering. Springer International Publishing, 2015, 11.

[107] Aceto G, Botta A, Donato W D, Pescapè A. Cloud monitoring: A survey [J]. Computer Networks, 2013, 57(9): 2093-2115.

[108] Hashem I A T, Yaqoob I, Anuar N B, Mokhtar S, Gani A, Khan S U. The rise of "big data" on cloud computing: Review and open research issues [J]. Information Systems, 2015, 47: 98-115.